死線をゆく

The MAKING of a MARINE OFFICER

ONE BULLET AWAY

アフガニスタン、イラクで
部下を守り抜いた米海兵隊のリーダーシップ

Nathaniel Fick
ナサニエル・フィック

岡本麻左子 訳

KADOKAWA

目　*Contents*　次

物紹介

イラク

エリック・ディル —— 大尉。偵察小隊隊長。自身の後任として、フィックを偵察大隊に勧誘する。

スティーヴン・フェランド —— 中佐。第一偵察大隊隊長。

中隊長 —— 大尉。第一偵察大隊B中隊隊長。アメフトの元全米代表選手。

ベネリ少佐 —— 第一偵察大隊の上級将校。〝ベネリ〟は通称。

マイク・ウィン —— 一等軍曹《ガニー》。小隊長となるフィックを支える。

ブラッド・コルバート —— 三等軍曹。偵察小隊第一班班長。冷静沈着で、通称〝アイスマン〟。

ラリー・ショーン・パトリック —— 三等軍曹。偵察小隊第二班班長。温厚な性格で、通称〝とうちゃん《パピー》〟。

スティーヴ・ラヴェル —— 三等軍曹。偵察小隊第三班班長。

アンソニー・ジャックス —— 伍長。偵察小隊第二班重機関銃手。

マイク・スタイントーフ —— 伍長。偵察小隊第三班重機関銃手。

〝ドク〟ティム・ブライアン —— 海軍二等衛生下士官。フィックの小隊に同行する。

エヴァン・スタフォード —— 伍長。小隊の無線通信手。

ジョン・クリストソン —— 一等兵。小隊で最年少の隊員。

ミッシュ —— クウェートの民間人。ボランティアの通訳として米軍を手伝う。

エヴァン・ライト —— 『ローリング・ストーン』誌の記者。コルバート班に同行する。

登場人物

訓練時代

ナサニエル・フィック ―― 本書の主人公。ダートマス大学を卒業し、海兵隊に志願する。

ジム・ビール ―― 海兵隊基礎訓練校《TBS》のクラスメイト。卒業後は砲兵科に進む。

VJ・ジョージ ―― TBS のクラスメイト。卒業後、フィックとハウスシェアする。

アフガニスタン

リッチ・ホイットマー ―― 大尉、のちに少佐。最初は第一海兵連隊第一大隊 B《ブラボー》中隊の中隊長としてフィックを指揮。イラクでは第一偵察《リーコン》大隊の作戦担当官を務める。

パトリック・イングリッシュ ―― B 中隊第一小隊隊長。

キース・マリーン ―― 二等軍曹。小隊長となるフィックを支える。

トニー・エスペラ ―― 三等軍曹。B 中隊第一小隊に所属。イラクではフィックの偵察小隊第一班副班長となる。

ルディ・レイエス ―― 三等軍曹。軍人らしからぬ物腰で、通称〝協力者《アソシエイト》〟。イラクではフィックの偵察小隊第二班副班長となる。

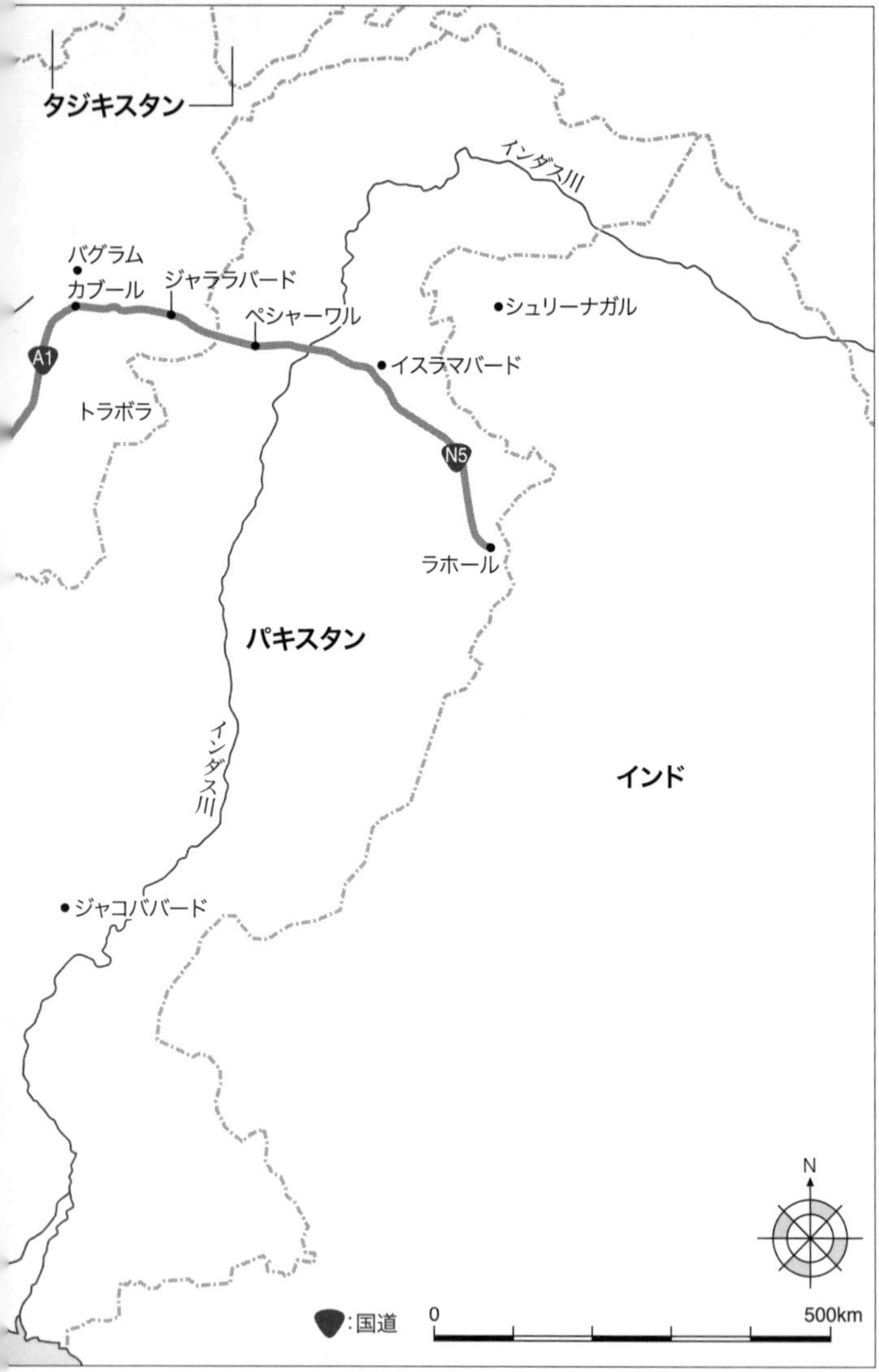

タジキスタン
バグラム
カブール
ジャララバード
ペシャーワル
イスラマバード
シュリーナガル
インダス川
トラボラ
A1
N5
ラホール
パキスタン
インド
インダス川
ジャコババード
N
:国道
0
500km

パキスタン・アフガニスタン（作戦当時）

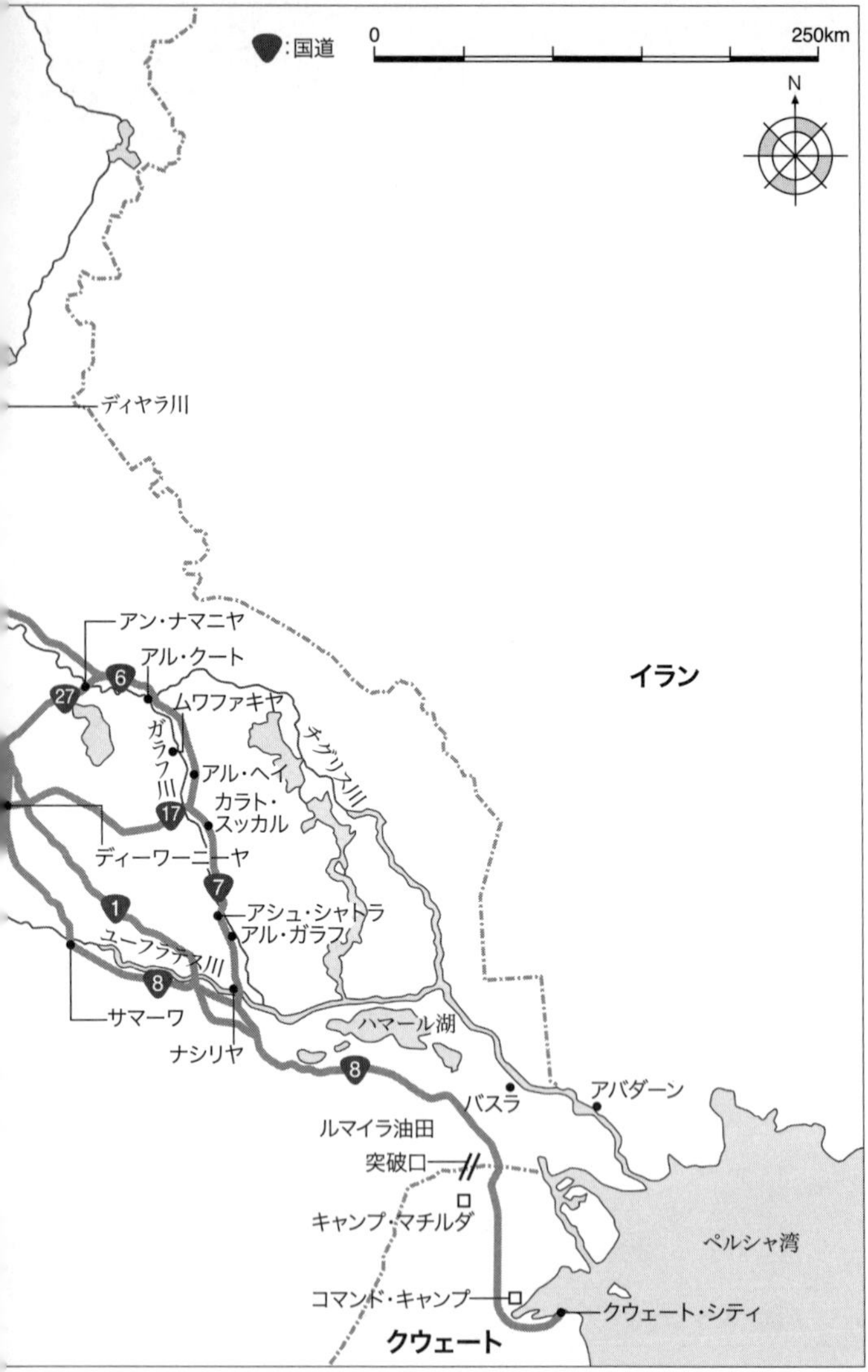

:国道
0
250km
N
ディヤラ川
アン・ナマニヤ
アル・クート
ムワファキヤ
ガラフ川
アル・ヘイ
カラト・スッカル
ディーワーニーヤ
アシュ・シャトラ
アル・ガラフ
ユーフラテス川
サマーワ
ナシリヤ
チグリス川
イラン
ハマール湖
バスラ
アバダーン
ルマイラ油田
突破口
キャンプ・マチルダ
コマンド・キャンプ
クウェート・シティ
クウェート
ペルシャ湾

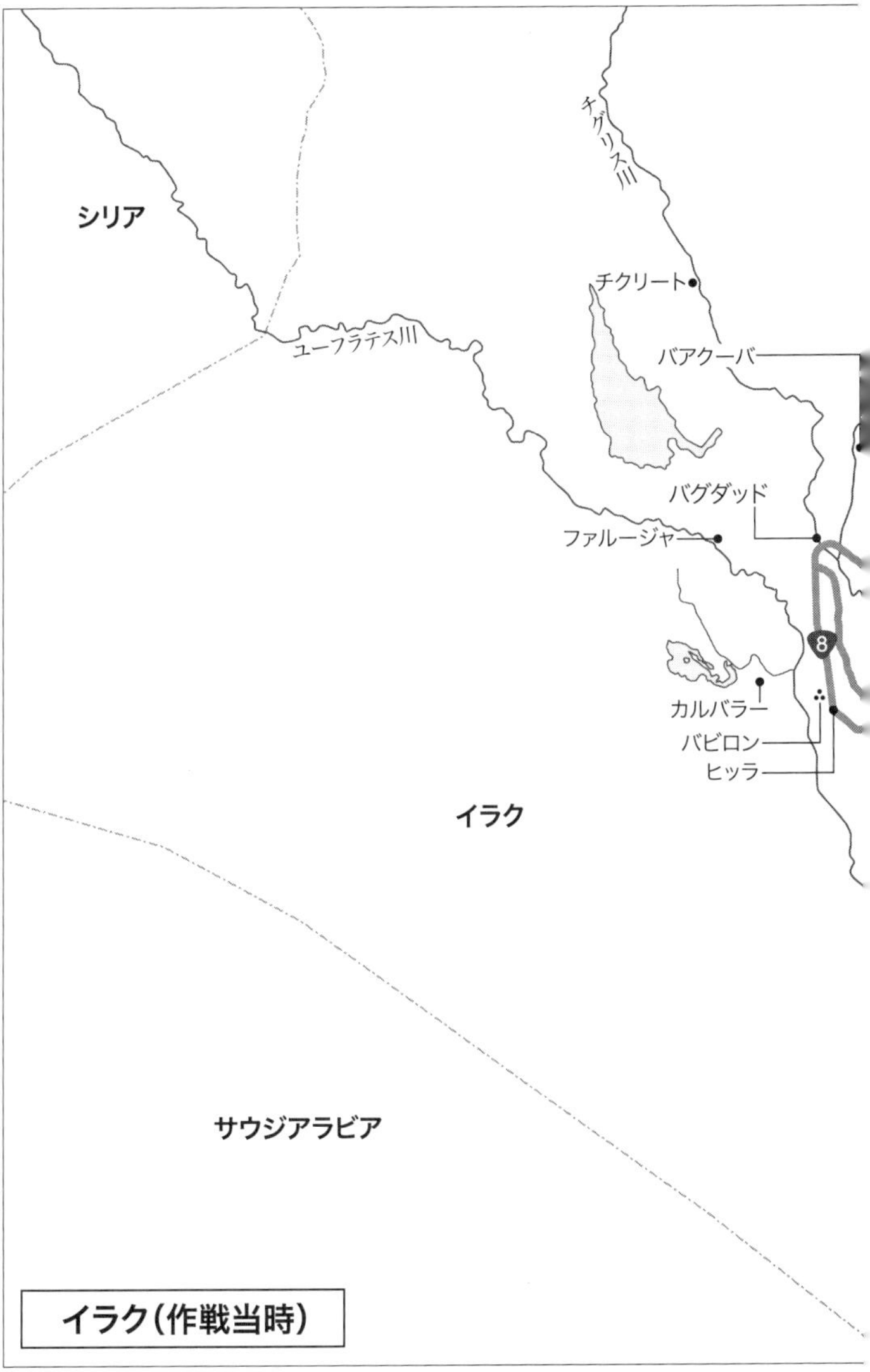
シリア
チグリス川
チクリート
ユーフラテス川
バアクーバ
バグダッド
ファルージャ
8
カルバラー
バビロン
ヒッラ
イラク
サウジアラビア
イラク（作戦当時）

（編集部注）
〔　〕は訳者による注釈です。

ある者と別の者とに、もとより大きな違いはない。最も厳しい鍛錬を経た者こそが、最後の勝者となることを忘れてはならない。——トゥキュディデス

I 平和

1 「人生が変わるような何かを求めていた」

間抜けな出発

その古びた白いスクールバスに、わたしを入れて一五人が乗りこんだ。窓は金網で覆われ、車体の側面には黒い文字で「UNITED STATES MARINE CORPS」（合衆国海兵隊）という四つの単語が並んでいる。

わたしたちは半ズボンにサンダルのラフな服装で、鞄《かばん》を持ったままひとりずつばらばらに座った。紙コップのコーヒーをちびちび飲む者もいれば、持参した新聞を広げる者もいる。わたしが最後列近くに席を見つけると同時に、バスはうなりをあげて動きだし、もうもうと立つ煙が開いた窓から流れこんだ。

最前列には少尉がひとり、カーキ色でギャバジン地のしゃきっとした軍服姿で座っていた。士官候補生学校《OCS》を卒業したばかりの少尉で、バージニア州クワンティコにある海兵隊基地までの一時間、わたしたちに付き添うことになっている。バスが徴兵事務所を出るとすぐに、少尉は通路に立ってこちらを向いた。わたしは歓迎の辞なり、ジョークなり、同情の言葉なりを待った。

「名誉、勇気、義務。それが海兵隊の価値基準だ」少尉はエンジン音に負けじと声を張りあげた。

原稿を読むような、それでいて真剣な声。「おまえたちがOCSでまともにやれないとしたら、海兵隊がそんな人間を信頼して、戦闘で隊を率いさせられると思うか？」

戦闘。合金製の車内を見回すと、驚いたことに、ほかの者たちは何かを読んだり、寝たふりをしたりしていた。少尉の質問には誰も答えない。少尉は通路に立ったままこちらをじっと見つめている。わたしはやや背筋を伸ばして座り直した。少尉はわたしと同じくらいの年齢だが、見た目はまるで違っていた。もちろん短髪で、肩幅が広い。それだけでなく、顎《あご》や眉《まゆ》に、こちらにわが身を省みさせるような鋭さがあった。

わたしは少尉の視線を避け、窓の方を向いた。隣を走る家族連れの車は湖かビーチへ行くのだろう。ヘッドフォンをした子供たちが、ぽかんとした顔でこちらを見ている。夏休みにスクールバスに乗っているなんて、どんな間抜けな連中だろうと思っているにちがいない。ジープのオープンカーに乗った若い女が立ち上がってシャツをめくりあげようとするのを、その友人が笑いながら引っぱって座らせた。こちらに手を振り、加速して追い抜いていく。

わたしはふと、友人たちのことを考えた。この夏休みをニューヨークやサンフランシスコで過ごし、エアコンのきいた高層ビルのオフィスで働いて、夜はパーティーを楽しんでいる友人たち。明るい日中の景色を金網越しに眺めながら、きっとシンシン刑務所〔警備レベルの高さで知られるニューヨーク州の刑務所〕へ護送されるのはこんな感じだろうなと思った。自分がそのバスに乗っているのが不思議な気がした。

とんでもなく過酷なことがしたかった

わたしは医科大学院《メディカルスクール》に進むつもりでダートマス大学に入ったが、化学の単位を落として歴史に目覚め、結局は古典学を専攻した。一九九八年の夏前に、クラスメイトたちは六桁《けた》の年俸で続々とコンサルタント会社や投資銀行への就職を決めていた。

二二歳で一体何のコンサルティングができるのか、わたしには分からなかった。法科大学院《ロースクール》や医科大学院へ進み、仕事ではなく勉強にあと数年を費やす者たちもいる。わたしはそのどれにも魅力を感じなかった。大いなる冒険に出て自分の力を証明し、国に尽くしたかったのだ。誰もわたしにふざけたことが言えなくなるような、とんでもなく過酷なことがしたかった。アテネやスパルタにいたなら、決めるのは簡単だっただろう。生まれるのが遅すぎた気がした。この世界にはもうどこにも、甲冑《かっちゅう》をまとって竜退治がしたい若者のための場所はない。

ダートマス大学は既定路線からの逸脱を奨励してはいたが、それはせいぜい平和部隊〔開発途上国へボランティアを派遣する政府系機関〕やティーチ・フォー・アメリカのような団体に入るくらいのことだった。わたしが求めていたのは、もっと大きく人生が変わるような何かだ。もしかしたら死ぬかもしれない——が、もっと優れた、強く大きな人間になれる何か。わたしは戦士になりたかった。

わが家は代々、ごく短期間だが軍隊生活を経験してきた。母方の祖父は、その世代のご多分に漏れず第二次世界大戦に従軍した。海軍士官として南太平洋《たいへいよう》に出征し、乗船した護衛空母の〈ナトマ・ベイ〉はパプアニューギニア、レイテ湾、硫黄島《いおうとう》、沖縄で戦って、何度も海軍侵攻部隊の上陸を援護した。

わが家ではよく、一九四五年六月七日の〇六時三五分《マルロクサンゴー》に、と聞かされた。終戦まであと二か月というところで、日本の航空特攻機《カミカゼ》が〈ナトマ・ベイ〉の飛行甲板に突っこんできた。その爆発で甲板の鋼鉄に幅三・五メートル、長さ六メートルの穴があき、祖父は体に金属片を浴びた。二〇年後、その金属片を祖父が肌から取り除いていた光景を、母はいまも覚えている。祖父はその金属片をいくつか溶かして蹄鉄《ていてつ》形のお守りを作らせた。うやうやしく扱われているそのお守りを、わたしも子供のころに見せられたことがある。

父は一九六八年に陸軍に入隊した。基礎訓練課程の同期のほとんどがベトナムへ行く中、父が任官を命じられたのは陸軍保安局だった。ドイツのバートアイブリングで東側諸国の無線通信を傍受しながら、ソ連がフルダ・ギャップ〔冷戦期における東西ドイツ国境の要衝〕を越えて侵攻してくるのを待って一年を過ごした。ＯＣＳを修了したが、ちょうどその頃リチャード・ニクソン大統領が軍隊の撤収を開始したため、早期除隊制度を利用して法科大学院に行った。それでも父は兵士だったことを誇りにしている。

わたしがダートマス大学の三年生の時、陸軍から送られてきた勧誘の手紙には、入隊すれば大学院の授業料を軍が払うとあった。海軍と空軍も同様で、スキルと専門的な訓練を約束していた。海兵隊にはそういう約束が一切ない。ほかの軍隊が入隊のメリットを並べ立てているというのに、海兵隊はただ、こう問いかけていた。「きみにはその資質があるか」もし軍隊にはいるとしたら、わたしには海兵隊しかなかった。

アメリカ社会の最もよい部分を反映した軍隊

　その二、三か月前、わたしは学生食堂でトム・リックスの講演ポスターを見かけていた。リックスは〈ウォール・ストリート・ジャーナル〉紙の国防総省担当記者で、少し前に海兵隊の本を出したばかりだった。わたしはある晩、ほとんど徹夜でその本を読んだ。講演は早めに着いていい席をとり、リックスが海兵隊の文化や米国の政軍関係の状況について説明するのを聞いた。リックスが語る海兵隊のあらましは、わたしの解釈に限って言えば、じつに輝かしいものだった。海兵隊は社会の名誉を守る最後の砦《とりで》であり、アメリカの若者がチームとして働き、互いや仲間を信頼し、理念のために犠牲を払うことを学ぶ場だという。その話をリクルーターから聞いていたら、疑わしく思えただろう。だが、そう語ったのは公平な観察者たるジャーナリストだ。

　観客はいつも通り、学生と教職員と退職した卒業生が入り交じっていた。話が終わったあと、若い教授が立ち上がった。「ダートマスのような大学で、予備役将校訓練課程《ROTC》を存続するのはいかがなものかと思います」教授は言った。「キャンパスが軍隊化し、本学の寛容な文化が脅かされることになりますから」

「それはちがいます」リックスが答えた。「ＲＯＴＣは軍隊を自由化することになるんです」民主主義において、軍隊は国民の代表であるべきだ、とリックスは説明した。軍隊は社会から分離されるのではなく、アメリカ社会の最もよい部分を反映したものであるべきだ、と。リックスは〝義務〟や〝名誉〟といった言葉を皮肉めかさずに使い、それはダートマスでほとんど耳にしたことのないものだった。

　リックスの答えを聞いて、わたしは大学三年から四年に上がる前の夏休みに海兵隊のＯＣＳに参加しようと決めた。もし誰かが、やり抜けるかどうかの賭《か》けや映画の影響で海兵隊に入るとしたら、わたしだってそれを聞いて笑っただろう。だが、わたし自身の選択も同じくらいあやふやなものだった。ほぼ自分で下した決断とはいえ、わたしに海兵隊員になる決心を最後につけさせたのは、寒い夜のダートマスで一時間の講演をおこなったトム・リックスだった。

海兵隊に入るとはいっても、親の時代ほど大変そうには思えなかった。いまは一九九八年であって、一九六八年ではない。アメリカは冷戦後の平和を享受している。学者たちは〝歴史の終わり〟を、自由市場による世界の繁栄を、イデオロギーの死を語っている。わたしが入ろうとしているのは平和な時代の軍隊だ。とにかく、両親に決心を打ち明けた時には、そう説明した。両親は驚いたが協力的だった。「海兵隊では」父が言った。「おまえにぜひとも学んでほしいことを全部、いやというほど叩《たた》きこまれるだろうな」

『フルメタル・ジャケット』のような演出はない

クワンティコの海兵隊基地はワシントンDCから南へ五〇キロ、州間ハイウェイ九五号線をまたぐ松林と湿原にあり、数百平方キロの敷地が広がっている。わたしたちの乗ったバスは轟音《ごうおん》を響かせながらゲートを抜け、ペンキの剝《は》がれた倉庫や、番号でしか見分けがつかない煉瓦《れんが》造りの建物が並ぶなかを通っていった。廃れた産業の遺物のような、ニューハンプシャー州の町の川堤に立つ閉鎖された製粉所のような建物群だ。

「うわっ、何だよ、焼却炉はどこだ？　まるでナチスのダッハウ強制収容所じゃないか」バスの後ろのほうで誰かが軽口を叩いたが、ほんの数人が作り笑いをしただけだった。

バスはさらに基地の奥へ奥へと進んだ——沼に沿って走り、何キロも続く林を抜け、あまりに遠くまで行くので、ここで殺されても誰にも分からないと思うほどだった。もとよりそういう効果を狙っているのだろう。ようやくエアブレーキがしゅーっと音をたて、ドアが勢いよく開いた。わたしたちが降り立ったのは、アスファルトで舗装され、アメリカン・フットボールのフィールド三つ分の広さがあるパレード・デッキ〔観兵式場。国家元首などに行進を披露する観兵式や行進訓練がおこなわれるグラウンド〕の真ん中だった。煉瓦造りの質素な兵舎がまわりを囲んでいる。アスファルトの端の標識には「合衆国海兵隊士官候補生学校」、つづけて「DUCTUS EXEMPLO」とある。ラテン語を履修していたので気づいたのだが、それは〝範を示すリーダーたれ〟というモットーだった。

わたしはスモーキーベア・ハットを被《かぶ》った訓練教官がバスに突進してきて、黄色い足形の上に整列しろと命令するのを期待していた。ポップカルチャーのせいで、サウスカロライナ州パリスアイランドの訓練基地〔映画『フルメタル・ジャケット』で描かれた海兵隊の新兵訓練基地（ブートキャンプ）〕に到着した新兵のイメージがしみついていたのだ。しかしここはOCSで、演出じみたことが一切ないのは残念だった。クリップボードを持った若々しい顔の海兵隊員が社会保障番号で点呼をとり、わたしたちに一本ずつ鉛筆を渡しながら、記入する書類が山ほどあると言った。

最初の二日間は列から列へとぞろぞろ移動し、散髪したり、備品の支給や健康診断を受けたりした。OCSを落第して再挑戦しにきた候補生たちの説明によると、この決まりごとは、血圧が高くて退学になる者の数を極力減らすようにスケジュールが組まれているらしい。三日目には健康診断が終わり、いよいよ訓練がはじまる。

わたしたちが寝泊まりするのは、一部屋に寝台が五〇台ある兵舎だ。OCSの本格的な開始を前に、そこではじめて軍隊生活について教わった。OCSは競争の場だ。平時の海兵隊では必要な士官の人数が決まっているため、卒業できる候補生の数は限られ、残りは落第することになる。だから競い合うのだろうが、落第経験や海兵隊員としての兵役経験がある候補生たちは、知っていることをほかの者たちに教えてくれた。

海兵隊は海の軍隊で、海事用語を使用する。ドアはハッチ、壁は隔壁《バルクヘッド》、床はデッキだ。クワンティコは海から何キロも離れているのに、看板には「乗船おめでとう」と書かれている。海兵隊の隠語も教わった。運動靴《ゴー・ファスター》とか、OCSで腰に装着する懐中電灯《ムーンビーム》とか。わたしたちの戸惑った様子を見て、海兵隊経験者のひとりが笑い、入隊すれば分かるさ、と言った。三種類の道具——無線アンテナ、迫撃砲の砲身を掃除するブラシ、軍用車ハンヴィーに燃料を入れる漏斗《じょうご》——は、〝ロバのあそこ《ドンキーディック》〟と呼ばれていた。

仲間との出会い

当初のクワンティコは、孤立しているだけでなく、時代を超越しているという印象が大きかった。兵舎はホワイトハウスにフランクリン・ルーズベルトがいた第二次世界大戦の時代を想起させる。プラスチックもなければ広告もなく、明るい色もない。あるのはラックと呼ばれる金属製の二段寝台、緑色のリノリウムの床、煉瓦の壁、頭上の裸電球のみ。ただひとつ装飾と呼べるのは、一方の壁一面に描かれた「名誉、勇気、義務」という縦六〇センチの型抜き文字だけだった。わたしは早くも、海兵隊は別世界で、OCSでの経験は人生のほかの部分とは切り離されたものになるだろうと感じていた。

候補生のひとりが木製の兵舎用小型トランク《フットロッカー》をわたしの隣に引きずってきて、腰をおろした。話し相手ができるのはありがたい。

「デイヴ・アダムスだ」彼は片手を突き出した。

デイヴはウィリアム・アンド・メアリー大学のアメフト選手だ。兄がダートマス大学に行っていたという。わたしは気さくな笑顔のデイヴがたちまち好きになった。

「で、どう思う?」わたしは自分の不安を何とか抑えながら訊《き》いた。

デイヴはにこりとして言った。「ひどい夏になりそうだよな。だけど、俺は子供のころから海兵隊員になりたかったんだ。ほら、よく言うだろ。〝痛みは一瞬。誇りは永遠〟さ」

「駐車場で〝汗で溺《おぼ》れ死ぬやつはいない〟っていうバンパーステッカーを見たよ」わたしはそわそわしていた。怖さや、おじけづく気持ちがあったわけではない――それを感じたのはもっとあとになってからだ――が、懸念はあった。海兵隊員になるのはアメリカ社会で名高い試練のひとつだ。その評判が伊達《だて》でないのは分かっていた。

民間人生活は終わり「任務」が始まる

洗礼を受けたのは、不吉な三日目の朝、備品倉庫でのことだ。候補生は揃って列をなし、箱から箱へと移動しながら支給品を選んでいた。緑の迷彩柄のシャツとズボン、オリーブドラブ色の水筒が二個付属したナイロンベルト、それに「駆虫剤、節足動物」のラベルがついた虫よけスプレーなど雑多な品々だ。倉庫にいたふたりの若い海兵隊員が、チャンスとばかりに未来の将校たちをいびりはじめた。

「休め《パレード・レスト》の姿勢！」

はじめて聞く命令だ。わたしは礼儀正しく見えるように、体の前で両手を握った。

「俺たちをコケにする気か？　気をつけ《アテンション》の姿勢をとれ」

まわりの候補生たちはやや背筋を伸ばし、両手を脇におろした。ふたりの海兵隊員は、ＯＣＳでの立ち方はふたつしかないと言った。足を肩幅に開き、両手を背中で小さく握り、目はまっすぐ前を見る――それが「休め」で、両脚の踵《かかと》をつけ、背筋を伸ばし、両手は脇におろしてズボンの縫い目に親指を揃える――それが「気をつけ」だ。

その後、わたしたちは第二次世界大戦時代のクォンセット・ハット〔かまぼこ型のプレハブ建築〕に集まって昼食をとった。太陽にさらされたこのアルミ製オーブンで焼かれつつ、加工肉のサンドイッチとリンゴ――海兵隊で〝箱入りのゲテモノ〟と呼ばれる出来合いの昼食――を咀嚼《そしゃく》しながら、ＯＣＳの司令官が候補生に求めることのあらましを語るのを聞いた。その大佐の突き出た下顎、いかつい鼻、白髪まじりの髪は、新兵募集ＣＭから抜け出てきたかのようだった。どの候補生が相手でも床に組み伏せてしまえそうで、声の奥には権威が漂っていた。

「本校では、候補生ひとりひとりの知性、人間理解、倫理特性の見極めをおこなう。こうした資質を持つ者が、集団を鼓舞し、統制するリーダーとなることができる」大佐は言った。「リーダーの資質を測るには、候補生を重圧のもとに置くことが重要だ。いつか戦闘の前線に立つかもしれない海兵隊のリーダーにふさわしいのは誰か。それを見極めるため、ストレスのかかる状況でも頭を働かせ、任務を果たせるかどうかを見させてもらう。ＯＣＳでは様々な形でストレスが与えられるが、それは諸君にもすぐに分かるだろう」

　大佐は話し終えると教官たちを呼び入れ、ひとりずつ紹介した。全員が訓練教官だった。ただし、OCSでは〝軍曹教官〟といい、わたしたちはその役職と階級を名前につけて呼ぶことになる。教官たちはてきぱきと通路を行進し、わたしたちの前に気をつけの姿勢で立った。カーキ色の軍服に派手な色の略綬《りゃくじゅ》〔授与された勲章のかわりに着用する横長の四角いリボン〕、目はわたしたちの頭越しに部屋の後ろの壁を見つめ、笑顔はない。三等軍曹、二等軍曹、一等軍曹がいて、ほぼ全員が海兵隊に一〇年から二〇年在籍している。傷跡や上腕二頭筋や刺青《いれずみ》が目についた。紹介が終わると大佐は教官たちの方を向き、わたしたちの民間人生活の終わりを告げる言葉を発した。

「任務に就き、本日の計画を遂行せよ」

軍曹教官の洗礼

　テーブルが片づけられ、椅子の音ががたがたと床に響き、手の中の食べかけのリンゴがわたしの意識から消え去った。教官が命令を下す。われわれ候補生はクォンセット・ハットの後方のドアから外へ走り出た。わたしはそのまま走り続けたかった。森の中に消え、どうにかハイウェイに出て、ヒッチハイクで家に帰りたかった。しかし、若い男のプライドというのはほかの衝動の上をいくものので、わたしは新しい小隊仲間と一緒に、まとまりのない隊形に加わった。

「どこを見てるんだ、馬鹿もの」わたしの目はまっすぐ前を向いていた。言われているのはわたしではないはずだ。温かい湿った息が頬にかかった。わたしでないなら、すぐ隣の誰かだ。

「体を動かすな！」

唾《つば》が目と唇に飛んできた。その教官は肩を怒らせ、曲がった列の前を行ったり来たりしている。全員に向かって話しているが、ひとりひとりに自分が言われていると思わせるような話し方だ。

「呼吸《いき》なんかしようものなら、俺の耳が聞きつけて、その腐った気管を引き裂いてやるからな。わかったら自分のごみを持って、びしっと動け。ここにいたいってふりでもしてみせろ」

わたしたちは自分の荷物を担いだ。先見の明がある候補生たちは登山リュックを持ってきていた。楽々と荷物を背負って立ち、いますぐアパラチア登山でもできそうだ。残念な連中は革の旅行鞄やスーツケースを抱えて難儀している。わたしはその中間で、特大のスポーツバッグを持って必死に目立たないようにしていた。

教官の名札を盗み見た。オールズ。肩には三本線。オールズ三等軍曹。血管を浮かべ、目をむいて怒鳴っている。振り動かす両腕が広い肩から伸びていて、体はその肩から腰へ向かって徐々に細くなり、くびれた腰がスズメバチの威圧的な優雅さを思わせる。この男が自分の人生にどっかり居座りはじめた気がして、わたしは軍曹教官オールズ三等軍曹を見た。

「俺を見るな、候補生。デートに誘いたいのか？　俺をデートに誘いたそうな顔だな」

「いいえ、軍曹教官オールズ三等軍曹殿」

「誘えよ、候補生。そうやってもっとささやけ。俺の目の奥をもっと見ろ」オールズ軍曹は声を落とし、密着しそうなほど接近してきた。こめかみに脈打つ血管が見え、わたしは必死で目を合わせないようにした。「誘えるものなら誘ってみろ。ここにいるクラスメイトのバカどもは爆笑するだろうが、おまえはくすりとも笑えないようにしてやる」

これは芝居だよな？　映画の『フルメタル・ジャケット』を観たことがある。あれはジョークだらけだった。だが、これはジョークとは思えない。オールズ軍曹に話しかけられると、氷のように冷たいアドレナリンが胸に押し寄せた。足が震えた。最悪なのは、軍曹にそれがばれていることだ。わたしは軍曹がさらに高圧的になるのを怖れた。

水浸しの地面に荷物をおろせ

オールズ軍曹はぴかぴかに磨きあげた靴で踵《きびす》を返し、パレード・デッキを勢いよく横切っていった。ほかにどうしていいか分からず、わたしたちは後を追った。大きな雨粒がぽつりぽつりと黒いアスファルトに模様をつくる。模様は徐々に大きく、間隔が狭くなり、やがてひとかたまりの黒い染みになった。わたしはスポーツバッグを引きずり、紐《ひも》が肩に食いこむのと格闘しながら、舗装された地面を歩いていった。バッグは前の晩に持ちあげた時のほうが軽く感じた。中には必要と書かれていた物しか詰めていない。平服が三セット、ランニングシューズ、洗面道具、履き慣らせるように何週間も前に取り寄せたコンバットブーツ。服はどのズボンも折り目にあわせ、シャツの前面が皺《しわ》にならないよう注意して、きれいに畳んであった。

オールズ三等軍曹とだらだら進む小隊との間には、五〇メートルの距離があいていた。軍曹は腰に手をあて、こちらを向いて立っている。「おまえらのごみを出して地面に置け。俺の兵舎に彼氏のヌード写真をこっそり持ちこもうとしてるやつを見つけてやる」

水浸しの地面に荷物を置けだなんて、本気かどうか測りかねて、わたしは戸惑った。雨が地面を叩き、水煙をあげている。

「何だ、聞こえないのか？　ごみを出せと言ったんだ。いますぐだ。はじめ！」

わたしはバッグのチャックをあけて、ブーツをアスファルトに置いた。その上に服を重ね、洗面道具の袋を一番上に載せて雨除《よ》けにする。慎重に重ねた山に軍曹が目をとめた。それを蹴《け》り飛ばすと、きれいにアイロンをかけたシャツの胸に靴跡をつけた。

「中身は何だ」軍曹は洗面道具の袋をつかんだ。「ドラッグか。酒か。もしかしてK-Yゼリーのチューブとデカいキュウリか?」

ひとつずつ、歯ブラシ、歯みがき粉、剃刀《かみそり》、シェービングクリームが、地面に落ちていく。

「よっぽどうまく隠したんだな、候補生」軍曹がうなるように言った。「だがな、俺は見つけるぞ。ああ、見つけてやる。見つけたら、議員に泣きつく暇もないくらい、すぐに海兵隊から追い出してやるからな」

軍曹は次の獲物に移り、わたしはおずおずと自分の人生をかき集めにかかりながら、またしても自分はなぜOCSに来たんだろうと思った。隣のデイヴがわたしの視線をとらえて微笑み、声を出さずに口の動きだけで「常に忠誠を《センパー・ファイ》」と言った。

2 「海兵隊では安楽な日は過去にしかない」

三秒で靴下を穿き替えろ

毎朝五時きっかりに、交代制の夜間警備で兵舎をうろついていた候補生たちが蛍光灯のスイッチを入れる。まるで大砲から一日が発射されるかのようだ。教官たちがオフィスから飛び出してきて、長い部屋の一番前に立つ。わたしたちは五秒の間に寝台を出て黒いゴムサンダル（海兵隊では〝シャワーシューズ〟と呼ばれる）を履き、兵舎の床を縦に走る黒線に爪先《つまさき》を揃えて気をつけの姿勢をとらなくてはならない。頭は動かさない。寝台でシャワーシューズは履かない。あくびをするな、顔をしかめるな、遅れるな。

オールズ軍曹は常に誰よりも声が大きかった。「朝立ちしてるやつはいるか。寝てる間に、俺をおかずにしていやらしいことを考えてた候補生を見つけてやる」黒線沿いに行ったり来たりしながら、腰をかがめてわたしたちの股間《こかん》をじっと見る。ほかのふたりの教官は、カーペンター二等軍曹とバトラー二等軍曹だ。ふたりはどこまでも謎の男たちだった。一〇週の間に、このふたりについては何ひとつ分からなかった。わたしたちが起きている時間はすべて教官たちに支配されていたが、やらされるのは全くばかばかしいとしか思えないようなことだった。

　教官たちのお気に入りの朝の儀式は、号令に合わせて服を着るというものだ。候補生は黒線に爪先を揃えた状態から、怒鳴られて大急ぎでやるバージョンの〝サイモンさんが言いました〟ゲーム〈ひとりの指示に従って全員がジェスチャーをするゲーム〉を開始する。「左の靴下を穿け」すると三秒でシャワーシューズを脱ぎ、ブーツ用の黒い靴下を穿く。

「遅すぎる！　脱げ！」オールズ軍曹がドラムのリズムに合わせて歌うかのように吠《ほ》える。

　候補生は開始の位置に戻り、手に靴下を持ってだらりと垂らす。横目に見ると、隣にダンキン候補生がいた。名前のアルファベット順に寝台が割り当てられていることを、わたしは恨めしく思っていた。というのも、ダンキンが嫌悪と不満の的になっていたからだ。ダンキンは太りすぎでモチベーションが低かった。小隊の残り全員が軍曹教官の指示通りにやっているのに、ダンキンひとりがのろのろしていた。オールズ軍曹もそれに気づいた。

「自分勝手なやつがいるな」軍曹はその言葉を児童性的虐待者と同義語のように吐き捨てた。「ダンキン候補生、何をやってるんだ」またドラムのリズムで言った。

　ダンキンは答えない。靴下を脱いで開始の姿勢に戻り、正面の壁をぼんやり見つめている。軍曹はダンキンの鼻先五センチに顔を近づけ、すぐ近くにいる者にしか聞こえない小声でささやいた。「おまえは落第だ。だが、家に送り返す前に、みっちり絞ってやるからな」ダンキンは目をしばたたき、軍曹は息を大きく吸いこんでから小隊に向かって怒鳴った。「右の靴下！」今度は候補生たちの動きの速さを確かめもせずに言った。「遅すぎる！」

　靴下を一〇回繰り返したあと、手をブーツに突っこみ、その手と膝《ひざ》を床について、拍子に合わせて兵舎じゅうをどたどたと〝行進〟するはめになった。命令を遂行するのが遅いと有利な状況が台無しになる、というのがオールズ軍曹の説明だ。わたしはOCSに対する不安が薄れ、代わりに不満が湧いてきた。こんなお遊びをする意味が分からない。これではまるで男子学生クラブ《フラタニティ》のいじめだし、こんなことを海兵隊に期待していたのではない。わたしは両手にブーツをはめ、円を描いて這《は》いまわりながら、やめてやる、家に帰って夏の残りはビーチの監視員をして過ごそう、と夢想した。こんなものは、わたしが求めていた戦士になる儀式でも何でもない。

遊びは終わりだと軍曹が宣言し、わたしたちは服を着てどやどやと外に出ると、身体訓練場に整列した。

身体訓練場の中央に、木製の赤い演壇があった。壇上に立ち、朝日の逆光で影になって見えるのは、英国王立海兵隊の旗手軍曹だ。人事交流でイギリスから来たこの軍曹は、未来のアメリカ人将校たちの小隊をしごくのを明らかに楽しんでいた。「ああ、おはよう、候補生諸君。諸君はビッグマック中心の食生活とジェリー・スプリンガーのバラエティ番組で、今朝の活動にしっかり備えてきたことと思う。いいか、諸君が努力を証明したければ、派手にゲロを吐いて見せるのが一番だ」

五点差で体力テスト不合格

わたしにはすでに、海兵隊に嘔吐《おうと》させられた前歴があった。トム・リックスの講演の二、三週間後、わたしはニューハンプシャー州レバノンの海兵隊徴兵事務所を訪れた。政府支給の金属製デスクが置かれ、その奥に貼られたポスターには「思考に勝る者、力に勝る者を常に制す」、「少数の精鋭たち、来たれ、海兵隊へ」といった文言が掲げられている。わたしはそれが気に入った。

デスクの向こうにいるこざっぱりした軍曹が、わたしを頭のてっぺんから足の爪先まで見て笑った。もちろんこの場で兵役登録してもいいし、そうすればきみは今週じゅうにパリスアイランド行きのバスに乗れる、と軍曹は言った。ただ、大学生なら士官学校のほうがいいだろうし、ここでは海兵隊の下士官兵しか受け付けていない、と。何が違うのかほとんど分からないと白状したわたしに、軍曹は名刺を手渡して幸運を祈ると言った。車の座席に腰をおろして見ると、名刺には〝ニューハンプシャー州ポーツマス、士官選抜事務所、スティーヴン・エティアン大尉〟とある。

　三週間後、わたしはポーツマスへ出向いた。士官選抜事務所は何の変哲もない、専門的なサービスのオフィスが集まる建物の中に隠れていた。てきぱきした受付係がわたしを出迎え、カウチに座らせた。待合室は特徴らしい特徴がなく、照明は柔らかで、ほとんど企業と変わらない――思っていたのとは大違いだ。奥のオフィスのドアが開き、わたしは立ち上がった。エティアン大尉は贅肉《ぜいにく》のない引きしまった体型で、青一色の服装に身を包み、新兵募集ポスターに登場する海兵隊員のイメージそのものだ。

「で、きみは海兵隊の将校に必要な資質を自分が持っていると思うんだな」それは質問ではなく、非難と言えなくもないような断定だった。

　最初のハードルは、海兵隊の体力テストに合格することだった。三〇〇点が満点で、士官候補生になるためには二七五点を上回る点数が求められる。種目は三つ。懸垂、腹筋、三マイル（約四・八キロ）走だ。三〇〇点を取るには、両腕を伸ばしてぶら下がった《デッドハング》状態からの懸垂をバーから落ちずに二〇回やったあと、腹筋を二分以内に一〇〇回、最後に三マイルを一八分以内に完走する必要がある。トライアスロンと同じで、個々の種目は特段難しくはないが、組み合わせることで総合的な身体適性テストになる。わたしは高校でアメフトとラクロスをやり、ダートマスでは自転車競技のいい選手だったので、体力テストを制覇するつもりでその午後はポーツマスを後にした。

次に訪れた時、エティアン大尉は挨拶《あいさつ》がわりに、三種目をどの順序でトレーニングしてきたかと尋ねた。自分の好みを考慮してくれるとはありがたい、と思ったわたしは、懸垂、腹筋、長距離走の順なら大丈夫だと伝えた。

「よし」大尉は笑顔で言った。「では、まず長距離走、次に腹筋、それから懸垂だ」海兵隊の流儀をはじめて見せられた瞬間だった。

わたしの顔が青ざめたのだろう、大尉は伴走してモチベーションを高めてやると言い足した。二分後に駐車場から走り出たわたしの後ろで、公用車のバンのハンドルを握る大尉がクラクションを鳴らし、ペースを上げろと叫ぶ。わたしは三マイルを一七分三〇秒で走った。芝生へ移動して仰向《あおむ》けに寝転び、足元に大尉が立った。大尉のホイッスルに合わせて腹筋をはじめる。九八、九九、一〇〇。まだ一〇秒残っている。これも満点だ。わたしはふらついていた。次は懸垂バーへ移動する。呼吸するたびに、吐く息が白くなった。長距離走と腹筋のせいで体が痛んだが、腕の調子は上々だ。バーに跳びつくと、エティアン大尉に大声で回数を数えられながら、金属バーの上まで顎を引き上げはじめた。

「一三、一四、一四、一四」わたしのやり方のどこが悪いんだ？「キップするな――一四、一四」キップって何だ？

とっくに二〇回は過ぎていたが、大尉のカウントは一四から進まない。腕が震え、寒いのに汗が目に滴った。わたしはバーから落下し、膝から崩れ落ちて、朝食を芝生に吐いた。吐き気がおさまってから訊いた。「キップというのは何ですか。なぜ一四で止まったままだったんですか」

「体を前後に揺らすことだ。まっすぐ伸ばしたまま上下しないといけない。吐いた分の頑張りで、一カウント増やしてやろう」エティアンは言葉を切り、クリップボードを見た。「二七〇点か――悪くない。このましっかり励めばＯＣＳに入れるぞ」

二七〇キロの丸太を仲間と共に運ぶ

その朝、旗手軍曹の前に立つまでに、わたしはマシンと化していた。三マイルを一六分で走り、デッドハングの懸垂を二五回できるようになっていた。残念ながら、すでに訓練したことをＯＣＳがテストすることは滅多になかったが。

「今朝は長距離走をおこなう。まず一個分隊に実演してもらう」

一二人の候補生が勢いよく立ちあがり、軽い駆け足で集団の前へ進み出た。動きを揃えてすばやく休めの姿勢をとる。

「その丸太を持ちあげろ」

その候補生たちは標準サイズの電柱一本を全員で持ち上げて肩に担いだ。電柱は長さ六メートル、重さは二七〇キロある。クレオソート油のいやな臭いがして、茶色い汚れが候補生たちの手や肩についた。

「走れ」旗手軍曹が命令する。

候補生たちは駆け足で身体訓練場をぐるりと回った。

「どうだ、簡単だろう。これなら抜け作の諸君にも分かるはずだ。分隊ごとに丸太を一本担げ。ついてこい」旗手軍曹は林道へ駆けだした。

われわれは戦略を立てた。「背の高い順に並ぼう――でないと背の低いやつらが重さに耐えられない。前にいる背の高いやつらがペースを速く保つんだ」わたしたちの分隊ではデイヴとわたしが一番長身だったので、デイヴが先頭に立ち、一歩後ろにわたしが続いた。

一二人編成の一二個分隊が苦労しながら林道を行くさまは、丸太の下のヤスデのようだった。足を速く動かしても、なかなかペースが上がらない。われわれは木の根だらけのぬかるみを、切り株にはさまれてぶつかりながら進んでいった。一度か二度、丸太が肩から転がり落ちて、足が潰《つぶ》れそうになった。わたしは片腕を上げて丸太に巻きつけ、もう片方の腕で目に入る汗をぬぐった。

前方では旗手軍曹が、ランニングシューズと白いタンクトップという姿で跳ね回りながら、海兵隊の将来を嘆いていた。「アメリカの海兵隊は二二三年前からあるんだろう？　結構な歴史じゃないか。尊敬に値するよ、全く。ぶったるんだことをやってると、陸軍に嗅《か》ぎつけられるぞ」軍曹は分かれ道に達して左へ折れた。

「水たまりのほうへ向かったぞ。あそこでどうしろってんだ？」声が聞こえてきた後ろの方では、候補生たちが重さと足元の滑りやすさに四苦八苦していた。

水たまりというのは、林道の真ん中にある深く淀《よど》んだ池のことだ。水辺で足を止めた軍曹は、ボウリングのボールほどの大きさの岩を拾い上げた。全分隊が息を切らしながらまわりに集まるのを待って、軍曹は岩を水たまりに投げこんだ。岩がしぶきを上げて水に落ち、沈んで視界から消えると、水面から四つの小さな頭が現れた。

「諸君がなかなかよくやっているから、どこにヘビがいるか見せてやったぞ。さあ、水に入れ」

われわれはヘビの仲間入りをして、ばしゃばしゃと深い池へ入っていき、艀《はしけ》を押すタグボートのように丸太の横を泳いだ。ブーツに水がたまって水底に引きずりこまれそうになる。チェサピーク湾で育ったわたしは水泳が得意だったが、水の中に閉じこめられることには密《ひそ》かに恐怖を抱いている。

候補生のひとりが丸太の後ろの方で励ましの声を上げたかと思うと、泥まみれの電柱から手が滑って離れ、その言葉がごぼごぼという音に変わると同時に頭が沈んでいった。わたしにはその声がほとんど聞こえなかった。自分の手が丸太から離れないようにして、頭を水面から出しておくので精一杯だったからだ。

「頑張れ、みんな。あと少しだ。いいぞ」わたしの前で、デイヴが丸太を押しながら分隊のみんなを振り返った。びしょ濡《ぬ》れで顔を紅潮させ、眉間《みけん》に皺を寄せて見ている。苦しそうだが、自分のエネルギーと意識を外へ向けて、後ろにいる分隊の仲間を引っぱっていく。

出発してから一時間後、わたしたちはデイヴを先頭に、陽光降り注ぐスタート地点の身体訓練場へ戻ってきた。デイヴが訓練歌を先唱し、みんなで残った息の限りを尽くして唱和する。「森で生まれた。熊と育った」丸太の下でデイヴの足取りは軽やかだ。「犬歯がふた組み。体毛は三層」わたしも苦しさが和らいできた。「弾倉二本とM16。やる気満々」苦労を共にしたことで、わたしたちの辛《つら》さは分散されてほとんど消えていた。「俺はアメリカ海兵隊」

待ち構えていたオールズ軍曹がわたしたちを兵舎へ追い立てた。「くだらん歌はやめろ。おまえたちは海兵隊員じゃない」一蹴《いっしゅう》する言葉の奥に、わたしはかすかな満足の光を見た気がした。「身体訓練シャワー。五分やる。もう朝食に遅れてるぞ」まだ午前七時にもなっていなかった。

昨日の成功に意味はない

ＯＣＳにはちょっとした屈辱感を味わわされる待遇が数々あるが、身体訓練シャワーもそのひとつだ。石けんなしで冷たい水を四〇人の近しい仲間と一緒に浴びる。小隊が服を脱ぐ間に、教官が共同浴場のシャワーノズルをすべて開く。そこを一列になって〝連ケツ〟で歩き、水を噴射するシャワーヘッドの前を通り抜ける。砂だらけの手足を泥だらけにするには充分な水量だが、洗い落とすのに足りたためしはない。タオルでさっとぬぐって服を着ると、わたしたちは丸太走で乱れた呼吸のまま、パレード・デッキを行進して横切っていった。

小隊は候補生が十数人ずつ縦に並んで三列で行進する。どこへ行くにも行進、さらに夕方の一、二時間をパレード・デッキで費やすのが常だった。オールズ軍曹はそれを〝バスの運転〟と呼んでいた。端から端まで行進し、回れ右をしてまた行進、そしてそれを繰り返す。わたしたちはM16を右肩に担《にな》い、地面と平行に伸ばした片手で銃床を握って行進した。

はじめのうちはオールズ軍曹が訓練歌を先唱していたが、徐々にその役目を候補生へ移行させていった。それは歌詞というより耳にこびりつく叫び声で、哀調を帯びた南部の黒人霊歌のように、高くなったり低くなったりする。だが、その叫び声にはビートがあって、わたしたちの踵はきれいに揃ってアスファルトの地面を打ち鳴らした。食堂へ向かう途中、パレード・デッキの半ばまで行進したところで、オールズ軍曹がわたしを隊列から引っぱり出し、自分の代わりに訓練歌を先唱させた。

わたしは最初の一音目からしくじった。右も左も分からないありさまで、テンポが急に速くなったり遅くなったりする。小隊はそれが目立たないよう努めてくれたが、あまりにも混乱がひどかった。踵が揃わずばらばらになり、朝の散歩に出た観光客グループのように見えた。軍曹はわたしを猛烈に攻撃した。

「このくそったれ候補生めが。隊列を行進させることもできない少尉がどうなるか分かるか」

わたしはしわがれ声で返事した。「いいえ、軍曹教官オールズ三等軍曹殿」

「戦闘で部下の隊員を死なせるんだ」OCSでは行進ができない候補生にかぎらず、ブーツを黒光りさせていない者も、真鍮《しんちゅう》のベルト留めを磨いていない者も、靴下を穿くのが遅い者も、必ずそうなると断言された。「自分の隊員を殺されたいのか?」

「いいえ、オールズ三等軍曹殿」言葉が口から出た瞬間、誤りに気づいた。

軍曹は金切り声をあげた。「俺を何と呼んだ? 飲み仲間だとでも思ってるのか? 俺の妹と付き合いたいのか?」

「いいえ、軍曹教官オールズ三等軍曹殿」わたしはそれ以上出せないほどの大声で言った。

「候補生、おまえは軟弱者だな」軍曹は声を落としてうなるように言い、顔を数センチのところまで近づけてきた。「軟弱者は隊員を死なせる前に追い出してやる。覚えとけ」

わたしは動揺していた。こそこそと小隊に戻ると、誰にだって晴れの日は来るさ、と仲間たちが小声で励ましてくれた。だが、不安だった。追い出されたくない。わたしは必死になった。熱意と努力が追いつかないのは人生ではじめてだ。海兵隊では安楽な日は過去にしかないと、わたしは学びつつあった。昨日の成功には何の意味もなく、明日は来ないかもしれない。毎朝、クワンティコで目を覚ますたびに、今夜もここにいられるだろうかと思った。

教官は候補生を選んで挑発している

候補生の食堂はポトマック川のほとりに立つ低層の建物で、兵舎とパレード・デッキから線路を渡ったところにあった。わたしたちは線路に架かる歩道橋を、一日三度の食事のたびに二回ずつ昇り降りした。その夏の訓練の間に三七八回だ。ＯＣＳでは候補生に腕時計の装着が認められていないばかりか、壁掛け時計もあえて数を減らしてあったため、食事の間隔を時間の目安にしていた。

わたしは配膳を待つ列をのろのろと進んだ。トレーを地面と平行にして体の前に持ち、肘《ひじ》は九〇度の角度に曲げ、親指と人差し指をくっつけて小さな輪をつくる。この姿勢はオールズ三等軍曹から命じられた。担《にな》え銃《つつ》の姿勢で行進する時の小銃の持ち方を模したものだからだ。筋肉に徹底的に覚えこませた者がＯＣＳを卒業できる、とオールズ軍曹は言った。そうでない者は陸軍へ行けばいい、と。

テーブルへ行く途中、教官たちが通路を挟んで向かい合わせに並び、怒鳴り声を上げている。パレード・デッキでこっぴどく叱責《しっせき》されたばかりのわたしは、何としても目をつけられるのを避けたかった。頭をかがめて教官たちの間を突き進む。気をつけの姿勢で唾を浴びながら、忍耐や忠誠の美徳についての講義を聞かされて、貴重な食事の時間を無駄にするのはまっぴらだ。

そうしたいやがらせがその場まかせではないことに、わたしは薄々感づいていた。教官たちは罰したり挑発したりする必要があると判断した候補生を選んでいるのだ。全くお咎《とが》めなしでテーブルの間に滑りこめたところを見ると、どうやらわたしの回は今朝の一件で終わっているようだ。

合成樹脂《フォーマイカ》のテーブルにつき、背筋を伸ばして踵をきっちり四五度の角度で合わせて座った。この上品ぶった姿勢は見せかけだけだ。ここにはマナーもなければ同席者との会話もない。シロップと肉汁を迷彩シャツに滴らせながら、食べ物を口に突っこんでいく。今から三、四分間の任務は、体が丸太走から回復して午前中を乗り切れるだけのカロリーを摂取することだ。

最後の一割は、戦闘でしか学べない

ほぼ毎日、朝の身体訓練から夕方の行進訓練までの間、ずっと授業があった。授業は大抵クォンセット・ハットか教室に転用された航空機格納庫でおこなわれ、わたしたちは教室まで行進していき、並んだテーブルの前に黙って整列した。オールズ軍曹が命令するまで座ることはできない。小隊の全員が気をつけの姿勢で椅子の横に立つと、軍曹は叫んだ。「用意。着席！」「殺れ《キル》！」わたしたちは大声で返事した。これは候補生を暴力に順応させるための初期の方法だ。一秒で椅子に座り、できなければ立ってやり直す。候補生はルーズリーフと授業の概要が詰まったバインダーを一冊ずつ携えている。教官たちはほとんどが大尉か中尉の士官で、海兵隊の型通りの教え方を頑《かたく》なに守っていた。わたしたちは有名な戦闘の名前と日付や著名な海兵隊員の功績を暗記した。リーダーの条件一四か条、カモフラージュの八原則、戦場規律六か条も学んだ。

最初のうちは、カリキュラムがばかばかしく思えた。わたしが学んできた教養教育《リベラルアーツ》では、議論、討論、複雑な概念の繊細な解釈に重きが置かれていた。しかし、教官いわく、戦闘では議論や討論をしている時間など滅多にない。複雑な概念は単純化すべし、さもなくば概念は概念のままで、けっして実行に移されない。

リーダーの条件は、ふるまい、勇気、決断力、信頼、忍耐力、熱意、先導力、真摯《しんし》さ、判断力、正義感、知識、忠誠心、機転、利他性だ。候補生はこれに加えてほかのリストもひとつひとつ、何度も何度も繰り返し教えこまれた。わたしはそれを教室で覚え、食堂の列に並びながら覚え、夜は寝台の中で覚えた。暗記する目的は、そうすれば直感にすりこまれるからだと聞かされた。内面化されて意思決定プロセスに作用し、全く意識しなくてもあらゆる行為にそれを浸透させられるようになる、と。

　大尉のひとりが教室の前に立ち、第一次世界大戦でオスマン帝国に対するアラブ人の反乱を指導したT・E・ロレンスの言葉を引用した。

〝戦術の九割は決まりきったものであり、それは書物で学ぶことができる。しかし、残る一割は瞬く間に池を横切るカワセミのようにとらえどころがなく、指揮官はその一割で真価を試される。それを獲得する方法はただひとつ、一瞬の羽ばたきをとらえるべく思考鍛錬を重ね、危機の際には反射のように自然に働くようになった思考によって、直感を研ぎ澄ますことのみである〟

　大尉が言うには、OCSで学べるのは一割で、あと五割か六割は海兵隊基礎訓練校《TBS》で学ぶ。運がよければ、最初に配属された小隊で、さらに一割か二割を習得できる。最後の一割は戦闘でしか学べない。その一割は、われわれ候補生にとって、途方もなく遠いものに思えた。

命令する前に、まず服従を学ぶ

　最初の三週間のうちに、寝る場所が四回変わった。候補生が退学になるたびに寝台の空《あ》きができ、それを埋めるために移動を繰り返したからだ。罪状は様々だった。ふたりは長距離走に三度続けて不合格で〝身体的に不適格〟。もうひとりは文章課題で概念を理解できず〝学業不振〟。この三人は、教官たちに嘲笑《あざわら》われながら自分のフットロッカーを空《から》にし、追い出されていなくなったあとも馬鹿にされた。しかし四人目はもっと厳粛に扱われた。

ダンキン候補生は最初から悪戦苦闘し、一週目にオールズから自分勝手だと槍玉《やりだま》に上げられていた。その非難が的外れではなかったことが立証される形になった。わたしも分かりかけたところだったのだが、教官たちが何より重視していたのは熱意と忠誠心だ。チームワークを大切にする気持ちを候補生に求めていたのだ。悪戦している候補生でも、必死で努力して成果を絞り出せれば挽回《ばんかい》できるはずだった。

サプリメントは厳しく禁じられていた。わたしたちはゲータレードではなく水を飲み、工場で生産された栄養補助食品ではなく食堂の料理を食べた。どんな種類のサプリメントであれ所持しているのが見つかれば、名誉の冒瀆《ぼうとく》と見なされて即刻退学となる、と候補生全員に警告されていた。

ある晩、わたしたちが黒線に爪先を揃えて消灯ラッパを待っていると、教官がフットロッカーの検査をすると告げた。ダンキンの靴磨きセットの中に、交感神経興奮剤《エフェドリン》の瓶が一本隠されていた。その場に立ち尽くして泣きじゃくるダンキンに向かって、荷物をまとめて廊下へ出るように、とカーペンター二等軍曹が冷静な口調で言った。怒鳴りもせず、芝居じみた言動もなく、ただ厳格な退学命令のみ。ダンキンは海兵隊士官になれる人間ではないという明確な宣言だった。小隊は気をつけの姿勢で立ったまま、ダンキンが荷物をまとめるのを黙って見ていた。ダンキンがセーラーバッグを肩に担ぎ、並んだ寝台の間を歩いていく時、口を開く者は誰ひとりいなかった。

ダンキンはきわめて重要なルールを破った――率いる者と率いられる者の信頼の絆《きずな》を断ち切ったのだ。リーダーの条件は、単なるテスト用の暗記リストではない。信頼。真摯さ。判断力。あの夜、わたしは軍曹教官と士官候補生の関係をはじめて理解した。命令する前に、まず服従を学ぶのだ。

一〇週間、教官たちはわたしたちを思い通りにできる。叫んでも怒鳴ってもいいし、靴下を毎朝一五回脱ぎ穿きさせてもいいし、起床ラッパから消灯ラッパまでいびることもできる。しかし、ひとたび候補生が将校になるや、その権限は将校の手に移る。候補生は少尉になり、やがては大尉や大佐になっていく。戦場で海兵隊の下士官兵を率いる指揮官となる。教官たちには、不適格な将校が海兵隊員を殺す前に、不適格な候補生を葬り去るという、きわめて現実的な特権があるのだ。

3 「どれだけ自分を捧げられるかなのだ」

立場の差は「弾丸ひとつ」

OCSの期間が半ばを過ぎた頃、わたしはすっかり目をつけられていた。小隊をうまく行進させることもできなければ、ベルト留めの右端をズボンの一番上のボタンの右端に揃えることがなぜ重要なのかも理解できず、怒鳴られては相手の目をにらんでさらにいびられるという、マゾヒスト的な態度をとっていたからだ。オールズ軍曹はわたしに指摘する回数が多すぎて、名前で呼ぶかわりに「おや、おや、誰かと思えば」とか「こりゃあ、たまげたな」などと言うようになった。わたしは〝不適応〟で退学の危機に瀕《ひん》していた。

ある金曜日の午後、わたしたちは兵舎の後ろの方にキャンプ用の折り畳み椅子を並べ、背筋を伸ばして両手を膝に置く気をつけの姿勢で座って、小隊長のファニング大尉のスピーチを待っていた。のちに分かったことだが、OCSの小隊司令部は、高等訓練を受けにクワンティコに戻ってきた若い大尉たちの溜《た》まり場にすぎない。艦隊勤務が終わって羽を伸ばせる気楽な仕事だ――ここの勤務時間は楽だし管理もゆるく、責任らしい責任もない。OCSを実際に運営しているのは三等軍曹、二等軍曹、一等軍曹――名うての〝武装集団〟だ。しかし一九九八年夏の時点で、わたしにはまだその真実が見えておらず、大尉は権威を象徴する存在だった。ファニング大尉が通路を歩いてきて、わたしたちはさっと起立した。

ファニング大尉は柔らかい口調で話すヘリコプター操縦士だった。わたしは大尉の襟にある銀の棒二本の階級章と、左胸の上に留められた金の航空記章に目を凝らした。大尉は一枚の紙を手に持ち、着席を命じた。わたしたちを見る目には共感と侮蔑《ぶべつ》が入り混じっている。

「すでに五週間が過ぎた。ＯＣＳは訓練、評価、審査をおこなっているが、主な任務は審査だ。われわれは誰に海兵隊士官の素養があるかを見極めたい。諸君がやるべきことは、ルールを守ること。われわれのルール、海兵隊のルールだ。おそらく諸君の大半は学生アスリートだろう」候補生たちは人間扱いされて嬉《うれ》しそうにうなずいた。大尉は先を続ける。「ここでやることもアメフトと同じだ。ルールを学んでゲームに挑む。言っておくが、ここは本物の海兵隊ではない。ここでやるべきことをやれ。そうすれば仕事も人生もうまくやっていける。クルーシブルの開始まであと四週間だ」

クルーシブルというのは、ＯＣＳで最後におこなわれる演習だ。三日か四日、食事も睡眠もとらずに森を行軍するという噂は、わたしたちもみんな聞いていた。そのことに気をとられていると、大尉は手元の紙に目を落とし、次の話題へ移った。「今日は諸君にリーダーシップについて――海兵隊のリーダーシップ原則のうち、わたしが艦隊勤務で役に立ったと思う五項目を伝えたい」

わたしはペンのキャップをはずしながら、そんな複雑な概念を項目だけ聞いても役に立たない気がしていた。だが、大尉は五つの原則を挙げただけではなかった。それが何を意味し、自分が将校としてどのように用いたかを語った。「第一に」大尉が言う。「技術と戦術に精通すべし」武器、無線、航空機など、使おうとしているものが何であれ、それを熟知していないことに言い訳の余地はない。「人柄がいいのはすばらしいことだが、人柄がよくても自分の仕事が分かっていなかったせいで、部下の半数を死なせた者が大勢いる」

「第二に、タイミングを逃さず、妥当な判断を下すべし」ファニング大尉いわく、すべての情報が手に入るまってから判断すればいいというのは大間違いだ。五里霧中の戦場では、すべての情報が手に入ることなどありえない。すばらしい計画を遅れて実行するよりも、妥当な計画を無理にでもいますぐ実行したほうがいい、と大尉は勧める。腹を決め、行動し、いつでも適応できるようにしろ、と。

第三の助言はシンプルだった。「範を示せ」だ。将校になれば、部下全員の目が自分に注がれることになる。部隊の雰囲気を決めるのは将校で、隊員は将校の態度を――良くも悪くも――模範とする。「ＯＣＳが諸君の軍服の着方《きかた》を気にするのはなぜか」大尉が問いかけた。「諸君の部下となる隊員たちが気にするからだ」だらしなさは、だらしなさを生む。些細《ささい》なことをおろそかにすれば、坂を滑り落ちるように、重大なこともおろそかにするようになる。つまり、海兵隊に言わせると、ベルト留めを揃えることは、自分がやがて率いる小隊の生死に関わるというわけだ。

「第四に、部下を理解し、部下の安全・安心を大切にすべし」大尉は自分が任務を共にした部下たちを思い出して微笑んだ。諸君の部下となる隊員たちは、諸君が本当に隊員を大切に思っていると信じられれば、地獄の門をくぐった先まで諸君についていくだろう、と大尉は言った。「大事なのは諸君ではない」ゆっくりと、一語一語に力をこめる。海兵隊は下士官以下の歩兵のために存在する、そう話した。「ほかの者は全員――歩兵隊の将校を志願する諸君も含め――サポート役にすぎない」

「最後に」大尉は熱をこめて説いた。「部下をチームとして訓練すべし」部隊の士気と団結心を高められるかどうかは、ひとりひとりが自分を部隊の一員と感じられるかどうかにかかっている。隊員たちは互いの仕事を知らなくてはならない。「それは諸君や小隊軍曹とて同じことだ」大尉は言葉を継いだ。小隊長になったばかりの少尉は、副隊長の軍曹と責任を分かち合う必要がある。小隊長が任務ばかりに目を向け、かたや小隊軍曹は隊の安全・安心ばかりを考えるというケースがあまりにも多い、と大尉は言う。「諸君ひとりひとりが、その両方をやらなくてはならない」

大尉は要点をはっきりさせるために、ひとつの問いを投げかけた。「小隊長となる諸君と副隊長の軍曹の間に、どんな差があるか分かるか」大尉はひと呼吸おいてから、自分でその問いに答えた。

「その差は弾丸ひとつだ」

ファニング大尉は、星条旗の前に立つジョージ・S・パットン大将ではない。ピストルを掲げて怒鳴り散らしたわけでもない。だからこそ、大尉の言葉はわたしの心に響いた。大尉はわたしたちに、OCSという作り物の世界の先にあるものを垣間見《かいまみ》せてくれた。訓練と実戦のつながり、偽の重圧と本物の重圧のつながりを、わたしたちは理解しはじめた。ファニング大尉はここでのゲームの目的を説明してくれたのだ。

その午後を境に、わたしはルールを受け入れ、ルールに従って生活を送るようになった。号令に合わせて服を着る時は、誰よりも速く動いて大きな声を出すよう努力した。オールズ軍曹に訓練歌を先唱させられた時は、懸命に務め、ぜったいに尻込《しりご》みしなかった。軍曹はわたしが先唱して小隊が混乱しても気にとめなくなった。行進はどうでもよかったのだ。重要なのは、重圧のもとでも冷静でいることだ。超然としていられるかどうかだ。自分のまわりで世界が粉々に砕け散ろうとしている時でも、思考能力を保たなくてはならないからだ。自分のためではなく、自分の隊員たちのために。

どれだけ自分を捧げられるか

翌日の午後から二四時間の休暇が候補生たちに与えられた。父がクワンティコのゲートまで迎えにきて、その日はアナポリスへ連れていってくれた。OCSの様子を説明しようとしたが、ストレスも混乱も、はるか遠くに離れてしまえば、ばかばかしいものに思える。自分がその影響を受けすぎている気がして恥ずかしかった。所詮《しょせん》は訓練なのだし、単なる夏休み中の仕事にすぎない。だが本当は、それだけではなかった。弾丸は空包《くうほう》で、悲鳴は演技でも、テストは本物だ。海兵隊がみずから認めている通り、わたしは戦闘におけるリーダーの資質があるかどうかを審査されている。それは通過儀礼とも言えるし、現代の戦車競走《チャリオット・レース》や決闘とも言える。わたしはどうしてもそのテストに合格したかった。人生でこれほどまでに何かを欲したことはない。

高校まではグラウンドで自分を試された。アメフトでまずいプレーをしたり、ラクロスで試合に負けたりしても、それは頭から振り払うことができた――チームメイトと慰め合って翌週に期待をかければよかった。大学では、本当の意味で自分を試されたことはない。いい成績をとるために努力はしたが、結果を疑ったことはなかった。大学一年の初日から、卒業できると分かっていた。OCSでは、将校になれる可能性を失うかもしれない。いつそうなってもおかしくなかった。

意識のなかから未来が消え、それと共に利己的な動機も消えた。いま、この瞬間が、自分の存在のすべてだ。チームの一員であるという自覚が純粋にわたしの動機となり、ミスをひとつ犯すたびに少しずつ仲間を弱らせていくことを意識した。連帯責任はアメリカ社会では大抵忌避されるが、OCSでは大事な要素だ。小隊はチームで戦う。生きるも死ぬも仲間と一緒だ。だから罰もチームとして受ける。

まるで天からの啓示のように、その本質的な意味への理解がわたしに突然おとずれたのは、翌週のある朝、腕立て休め《リーニング・レスト》――腕立て伏せで腕を伸ばした〝アップ〟の姿勢――でじっと耐えていた時だった。オールズ三等軍曹は小隊全員をその姿勢で待たせたまま、ブーツが剝《は》げていた候補生を兵舎の一番奥で叱りつけていた。オールズ軍曹の言葉に啓示を見出《みいだ》したのではない。それはふとした気づきだった。これは自分がどれだけ耐えられるかではない、どれだけ自分を捧《ささ》げられるかなのだ。

最後の褒め言葉

夏休みが残り一か月を切り、毎日がどんどん速く過ぎていく気がした。バスでクワンティコのゲートをくぐったのが遠い昔のように思える。はじめの頃に犯した過ちを思い返すと笑えてきた。とにかく、その過ちから学べるほどには、ここに長く置いてもらえているわけだ。クルーシブルがあと一週間に迫っていた。受けてきた授業と身体訓練のすべてを集約して、最終テストに挑むことになる。クルーシブルのあとには式典があると噂されていた。そこで〝イーグル・グローブ・アンド・アンカー〟――地球儀に鷲《わし》と錨《いかり》をあしらった海兵隊伝統の記章――が授与される。訓練を生き抜いた証《あかし》だ。

最後の週も、一日の終わりにはその日のはじまりと同じように、兵舎の床を走る黒線に爪先を揃えて整列した。気をつけの姿勢で立ち、茶色のTシャツに緑の半ズボン、シャワーシューズという格好だ。軍曹教官は肩を怒らせて歩きながら、ほとんど小言ばかりを言っていたが、その時ほんのふたことみこと、褒め言葉を口にした。

「おまえたちは、これまで見てきたなかで最悪の候補生だ。うすのろ。ぼんくら。わがまま野郎」オールズ軍曹はひとり、またひとりと候補生を指差しては侮辱的な呼び名をつけていく。指差されずに素通りしてもらえたわたしは、ほっと息を吐き出した。「おまえたちのほとんどは、まだ大学へ送り返されるかもしれないぞ。テニスして、マティーニを混ぜて、自分の自由を守ってくれる男たちより自分のほうが上だと思える生活に戻るんだ」こけおどしではなかった。その週になってから、小隊の仲間がもうひとりいなくなっていた――今度は疲労骨折だ。

「しかし、中には根性のあるやつも何人かいる。その候補生たちは海兵隊に入らせる。あばずれスージーのために共産主義者を殺しにいくんだ」スージーというのは海兵隊が使う隠語で、自分たちが兵役に就いている間に浮気する妻やガールフレンドのことだ。海兵隊員を指揮する能力以外、オールズ軍曹にとってわたしたちの人生に神聖なものは何もない。軍曹は最も頻繁に語っていたアドバイスのひとつで話を締めくくった。「多少なりとも根性があれば、海兵隊でやっていけるだろう」

わたしたちはそれを褒め言葉と受け取った。

就寝前の合唱

毎晩、長い話の最後には水分補給する。〝水分補給〟も海兵隊で使う用語だ。海兵隊員は水を飲まない。補給するのだ。われわれの小隊を離脱した者の中には、海兵隊士官候補生としての最後の時間を、〝銀の弾丸〟と呼ばれる直腸体温計を突っこまれて氷風呂《ぶろ》で過ごした者が少なからずいた。

七月のバージニア州の暑さは、体格を問わず、黒人も白人も、優秀な候補生もそうでない候補生も、分け隔てなく直撃する。ただ、水分が足りている者と脱水状態の者を区別するだけだ。だから夜の水分補給命令には何の抵抗もなかった。

頭をのけぞらせて水筒いっぱいの水を喉《のど》に流しこみ、空《から》になった水筒を逆さまにして頭上にかざし、飲み干したことを証明する。中には大量の液体を飲み続けるのに苦労する候補生もいて、胃から逆流した水を吹き出し、通路の向こう側にいる候補生たちの足元に水たまりができることがあった。だが、その候補生たちは歩き回っている教官を怒らせないように、必死で視線を前方へ向けていた。

オールズ軍曹はひどくむっとした顔でその水たまりを指し示した。「ここは俺の家だぞ。その水たまりは起床ラッパまでにきれいにしておけ。だが、今夜はもう寝台から出るのもだめだ。海兵隊命令は就寝ってことになっている。だから就寝だ」

〝寝台のぼれ〟の命令で、わたしたちは寝台に這いのぼった。しかし、その時点でもまだ一日は終わっていない。気をつけのまま横になり、腕は脇に伸ばし、握ったこぶしの親指を想像上のズボンの縫い目に揃え、踵は四五度の角度で合わせて、目は天井を見る。

軍曹は両手を腰にあて、兵舎の中央に立つ。

「よおおおおおい！」言葉が口でも肺でもない、どこか体内の深いところから発されるが、それがどこかを知っているのは訓練教官とテノール歌手だけだ。

「歌え！」

モンテズマの間《ま》から
トリポリの海岸まで

最初の週は四五人、やがて四一人、そして夏が盛りに近づく頃には三八人の声が、「海兵隊賛歌」をとどろかせた。〝海兵隊〟ではなく〝海兵隊員〟を歌った、海兵隊員たちの歌だ。

先陣を切って戦う
正義と自由のため
高潔な名誉を守るため

誇りのすべて、戦いのすべて、魂のすべてがこもった歌詞を、天井に向かって大声で歌う。

もし陸軍と海軍が
天国を見渡したなら
目にするだろう
天国の街を守るのは
合衆国海兵隊員

歌が終わった瞬間、静寂が耳にとどろき、仲間たちが息をつくのが聞こえる。一日の中で一番好きな時間だ。

「われわれが平時に汗を流せば流すほど、戦場で流れる血が少なくなる。就寝だ」オールズ軍曹は決して〝諸君〟とは言わず、いつも〝われわれ〟と言う。軍曹が照明を勢いよく消して出ていき、わたしたちは気をつけの姿勢のまま暗闇に残され、飛行場で回転する灯火が壁に明滅する。

戦争が起こるはずはない

八月七日は早くに目が覚めた。いつもは疲労困憊《こんぱい》で照明がつくまで眠っているが、わたしは気持ちが高ぶっていた。夜にはクルーシブルがはじまる。あと一週間で卒業だ。わたしたちは朝の運動で汗を流し、行進で食事へ向かった。いまや小隊は、みずからの力で動くひとつの有機体となっていた。自分たちの訓練歌を大声で叫びながら、胸を張ってパレード・デッキを横切っていく。歩道橋をわたる時、食堂の外にカーペンター二等軍曹がいて、コンクリートのポーチからこちらを見ているのに気づいた。険しい顔をしている。

わたしたちに片手を上げて行進を止め、こちらへ来いと身振りで促す。

「候補生、集まってよく聞け」わたしは兵舎の床に泥がついていたとか何とか、架空の罪で小言をくらうのかと思った。

「テロリストがケニアとタンザニアのアメリカ大使館を攻撃した。爆破だ。どっちも海兵隊員が警護している大使館だ。わたしの仲間が――おまえたちの未来の仲間が――おそらく何人か死んだ。気を引き締めろ。おまえたちが入ろうとしているのは成長産業だ。行って食事しろ」

わたしたちの生活は情報から隔絶されていた――天気予報もなければ野球中継もなく、ましてや破壊されたふたつのアメリカ大使館の詳報など分かるはずもなかった。

候補生たちは配膳の列で、急《せ》き立てられるようにささやき合った。

「どういうことだ？」

「戦争だ」

「そんなわけないだろ。なんでもないさ。少なくとも俺たちにはな。艦隊の連中は登板の機会があるかもしれないけど、俺たちはない」

「もしかしたら、そのうちあるかも」

「まさか。第三次世界大戦じゃあるまいし。爆破が二回ってだけだ。ミサイルを何発か落としてやれば、それでおしまいさ。くそっ。またパンケーキが焦げてる」

最終テスト

クルーシブルの開始は夜一〇時。まる一日が終わったあと、オールズ軍曹はいつも通り、わたしたちに海兵隊賛歌を歌わせた。が、そのあと消灯はせず、われわれは荷物を担いで兵舎を後にし、暗い森を抜ける一六キロの行軍を開始した。軍曹はもうあまり怒鳴らなくなっていた。ただ指示を与え、わたしたちはそれに従う。はじめのうちは砂利道を二列で進んだ。わたしはデイヴの隣を歩いていた。デイヴは笑顔でアップビートな口笛をずっと吹いている。そのうちスキップしだすんじゃないかと半分本気で思った。道を曲がってからは、長く一列になって細い泥道を行く。バスから見た沼と平行に進み、大統領専用ヘリ〈マリーンワン〉が拠点とする飛行場を通り過ぎた。クワンティコが刑務所のようだとは、もう感じなかった。

夜明けの薄明かりの中で、オールズ軍曹がキグリーの時間だと言った。〝キグリー〟のことは、わたしたち全員が聞いていた。OCSの訓練内容の大部分はうまく包み隠されていたので、毎日が嬉しくもない驚きの連続だったが、泥水がたまったこのキグリーと呼ばれる塹壕《ざんごう》は、将官がスピーチで回顧するたぐいの、クワンティコの訓練を象徴するものになっていた。

われわれは森の獣道《けものみち》を駆け足で進んだ。ひと晩寝ずに行軍したあととあって、足がふらつき、速さは半分に落ちている。気温はすでに三〇度を超え、軍服は汗びっしょりだった。足を一歩進めるたびに水筒が腰にあたって鈍い音をたて、リュックの紐が肩に食いこむ。候補生たちは励まし合って一列で道を進んでいった。息を切らしながら開けた場所に出ると、獣道は泥のなかへ消えていた。塹壕は岸から栈橋が突き出ていたが、候補生用でないのは明らかだ。われわれが進むのは栈橋の脇、有刺鉄線が張られた下の泥水の中だ。

わたしは自分の熱意を教官たちに印象づけようと躍起になって、一本目の有刺鉄線の下の、いやな臭いのする黄土色の水の中へ飛びこんだ。塹壕は思ったより深く、頭まで水に沈んだ。水面に顔を出して這い進みはじめ、堆積《たいせき》した泥にまみれながら進路を掻《か》き分けていく。

わたしの前に苦戦しながら進む候補生がいたので、その候補生のブーツと自分の手の距離を縮めることを目標にした。突然、候補生が叫んで腕を振りながら直立した。何か長く黒いものが上腕からぶらさがっている。ヘビだ。

なんてこった、ここはヘビがいるのか。そう思ったわたしは立ち上がりかけた。

と、肩甲骨の間をブーツの踵に踏みつけられ、顔から水のなかへ押し戻された。

「何のつもりだ、おい？　這って進め」

「承知しました、軍曹教官殿」そう言ったつもりが、意味不明の声しか出ない。泥が口のなかの上顎にピーナッツバターのように貼りついていたからだ。わたしは腹這いで進みつづけ、腕にヘビをぶらさげた候補生を追い越した。ようやくキグリーから這い出た時、わたしの背中を蹴った教官が待っていた。

「無害なかわいいヘビのせいで、任務をおろそかにして隊員を死なせるわけにはいかないんだぞ。でかい毒ヘビでもだ。常に自分を律しろ。分かったら、俺の視界から出ていけ」

教官が何を言わんとしているかは明白だった。自制心を働かせるのが最も困難な時――疲労し、空腹で、不快な状況にいる時にこそ、自分を律する必要がある。それからの二日間、わたしは常に警戒し、自分を律し、まわりの候補生たちに意識を集中させるよう努力した。われわれは一二人ずつの分隊で行動し、交替で分隊長を務めながら、むしむしする森の中で攻撃訓練を繰り返した。戦術は荒削りで、できるだけ静かに歩いて目標に接近し、攻撃を仕掛けてM16の空包を掃射するというものだ。技術を教えるより精神力を測るのがOCSの目的だった。

スプーンすら攻撃手段になる

二晩とも夜通し雨が降り、朝鮮戦争時代のポップアップ式テントで寝たものの、どうやらテントは水を集めてわたしたちに注ぐ設計になっていたようだ。雨と疼《うず》く空腹（一日一食しか与えられていなかった）が相まって寝つけなかった。三日目の午後になる頃には、まわりの候補生たちの顔がすっかり泥に覆われていて、装備の重さに耐えながら数限りない攻撃と長い行軍を経てきたことを物語っていた。クルーシブルの終了まであと二、三時間となった頃、わたしは眠気を払うために穴を掘っていた。

「一体何をやってるんだ、候補生」オールズ軍曹の声は、わたしのやっていることが何であれ、やるべきことではないと言いたげだった。

「何を掘ってるって？」

「狐の巣穴《フォックス・ホール》〔一、二人用の塹壕。たこつぼ壕〕を掘っています、軍曹教官オールズ三等軍曹殿」

「狐の巣穴です」わたしは言葉を切り、シャベルを持って休めの姿勢で立ったまま、ヘルメットを押し上げて軍曹をよく見ようとした。

「狐は隠れるために穴を掘る。海兵隊員が掘るのは敵を殺すための戦闘壕《ファイティング・ホール》だ。おまえは穴に隠れようとしてるのか、それとも攻撃手段にして敵を倒そうとしてるのか、どっちなんだ」

海兵隊では何でも攻撃手段になる。全く斬新《ざんしん》な発想だ。ＭＲＥ〔戦闘糧食。作戦行動中に携行する保存食〕のプラスチック製スプーンは、無線アンテナの絶縁体に使えば戦闘機と交信して空爆を要請できるので、攻撃の手段になる。

「攻撃手段です、軍曹教官殿」

「よし。では、おまえがこの攻撃手段を掘っている間、誰が安全を確保してるんだ」

わたしは自分の射撃班の残り三人がどこにいるかと、茂みの中を見た。三人ともいびきをかいている。

「候補生、海兵隊員は何でもふたりひと組でやる。戦うのも二人組。巡察も二人組。穴を掘るのも二人組だ。タイに配備されてみろ、やるのも二人組だぞ〔同性愛を揶揄《やゆ》する表現〕。海兵隊員でも単独なら殺すのは簡単だ。相棒と一緒の海兵隊員を殺すのはくそ難しい。単独行動してるところを二度と俺に捕まるんじゃないぞ」

そうだ、「部下をチームとして訓練すべし」だ。わたしは疲労のせいでうっかりしていた自分を罵《ののし》った。

OCSからTBSへ

その日の朝のうちに、装備をまとめてパレード・デッキまで歩いて戻った。スクールバスより大きくずんぐりしたグレーのCH‐53スーパースタリオンが、われわれを基礎訓練校《TBS》へ輸送するために待っていた。わたしはヘリコプターに乗るのははじめてだった。

貨物室の両壁沿いに並んでナイロンのベンチに座り、開いた後部ハッチの外を見ていると、パレード・デッキや兵舎がわたしたちの下に消えていく。州間ハイウェイ九五号線を横切る時には、下の方に通勤する人たちの車が見えた。清潔で、食事も休息も充分で、自分の毎日を自分でコントロールしている人たち。わたしはふと、自分がその誰とも居場所を交換するつもりがないことに気づいた。

候補生たちは四人ずつのグループに分かれてTBSの着陸エリアの隅に集合した。どのグループもそれぞれひとりの少尉が出迎えた。ついこの間クルーシブルを終えたばかりの将校たちは、心得たもので、候補生をまっすぐ食堂へ連れていく。わたしたちは皿にマカロニとピザを盛り、ゆっくりと食べた。席へ向かう通路に並んで立つ軍曹教官はいない。部屋を見回しても、ブーツの踵を合わせておかなくても、誰にも脅かされない。反乱が起きたような感じだ。わたしたちは二皿目をとりにいった。

食堂の外に、小隊が集まって整列した。汚れてはいたものの、わたしたちはまっすぐ立っていた。縦も横も列は完璧《かんぺき》に揃っている。オールズ三等軍曹が一列ずつまわって候補生ひとりひとりの前で立ち止まり、相手の右手をとって握手し、左手の中に冷たい金属製のものを押しこんでいく。わたしはオールズ軍曹が激励の言葉をかけてくれるのを期待した。わたしの成長ぶりに言及するとか、わたしを受け持って楽しかったとかいうようなことを。ところがオールズ軍曹は、まばたきひとつせずにわたしをじっと見て、こう言った。「おまえはまだ続きがあるぞ」

それでも、わたしたちはやり遂げた。手には、〝イーグル・グローブ・アンド・アンカー〟が握られていた。軍曹が隣の候補生へ移動すると、わたしはこっそり手の中を見た。縦横二・五センチの黒アルマイトのピンで、いずれは礼装軍服につけることになるものだ。この図柄はアメリカ中でバンパーステッカーや野球帽にも使われている、海兵隊の不朽のシンボルだ。これを手にし、わたしは大学に戻って四年生になる。次にクワンティコに来る時には、少尉として来ることになる。

4　「そこにある本はすべて、諸君の先輩たちの血で書かれている」

これからの戦いのための記念碑の空白

一九九九年六月一二日、わたしはダートマス大学のベイカー図書館で、右手をあげて海兵隊少尉就任の宣誓をおこなった。「わたしは国内外のあらゆる敵に対し、合衆国憲法を擁護することを厳粛に誓います」

母が金の棒一本の階級章をわたしの両肩に留め、父がマムルーク剣を渡してくれた。その剣が、一八〇五年にバーバリ海賊〔北アフリカの地中海《ちちゅうかい》沿岸で活動した海賊〕と戦ったプレスリー・オバノン中尉の遠征を記念したものだというのは、夏にクワンティコで学んで知っていた。けれども、海兵隊員になるのがどういうことなのか、わたしには分かっていなかった。青い礼装軍服をはじめて身につけ、ハロウィンで詐欺師の仮装をしているような気がした。

OCSを卒業したあと、何の義務も負わずに海兵隊を離れることもできた。それは海兵隊にも都合のいい制度だ。いきなり入隊して四年の任務に就こうとは思わない人間も集められる。候補生にとっても、大学に戻って一年過ごす間に、海兵隊でさらに長期の任務に就くかどうかを熟慮できて好都合だ。わたしの場合は決心するも何も、OCSにいる間に腹は決まっていた。クワンティコでの苦労を無駄にするつもりはさらさらなかった。

大学のクラスメイトたちはもうすぐ大学院やコンサルティング企業へ進むが、わたしたちの道はまだ分岐していなかった。まだ同じ世界に住んでいた。連れ立って陽光のもとへ出て、ハノーバーの緑の中を歩いている時、別れが間近に迫っていることをはじめて実感し、ちくりと胸が痛んだ。わたしはすでに、自分の世界観のかすかな変化に気づいていた。抽象的な理論や学者を気取る態度への寛容さが消散し、哲学や古典言語の授業よりも、国家安全保障や時事問題に心を引かれた。海兵隊がコソボやマケドニアやリベリアに上陸した時には、経過を毎日追いかけた。世界の問題が以前より身近で自分の問題のように思えた。

わたしは一九九九年一一月のある日曜日に基礎訓練校《TBS》に到着するよう命じられていた。ボルチモアにある両親の家からクワンティコへ行く途中、バージニア州ロズリンでハイウェイを降りて寄り道をした。ふとした思いつきだった。ポトマック川を見おろす小高い丘に、海兵隊戦争記念碑が立っている。最後に訪れた時はまだ子供だったので、もう一度見ておきたかった。

星のよく見える寒い夜で、川の向こうにワシントン記念塔や記念建造物が明るく浮かんでいた。海兵隊戦争記念碑の彫像を、投光照明が照らしている。名もなき五人の海兵隊員とひとりの海軍衛生下士官、その上にはためく星条旗。ジョー・ローゼンタールが一九四五年に撮影してピューリッツァー賞を受賞した写真「硫黄島の星条旗」をもとにつくられた彫像だ。その無名性に、心を打たれた。六人の男たち。名もなく、階級もなく、人物を特定する特徴もない。海兵隊の男たちだ。

わたしは記念碑をぐるりと回りながら、花崗《かこう》岩の台座に金文字で記された幾多の戦いの名前を読んでいった。

独立戦争。この時、新設された海兵隊のために〝少数精鋭〟を募集する新聞広告が掲載された。アメリカ＝スペイン戦争。通信員だったリチャード・ハーディング・デイヴィスが、〝海兵隊が上陸し、状況を制圧した〟と伝えた戦争だ。一九一八年のベロー・ウッドの戦い。ダン・デイリー先任曹長が〝さあ、くそったれども。永遠に生きたいか〟と叫んで部下を奮い立たせながら、塹壕の壁を越えて攻撃に転じた。硫黄島の戦いでは、広さがワシントンDCの八分の一しかない島を攻め落とすのに、六〇〇〇人近い海兵隊員が死に、一七〇〇〇人が負傷した。この作戦の最後に、チェスター・ニミッツ海軍大将が〝ごく普通の美徳であるがごとく、普通ならざる勇気を奮いし者たち〟という言葉を残した。朝鮮戦争における長津湖《ちょうしんこ》の戦い。この時は、ガソリンが凍る寒さのなかで、第一海兵師団が中国と戦って包囲網を突破した。レバノンでは、一九八三年一〇月二三日、テロ戦争の幕開けとなる事件が勃発《ぼっぱつ》した。トラック爆弾が海兵隊兵舎に突っこみ、二四一人のアメリカ人が死亡した。

　帯状に並べ刻まれた戦いの名前に、わたしは心が震えた。だが、わたしを立ち尽くさせたのは、そこに刻まれた過去ではない。まだ刻まれていない名前だ。過去の戦いの横に、これからの戦いのために残されている空白だ。黒く滑らかな台座の石面に並ぶ金文字を見て、ここにどんな名前が続くのだろうと想像した。その一九九九年の静かな夜、新たに刻まれる戦いに自分が加わることになるとは夢にも思っていなかった。

大学院生のような少尉たち

海兵隊基礎訓練校《TBS》のキャンパスは〝キャンプ・バレット〟と呼ばれている。海兵隊将校たちの揺りかごというより、荒れ果てたコミュニティ・カレッジのようだ。初日の月曜の朝、わたしは授業から授業へとせわしなく移動する少尉たちに目を凝らした。書類鞄とプラスチックのコーヒーカップを手にした姿は大学院生のようだった。キャンプ・バレットには、兵舎二棟、複数の教室棟、プール、映画館、武器庫など、特徴のない建物が十数棟ある。それを取り囲むように広がる平坦《へいたん》な芝地は、ヘリコプターの離着陸場に使われているのでなければ、競技場がふたつはとれる。

敷地内でひとつだけ、特徴を際立たせているのが〝アイアン・マイク〟だ。ある海兵隊員のブロンズ像で、右手に小銃を握り、どこかにいるであろう仲間に向かって左手を振っている。〝マイク〟というのは実は誤称で、これはウィリアム・レフトウィッチ中佐という人物だ。レフトウィッチ中佐は一九七〇年にベトナムで第一偵察大隊を指揮した。新米少尉のわたしたちは第一偵察大隊のことは何も知らなかったが、それでもこの大隊が、海兵隊全体で最高の部隊章を誇らしげにつけていることだけは分かった。第一海兵師団を表す青いひし形の上に頭蓋骨《ずがいこつ》と二本の交差する骨が重なり、それを〝すばやく、静かに、徹底的に〟の言葉が囲んでいる。

レフトウィッチ中佐はあらゆる緊急脱出作戦で偵察部隊を率いた。どんな任務より危険な任務だ――緊急脱出を求める部隊は、危険な状態に陥り、負傷者を抱え、自分たちより規模の大きな敵軍に追われているのが普通だからだ。〝ラッシュ・アクト〟という部隊を救助したあと、レフトウィッチ中佐と部下たちを乗せたヘリコプターが山腹に激突し、乗員全員が命を落とした。

その朝、わたしのクラスの集合場所はアイアン・マイクの横だった。像の脇に立ちながら、わたしは自分がことさらに海兵隊とその英雄たちの歴史に浸ろうとしていることを改めて意識した。まわりにはA《アルファ》中隊の六個小隊、計二二四人の新たに任官した少尉がひしめいている。すぐ隣には、ひょろりと背が高く皮肉っぽい笑顔の男が立っていた。わたしはそちらを向いて自己紹介をした。

握手を交わしながら、男が言った。「ジム・ビールだ。テネシー出身」

ジムとわたしがそれから二年の間にどれだけの経験を共にすることになるか、この朝の時点では知る由もなかった。ただ、ジムの余裕綽《しゃく》々《しゃく》な態度に心強さを覚え、やはりTBSは士官候補生学校《OCS》とは違うな、と思っただけだった。ジムとは兵舎の部屋が隣同士になった。各小隊は約四〇人の将校で編成されていて、それが一三、四人ずつの分隊に分けられ、さらに四、五人ずつの射撃班に分けられた。わたしの班は、四人のうちふたりがジムとわたしだ。これからキャンプ・バレットで過ごす六か月の間に、海兵隊将校に必要な基礎技能をすべて学ぶことになる。

海兵隊は〝すべての海兵隊員は小銃手《ライフルマン》である〟を信条とする。必然的に、〝すべての海兵隊将校は小銃小隊長である〟ということになる。海兵隊では、戦闘機のパイロットも事務員もトラックの運転士も、全員がまず歩兵からはじめる。TBSではその歩兵の基礎技能に加え、平時の軍隊にかかわるルール、法規、行政手続きもすべて学ぶ。TBSで最もよく話題にのぼるのが、MOSの選択だ。MOS（職種専門技能）というのは海兵隊における職種――航空科、砲兵科、兵站《へいたん》科、戦車科、歩兵科など――で、どれになるかは競争だ。クラスの成績に応じて様々な職種が割り当てられる。最も人気が高いのは歩兵科だ。

かつてハリー・トルーマン大統領が〝海兵隊はスターリンのプロパガンダ機関にも匹敵する〟と言ったが、それは正しかった。任官したばかりの将校のわたしでさえ、海兵隊は一切の贅肉を削《そ》ぎ落とした手強《てごわ》い戦闘組織で、全く隙がないという印象を受けた。衝撃的だったのは、われわれ少尉が小隊長のマックヒュー大尉に集められた時、歩兵将校になれるのはこの中の一〇パーセントにすぎないと聞かされたことだ。残りはほかの戦闘部隊――砲兵、水陸両用強襲車、戦車など――か、兵站や管理、あるいは会計管理といった後方の職種を選ぶことになる。

大尉には、どの職種を目指すか決める前に、先入観にとらわれず、それぞれの職種について学ぶようにと勧められた。わたしはうなずいたものの、自分が満足できる職種はひとつしかないと分かっていた。歩兵将校だ。わたしが求めていたのは、持てる技能を活《い》かして行く手を定め、歩き、頭を働かせ、自分の足ではるか彼方《かなた》まで遠征する戦士の純粋さだった。戦闘機や戦車に邪魔させるわけにはいかない。ましてやデスクワークをするつもりなど微塵《みじん》もない。自分を試し、自分にその資質があるかを確かめたかった。海兵隊が最近公開した新兵募集キャンペーンには、〝戦いたい者はいない。だが、誰かが戦い方を知らねばならない〟というコピーが使われていた。開いた口がふさがらない。本当は戦いたいのが海兵隊だし、意欲のある海兵隊将校は戦いを求めているからだ。

歩兵の生き方には濁りがない。それははるか昔、テルモピュライ〔ペルシア戦争でスパルタ軍がペルシア軍を迎え撃った隘路《あいろ》〕で戦った兵士たちから連綿と続いている気がした。武器や戦術は変わったかもしれないが、それは上辺にすぎない。人間は同じままだ。衛星やミサイル攻撃の時代、わたしのなかで生まれるのが遅すぎたと感じていた部分が、歩兵科に引きつけられた。そこではまだ勇気に価値がある。海兵隊員でいるのは、大学院の学費や技能習得のためではない。社会の通過儀礼だ。どんどん軟弱で均質になる社会では、その概念自体が鼻であしらわれることも少なくなかったが。

ＴＢＳの一週目にマックヒュー大尉から、各自希望のＭＯＳを一番目から二四番目までリストにするよう求められた。大尉が言うには、そのリストをもとに今後数か月かけて評価をおこない、できるかぎり希望に沿えるようにするが、第三希望までのいずれかに割り当てられるには卓越した〝服務の必要〟がある、とのことだった。わたしは第一希望から第三希望まで、歩兵科、歩兵科、歩兵科、と書いて提出した。

「フィック少尉」大尉は集めた紙にざっと目を通し、わたしを教室の前へ呼びつけた。苦々しい声だった。「いい気になるな。三つ選んで書け」

「わたしがなりたいのは歩兵将校だけです、大尉殿」

「希望が通るとは限らないぞ、少尉。このクラスの半分は歩兵科希望だ。海兵隊は適材適所で配置する。希望通りの職種に就く方法は、クラス首席で卒業することだけだ。このクラスを一位で卒業できると思うか」

ＯＣＳを卒業するだけでも大変だったことを思うと、ましてや首席など言うに及ばずなので、わたしは第二希望と第三希望に水陸両用強襲車科と戦車科を選んだ。

キーワードは一貫性

ＴＢＳはＯＣＳが苦しかったのと同じくらい楽しかった。ジムがＴＢＳは〝括約筋から血が出る(The Bleeding Sphincter)〟の頭文字だとジョークを飛ばしていたが、訓練はハイペースで内容に明確な意味があり、ようやく審査ではない本物の訓練を受けていた。最初の一か月は射撃場で過ごし、M16と九ミリのベレッタ拳銃《けんじゅう》の射撃を覚えた。よちよち歩きのころから銃を握っていたというクラスメイトもいたが、わたしは生まれてから二、三回しか銃を撃ったことがなかった。海兵隊は射撃マニアだ。とりわけ歩兵には銃が欠かせない。わたしは最初から出遅れていることに気づいた。撃ち方を学んで習得する期間は三週間。最終日は資格認定日で、朝の射撃を得点制でおこない、その得点で軍服にどの射撃記章をつけられるかが決まる。ぎりぎりで認定された者は〝二級射手〟、その上が〝一級射手〟、最高の小銃手は〝特級射手〟だ。

「コンドームみたいなもんだよ」ジムが説明する。「大と特大と超特大があるだろ」

わたしは笑ったが、心の中では、歩兵将校たる者、多少なりとも自尊心があれば、特級より下の射撃記章をつけて、自分がはじめて指揮する小隊の前に立てるはずがない、と思っていた。

海兵隊の距離別射撃コースには、緩射《スロー》射撃と速射《ラピッド》射撃があり、二〇〇ヤード（一八二・九メートル）、三〇〇ヤード（二七四・三メートル）、五〇〇ヤード（四五七・二メートル）の距離から人間大の標的を狙う。緩射射撃は座射《ざしゃ》、膝射《しっしゃ》、立射《りっしゃ》の姿勢で一分につき一発を撃つ。速射射撃は、発射、再照準、再発射の動作で一分に一〇発だ。スコープではなく〝アイアンサイト〟で照準する。射撃がうまくなるには練習あるのみと教えられた。禅は関係ない。運もほとんど必要ない。教わった通りにやれば標的を撃ち抜ける。

海兵隊で教わる射撃の基本は、サイトピクチャー、ボーンサポート、自然狙点《そてん》の三つ。サイトピクチャーは、小銃の照星《フロントサイト》と照門《リアサイト》を的《まと》に合わせること――簡単な話だ。ボーンサポートというのは、最も安定した面、つまり骨で小銃を支えること。筋肉や腱《けん》は揺れたり震えたりするが、地面につけた骨はカメラの三脚のように安定する。最も重要なのが、三つ目の自然狙点だ。小銃の銃口は、射手が息を吸うたびに上がる。息を吐くと、呼吸と呼吸の間で自然に安定する位置――自然狙点――に戻る。的の中心に自然狙点を合わせ、息を吐き切る手前で引き金を引く。それで的に命中だ。

二週間というもの、夜明け前の暗いうちに射撃場に着き、午後半ばまでずっと基本を練習しつづけた。わたしは一貫性が重要だと気づき、それに異常なまでにこだわった。毎朝同じ（軽い）食事をとり、服は同じように重ね着し、一日の終わりには毎日同じやり方で小銃を掃除する。毎日すばらしい天気で、朝は涼しく、太陽が昇ると徐々に温かくなり、全くの無風だった。射撃には最高の天気だ。

三週目に入ると得点制になったが、評価されるのは木曜日だけだった。そのコースで獲得できる最高得点は三〇〇点で、特級射手の資格を得るには二二〇点が必要だ。わたしの月曜日の得点は一八〇点。火曜日は二一〇点。水曜日は二二〇点。ボーダーライン上を漂ったまま、水曜の夜は一貫性について考えながらベッドに入った。すべてを完璧に反復しなくてはならない。唯一、自分ではどうすることもできない要素が天気だった。

木曜日、午前〇四時〇〇分《マルヨンマルマル》に起き、自分の部屋にひとつしかない窓のブラインドを上げた。雨が筋になって窓ガラスを流れ、葉のない木々が風に踊っている。冷たい一二月の朝。まいったな。われわれは武器庫から銃を出し、グレイヴス・ホールの外の駐車場で組み立て、射撃場までの五キロを歩きはじめた。温かいベッドから這い出て一時間もたたないうちに、わたしは〝心臓破りの丘〟という名前にぴったりの坂をてくてくと歩いていた。泥と、重い背嚢《はいのう》と、わたしより多い朝食をとった少尉たちが嘔吐する列のせいで、小川の土手から登る坂がいつも以上に険しい。

射撃場に着いた時にはまだ暗かった。たなびく霧のなか、二〇〇ヤード先に赤い風旗がかろうじて見えた。どの風旗も地面と平行にはためいている。こんな強風での射撃ははじめてだ。わたしは暗がりのなかで弾薬箱に座り、開始できる明るさになるのを震えながら待った。二〇〇ヤードのラインのところで、地面の霜が降りていない個所《かしょ》をこすりつつ、基本について考える。サイトピクチャー、ボーンサポート、自然狙点。教わってきた通りにやれば、標的を撃ち抜ける。

寒さで体ががたがた震えた。背嚢にセーターと上着が入っているが、それを着たい衝動と戦った。一貫性だ。今週はずっと暖かかったので上着を着ていなかった。今になって腕を覆う布の厚みが一ミリ増せば、アメフトのフィールド五つ分離れた先の黒い小円では、とんでもなく大きなずれが生じるだろう。わたしは意志の力で自分を温めた。

「一〇発弾倉、装塡《そうてん》！」背後の塔の上から射撃場管理者《レンジマスター》の声が霧に響いた。

「射撃用意！」わたしは槓桿《チャージングハンドル》を後方へ引き、弾薬を薬室へ送りこんだ。

「射手、標的が現れたら撃て」

呼吸を整える。銃口が上がり、自然に下がる。銃の照星を照門の中心に合わせ、黒い的に揃える。肘を引いて体にぴたりとつけ、泥の中で身をくねらせて、銃と骨と地面をひとつにつなげる。自然な呼吸を繰り返しながら、息を吐くたびに必ず的が照準の中心に重なるまで微調整する。そして、引き金を引いた。

右に外れた。風を考慮して左右偏差《ウインデージ》を一クリック調整し、ふたたび発射する。

また右だ。

力を抜け。息を楽にしろ。基本に立ち返れ。気を散らすな。寒さも雨も風も消し去れ。教わったことをやるんだ。揃えて、安定させて、楽に引き金を引く。

命中だ。

そのあとの二〇発はすべて黒い小円をとらえた。射撃は機械的な反復だ。大切なのは、何度も聞かされてきたように、練習を重ねて直感にすりこむこと。必要な技能は先人の教えを学ぶという技能だけだ。五〇〇ヤードのラインを後にするまでに、わたしの得点は二三一点になっていた。

SMEACの思考法

TBSの授業では、組織に蓄積された教えを学ぶことが第一とされている。教官たちは、われわれ各自の机に積まれた戦術マニュアルを指差して、よくこんな風に言った。「そこにある本はすべて、諸君の先輩だった中尉や大尉たちの血で書かれている。彼らの失敗から学べ。その失敗を繰り返すな」海兵隊は〝クロール（ハイハイする）、ウォーク（歩く）、ラン（走る）〟方式を貫いているため、まず教室での時間をたっぷりとってから、外へ出て、学んだことを森のなかで実践する。はじめのうちはOCSと同じで、型通りの内容だ。

隊を率いる六段階の手順はBAMCISという頭文字で覚えた。「計画を開始する（Begin planning）」、「偵察を手配する（Arrange for reconnaissance）」、「偵察を実行する（Make reconnaissance）」、「計画を完成させる（Complete the plan）」、「指令を発する（Issue the order）」、「監督する（Supervise）」の六段階だ。計画を完成させるための戦術的状況判断にはMETT-Tを使った。これは「任務（mission）」、「敵（enemy）」、「地形（terrain）」、「配備できる隊と火力支援（troops and fire support available）」、「時間（time）」だ。そして何より、われわれは指令を発することに取り組みはじめた。攻撃の最中に命令を叫ぶわけではない。何ページにもわたる書面の指令を、SMEACという五項目の形式で作成するのだ。五項目というのは「状況（situation）」、「任務（mission）」、「実行（execution）」、「管理と兵站（administration and logistics）」、「号令と合図（command and signal）」で、SMEACはその頭文字だ。われわれはこの指令を山ほど書いた。

TBSの教育は機械的な暗記をはるかに超えて、チェスと歴史とボクシングとゲーム理論の融合とも言うべき域にまで達した。戦場の霧と摩擦〔戦闘における不確定要素。クラウゼヴィッツが『戦争論』で定義した〕によって、ごくシンプルなことがいかに困難になるかを学んだ。そのテーマで筆記試験をしている最中に、教官たちはメタリカの曲を大音量でかけ、わたしたちの頭にテニスボールを投げつけ、顔に向けて水鉄砲を噴射した。課題は集中すること。気の散るものを無視し、自分の仕事をしろということだ。

戦闘のダイナミズムについても学んだ。戦う相手は蠟《ろう》人形の館の住人ではない。教官の言葉で言えば、「敵にも言い分がある」わけだ。相反する意思を持つ相手と対峙《たいじ》する時、われわれが戦う相手もまた、こちらに対して戦っている。相手は学び、われわれも学ぶ。相手の戦術は進化し、われわれの戦術も進化する。戦術的な動きをする場合にきわめて重要なのは、必ず〝地図を逆さまにする〟ことだ。こちらの状況を敵の視点で見る。弱いところはどこか。相手が突いてくるのはどこか。相手を敗退させるために何ができるか。

スピードも武器だと教わった。積極果敢であれ。テンポを緩めるな。海兵隊が得意とするのは、敵の強固な壁をするりと回りこんで隙を突き、戦いを巧みに操ることだ。銃列に突撃していくことは決してない。決断しないこともひとつの決断であり、優柔不断さはそれ相応の代償を伴う。優れた指揮官はみずから動いてチャンスをつくる。偉大なる指揮官はそのチャンスを情け容赦なく利用して、敵を混乱に陥れる。

指揮官に注目すると、戦争は人間の営みであることがよく分かる。二一世紀に入ってもなお、戦争を戦うのは機械ではなく人間だ。指揮官は戦闘を左右できる場所で指揮しなくてはならない。そして、海兵隊の将校は前線で指揮を執る。混沌《こんとん》を糧とするのだ。指令は訓令戦術で出すのが海兵隊のやり方だというのも学んだ。「方法ではなく意図を伝えろ」ということだ。指揮を委任し、指揮官が意図する枠組みの中で部下に自由に任務を遂行させる。部下をチームとして訓練すべし。信頼、忠誠、主体性を育《はぐく》むべし。

これは兵法だ。中には新しい用語もあるが、本質はトゥキュディデスや孫子《そんし》やクラウゼヴィッツによって書き記されてきた。わたしたちは森へ出て、それを実戦で使いたくなってきた。

5 「一通の手紙、一回の葬式、一生忘れられない一人の名前」

すばやい判断がチャンスを生む

ＴＢＳでは、リーダーシップ、理論、軍事技能の三本柱で評価される。最後のひとつが最も重要で、中でも重きを置かれているのが戦術指令だ。その冬、わたしたちはキャンプ・バレット周辺の森や野原で、分隊や小隊単位での戦術演習にかなりの時間を費やした。攻撃、防御、待ち伏せ、急襲、巡察、そして偵察。任務の指揮官は少尉たちが交替で務めた。作戦のたびに、あらかじめ指揮官が正式な指令を書いて配付した。時には敵に遭遇した場合の移動、通信、再補給、戦闘などまですべて詳しく説明し、指令書が数十ページに及ぶこともあった。

指令書を書くプロセスがわずらわしくて、わたしたちは文句を言ったり愚痴をこぼしたりした。戦闘中にこんなことをしている時間があるか？　もちろんない。それこそが、指令書を書く意味だ。多くの指令書をＳＭＥＡＣ形式で書くうちに、内容が頭に深く染みこんでいった。一二月に戦術問題が与えられ、検討すべき重要な点を一分で特定するよう求められた時、わたしが思いついたのは五つだった。それが三月までに三〇個になった。五月には五〇個。判断にかかる時間が短くなり、それと共に行動も速くなった。わたしたちはスピードを武器にして、チャンスをつくり、それを利用することを学んでいった。

とはいえ、学びのプロセスは苦痛を伴い、時には屈辱的でもあった。ある雪の午後、守備の固い山頂への攻撃で、わたしが分隊長に選ばれた。真っ白な渓谷で方向感覚を失い、地図上の現在地が分からなくなったわたしは、一二人の隊員を率いて別の山を登ってしまった。業を煮やした大尉の後をおどおどしながらついていき、分隊は目的の山に登って攻撃を再開した。

二度とナビゲーションでへまはすまいと心に誓ったあと、二、三週間後にマックヒュー大尉から、昼間の伏撃作戦の小隊長に選ばれた。わたしは敵が作戦を展開していそうな場所の小道を選び、小隊を半分に分けて、道の片側ではなく両側から敵の通行を待ち伏せた。雪の中に何時間も隠れて小道を監視する。日暮れ近くなって、四人編成の射撃班がゆっくりと近づいてきた。わたしは奇襲をかけ、三五挺《ちょう》の小銃と機関銃が発射する空包が一斉に森にとどろいた。わたしがいい気になりかけた瞬間、マックヒュー大尉に呼びつけられた。「配置がめちゃくちゃだ。もし実弾だったら、あそこにいる小隊の半分は」小道を挟んだ向こうの集団を指差す。「こっち側の半分を撃ち殺してたぞ。俺はここに座って、おまえが気づくのを二時間も待ってたんだがな」

最終審査で小隊長を務める

ＴＢＳで最重要とされる機動訓練に、〝Ｏ＆Ｄウィーク〟という五日間の野外演習がある。〝Ｏ＆Ｄ〟は「攻撃（offense）」と「防御（defense）」の略だ。この演習はＭＯＳが決まる直前におこなわれるため、歩兵科の職を希望する少尉の最終審査も兼ねている。マックヒュー大尉はわたしにプレッシャーをかけてきた。まる一日の野外演習は今日が最後という日に、大尉はわたしを脇へ引っぱっていった。わたしたちが立つ小高い山頂からは、全方位の一〇〇メートル先まで、芽を吹きはじめた木々が見晴らせた。

「フィック少尉、おまえに任務を与える」マックヒュー大尉は南北戦争の英雄ジョシュア・チェンバレンを彷彿《ほうふつ》させる――長身で飾り気のないニューイングランド出の男だ。いたずらっぽいとも嗜《し》虐《ぎゃく》的ともつかない笑みを漂わせている。「海兵隊の勝負は夜だ。今夜は小隊ではじめての夜間戦闘をおこなう。この初の夜襲でおまえに小隊長を務めてもらいたい」

大尉はMETT-Tを使って筋書きを説明した。情報網からの報告によると、この地域のどこかに敵小隊がいる。一か所にとどまり、兵站の隠し場所を警護している。わたしの任務は、真夜中までに敵小隊の位置をつきとめて壊滅させることだ。大尉は笑いながら付け加えた。「地形はクワンティコそっくりだ」世界のどの国を想定していても、われわれが任務を遂行する場所の地形はいつもクワンティコそっくりだ、というのがお決まりのジョークになっていた。

この任務では、教官のひとり、ギブソン大尉がずっとわたしについて監視する。ギブソン大尉は肌に張りのある小柄な歩兵将校だった。わたしがはじめてこの大尉に目をとめたのは、キャンプ・バレットのバーで見かけた青い礼装軍服姿だ。軍服には、それまでわたしが一度も本物を見たことのなかった武勇勲章がつけられていた。将校のひとりが受勲の理由を尋ねた。

「自分の仕事をしたんだ」大尉は答えた。

いま、ギブソン大尉はわたしの隣に立って、ヘリコプターが背後の着陸エリアに降りるのを眺めている。

「あの匂い……あの匂いだ」大尉は絶品の料理を思い出そうとするかのように目を閉じた。「待機中のヘリコプターが排気管から吐き出すジェット排気の匂い。将校と隊員たちを乗せて、敵を殺しにいくのを待っている時の。あの匂いは最高だ」

わたしはどう受け取っていいか分からなかったので、任務に意識を集中させた。夜襲。三五人。慣れない地形。教室で学んだ戦術判断のチェックリストを確認していく。まず、敵陣を特定しなくてはならない。それには〝地図を逆さまにする〟だ。カーゴポケットからラミネート加工の地図を取り出して広げる。兵站ということは、兵站線――道路だ。われわれの訓練エリアには道路が交わる個所がふたつしかない。そのうちひとつは、今日の早い時間に周囲一〇〇メートル四方を巡察したが、占拠されていなかった。敵小隊はもう一方の交差地点にいる。歩兵科のチャンスを賭けてもいい。次は〝計画を開始する、偵察を手配する、偵察を実行する〟だ。

「大尉、この道路交差を偵察したいのですが」わたしは地図の一点を指差した。「日暮れまでに到達できるよう、いますぐ出発したいと思います」

完璧ではなく妥当な計画を

わたしは小隊に散開隊形で防御線を張らせた。これで戻るまで山頂を守れる。ほかの隊員三人を集め、交差地点へ向けて出発した。ギブソン大尉が数メートル後ろをこっそりついてくる。太陽との競争だった。日のあるうちに地形を確かめられるよう交差地点に着き、すっかり暗くなる前に戻って小隊にブリーフィングしたい。道や川といった〝通行の容易なルート〟を行くのは、海兵隊員にとっては怠惰な自殺行為であり、決して犯してはならない戦術上の大罪だと教えられてきた。にもかかわらず、わたしは先頭に立ってまっすぐ川床を進んだ。ギブソン大尉が自分のノートに書かれた〝歩兵科〟の文字を線で消し、〝兵站科〟に書きかえるのを想像した。だが、これは一か八かの賭けではない。リスクは計算ずみだ。われわれは急がなくてはならない。それに、この小渓谷なら夜には小隊が闇に紛れてうまい具合に進めるだろう。これは〝霧、摩擦、シンプルに保つ〟だ。

その週ではじめて、バージニアの湿度の高さがありがたいと思った。湿気のおかげでわれわれのささやき声はくぐもり、小銃やギアベストが枝に当たる音も響かない。水気をたっぷり含んだ落ち葉は足の下で何の抵抗もなく踏み潰され、われわれは重ねたカーペットの上を歩くかのように音もなく進んでいった。渓谷はところどころで左手の丘を切り裂くように枝分かれしている。地図によると、三番目に分岐する渓谷を登っていけば道路交差にたどりつける。わたしは地図上の線と起伏の激しい地形とを重ね合わせながら、通りすぎる渓谷の数を数えた。三つ目に到達すると、その丘の裂け目に生えたオークの木の横に膝をつき、隊員たちを身振りで呼び寄せた。

「ここを曲がる。あとで来る時のために、よく見て覚えておいてくれ。暗闇で目印になるように、赤外線ケムライトをこの木に貼りつけておく」

暗視ゴーグルでしか見えない赤外線ケミカル発光スティックを袋から出して折った。身につけた装備《ウエブギア》のカラビナに通してある絶縁テープを使い、ケムライトが膝の高さにくるように木の幹に貼りつける。この高さなら、われわれ小隊が近づいてくる下の谷からは見えるが、さらに渓谷をのぼった道路交差付近からは見えない。

ゆっくりと、音をたてずに、渓谷を登っていった。ケムライトを貼った木から三〇〇メートル近く進んだところで、わたしはまた膝をついた。人間の目は動きやコントラストに気づくようにできている。前方に生い茂る葉の向こうに、周囲にあるどの色よりも明るい色が見えた。明るすぎる。

人間の手が加わった明るさだ。

われわれは手と膝をつき、じりじりと斜めに這い進んで渓谷を外れ、片側の斜面を視界のきくところまで登った。あれは土の色だ――掘り返して盛られたばかりの、赤っぽいオレンジ色の土。敵の小隊が掘った戦闘壕の土だ。わたしは力を抜いて地面にべたりと腹をつき、もっと接近すべきかどうか考えた。敵は見つけた。ここでもう少し嗅ぎ回れば、どのように陣を構えているかが分かる。もしかしたら防衛線の端も特定できて、小隊全員で戻ってきた時に脇を回れるかもしれない。防御態勢の敵を攻撃するのではなく、回りこんで背後から突けるかもしれない。それが〝戦いを巧みに操る〟だ。マックヒュー大尉を感心させられるだろう。

しかし、わたしはその衝動に抗《あらが》った。この偵察任務はすでに成功をおさめている。敵の位置を特定し、あとで戻ってくるためのルートに目印もつけた。欲をかくと、せっかくの成功が水の泡になりかねない。明るいうちに近づこうとすれば、危険に陥る可能性もある。満足して引き返すのが賢いやり方だ。わたしは〝八〇パーセントの解決策〟を思い出した――完璧な計画をあとで実行するよりも、妥当な計画をいま実行する方がいい。作戦を実行できるだけの材料は揃った。任務遂行に充分な情報は手に入れた。いまやるべきことは、それを実行に移すことだ。われわれはゆっくりと渓谷の斜面を下りた。ほかの隊員たちがわたしのまわりに隊形を組み、元来た道をたどらないよう気をつけながら谷川を回り、待っている小隊のもとへ戻る。

日暮れの薄暗がりの中、分隊長たちにブリーフィングをおこなった。完全な作戦指令を作成している時間はない。この数か月、何度も繰り返してきたことに感謝した。〝任務、敵、地形、合図、負傷者、ナビゲーション、火力支援〟だ。われわれは赤色レンズの懐中電灯を隠すため、ポンチョの中で額を寄せ合った。わたしが計画を説明する。ほかの少尉たちが、考えられる不測の事態への対処に抜かりがないことを確信してうなずく。日没の一時間後に出発だ。

ライトは二本貼っておくべきだった

わたしが先頭に立ち、無言のまま視線や手振りで道案内をしながら木々を抜けていった。頭上には半月が輝き、隊員たちの輪郭が木々の間に見えるほどには明るかったが、影ができるほどではない。暗視ゴーグルをつけ、赤外線ケムライトが八時間発光という宣伝通りであることを願いつつ、前方に目を配った。海兵隊員はひとり残らず皮肉屋で、皮肉屋ならひとり残らず知っていることだが、海兵隊の備品を作っているのは入札価格が最も低い業者だ。わたしは木に貼りつけるライトを二本にしなかった自分を罵った。皮肉屋にとって二本は一本、一本は何もないも同然だ。

曲がる場所を通り過ぎたかと心配になりかけた時、前方にライトが見えた。渓谷へ曲がって隊を進め、合図をして止まらせた。移動していた列は葉巻形の防衛線となって静止し、どの隊員も従順に片膝をつく。丘のほうに目を凝らすと、掘り返された土の輪郭がかすかに見えた。薄明るい赤色レンズの懐中電灯が、敵陣の防衛線を歩く誰かの手の中で弾んでいる。敵はまだあそこにいる。われわれがまたここに来たことに気づいている様子もない。

わたしはジム・ビールをつかまえた。ジムは機関銃班の班長だ。「班を連れて、この丘の頂上へ行ってくれ。静かに準備しろ。俺は小隊を連れて右へ回る」ジムがうなずき、わたしは小声で言った。「無線の合図で開始、緑の星が予備だ、おまえたちが稜線沿い全体を制圧、俺たちは右から左へ掃射。目標を制圧したら陣地強化。分かったか」

ジムはさっと親指を立てた。わたしの計画は、無線の指令で攻撃を開始し、もし無線がだめなら、射撃開始の信号として緑の照明弾を空へ発射するというものだ。われわれが襲撃する前に機関銃班が敵陣全体を掃射し、草刈りの大鎌のように抵抗の芽を刈り取るのが望ましい。

ジムが機関銃班を後ろに従えて丘を這い登る一方で、ほかの分隊長たちはそれぞれ隊を率いて配置につき、襲撃の準備をする。すばやく動かなくてはならない。この状況——大勢が敵陣に接近しつつある状況——は、危険レベルが最大だ。攻める側は守る側より三対一の割合で数に勝るべし、というのが一般的な原則だ。われわれは一対一程度。へたをすれば、不意打ちという、こちらが持つ唯一の有利な条件が奪われる。道路交差の付近にいる連中も、同じ学校で訓練を受ける海兵隊員だ。安全確保のために陣地周辺を巡察させているだろうから、この暗闇で巡察に見つからずにすむかどうかは運まかせだ。わたしは運が味方してくれることを祈った。

「圧倒的な勝利」の代償

森の暗闇を乱す叫び声も発砲もないまま、襲撃の態勢が整った。わたしは深い息をひとつつき、最後にもう一度、自分のコンパスを確認する。機関銃の射撃を開始しておいて、ほかの分隊があらぬ方向へ襲撃するなど、あってはならないことだ。

「機関銃班、制圧開始」わたしは小声で無線に言った。

ダダダダッという銃声が返事だった。空包とはいえ音は侮れない。喉の奥から吠えるようなとどろきが夜を粉々に引き裂いた。

「突撃！」わたしは叫んだ。もう声を落とす必要はない。レフトウィッチ中佐ばりのポーズを決めようとばかりに、小銃の先を標的へ向け、片方の腕を回して小隊を前へ進める。隊員たちは頭上で不気味に揺れる閃光《せんこう》に照らされながら、雪崩を打って丘を駆け上がる。われわれの布陣は完璧だった。敵陣の脇を東からまっすぐ突く形になった。攻める側が常にめざし、守る側が常に怖れるのは、縦射《じゅうしゃ》だ——縦隊で列をつくっている敵を正面から撃てば、標的に当たる可能性が高くなる。われわれは塹壕に並ぶ敵に向かって縦射した。寝袋に入っていた敵の隊員たちが暗闇の中で懸命に武器をとろうとしているところを狙いすまして撃つ。

とはいえ、何もかも思い通りにいったわけではない。煙と音の向こうに、ギブソン大尉とマックヒュー大尉が丘の中腹を歩き回っているのが見えた。まるで死の天使たちだ。「おまえは死亡。おまえは死亡」ふたりは敵も味方もなく隊員たちを指差し、戦場の運命と気まぐれを操るかのように、その隊員たちの肩や背中を押して地面に倒していった。「そこのおまえ、倒れろ。おまえは死亡だ」

左のほうでは機関銃の閃光が瞬いていた。弾は偽物だが銃口から出る火炎は本物だ。わたしは敵陣の中央でギブソン大尉の横に立ち、丘の中腹にいる隊員たちに向かって叫んだ。「陣地強化！」

戦闘壕や木々の茂みから黒い影がぞろぞろと現れ、丘の頂上でおおまかな円になった。多くの幸運と少しばかりの偵察の成功によって、われわれは暗闇で守りを固める敵陣を特定して攻め落とすという、きわめて困難な歩兵隊の任務を達成した。わたしは鼻高々だった。

「フィック少尉、一緒に来い」マックヒュー大尉が先に立ち、また丘を下って塹壕の列の方へ向かった。「いい攻撃だった。よく組織され、迅速かつ正確な攻撃だ。だが、まわりを見てもらいたい」大尉は自分のカーゴポケットに手を伸ばし、白い照明弾を木々の間から上へ向けて発射した。照明弾は頭上で鋭い音をたて、パラシュートに揺られながら、丘でもぞもぞと動く影を照らし出す。

地面でまるくなっているのは、戦闘で倒れた、わたしの隊員たちの体だった。三五人のうち一一人。「勝っても失うものがある。定石からすれば見事な数字だ。守りを固めた敵陣を攻め落とし、圧倒的な勝利をおさめ、失った隊員は三分の一以下だ。だがな、それは一一人の母親に宛てた一一通の手紙で、一一回の葬式で、おまえが一生忘れられない一一人の名前だ。今夜はよくやった。だが、代償も払ったということだ」

照明弾がちらちらと震えて消えるまで、わたしはまわりに転がる死体を見ていた。

マックヒュー大尉が笑顔になった。「死んだ隊員たち、起きろ。おまえたちは治ったぞ。進め、征服しろ」

まるくなっていた塊が立ちあがり、汚れを払い落として駆け足で丘を登っていった。

マックヒュー大尉はわたしも後に続くよう身振りで示してから、わたしの肩に手を置いた。「今回のは簡単な攻撃だ。航空部隊との連携なし、砲兵部隊なし、側方にほかの部隊もいなかった。ここでやってるのはゲームだ。敵はじっとしていて、おまえは敵がどこにいるか分かっていた。歩兵士官コースはもっと厳しいぞ」わたしは固まって、大尉の顔を見つめかえした。「正式決定は一か月先だがな」大尉は言った。「おまえを歩兵科へ行かせる」

海兵隊の聖域へ

ＴＢＳの卒業は、歩兵科以外の誰にとっても一大事だ。あのぶっきらぼうなテネシー男、わたしが六か月前に出会ったジムは、砲兵学校のあるオクラホマへ引っ越していき、ほかのクラスメイトたちもペンサコーラやサンディエゴといった場所へと去った。残ったわたしたちはささやかな私物を持って兵舎の階段を上がり、上階の廊下に並ぶ部屋へ引越した。歩兵士官コース《IOC》は通りを隔ててすぐ向かいにある。一棟建ての煉瓦造りで、謎のオーラに包まれた建物だ。正面に掲げられた文字は「DECERNO、COMMUNICO、EXSEQUOR」――〝決断、共有、実行〟。わたしたちの間では誰も〝IOC〟とは呼ばず、〝煉瓦の家《ブリックハウス》〟や〝メンズクラブ〟で通っていた。IOCは、われわれ流に言えばタマオンリーで、男しかいなかった。海兵隊がアメリカ社会の男らしさの最後の砦なら、IOCはその内なる聖域だ。TBSの卒業直前、A《アルファ》中隊に所属していた未来の歩兵将校二一人は、IOCのミーティングに呼ばれた。

　集団で出向いたわたしたちは、ためらいながらガラスのドアをいくつも押しあけて入っていった。海兵隊の様々な部隊や他国の軍隊から贈られた物で壁が埋め尽くされている。〝接触即殺〟や〝何に代えても〟といった言葉を付して額装された、ケーバーナイフや色とりどりの品々だ。建物のなかは涼しく、暗く、静かだった。薄茶色の髪をした大尉が体を弾ませながら階段を下りてきて、わたしたち全員を教室に押しこんだ。大尉の胸と肩は迷彩柄の軍服を引きちぎらんばかりに盛りあがり、演壇の左右をつかむ手にはバスケットボールもすっぽり入りそうだ。

「諸君、わたしはノヴァック大尉、諸君のクラスの指導教官だ。さっそくだが、やってもらいたいことがある」

　IOCでの初任務は何だろうと思いながら、わたしたちは顔を見合わせた。

「今週は、諸君より先にはじまったクラスが野外訓練に出る」わたしたちの兵舎の部屋は収納ロッカーと大差ない、と聞いたことがある。どのクラスも野外訓練には毎週出る。毎週欠かさずだ。

「われわれがいない間に、芝を刈って花壇の草抜きをしておいてくれ」踵を返して出ていきかけたノヴァック大尉が、首だけまわして振り返った。「それから、ＩＯＣへようこそ。ここはおまえたちが思ってるようなところじゃないぞ」

6 「もう空包はなしだ」

リーダーには倫理的勇気が求められる

歩兵士官コース《IOC》の使命は世界最高の小規模歩兵隊長を養成することにある。それを一〇週間でというのは厳しい注文だ。OCSがハイハイで、TBSがよちよち歩きなら、IOCはいきなりの全力疾走だ。授業ではすでに学んだことを土台にして、こまかく複雑な内容を積み上げていく。わたしたちは海兵隊のあらゆる作戦を——旧来の戦闘だけでなく、湾岸戦争の終結以降に軍が従事してきた平和維持や国家建設の活動も、微妙に異なる無数の状況について学んだ。

時は二〇〇〇年の夏で、まだイエメンでの同年一〇月の米艦コール襲撃事件〔アルカイダによる米駆逐艦攻撃テロ〕も、九・一一同時多発テロも起きていなかった。青二才の将校であるわたしたちの目から見ても、米国陸軍は一九九一年に崩壊したソ連と戦うような装備で、一九九二年に内戦介入したソマリアでの戦闘を繰り返すような訓練をしていた。しかし、海兵隊は進化しつつあった。組織全体が前のめりになって、次の時代の戦いを手探りしていた。

その夏、盛んに語られた言葉は〝低強度紛争〔国家間戦争より下位のレベルで、日常的、平和的競争より上位のレベルの対立状態〕〟だ。わたしたちは、海兵隊が一九九〇年代の様々な軍事介入から得た教訓として、〝低強度紛争〟は〝軽度の戦闘〟ではないと学んだ。先輩将校の間では、守りを固めた敵陣を攻撃する訓練を受けている小隊なら民間人に戦闘糧食《MRE》を配る方法も学んでいるし、伏撃作戦に長《た》けた小隊なら学校の建て方も分かっている、というのが暗黙の了解になっていた。IOCの教官が言うには、こうした作戦や活動をおこなうのは大抵どこだか分からない地域で、われわれは最善を尽くして備えるのみとのことだった。その率直な言葉に、新米将校たちは納得した。木々に覆われた山々を攻撃するのに飽きがきていたのだ。世界はクワンティコそっくりの地形ばかりではないのだから。

低強度紛争では、若い将校とその部下たちの働きが特に重要となる。われわれは〝三ブロックの戦争〟という概念を学んだ。このモデルでは、市街地の一街区で米を配給し、隣の街区で平和維持のために巡察し、三つ目の街区で全面的な銃撃戦を展開するといったことがありうる。重要なのは柔軟な精神だ。次に学んだ概念は〝戦略的伍長《ごちょう》〟だった。二一世紀の戦争では、最年少の隊員でさえ、その手に大規模な破壊力がゆだねられ、その映像がリアルタイムで世界中のリビングルームに映し出される。たったひとりの隊員の行動が、よくも悪くも戦略に大きな影響を与えかねない。大きな紛争の気配がない中で、われわれは暴動制圧や人道的任務、メディア対応の訓練をおこなった。

その中でいやというほど叩きこまれたのが、われわれの仕事の性質上必要となる倫理観だ。海兵隊の人間は乱暴な物言いをするが、その実、ほとんどが理想主義者だということがわたしにも分かってきた。ノヴァック大尉はテレビで見る歩兵将校のイメージそのままに、真面目な顔で、われわれにはリーダーとして三つの責任があると語った。指令を受けたらいつでも戦える準備をすること、すべての戦いに勝つこと、そして隊員を部下にした時よりも良い状態で社会へ返すこと。身命を賭《と》す勇気は大事だが、倫理を守り抜く勇気も同様に重要だ。リーダーは部下を守る盾となる倫理上の責任と、みずからの信念を貫く勇気にもとづいて行動する倫理上の義務を負う。戦闘部隊とただの武装暴徒との違いは、リーダーに倫理的勇気があるかどうかだ。

ノヴァック大尉は教室の壁に、テルモピュライで戦ったスパルタ人を描いたスティーヴン・プレスフィールドの小説『炎の門』の一節を貼った。

ディエネケスが兵士たちを集めて鼓舞する姿を見て、これこそ将たる者の役目だとようやく気づいた。戦いのあらゆる局面で——戦う前も、最中も、その後も——兵士たちが〝おのれを失う〟ことのないよう指揮を執る。ここぞという時に兵士の勇気を燃え立たせ、激情が暴走しそうな時には手綱を締める。それがディエネケスの仕事だ。その仕事をなすがゆえに、ディエネケスの被る兜《かぶと》には将たることを示す横広がりの兜飾りがついているのだ。

ようやく分かった。ディエネケスにあるのはアキレスのような英雄的精神ではない。ディエネケスは殺戮《さつりく》のなかへ身を投じ、ひとりで無数の敵を殺しに殺す不死身の超人などではない。自分の仕事を全うするただの男なのだ。その仕事とは、主に自分を律し、みずからの冷静さを保つこと。自分のためではない。自分が範を示して率いる者たちのためだ。その仕事の本質をひとことで控えめに表現するならば、ディエネケスが死んだ朝に炎の門で体現したように、〝普通ならざる状況のなかで、いつもと変わらぬおこないをする〟ことに尽きる。

ノヴァック大尉は時折授業を中断し、壁の紙を指し示した。「諸君、あれがすべてだ。われわれは剣を持たないが、やることは同じだ」わたしはその引用を艦隊勤務に携えていけるように、ノートに書き写した。

ＴＢＳで大成功したやり方に激怒される

教室では頭を使ってばかりだが、ＩＯＣは戦闘を学ぶ学校だ。ＩＯＣで過ごした三か月間のほとんどは、月曜の朝にキャンプ・バレットを出て金曜の夜に戻るまで、機関銃や迫撃砲を撃ち、砲兵隊や近接航空支援を要請し、コンクリートブロックの建物で町を模した市街地戦闘訓練場《コンバット・タウン》での訓練に明け暮れた。七月のある暑い朝、そこでわたしはきわめて重要な教訓を得た。

わたしは小隊長役を務め、町の中心にある一棟の建物の襲撃を任された。反乱勢力の指揮官と幹部グループが建物内に潜み、周辺は何ブロックにもわたって支持者の武装集団がうようよしている設定だ。与えられた一〇分で任務のプランを立て、教官にそれを説明した。われわれ小隊が一街区ずつ慎重に目標の建物に近づき、その動きを迫撃砲と装甲車で援護する。ＴＢＳの夜襲で大成功した徐々に接近していくやり方だ。

ノヴァック大尉はクリップボードを地面に投げつけ、大声で怒鳴った。「心構えがまるでなってない！　臆病《おくびょう》な考え方をしていたら、いい戦術プランなど出てこないぞ」それから大尉は気を静め、いつもの真面目さを取り戻した。わたしに学ばせようとしているのだ。「どんな任務も実行に必要なのはスピード、不意打ち、暴力行為だ」

アメリカ人、とりわけ若いアメリカ人の男は虚勢を張りたがる、と大尉は説明した。たとえばバーでふたりの男が胸をぶつけ合い、互いの顔を近づけて罵り合う。そのあと喧嘩《けんか》になるとしたら、名誉のため、面目を保つためだ。それは虚勢を張る態度にすぎない。戦場で海兵隊員がとるべきは、獲物をしとめる捕食者《プレデター》の態度だ。バーの話に当てはめれば、捕食者なら敵に礼儀正しく笑顔を向け、相手が背中を向けるまで待ってから、椅子で一気に敵の後頭部を叩き潰す。

練り直した任務プランは、ヘリコプターから目標の建物の屋根に直接降下するというものだった。騒ぎも起こさなければ、徐々に仕掛けることもない。一気にしとめる捕食者のやり方だ。

精神が健康なまま人を殺せるか

ＩＯＣの終わりが近づくにつれ、訓練の主眼は海兵隊員の最も危険な凶器――隊員自身の精神へと移っていった。ノヴァック大尉からは戦闘の心構えについて、戦術には捕食者の態度が必要であることと、どこで線を引くかを知る倫理観を持たなくてはならないことを教わった。かくして、われわれは社会の究極のタブーに正式に踏みこむ準備ができたと見なされるに至った。

ある日の早朝、わたしは誰かの濡れたブーツが床につけた足跡をたどりつつ、ほかの少尉たちと一緒に教室に滑りこんだ。雨が窓を激しく叩いている。コンバット・タウンでびしょ濡れになるかわりに、発泡スチロールのコーヒーカップとチーズデニッシュを手にして屋内にいられる嬉しさで、みんなざわざわと騒がしかった。黒板には大きな文字で、〝殺人学〟とだけ書かれている。

朝から死について話し、それを勉強と呼ぶのは不謹慎な気がした。まわりのクラスメイトたちは野球の試合結果や週末にはめをはずした話をしながら冗談を言い合うふりをしていたが、目だけはずっと、黒板にたったひとこと書かれた言葉にちらちらと向けていた。

ドアが開き、ノヴァック大尉が先に立って見知らぬ男を演壇へ案内した。「おはよう、諸君」ノヴァック大尉が言う。「諸君には、スピード、不意打ち、暴力行為の話を口が酸っぱくなるほどしてきた。暴力行為は武器や戦術から生まれるのではない。頭のなかで生まれるんだ」大尉は隣の男の方を向いた。「こちらはクリート・ディジョヴァンニ博士。ディジョヴァンニ博士は――ここでは〝死の博士《ドクター・デス》〟と呼んでいるが――精神科医だ。精神分析をはじめる前は、ＣＩＡの職員で作戦本部に所属し、特殊作戦グループの一員としてベトナムも経験された。諸君の同業者というわけだ」

　大尉はディジョヴァンニ博士に演壇を譲りかけたが、戻ってマイクに顔を寄せた。

「もうひとつ。フィック少尉、博士もダートマス大学の卒業生だ。授業のあとでスカッシュの話でもするといい」

「おはよう、みなさん」ディジョヴァンニ博士が抑制のきいた生真面目な声で言った。「わたしのあだ名は不適切でね。なにしろ、みなさんとその部隊が生き延びる手助けをするのが、わたしの仕事ですから」

　博士は〝殺人学〟を、人を殺すことに対する健康な人間の反応についての研究と定義した。どのような要素があれば人を殺すことができ、長期にわたって命の危険にさらされながらも精神の健康を保てるかを明らかにするというわけだ。歩兵の精神の健康は、小銃を撃ったり重い背嚢を背負ったりする能力より重要だ、と博士は説明した。すべては精神の健康の上に成り立つ。戦闘の際に歩兵隊長が部下の精神の健康を保つためにできることとして、博士は五つを挙げた。いつでも寝られる時に寝て、できるかぎり疲れを取ること。チームとしての信頼を築くこと。コミュニケーションを促すこと。あいた時間を使って応急医療処置の訓練をすること。戦闘のあとには振り返りをおこない、戦闘や殺人のショックに対処すること。

「言っておきますよ、みなさん、間違いなくショックを受けますからね」博士は言った。

スライド映写機が鈍い音をたてて起動し、教室の前方にあるスクリーンに四角く白い光を映し出した。このテーマを理解する最初のステップは凄惨《せいさん》な死に触れることだ、とディジョヴァンニ博士が説明する。

「今から見る写真はきわめて生々しいものです。みなさんのような若い歩兵将校。これはベトナムです」

次々に映し出されたのは、まさにわれわれのような若い男たちの写真だったが、顔や体におぞましい外傷を負っていた。わたしは犠牲者の目と口と頬骨を区別するのに、薄目にして首を傾げなくてはならなかった。高速《ハイベロシティ》小銃弾は、骨と肉を引き裂き、命ある人間の面影を完全に破壊する。わたしは写真の状況に思いを馳《は》せずにはいられなかった。われわれと同じこの学校を卒業して間もなく、出征して隊の指揮をはじめて執った小隊長たち。ある朝、目覚め、ブーツを履き、朝食をとった時には、日が暮れるころの自分が、ほかの少尉たちの殺人学の授業に使われる資料Aになろうとは、これっぽっちも思っていなかったはずだ。

海兵隊のほとんどの訓練と同じように、ディジョヴァンニ博士の授業のあとにも実地訓練があった。クワンティコの最寄りの〝戦場〟は、ワシントンDC南東部のアナコスティア地区にある。金曜の夜、わたしはふたりの少尉と一緒に、DC総合病院の緊急治療室で慎《つつ》ましく壁際に立ち、怪我人が運びこまれるのを待っていた。

麻薬やギャングがらみの暴力が横行し、それが時には病院内にまで流れこんでくる夜間とあって、医師と看護師たちは海兵隊からの見学者を歓迎してくれた。われわれにしてみれば、このプログラムは戦闘や指令や友人の死といった余計なストレスなしに、殺菌された場所で、撃たれたり刺されたりした人間を見られるいい機会だった。

案内してくれたのは若い外科研修医だ。われわれが壁にへばりついて、喉の痛みや足首の捻挫《ねんざ》の流れが間断なく続くのを眺めているのが、きっと退屈そうに見えたのだろう。

「心配しないで」研修医が言った。「夏の暑い夜だからね。一〇時か一一時を過ぎたら、外に救急車の列ができる。山ほど見られるわよ」

研修医の言う通りだった。その夜ひとり目の外傷患者はティーンエイジャーの少女で、背中を一〇か所あまりナイフで刺されていた。両肺に穴があき、かすかな息をするたびに口からピンクの小さな泡を吹く。次に運びこまれた男はわたしたちと同年代で、襲われて両脚をハンマーで折られていた。骨が何本も肌から突き出し、人間というよりローストチキンを思わせた。真夜中を過ぎたあと、何時頃だったか、医師たちがドア付近の車輪付き担架にどっと駆け寄るのが目にとまった。

「頭を撃たれてる」

担架に載せられた男は蠟人形のようだった。弾が撃ちこまれた射入創のまわりには火薬による火傷《やけど》があった——至近距離からの直射だ。小口径、たぶん二二口径だろう。弾が貫通して出た射出創はない。弾は頭蓋骨の中で跳ねまわって脳を粉々にしたのだ。わたしが死人を見たのはこれがはじめてで、ドクター・デスが言っていた通り、わたしはショックを受けた。

仲間の信頼を失う秘密任務

次の月曜日、われわれは大規模な野外演習へ出発した。着陸エリアの隅で背嚢に座ってヘリコプターを待っていると、ノヴァック大尉が現れて、わたしとほかの三人の名前を呼んだ。大尉のもとに駆け寄ると、大尉はわたしたちを林のなかへ連れていった。ほかのクラスメイトからは見えず、声も聞こえない。

「諸君、あっちへ戻ったら、みんなには前回の筆記試験が落第点で忠告を受けたと言うんだ」

わたしは驚いた顔をしたに違いない。

「落第点というのは嘘だ。おまえたちには秘密の任務に就いてもらう。今週の演習は分隊ごとに別行動だ。明日以降、おまえたちはそれぞれ自分の部隊で徐々に孤立していくようにしろ。無関心になり、やる気をなくし、最後には非協力的になれ。任務の山場は木曜の夜襲だ。めちゃくちゃに混乱させろ。その時までに、完全に反抗的な態度をとるようにしておく必要がある」

ひとりの少尉が、なぜそんなことをするのかとノヴァック大尉に尋ねた。

「精神を病んだふりをするんだ。仲間のやつらに、自分の仲間内のひとりを信用できないという混乱を味わわせるわけだ。やつらはおまえたちをくそ野郎だと思うだろうが、金曜の午後にはドクター・デスと一緒に任務後報告《ディブリーフィング》をするから、みんなには役割を演じていたと分かってもらえる」大尉は近づいてくる数機のヘリコプターをちらりと見あげた。「さあ、ヘリが来たぞ」

短期的な自分の衝動を優先させた

わたしは涼しいプロペラ後流を気持ちよく受けながらドアのそばに座っていて、また蒸し暑い森へと突っこんでいくのは気が進まなかった。分隊長役のＶＪ・ジョージが着陸の二分前警告を出し、わたしはＭ16に弾倉をかちりと装塡した。

はじめてＶＪに会ったのはＴＢＳにいた時で、グレイヴス・ホールの外の懸垂バーだった。ＶＪは上半身裸で油圧式ピストンのように両腕の曲げ伸ばしを繰り返していた。わたしの隣にいた少尉がこちらを向いて、小声で言った。「Ａ《アルファ》中隊でナンバーワンのアスリートはあいつだな」海兵隊で最大級の賛辞だ。ＶＪは海兵隊員としては変わり種だった。両親はインドからの移民で、ＶＪを医科大学院《メディカルスクール》へ行かせたがっていた。兄はシリコンバレーのプログラマー。主な興味はクラシック音楽と完全自由主義経済。海軍兵学校を出ていて、そこで重量挙げの競技に取り組むかたわら、髪を短く刈ったり人を階級で呼んだりする軍の習慣への嫌悪を育んだ。ＶＪとわたしはＩＯＣを卒業したら同じカリフォルニアの歩兵大隊に入ることになっていて、一緒に家を借りて住もうと計画していた。

ＶＪはわれわれを率いて着陸地帯を離れ、最初の二日間の偵察行動でもずっと指揮を執っていた。わたしは少しずつ分隊の仕事から距離を置くよう努めた――無線用バッテリー、弾薬、水といった分隊の物資をあまり運ばず、分隊が止まって防御陣地を掘る時にはいいかげんにしか参加せず、会話や意思決定に加わらないようにした。水曜日、われわれは日没間際に砂利道を外れて少し上へ登った山腹で停止した。まずい位置だ。下の道から見えるし、眺望のきく上方の尾根からはいいように攻められる。わたしのなかで心の声が、もっと山を登って高いところへ移動しろ、もっと見えにくくて周囲の地帯を管理下に置きやすい位置で守りを固めろ、と叫んでいた。

「よう、ネイト、ここに二、三時間ほどいようと思うんだ。おまえはどう思う？」ＶＪはわたしの隣にしゃがんだ。目はひらひらしたブッシュハットのつばに隠れて見えない。

わたしは肩をすくめた。

「なあ、おまえの意見を訊いてるんだぜ」

ＶＪはわたしを試している。この位置は最悪だ。ＶＪは分かっている。わたしも分かっている。

わたしが分かっているということを、ＶＪは分かっている。

「どうでもいい。おまえが決めることだ」

ＶＪは小声で毒づくと、倒木の横に座るわたしをひとり残し、ほかの隊員たちのところへ戻っていった。みんなが声をひそめて話すのが聞こえた。わたしの話だ。わたしがとんでもないくそ野郎だという話だ。信頼できないやつ。自己中心的なやつ。役立たずのお荷物野郎。ＶＪはもっといい位置へ分隊を移動させ、わたしは黙ってついていった。

夜が明けて最後の襲撃の日を迎えるころには、わたしとほかの隊員たちとの隔たりは個人の感情にまで波及していた。みんながなぜこれまでわたしのことを見誤っていたのかと不思議がり、わたしと同じ大隊での艦隊勤務を命じられていることを不安に感じているのが、ありありと感じられた。分隊は安全確保のためにいったん停止した。地面に伏せて一五分間息をひそめ、後をつけられていないことを確かめる。そのあと、わたしは先へ進むのを拒んだ。ほかの隊員たちは立ち上がってまた進みはじめたが、わたしはうつぶせのままじっとしていた。

「おい、ネイト」すり減ったブーツがわたしの腰を軽く蹴った。

わたしは顔を上げたが、返事はしなかった。

「ほら、行くぞ」

わたしは押し黙ったままだ。ＶＪが重い背嚢を背負って腰をかがめながら戻ってきた。「何なんだよ、ネイト。具合でも悪いのか？」わたしは頭を横に振った。「じゃあそのくず野郎みたいな態度は何だ？　おまえは最高の海兵隊員で、最高の歩兵将校だと思ってたんだけどな」もうノヴァック大尉のことも、訓練のことも気にしていられなかった。ＶＪの言葉はわたしの琴線を震わせ、わたしの義務感とプライドにぐさりと刺さった。金曜の午後にはすべてが明かされると分かっていても、友人たちの期待を裏切ることはできない。チームの汚点だと思われるわけにはいかない。わたしの意志は崩れ落ちた。

「演技なんだ。ドクター・デスに精神を病んだってことにされただけだ。俺は孤立することになってた。おまえたちに、おかしくなったやつと付き合う経験をさせるためだ。でも、もう我慢できない」

みんなの顔が信じられないと言っていた。

「くそっ。本当の話をしてるんだ。バッテリーと水をもっとよこせ。まだ先は長いぞ」わたしは自分の背嚢をあけて物資を詰められるだけ詰めた。「それからＶＪ、昨日のあの位置は最悪だったぞ」黒く塗られて汚れにまみれたＶＪの顔が、みるみる明るく笑顔になった。「やっぱりおまえはそうじゃないとな」

だが、わたしはいつもほど訓練に身が入らなかった。考えれば考えるほど、自分のしたことがいやになった。ノヴァック大尉はわたしに命令を出した。わたしは命令を理解し、了解し、そして背《そむ》いた。そうすることで、精神を病んだ人間と関わる訓練をするという仲間にとっての長期的なメリットよりも、短期的に自分の気が楽になる方を選んだのだ。そのあと誰もこの件には触れず、ディブリーフィングも余計なことは言わないというみんなの暗黙の了解のもとに切り抜けた。しかし、この件はわたしの心を悩ませつづけた。クワンティコでまる一年訓練しても、まだ衝動のほうが上まわるとは。

戦死者のための空席

九月のある金曜日の朝、わたしたちはIOCを卒業した。父が祝賀朝食会に出席するためにクワンティコに来てくれて、わたしは隣の席に父を迎えられたことが誇らしかった。テーブルは迷彩柄のポンチョライナー〔取り外しのできるポンチョ用の裏地〕で覆われている。メニューはステーキと卵。敵地へ侵攻する前に食べる伝統的な朝食だ。われわれ二八人の男たちは、ひとりずつゆっくりとノヴァック大尉と握手を交わし、誰もが憧《あこが》れる〇三〇二MOS——歩兵将校——の資格証明書を授与されてから、部屋のみんなに向き直り、軍人の言葉を引用してひとことずつ述べた。

わたしはスパルタの歩兵隊のモットーを選んだ。〝戦場から戻る時は、盾を手にしているか、盾に運ばれているかのふたつにひとつだ〟

VJは元海兵隊将校で海軍長官を務めたジェイムズ・ウェッブの言葉を選んだ。〝ジェーン・フォンダが手首を切るのを見られるとしても、わざわざ通りを渡って行くつもりはない〔反戦活動家の女優ジェーン・フォンダに会う気があるかと訊かれた時の答え〕〟

コーヒーが出されたあと、ノヴァック大尉が立ち上がった。世界最難関の小規模部隊長コースを修了したクラスを称《たた》え、最後の助言を伝える。「部下の海兵隊員たちが諸君に期待することは、有能さ、勇気、言行一致、そして思いやりの四つだ」ポケットからノートを取り出し、らせん綴《と》じの表紙をめくる。「歴史的に見て、諸君のうち四人はやがて大佐になり、○・五人は大将になる」

ノヴァック大尉は言葉を切り、上座にひとつだけ設けられた空席に目をやった。海兵隊の食堂はどこも必ず一席だけ空席がある。戦闘に散った海兵隊員たちに敬意を表するためだ。「諸君のうちひとりは任務で命を落とす」

「もう空包はなしだ、諸君」大尉は続けて言った。「今からは、この国が九一一番に電話して助けを求める時、呼び出されるのはおまえたちだ」

1999年6月、ダートマス大学のベイカー図書館で宣誓をおこない、わたし（右）は海兵隊少尉に就任した。（撮影：ニール・フィック）

基礎訓練校（TBS）での最初の1か月は、毎日約5キロ離れた射撃場まで歩いて行き、M16とM9拳銃の射撃訓練に明け暮れた。専門を問わず、すべての海兵隊員は小銃手であり、すべての海兵隊将校は、何よりもまず歩兵将校なのだ。（撮影：ナサニエル・フィック）

7　「イランでもソマリアでもどこでもなく、ここで」

初の部隊配属

　車の窓に映った自分を見ながら、胸の射撃記章をまっすぐに直し、両肩につけた金の階級章から指紋を拭《ふ》きとる。これまでにこの軍服を着たのは一度きり――仕立屋の店で着ただけだ。ＩＯＣを卒業したあと、わたしは車で国を横断してサンディエゴ北部のキャンプ・ペンドルトンに来た。ＶＪとふたりで海のそばに家を借り、第一海兵連隊第一大隊、通称一―一に初出勤する準備をした。〝第一の第一〟というのはいい響きだが、心の中には不安があった。今度はもう学校ではない。艦隊に勤務し、はじめて隊の指揮を執る。わたしは自分が学び足りていて、恥をさらしたり誰かを負傷させたりせずにすむことを願った。

　砂利敷きの駐車場を、磨きあげた靴にうっすらと砂埃《すなぼこり》を被りながら突っ切った。大隊本部のドアの上に掲げられた看板は、〝第一海兵連隊第一大隊――先頭歩行、最右列〟と謳《うた》っている。〝先頭歩行、最右列〟というのは陣形の中で名誉ある位置なので、おそらくこの大隊が過去の武勲で授かった栄誉なのだろう。ドアの横には赤い木板が並べ掛けられ、一枚ずつに黄色い文字でこれまでの戦闘の名前が記されている。階段で足を止めてそれを読んだ。ガダルカナル、ペリリュー、沖縄、仁《イン》川《チョン》、長津湖、ダナン、ドンハ、フエ、クアンチ、ケサン、砂漠の盾、砂漠の嵐。一番下の板の下辺には何も掛かっていないフックがついていて、次に追加される板を待っていた。それは海兵隊戦争記念碑の、黒い花崗岩の台座を思い起こさせた。

ブーツを履いた海兵隊員たちが、廊下をどたばたと行き来している。わたしはその場に溶けこもうとしたが、新米少尉なのは一目瞭然《りょうぜん》だ。隊員たちの目がわたしの靴から髪まで移動して折り返し、遠慮がちな「おはようございます」と共に、わたしの顔に向けられた。大隊管理部のオフィスを見つけたわたしは、ドアを入ってすぐの机に個人記録簿の束を置いた。「おはよう、軍曹。わたしはフィック少尉――初出勤だ」

「B《ブラボー》中隊の名簿に登録されています、少尉」軍曹は辞令書を破りとってから記録簿を返してよこした。「ホイットマー大尉のオフィスへ。階段をおりて左です」

深呼吸をしてから、〝中隊長〟と記されたドアの外の、コンクリートブロック造りの壁を三回叩いた。

「入れ」

「おはようございます、大尉。辞令で参りました、フィック少尉です」わたしは奥の壁に視線を固定したまま、金属製のデスクの正面でさっと気をつけの姿勢をとった。

ホイットマー大尉は立ち上がって握手の手を差し出した。彫りが深く白髪まじりで、俳優のエド・ハリスに似ている。

「リッチ・ホイットマーだ。よく来たな。座ってくれ」大尉はデスクの前の小さなソファーを示した。横の床にはヘルメットと防弾チョッキが置かれている。わたしはそれ以外に何が部屋にあるかを把握しようと、大尉に気づかれないように視線をめぐらせた。ミシガン州のマグカップ、幼い男の子の写真、タイの歩兵小隊と麻薬対策部隊から贈られた表彰楯。

ホイットマー大尉の一番の特徴は穏やかさだ。ゆっくりと話し、ひとことずつ言葉を選びながら、ＩＯＣのことや、わたしの家族、生い立ちについて尋ねた。大尉のオフィスは防音でもされているかのように、廊下の騒々しさが遠のいていく。質問に答えながら、わたしは自分の声がやかましく不明瞭に思えた。だが、これは尋問ではない。大尉は気さくに笑い、わたしはすぐに気持ちがほぐれた。

仕事の話になると、大尉に頭の中をすっかり読まれているようだった。一個歩兵大隊に属する三個小銃中隊は、目標地点を行き来する主な手段がそれぞれ異なる。ヘリコプター、〝アムトラック〟と呼ばれる水陸両用強襲車、ゾディアック社製のゴムボートだ。ＩＯＣで、ほとんどの海兵隊員は上陸にヘリを使うと聞いていた。舟艇は実用性が低いが、駐屯地が比較的温かい大西洋《たいせいよう》の近くなら楽しいだろう、というのがわれわれの共通意見だった。冷たい太平洋だと舟艇は悲惨だ。そして今、ホイットマー大尉はこう言った。「凍えるのがいやじゃないといいんだがな――B《ブラボー》中隊は舟艇だ」

次に大尉は、わたしが指揮するのはブラボーの火器小隊だと告げた。それぞれの歩兵中隊は四個小隊――三個小銃小隊と一個火器小隊――で編成されている。新米少尉がはじめて指揮を執るのは小銃小隊が定番で、これはM16を携えた隊員四〇人からなる小隊だ。火器小隊はそうではない。四五人の隊員が機関銃班、強襲班、迫撃砲班に分かれ、中隊の火力の大半を担う。火器小隊の仕事は複雑なので、普通はすでに小銃小隊を率いた経験のある年長の中尉が小隊長を務める。ホイットマー大尉はわたしに、艦隊勤務の初日から火器小隊を率いるのは気が重くないかと訊いた。

「いえ、大尉。もちろん大丈夫です」本当は、もちろん大丈夫ではなかった。

大尉はうなずき、不安は分かるが何とかなるだろうと言わんばかりの笑顔を見せた。「さあ、少しゅっくりするといい。中隊は午後まで野外訓練に出てるからな」立ち上がって握手しながら大尉が言った。「わたしのやり方は少し変わってるんだ。そのうち分かる」

訓練したことのない火器小隊を率いる

B《ブラボー》中隊の四個小隊は、ホイットマー大尉のオフィスから廊下を進んだ奥の一室を一緒に使っていた。ロッカーには戦術マニュアルがぎっしり詰まり、壁にはジム用の服がずらりと吊《つ》られ、ロッカーの隙間には海兵隊のポスターがべたべたと張られている。部屋の臭いは高校時代のアメフトコーチの部屋を彷彿させた――脂っぽい汗と、古くなったコーヒーと、消毒薬の臭いだ。部屋の真ん中には八台のデスクをくっつけた島があり、四人の小隊長と四人の小隊軍曹に一台ずつ割り当てられている。わたしは備品倉庫から自分の装備を運んできて、あいているロッカーに詰めこんだ。それからドアのそばの棚にあった火器小隊のマニュアルを一冊つかみ、腰を下ろして読みはじめた。

IOCでは主に小銃小隊長の訓練を受けた。火器小隊は小銃小隊とは違い、ひとりの隊長の指揮下でひとつの部隊として戦うのではない。機関銃班と強襲班は小銃小隊の火力を増強するために働くことが多い。迫撃砲班は中隊全体のために迫撃砲火力を供給し、通常は中隊長と小銃小隊長の統制下に置かれる。隊員全員がほかの小隊のために働く火器小隊の隊長は、中隊の火力支援のまとめ役を担う。つまり、砲兵隊、航空攻撃、軍艦からの砲撃を取りまとめるわけで――わたしが訓練したことのない複雑な任務だ。学ぶべきことは山ほどあるが、時間はほとんどない。

B中隊の日常

午後、B《ブラボー》中隊が徒歩でパレード・デッキに戻ってきたので、外へ見学に出た。自分の小隊をちらりと見られればと思ったが、二列のくすんだ緑色が長く延びているだけで、隊員の区別はつかなかった。顔を迷彩に塗った少尉がひとり、部隊の集団を抜けてこちらへ歩いてくる。防弾チョッキを着こみ、発煙弾や照明弾、ナイフや水筒で飾られたベストを身につけていて、前かがみになった体の左右から背嚢がはみ出して見え、鞭《むち》のようなアンテナが頭の上で揺れていた。

「火器の新任だな」少尉はそう言いながら、わたしのすぐ脇をのしのしと通り過ぎていく。歩きつづけながら言葉を継いだ。「俺はパトリック・イングリッシュ、第一小隊の隊長だ。オフィスに来てくれ。この装備をおろさないと」

部屋にはいるとパトリックは背嚢をどさりと床に下ろし、装備《ウエブギア》を脱ぎ捨てた。中の軍服が汗でびっしょり濡れている。「すまない。失礼な態度をとるつもりはなかったんだ」そう言いながら、握手の手を差し出した。「B《ブラボー》中隊へようこそ」ゲータレードのボトルをかちりとあけて、デスクのひとつに腰かける。パトリックは髪を短く刈りこんで鋭い顔つきをしたニューヨーク出身の男だった。ホーリー・クロス大学でラクロスをやり、地区検察官事務所で働いたあと、士官候補生学校《OCS》に入学した。

仕事の話をしないといけない気がしたが、何を訊けばいいのかもほとんど分からない。「で、今後の予定はどうなってる?」わたしは何気ないふうを装って尋ねた。

パトリックの話によると、中隊はこれからの四か月、射撃や偵察といった型通りの歩兵技能訓練をおこなう。そのあと二月に、第一五海兵遠征隊《MEU》（特殊作戦可能《SOC》）に地上戦闘部隊として加わる。TBSで知ったが、MEU（SOC）は二〇〇〇人の海兵隊員を擁し、一個歩兵大隊と一個ヘリコプター飛行隊で編成される海上任務部隊《タスクフォース》だ。いつなんどきでも、西海岸から一個、東海岸から一個の部隊が展開できる。われわれは六か月にわたってMEUの技能を磨くが、そのほとんどは舟艇での急襲だ。そして二〇〇一年八月、第一五MEUはサンディエゴを出発し、六か月かけてインド洋とペルシャ湾を回りながら、他国の軍隊と合同訓練をおこないつつ、有事の際には即応部隊として真っ先に動くことになる。

数分おきに隊員がオフィスにはいってきては、パトリックに小隊の武器の数量や紛失した備品の状況を報告したり、昇進の事務作業やほかの訓練の進捗《しんちょく》を知らせたりする。パトリックはわたしと冗談を交わしながら、よどみなく隊員たちに指示を与えた。わたしはそのパトリックが一／一に来て二か月しか経っていないと聞いて驚いた。

パトリックは早口で大隊と主な人物について説明し、最初にわたしが一番聞きたかった話をした。「ホイットマー大尉はめちゃくちゃいいぞ——大隊で最高の指揮官だ」それからわたしを安心させるようにこう言った。「毎週木曜の夜にサン・ファン・カピストラーノの近くで、LPAがビールとタコスの集まりをやってる」この由緒ある伝統についてはわたしも知っていた。どの部隊にも、こうした非公式の少尉・中尉保護組合《LPA》がある。「少尉や中尉の中には」パトリックは大隊のほかの小隊長たちのことを指して打ち明けた。「小隊軍曹が頼りないせいで、助け合わなきゃいけないやつらもいる。俺にはそういう問題はないし、きみにもないけどな」

小隊軍曹を味方につける

若い少尉はみんな、はじめて自分の小隊軍曹に会った時のことを覚えているものだ。新米将校の隊長と辛辣《しんらつ》な副隊長との関係は、新兵訓練基地《ブートキャンプ》と同じくらい伝説的と言っても過言ではない。パトリックとわたしがまだ話をしている最中に、キース・マリーン二等軍曹がオフィスに入ってきた。わたしが最初に気づいたのは、軍紀通りに刈られた髪から魚のひれのように突き出た耳だった。次に気づいたのが、その驚くべき名前だ。が、そのことは言われ飽きているだろうと思い、話題にはしなかった。

〝海兵隊員《マリーン》〟という名前を持つマリーンは、「少尉、座っておられるのはわたしの椅子なんですがね」の第一声で、最初の出会いにありがちな言外の含みをあっというまに吹き飛ばした。そして、どうしてもコーヒーを飲みにいって――「コーヒーは将校がおごるってのが伝統です」――小隊の戦術や訓練プランを話そうと言い張った。わたしたちはパレード・デッキを歩いて食堂へ向かいながら、互いの自分史を交換した。

マリーン二等軍曹はウェストバージニア州の炭鉱地帯で育った。名前がマリーンでなかったとしても、海兵隊にはいるのが運命づけられているような生い立ちだ。祖父はブーゲンビル島、硫黄島、沖縄の血塗られた作戦に従軍した海兵隊員。祖父の弟は、わたしの祖父も戦ったレイテ湾で戦死した。マリーン自身は歩兵隊に入って一〇年になる。その前はライフルを持ってシカを追いかけていたそうだが、それはわたしがまだブロックで遊んでいた頃の話だ。前年は大隊の火器専門准尉《ガナー》のもとで働いていたので、ほぼ世界中の軍隊の歩兵火器について、知らないことがないほど詳しかった。

「じゃあ」わたしは訊いてみた。「M16のことはどう思う？」海兵隊の歩兵はほとんどがM16を携行している。若い海兵隊員は小銃に対する異常なまでの愛着を強烈にすりこまれるのだ。

「どこの間抜けが作ったのか知りませんが、M16はいたずらに撃ちまくるだけです。あんな小口径の銃を戦場で持ちたかないですね」

コーヒー代をわたしが払い、ふたりで窓際の席に滑りこむ。マリーンはポケットから嚙み煙草《コペンハーゲン》の缶を取り出し、親指と人差し指で蓋《ふた》をあけた。ひとつまみして下唇の内側に詰めこむと、その缶を勧めてきた。「いかがです？」

「いや、遠慮しとくよ」

「だからって少尉を恨んだりはしませんよ」マリーンは重大な譲歩をするかのような口ぶりで言った。「少なくともコーヒーは飲んでますからね。ご立派な前任者はそれすらしなかった。いけすかない男でしたよ」ふと口をつぐんで物思いにふけり、頭を左右に振った。「地獄への道は、下士官に耳を貸さなかった少尉の白骨で舗装されてるんです。前任者のもうひとり前は、射撃場の仮設トイレで弾に当たりましてね。まあ、それで少尉にここの仕事が回ってきたってことはたしかです」

わたしはコーヒーをひとくち飲みながら、小隊のことを教えてくれと頼んだ。さっきまでの皮肉が続くのかと思ったら、マリーンは真剣に話しだした。隊員たちの能力ではなく、主に性格や家族や関心について。

「あいつらのことは本気で大事にしないといけませんよ、少尉。隊員たちは、信頼する隊長の命令なら、悪魔だってタマを引っつかんで王座から引きずり下ろしますからね。ここの仕事は誰にでもできると言っていい。それをうまくやりたいと思わせてやればいいんです」

　わたしは黙って座り、マリーンが話したいだけ話すのを楽しく聞いていた。それを察知したのだろう、マリーンは言葉を切り、こちらを探るような目で見たかと思うと、わたしがこの小隊での自分の役割をどう考えているかという、単刀直入な質問をぶつけてきた。一瞬、わたしはたじろいだ。自分の指揮官としての技量をテストされようとは思ってもみなかったし、さっきホイットマー大尉に対して同じ疑問を抱いたとしても、ぜったいに訊いたりはしなかっただろう。だが、マリーンの率直さには感心させられた。わたしは少し考えてから、こう言った。新しく町に来た保安官のように登場して、まだ何がどうなっているかも分からないのにルールを変えるようなことはしたくない。そして、自分はどちらかというと疑わしきは罰せずのほうだが、つけこんでくる相手は容赦しない、とも言った。ノヴァック大尉の言葉を借りずに、有能さ、勇気、言行一致、思いやりを、マリーンに約束しようと努めた。

　そのかわり、隊員たちの前ではマリーンにわたしの後ろ盾になってもらいたい。意見の違いはふたりだけの時にぶつけ合えばいい。マリーンはうなずいた。小隊付下士官にはなったばかりだが、マリーンが昔かたぎの男だというのは最初から感じていたし、わたしを鍛えることが、そうは言わないまでも、マリーンの主な仕事だということも理解できた。それを裏づけるかのように、マリーンは二年前に所属していた一―一のC《チャーリー》中隊で、自分の小隊の隊長だったクリス・ハドサルのことを話した。どうやらそのハドサルが、マリーンの将校を判断する基準になっているようだ。「われわれがついていれば、すぐにハドサル少尉みたいに何でも分かるようになりますよ」マリーンは請け合った。

　三杯目のコーヒーを飲み終えるころには、マリーンとわたしの間で小隊内での役割分担ができていた。当初、わたしが最も恐れていたのは、小隊軍曹を好きになれなかったり信頼できなかったりして、対立関係になることだった。しかし、わたしはマリーンが好きになったし、直感的に信頼できた。大抵の小隊軍曹は若い少尉が熱血漢や暴君だと不安になるのかもしれないが、わたしは誓ってそのどちらでもない。ドアへ向かって歩きながら、マリーンはわたしがOCS以来ずっと待ち焦がれていた言葉を口にした。「いよいよ小隊と対面する時がきましたよ」

「くそつまらん話はゼロ」

　わたしは緊張するだろうと思っていた。新米少尉がはじめて指揮する部隊に会うのは初恋や童貞喪失のようなもの、ということになっている。マリーン二等軍曹が、野外訓練のあと武器庫で武器の掃除をしていた小隊を呼び寄せた。隊員たちが二、三人ずつかたまって、パレード・デッキを歩いてくるのが見えた。煤《すす》で黒く汚れた手。緑のTシャツと迷彩ズボン。これがわたしの小隊だ。この小隊を訓練し、共に配置につき、もしかしたら戦争にも一緒に行くことになる。自分のリーダーシップがそのままこの小隊のパフォーマンスに現れることになる。わたしは全く緊張していなかった。

　四五人の隊員たちが、班ごとに三列の隊形をつくって整列した。みんなずいぶん若い。半分は一〇代に見える。わたし自身まだ二三歳だったが、わずかとはいえ年の差があることでコーチや兄の立場にあるように見え、それが自然と威厳を感じさせることになった。マリーン二等軍曹は最前列の真ん中から六歩離れて立っている。各班の班長から報告を受けたあと、まわれ右をしてわたしの方を向いた。

マリーンは敬礼をして大声で言った。「隊長。火器小隊、全員揃いました」

わたしはマリーンの正面に気をつけの姿勢で立ち、敬礼を返した。マリーンがさっと後ろへ退いて、わたしはひとりで隊員たちの前に立った。

隊員たちにとって、新米将校からパットン大将気取りの長演説を聞かされることほど無意味なものはない。そこでわたしは自己紹介をし、この小隊に一番新しいメンバーとして加われたことを嬉しく思うと言った。今後一週間で全員と個人面談をしたいと伝え、何か質問があるかと訊いた。質問はひとつもなかった。マリーン二等軍曹が隊を解散させ、隊員たちは武器庫へ戻っていった。わたしは一緒にオフィスへ向かって歩くマリーンの声に、称賛の響きを聞いた気がした。「くそつまらん話はゼロでしたね。隊員は喜んでますよ」

訓練は血の流れない戦闘

それからの一〇か月は歩兵戦術の卒業ゼミ、つまり実戦前に歩兵戦術を学ぶ最後のチャンスだった。教授はホイットマー大尉。大尉のやり方は、クワンティコで経験したどのやり方とも違っていた。同じ一―一でほかの中隊にいる仲間たちは、指揮官の管理がきついと文句を言う者が多かった。目立つミスをするのが怖くて、思い切ったことをするのを避けていた。一―一で幅をきかせている文化は、少なくとも将校や上級下士官の間では、出世第一主義だ。大佐が冗談を言うと笑い、誰の機嫌も損ねず、目をつけられないようにしている。

ホイットマー大尉は違っていた。海兵隊で実弾演習の前におこなうブリーフィングは〝安全第一〟という言葉ではじまるのが普通だ。

「安全第一なら」ホイットマー大尉は言い放った。「ずっと兵舎にいて、仲間と楽しくバスケットボールをしていればいいじゃないか。いい訓練をすることが第一だ」いい訓練というホイットマー大尉の考えを聞いて、わたしは前に読んだローマ軍の話――訓練は血の流れない戦闘であり、それゆえに戦闘は血の流れる訓練であった――を思い出した。

そのことをホイットマー大尉から痛感させられたのは、ある晩、太平洋を見下ろす山の、強風吹きすさぶ尾根でのことだった。大隊の三個小銃中隊が、市街地戦闘訓練用のコンクリートブロックの町をめざして別々に移動していた。われわれの任務は午前〇《マル》一《ヒト》時〇《マル》〇《マル》分までに町の近くで合流し、町を占領して後続部隊が中継基地として使えるようにすることだ。町を監視している偵察部隊から敵の備えについての報告が入るたびに、大隊の攻撃プランが変わっていく。

B《ブラボー》中隊は二時間前に海軍艦から上陸していた。濃い霧の中をよろめきながら尾根づたいに進んできたが、大隊が決めた合流地点はまだ一・五キロ先だった。風に煽《あお》られうねり逆巻く霧が道を横切り、尾根を左右に下る坂の暗闇へ吸いこまれていく。

わたしの後ろでは、機関銃手と迫撃砲手が苦悶《くもん》の声を嚙《か》み殺し、金属のたてる音を抑えこみながら、できるだけ静かに重い武器を運んでいた。数分おきに、ホイットマー大尉から大隊の連絡が無線で小隊長たちに伝えられた。そのたびにわたしは暗闇のなかで毒づき、歩くのと、変更された計画を把握するのと、班長たちに情報を伝えるのとを何とか同時にこなしながら、合流地点へ向けて前進を続けた。マリーン二等軍曹は、指示を伝えて隊員の状態を把握するのに列を行ったり来たりしていたので、みんなの二倍は歩いたにちがいない。隊員たちは柔軟に変更を受け入れていた。文句も言わず、ためらいもない。われわれは午前〇〇時四五分《マルマルヨンゴー》に合流地点に到着し、疲れ切って茫然《ぼうぜん》自失の状態だったが、攻撃の時間には間に合った。ほかの中隊はまだ一時間かかると無線連絡が入った。

待っている間、われわれ少尉はホイットマー大尉のもとに集合した。びしょ濡れで震えるわたしたちを自分のまわりに小さく集め、大尉はその夜の教訓を語った。「ほかの中隊長たちは無線で変更の連絡を受けるたびに進行を止めた。小隊長を集め、地図を広げて新しい計画を説明した。その結果が──この大遅刻だ」大尉はそこでひと息ついた。パトリックを見ると、この教訓が頭のなかで明確な形をとっているのがわかった。それはわたしも同じだ。

「おそらくおまえたちは、わたしが移動しながらブリーフィングするもんだから、悪態をついていたんだろう」われわれは白状してうなずいた。「だがな、わたしがそうしたのは、おまえたちがそのやり方を学ばないといけないからだ。おまえたちはみんな」大尉は声をひそめて強調しながら、わたしたちひとりひとりを指差した。「この中隊を指揮しているも同然だ。ちがいは弾丸ひとつ分しかない。そのことを、イランでもソマリアでもどこでもなく、ここで学ぶんだ」

腕時計に目をやると、ほかの中隊の到着までまだ半時間以上あった。ホイットマー大尉もきっと時計を見たのだろう、つづけてこう質問した。「さて、われわれはどうすればいいかな」助言を求めているのではない。わたしたちがどう判断するかを見たいのだ。

「攻撃すべきです、大尉」わたしはありもしない自信をみなぎらせて言った。「われわれの中隊は全員ここに揃っています。偵察部隊の報告によると、町には十数人しかいません。大隊は根拠があって時間を決めたわけですから」

ホイットマー大尉はそれに応《こた》えて、たしかにわれわれ歩兵将校は攻めの姿勢でいく訓練を受けていると言った。まわりの全員がうなずく。「しかし、攻めの姿勢と愚かさの間には、明確な線引きがある」優れた指揮官というのは、その線を越えないぎりぎりのところでやれるものだ、と大尉は説明した。リスクとギャンブルの違いを知らなくてはならない。指揮官なら誰でもリスクをとる。それは危険な状況で成果を上げるための、計算された判断だ。ギャンブルは全くの運まかせ――鞭打ち刑の執行人たちが向かい合って二列に並ぶ間を、目をつぶって走り抜けるのと同じだ。「あの町を今すぐ攻撃するとしたら、フィック少尉」改めて語気を強めて大尉は言った。「それはギャンブルだ。ぜったいに、事を急いで自分の隊員を死なせるようなことはするな」

ほかの中隊が到着したあと、大隊で町を攻撃して占領確保した。コンクリートブロックの建物が並ぶ中、自分の小隊が持ち場の区域を意気揚々と歩くのを、わたしは誇らしい気持ちで見つめた。隊員たちは楽しんでいる。三個中隊の圧倒的な兵力のおかげで負傷者はひとりもなく、大隊の予定時間にわずかな遅れが生じても問題はなかった。わたしは反省の念に駆られた。

常に最も厳しい挑戦を課す

夜明けまでに海岸から沖へ離れたかったので、艦への帰り道は行きより短いルートをたどった。月は雲の奥でおぼろな影となり、勢いを増した風があたりをまだらな靄《もや》で覆って砂を巻きあげる。海岸には波が三連になって轟音をとどろかせながら打ちつけていた。われわれが着いた時には、舟艇と共に後方に残っていた中隊の艇長たちが、水際に舟艇を寄せていつでも出発できるようにしてあった。

マリーン二等軍曹とわたしは一緒に砂浜に膝をつき、苦労しながらウェットスーツに体を押しこんだ。ふと見ると、マリーンのスーツはわたしのより二倍は厚い。「そのホッキョクグマみたいなスーツはどういうわけだ、二等軍曹？」マリーンはしたり顔で答えた。「前に舟艇中隊におりましたんで」

わたしは強風に荒れる海に目をやった。「今夜はタマまで凍りそうだな」

「いいですか、世の中には二種類の人間がいるんです」マリーンが賢人ぶって言った。「ウェットスーツの中に小便する人間と、してないって嘘をつく人間がね」

スーツを着ると、マリーンは舟艇から舟艇へ駆け回って人数を数え、武器がアルミのデッキプレートにくくりつけられているのを確かめた。わたしを見て親指を立てる。小隊は順調だ。

わたしは六人乗りのゾディアックボートに同乗する者たちと共に、舷縁《げんえん》のチューブにめぐらされたロープをつかんで海に入り、胸の深さまで舟艇を引いていった。息が喉に詰まる。波が寄せるたびに水位が首まで高くなる。足が浮いて、船首を波へ向けておくのもひと苦労だ。舟艇が横を向けば舷側《げんそく》に波風を受け、ひっくり返って岸へ押し戻され、一からやり直すことになる。

艇長が舟艇によじ登り、エンジンをかけて叫んだ。「みんな乗れ！」われわれはどうにかこうにか舷縁を越え、舟艇の床に落下した。みんな絡み合って、誰の脚だか小銃だか分からないありさまだ。「船首に重心をかけるんだ」艇長が大声で言った。前方の暗闇から、目の高さより一・五メートル上を一本の白い線が迫ってくる――泡立つ波がしらだ。艇長がスロットルを全開にして猛スピードで波に突っこんだ。舟艇は波を駆け登り、波の頂で前後に揺れた。わたしは意志の力で、われわれを砂浜へ投げ飛ばそうとする波の向こうへ重心をかけようとした。

エンジンが悲鳴をあげ、プロペラが空《くう》をかく。その時、舟艇の船首が下がり、波を越えた。波を完全に通過したのだ。われわれは中隊のほかの舟艇の影が上下に揺れる方へと舵《かじ》を切り、わたしは無線機を防水バッグから取り出した。

「ペイルライダー、ペイルライダー、こちらオーデン。タッチダウン。繰り返す、タッチダウン」

〝タッチダウン〟は〝任務完了〟を意味する軍艦への暗号だ。もし何かがうまくいかなければ〝ファウルボール〟と伝えることになっていた。

「ペイルライダー、タッチダウン了解。こちらはかなり激しい揺れ。帰艦の受け入れは困難と思われる。代替脱出路の燃料はあるか」

夜の間に波が高くなったため、軍艦の乗組員はわれわれを安全に引き上げられないかもしれないというのだ。代替脱出路をとるということは、キャンプ・ペンドルトンのデル・マー端艇溜《ボート・ベイシン》まで、海岸沿いに冷たく過酷な海を延々とこの舟艇に乗って帰ることを意味する。わたしのウールの防寒帽が海水でぐっしょり濡れて、何度も目の上にずり落ちてくる。それを押し上げながらホイットマー大尉を見た。

大尉は吹きつける水しぶきに顔をしかめている。わたしは大尉が暖かい軍艦のなかで隊員を休ませ、ブリーフィング通りに任務を遂行した満足にひたるという抗しがたい誘惑に駆られているのを想像した。けれどもこれは訓練で、何であろうと中隊に最も厳しい挑戦を課し、臨機応変に適応して乗り越えることを強いるのがホイットマー大尉だ。

「代替を実行しろ」大尉が命令した。

代替ルートは二時間かかった。舟艇は波にぶつかり乗り越えながら進み、凍りそうに冷たい水しぶきがわたしの肌の露出した部分を針のように刺した。波をひとつ越えるたびに、次こそ沈没すると思った。左に見える州間ハイウェイ五号線をヘッドライトが流れていく。きっと車のなかでは早朝の通勤者たちが、ぬくぬくとラジオを聴きながらコーヒーを飲んでいるのだろう。

舟艇の船首にいた隊員がひとり、低体温症に陥った。震えが止まり、唇は白くなって端のほうが青味を帯びている。われわれはその隊員を包みこむように抱きかかえ、体温を分け与えて冷たい水しぶきから守った。ホイットマー大尉はその間じゅう舷縁のチューブに座っていた。不安も見せず、心配もせず、急いで帰ろうともしない。

日の出の時刻を少し過ぎてデル・マーに着くと、わたしはホイットマー大尉と向き合った。大尉の理屈がまだどうにも解せなかった。「大尉、せめて艦に乗れるか試してみてもよかったんじゃないですか？　なぜ隊員たちを苦しめるんです？　どうせこの舟艇はもう使わないんですから」

ホイットマー大尉は、分かっていなかったとは驚きだと言わんばかりの顔で、わたしをまじまじと見つめた。「ネイト、これは装備の問題ではない。任務の問題でもない。人の問題なんだ」大尉は隊員たちを見回した。隊員たちは朝日のなかで、もう笑いながら舟艇を洗っている。「この中隊が苦しんでいる時は、時間を無駄にしているわけでも、誰かを痛めつけているわけでもない。隊員たちは厳しい事態に陥った時に団結することを学んでいるんだ。それは必ずわれわれの大きな力になる。この大隊が実戦の任務につくようなことがあれば、その時はブラボーの出番だ。その時、われわれは準備ができているんだ」

思いがけぬ再会

洋上展開の少し前、ある朝わたしがオフィスに到着すると、クワンティコでの友人、ジム・ビールがわたしのデスクに座っていた。顔を合わせるのはTBSの卒業式以来だ。わたしはダッフルバッグを放り出して、ジムの手を握った。ジムは砲兵科の前線観測員《FO》として一－一に派遣されたと説明した。海兵遠征隊《MEU》で火器小隊長と連携しながら中隊の火力支援をおこなう役目だ。わたしは自分の幸運が信じられず、なぜB中隊《ブラボー》に来ることになったのかと尋ねた。

「火器小隊長で一番頭のおかしなやつは誰だって訊いたら、おまえのところに送りこまれたんだ」

「どうとでも言え。きっと最悪のくそFOと最高にデキる小隊長をくっつけたんだろ」

嬉しい気持ちは長くは続かなかった。わたしのデスクに置かれたメモに、古参の一等軍曹ひとりが今週後半から小隊に加わると書かれていた。それが何を意味するかは分かる。マリーン二等軍曹を小隊軍曹から迫撃砲班の班長に格下げしなくてはならない。わたしはホイットマー大尉のオフィスに怒鳴りこんだが、大尉は頭を左右に振ることしかできなかった。大尉が口を挟める話ではないのだ。中隊の人事異動を担当する先任曹長にも掛け合ってみた。反応は同じだ。ブラボーには一等軍曹がひとり足りないと組織が見なした、以上。こういう経験の長い海兵隊員たちは、幹部連中と闘って余計な時間や感情を無駄にするほど愚かではないということだ。

心が痛んだ。なぜ配置につく直前になって、うまくいっている小隊をひっかきまわすんだ？　小隊長どころか中隊長まで、この件に口出しできないとはどういうことだ？　マリーンとわたしの間には絆がある。一緒にうまくやっている。この知らせを伝えるためにマリーンをオフィスに呼んだ時点で、わたしは闘う気になっていた。

しかし、浅はかだった。わたしのほうがマリーン二等軍曹に慰められることになった。新しい一等軍曹はいい海兵隊員だし、自分は迫撃砲兵たちと楽しくやっていけるだろう、CDI指数は低くなるが、とマリーンは言った。

わたしは餌に食いついた。「CDIって何だ」

「女にモテる（Chicks dig it）ってことですよ、少尉。アメフトチームは高CDI、チェスクラブは低CDI。小隊軍曹は高CDI、迫撃砲班は低CDI。迫撃砲の火力がどんなにすごくたって関係ありません。人生は不公平ですからね。大学でそんなことも教わらなかったんですか？」

8　二〇〇一年九月一一日

実戦任務がないのは〝輝かしい思い出〟

わたしはカーキ色の軍服に身を包み、映画のセットに立つ俳優になった気分で船の甲板に立っていた。はるか眼下の埠頭《ふとう》では大勢の人が歓声をあげながら星条旗を振り、二艇のタグボートがわれわれの船を沖へと押していく。サンディエゴ湾の海面がそよ風にさざめいていた。二〇〇一年八月一三日の午前一〇時ぴったりに、米国海軍の揚陸艦〈ダビューク〉は美しいサンディエゴ＝コロナド橋をくぐり、ロマ岬の西に広がる太平洋へ針路をとった。飛行甲板では海兵隊員と海軍水兵が手すりにずらりと並び、両手を後ろで固く握ってまっすぐ前を見つめている。風の音だけを聞きながら、ひとりひとりが街とビーチとカリフォルニアの最後の眺めを目に焼きつけていた。

〈ダビューク〉はほかの二艦、〈ペリリュー〉と〈コムストック〉と合わせて両用即応群《ARG》（海兵遠征隊と揚陸艦からなる戦闘単位）を構成していた。ARGの三艦には第一五海兵遠征隊《MEU》（特殊作戦可能《SOC》）が乗っている。MEUは二〇〇〇人の海兵隊員を擁し、われわれの歩兵大隊、四機のハリアー攻撃機で強化された一個ヘリコプター飛行隊、そして一個偵察小隊、戦車四台、兵站支援部隊などを加えた編成だ。これからの六か月、われわれが地球の半分で展開するアメリカの〝即応部隊〟となる。

海岸が灰色にかすんで遠ざかっていくのをわたしが甲板で眺めていると、マリーン二等軍曹が来て隣に立った。

「おめでとうございます。ハドサル少尉みたいに経験豊富な軍人への第一歩ですね」

「国外で何度か上陸してからでないと、経験ある軍人のような気にはなれないな」わたしはそう応えたが、マリーンの頭の中にある理想に近づきつつあるのかもしれないと思うと笑みがこぼれた。

「どんな航海になると思う？」

マリーンは手すりにもたれて両手を海の上に突き出し、一瞬、いつものきらりと光るいたずらっぽさが消えた。「前に、第一五海兵遠征隊のある砲手がすごくいいことを言ってましたよ。一九九八年にサダム・フセインが国連査察団を追い出したあと、われわれは何か月も砂漠で待つだけ待って、何もせずに帰ってきたところでした。祝えずに過ぎていった誕生日や記念日や出産や、そういうのが山ほどありましてね。隊員たちは何の働きもできなかったのが少々不満だったんです。で、その砲手がこう言ったんですよ。〝実戦任務がなかったからって、何も残念がることはない。今は何もかも輝かしい思い出にできるし、ひとりも亡霊にならずにすんだんだから〟ってね。わたしは戦争熱に浮かされたらそれを思い出すことにしてるんです」

まだ平和な世界

〈ダビューク〉は一九六七年に就役し、ベトナム沖で任務に就いていた。全長一七三メートル、排水量一六〇〇〇トンのこの艦は、今、海軍の乗組員四〇〇人と海兵隊員五〇〇人を乗せて約一五ノットで進んでいる。艦の前方三分の一を五階建ての船楼が占め、後方三分の二は飛行甲板が艦尾まで広がっている。飛行甲板の下には〈ダビューク〉の大きな特徴となるウェルドック〔艦の内部に設けられた乾ドック〕があった。これは舟艇用ガレージのようなもので、ドック内に注水し、ポンプを使って排水できる。艦尾には巨大なクラムシェル・ハッチがあって、舟艇はそこから出入りする。海軍の序列に従い、下士官以下の海兵隊員と海軍の水兵は飛行甲板より下で寝起きしているが、そこは地下墓地さながらで、狭い通路の壁に沿って蒸気パイプや電線が並ぶ。将校たちは、海軍も海兵隊も、船楼の個室で生活していた。

軍艦での洋上生活、とりわけ四〇年近く前に造られた軍艦での生活は、小さなクローゼットとアパートの建物内のボイラー室と機械工場の間を行ったり来たりするようなものだ。大きな特徴は動きと音。常に縦横に揺れ、テーブルからは食べ物が、寝台からは人間が転げ落ちる。艦の動きに合わせて鋼鉄が金切り声やうなり声をあげる。エンジンが鼓動を響かせ、ボイラーが息を漏らし、船体の下では海が喉を鳴らす。金属製のハッチはすべて浸水に備えて閉じておかなくてはならないので、昼夜を問わず、ドアがぎーっと閉まってかちりとロックされる音で人が行き来するのが分かる。ホイッスル、ブザー、その日の行事を告げるベル——起床ラッパ、食事、訓練、消灯ラッパ。とどめは艦内通話とひっきりなしに鳴る電話の不快な音。乗船したばかりの者は、すぐに耳栓を持ち歩くことを覚える。

〈ダビューク〉は艦隊の旗艦として任務に就くべく設計されているため、大将用に第二の艦橋《ブリッジ》があり、将校用の寝台設備も多めに用意されている。だが、今回の小艦隊の旗艦は〈ペリリュー〉なので、〈ダビューク〉には収容できる人数よりはるかに少ない将校しか乗っていない。そんなわけで、わたしは四人部屋をひとり占めしていた。この贅沢の代償として、わたしの生活スペースはほかの将校全員の荷物置き場を兼ねることになった。

わたしの部屋をひと目見れば、〈ダビューク〉の海兵隊員たちが何をする気かすぐに分かる。サーフボードが三本、ゴルフバッグが四個、ギターが四本、寄港地用のアロハシャツの山。その中には、中央アジアの地図も、パシュトー語やダリー語の翻訳ガイドブックもない。われわれはまだ、平和な世界に生きていた。

毎日のエクササイズ

西太平洋への航海は、もれなくお試し期間――ハワイまでの五日間――からはじまる。安全港に着くまでは洋上の生活リズムに慣れる期間というわけだ。わたしは朝五時三〇分に起きて気温が高くなる前に航空甲板をランニングするという、快適な日課に落ち着いた。そのあとは、ぬるくてほんのり塩辛いシャワーを浴び、士官室と呼ばれる将校用の食堂兼談話室で朝食をとる。午前中は仕事に専念し、訓練プランを練ったり、武器を掃除したり、事務作業に精を出したりして過ごした。暇な時間は隊員たちに授業するのを楽しんだ。IOC時代のマニュアルを使って戦術を再確認するにとどまらず、大学で学んだ内容にまでさかのぼって、様々な名高い戦いについても講義した。パトリックも同じようにしていたが、パトリックの専攻は経済学だ。船楼にある中隊のオフィスには、効率的市場や価格弾力性を学ぶ隊員たちがしょっちゅう溢《あふ》れかえっていた。

狭い艦内でやれる訓練には限りがあるが、目隠しをして機関銃の分解・組み立て競争をしたり、飛行甲板で艦尾の外の的を狙って射撃をしたり、エレベーターのシャフトをつたってウェルドックに懸垂降下したりといった訓練をおこなった。昼食が一日のクライマックスで、そのあとは午後の昼寝や読書をしたり、艦首に押しこめられた三角形のジムでウェイトトレーニングをしたりする。昔の船乗りが〝腹が減るまで寝て、疲れるまで食べ、それを六か月繰り返す〟とはよく言ったものだ。

夕方は一日のなかで一番好きな時間だった。ジムを出たあとは、〈ダビューク〉で最も高い外甲板によく登った。すぐ上には無線アンテナのマストがそびえている。その甲板に敷かれたゴムマットの上で、ルディ・レイエス（のちに退役し、フィットネス・トレーナーや俳優として活動）が中心になって、ルディの代名詞とも言えるコンディショニング・エクササイズ――ストレッチ、腹筋、呼吸法、さらにストレッチ――をやっていた。ルディはMEUの偵察小隊《リーコン》に所属する三等軍曹だった。リーコンは海兵隊の特殊作戦部隊で、敵陣内の情報を収集する訓練を受けている。だが、やる気みなぎるその環境の中にあって、ルディの物腰は明らかに軍人らしくないものだったので、小隊仲間から〝協力者《アソシエイト》〟と呼ばれていた。大佐ですらレイエス三等軍曹とは呼ばず、〝ルディ〟と呼んでいた。

エクササイズが終わったあと、わたしは仰向けになって船の揺れに身をまかせ、空が同じように雲を揺らしながらピンクに染まっていくのを眺めていた。

打ちのめされない者を世界は平等に殺す

真珠湾《パール・ハーバー》に入港する朝、わたしは早く起きて、近づいてくるオアフ島に目を凝らしていた。この伝説の港を海軍艦の甲板から見たかったのだ。空が白みはじめるころにダイヤモンドヘッドを回り、ワイキキ沿いを西に進んで湾の入り口へ向かった。狭い湾口を北へ入ってヒッカム空軍基地を過ぎ、フォード島まで来たところで右へ急旋回する。

ヒッカム空軍基地の水辺には手入れの行き届いた芝生が敷きつめられ、揺れるヤシの木立が並んでいる。何もない海で五日を過ごしたあとに緑を目にするのは驚きだった。高い甲板の手すり越しに見下ろすと、下のブリッジで働いている乗組員たちが見える。〈ダビューク〉がフォード島の手前を曲がり切る頃には、すっかり明るくなっていた。前日の夜、艦内で毎晩おこなわれる作戦・情報ブリーフィングで航海長が、ほかの船舶が正面から突っこんでこないように、この旋回の前に長い警笛を一度鳴らすと言った。

「いや、ぜったいだめです！」下士官あがりの経験豊富な将校がすぐさま異議を唱えた。「旋回地点のすぐそばには大将と参謀長が住んでいます。賢明な艦長なら」――と言いながら指揮官をちらりと見た――「前もって無線連絡をして、湾内の安全な通行を確保しておきますよ」

〈ダビューク〉は旋回地点も眠っている大将と参謀長の家のあたりも静かに通り過ぎた。旋回したとたん、戦艦〈ミズーリ〉の四〇センチ砲の砲身が正面に見えた。その艦首の向こうに、朝日に白く輝きながら、美しい橋の形をした戦艦〈アリゾナ〉記念館が浮かんでいる。真珠湾攻撃で沈没した戦艦〈アリゾナ〉の上に建造された記念館の建物は、中央がたわんで最初の敗北を象徴しているが、両端は強い意志と最終的な勝利の証としてしっかりと持ち上がっている。その上には星条旗が風にはためき、背後のかすんだ山々には雲が折り重なって、土砂降りの雨を降らせそうな気配を漂わせていた。

タラップが下がると、パトリックとわたしは艦を脱出して〈アリゾナ〉行きの観光船に乗った。

記念館の見学にあてられた一五分の間に、六〇年経っても沈没した戦艦から漏れつづけている油を見る。銅板に記された戦没者の名前の中に、ひとりだけ海兵隊将校がいるのに気づいた。記念館をあとにすると、観光船は桟橋に停泊している〈ダビューク〉の横を通り過ぎた。パトリックとわたしは、ほかの観光客たちが〈ダビューク〉の写真を撮るのを眺めていた。

「あの連中、自分の家の駐車場に俺たちが来て車の写真を撮ったらどう思うんだろうな」パトリックがひとりごちた。

Tシャツにサンダルという格好で観光客にまぎれていても、わたしは自分がその中のひとりという気がしなかった。「あの連中と自分は違うと思うか?」わたしはパトリックに訊いた。

「実際に違うさ。あいつらはワイキキのホテルに帰って、俺たちはこれから六か月間、あのデカい灰色の箱で暮らすんだ」パトリックはいったん言葉を切って、パール・ハーバーを見回した。「だけど、その違いがよかったりもする。特にここではな」

翌日の午後、オーストラリア北岸のダーウィンへ向けて、二週間の航行に出発した。また艦内での訓練、仕事、読書という気楽な日課が生活に戻ってきた。わたしは毎夕、ルディのエクササイズが終わると甲板に置いた椅子に座り、沈む太陽に向かって艦首が波を切るのを見ながら、アーネスト・ヘミングウェイの『武器よさらば』を読んで過ごした。〝この世界はあらゆる人間を打ちのめし、多くの者は打ちのめされたその場所で強くなる〟ヘミングウェイはそう書いた。〝しかし、打ちのめされない者がいれば、世界はその人間を殺す。善良なる者、優しき者、勇敢なる者、そのすべてを平等に殺すのだ。そのどれでもない者も確実に殺しはするが、その場合はとりたてて急ぎはしない〟

一五ノットで航行しながら、われわれもとりたてて急いではいなかった。

歴史は海兵隊の信仰

キャンプ・ペンドルトンを出て一〇〇〇〇キロ、二週間後の金曜の夕方六時、われわれはガダルカナル島の南を航行していた。この島のそばを通ることは数日前から知っていたので、わたしは第二次世界大戦で海兵隊が最初に戦った大きな戦闘について小隊に説明する資料を作成した。小隊を上甲板に集合させた時、赤く染まりゆく太陽が頭上に光の筋をなしていた。ガダルカナルの緑の山々が海からせり上がるようにそびえ、雲の輪のなかへ消えている。

一九四二年の夏の終わりから秋にかけて、一―一を含む第一海兵師団は総力をあげ、ガダルカナル島の支配をめぐって日本軍と戦った。わたしは話をしながら、隊員たちがその島を見ているのに気づいた。おそらくわたしと同じように、上陸する舟艇の隊列や、日本軍の砲弾が着水して水柱が吹き上がるさまや、海岸に向かって一斉に掃射する機関銃を想像しているのだろう。海軍は不名誉なことに、四隻の軍艦が撃沈されたあと、上陸している海兵隊を見捨てて退避した。そのため物資が不足しながらも、海兵隊は苦労の末に島を日本軍支配から引き剝がしたが、その代償として一〇〇〇人以上の死者を出し、その四倍が負傷した。殺した日本人は二五〇〇〇人にのぼる。

歴史は海兵隊の信仰だ。わたしは訓練でずっとそれを見てきたし、海兵隊戦争記念碑でもそれを感じ、キャンプ・ペンドルトンの一―一本部の外で過去の戦闘の名前を目にしたときも、〈アリゾナ〉で戦死したひとりの少尉の名前を見た時にも感じた。過去の功績は若い海兵隊員の誇りとなり、危険に立ち向かう力となり、戦場での死が忘却に付されることはないという心の拠《よ》り所となる。仲間たちと未来の海兵隊員全員が信義を尽くしてくれる。それを愚直と呼ぶ人間もいるかもしれないが、わたしはそれが団結心だと理解しはじめていた。その晩、わたしの小隊はいつまでも上甲板に残り、静かに話をしながら、深まる夜の中にガダルカナル島が消えていくのを見つめていた。

「あんたたち、戦争に行くんだね」

一週間後、われわれは二日間の陸上訓練をおこなうため、ダーウィンに入港した。小隊の半分が中隊に同行して実弾演習に出ている間、迫撃砲班とジムとわたしは三時間バスに乗って内陸の荒涼たる訓練地へ行き、そこで迫撃砲、砲弾や榴弾《りゅうだん》を投下する予定だった。暗くなってから到着すると、大隊の作戦指揮所《COC》には電気、水道、テント、シャワーが完備されていた。親切にも未舗装の道を数キロ先の野営地まで案内してくれたはいいが、その焼けた土地は電話ボックス並みに大きなシロアリ塚だらけだった。

落ち着かない気持ちで設営しながら、大隊の軍医に警告されたことを思い出す。オーストラリアには世界で最も危険な猛毒のヘビ一〇種類のうち九種類が生息し、デスアダーやタイパンなどもいて、噛まれた人間は、軍医いわく、〝完全にやられる〟という。ブリーフィングでは、ワラビーという小型のかわいいカンガルーでさえ小さな手で人間をつかみ、たくましい後ろ足で頭を蹴とばすことがあると説明を受けた。まわりの隊員たちは高いびきをかいていたが、ジムとわたしは地面に寝転がって運を天にまかせるよりも、ハンヴィーのそばに立っている方を選んだ。

二日間の実射訓練のあと、ダーウィンに戻って出航までの一日は休暇だった。ジムとパトリックとわたしはアデレード川までドライブし、午後は川船からワニに餌をやったり、滝で泳いだりして過ごした。その夜、飲み食いできるバーを見つけた。われわれの艦は翌朝九時の出航予定だ。

　わたしはヴィクトリアビターを飲みながら腕時計に目をやり、米国東海岸の時間を計算してみた。ダーウィンが午後一〇時一五分ということは、メリーランド州は同日の午前八時一五分。日にちは思い出せないが、火曜日だから、たぶんデスクにいる父をつかまえられるだろう。

　わたしは通りを渡り、ホテルのロビーにある公衆電話へ向かった。一〇分ほど話をして、父はわれわれの航海について尋ね、わたしは家の様子を尋ねた。とりたてて面白い話はどちらにもない。わたしは艦に戻ったらまたすぐメールすると言い残して電話を切った。外へ出る時、壁際の奥のほうでパトリックが電話しているのが見えた。

「どうだった？」ジムは新しいビールをこちらへ押してよこし、米国の様子を尋ねた。

「何も。ボルチモアはすがすがしい朝。おまえたちが面白がるようなことは何もないよ」わたしが自分のスツールに腰を下ろすか下ろさないかのうちに、パトリックがドアから飛びこんできた。

「テロリストのやつらが世界貿易センターと国防総省《ペンタゴン》に飛行機をぶちこみやがった」

「まあ、落ち着けよ。ビールでも飲め」ジムとわたしは笑った。だがその瞬間、パトリックが真剣なことに気づいた。飲み物を放り出し、ドアを飛び出て通りを渡り、ホテルのロビーに置かれた大型テレビのまわりに膨れあがりつつある人だかりに交じる。

　これがわれわれにとって何を意味するか、じわじわと実感が湧いてきた。それを端的に言い表したのはジムだった。「おい、歴史が俺たちのケツにかましやがったぞ」艦に戻らなくてはならない。海兵隊員と水兵がダーウィンの通りに群れをなし、坂を下って埠頭へ向かう。わたしたちがその群れに加わろうとした時、一台の車が停まり、オーストラリア人の若いカップルが乗って行くかと訊いた。ありがたく申し出を受けて後部座席に乗りこむ。数分後、車がタイヤをスリップさせながら桟橋に停まると、投光照明が三隻の艦と、すでに武装して甲板に立っている歩哨《ほしょう》たちを照らしていた。車を運転していた男が握手しながら言った。「あんたたち、戦争に行くんだね」

II 戦争

アルキダモスは〝涙なき戦い〟の名で知られる戦《いくさ》でアルカディア人に大勝利をおさめ、ひとりのスパルタ人も失うことなく敵を完膚なきまでに叩《たた》きのめした……年老いた男も女もエウロタス川まで練り歩き、諸手《もろて》をあげて、スパルタにふりかかった汚名と屈辱がすすがれて日の光をふたたび見られたことを神々に感謝した。——プルタルコス

9 「浮足立つ能無し少尉など、何の役にもたたない」

緊急時こそ冷静であれ

海兵隊員たちは飛行甲板に集まっていた。地球の裏側で起きた攻撃からわずか一時間後、〈ダビユーク〉の海軍水兵と海兵隊員はほぼ全員がすでに艦に戻り、いつもの港の深夜とは比べものにならないほどぴりぴりしていた。わたしの小隊はサンダル履きにアロハシャツ姿でうろうろしている。誰ひとり口を開かない。艦尾にはふたりの水兵が機関銃を持って配置につき、タラップの前で人を下ろす車に銃を向けていた。艦の煙突が鈍い音と煙を吐き出す。〈ダビユーク〉は蒸気を起こして出航準備をしている。

わたしはホイットマー大尉に配下の将校が全員揃ったことを伝えるために、大尉の部屋へ上がっていった。ドアをあけると、スウェットパンツ姿の大尉がくつろいだ様子でデスクの前に座っていた。香炉が煙をくゆらせ、アコースティックギターが柔らかくBGMを奏でている。これぞまさに、ホイットマー大尉の本領発揮だ。まわりのみんなが冷静さを失った時こそ冷静であれという、ラドヤード・キップリングの詩を見事に体現していた。もちろん、攻撃のことは知っている。もちろん、予定より早く出航するだろう。いや、心配の必要はない。午前〇一《マルヒト》時〇〇《マルマル》分に中隊を飛行甲板に整列させよう。わたしはサンダルにTシャツという格好で立っていて、大尉に敬礼したかったが、ただうなずいてドアを閉めた。

午前〇一時〇〇分《マルヒトマルマル》、飛行甲板は中断されたパーティーの様相を呈していた。隊員たちは大半が酔っていたが、しらふを装ってさっと隊列を組んだ。艦は〝警戒態勢D《デルタ》〟の戦時態勢をとっている。隊員の人数を数えると、わたしの小隊は全員が揃っていた。それどころか、〈ダビューク〉の水兵と海兵隊員はひとり残らず、米国のニュースが届いてから二時間以内に艦に戻っていた。祖国の人々が寄り添い合ってこの衝撃に耐えていた時、われわれも同じようにしていたのだ。

真夜中の飛行甲板にいても、きわめて重要な瞬間に立ち会っている実感があった。自分の両肩に重しがのしかかるようだ。横三列に並ぶ小隊の顔に目を走らせる。隊員たちの顔には心配と混乱と先の見えない不安が浮かんでいた――ホイットマー大尉に会う前のわたしと同じだ。わたしが自分のとるべき態度を大尉の中に見たように、隊員たちはわたしを範とするだろう。戦争の予感に浮足立って大騒ぎする能無し少尉など、何の役にもたたない。

「みんな、少し休め」わたしは冷静に言った。「もうすぐ本艦のメール利用時間が終わるだろうから、家族にメールを送って、こっちは大丈夫だと知らせてやるといい。この件がわれわれの計画にどう影響するかは分からないが、明日には詳しい情報が入るだろう」

ホイットマー大尉の落ち着かせ効果には伝染力があった。わたしの態度に隊員たちは驚きを見せたが、早くも顔から心配の色が消えはじめている。小隊を解散させる前に、わたしは少しだけ熱をこめて言った。「このショックが和らいだら怒りが湧いてくるだろう。運がよければ、われわれがこの仇《かたき》を討てるかもしれないぞ」

隊員たちは心に響くものがあったのだろう、その顔に決意の表情がよぎった。わたしは自分の中に湧き上がる感情に驚いた。隊員たちを見ると、そこにはアメフトのスター選手が、街のちんぴらが、あどけない顔をした一八歳の少年がいた。黒人、白人、ヒスパニック。これがわたしの小隊、わたしの隊員、わたしが責任を負う者たちだ。口にした言葉への後悔と共に、マリーン二等軍曹の言っていた、ひとりも亡霊にならずに輝かしい思い出が残るという話が心に浮かんだ。

「常に忠誠を《センパー・ファイ》。解散」

わたしは暗い甲板に立ってダーウィンの街の灯《ひ》を少し眺めてから、ゆっくりと船楼を登った。自室に戻ると父からのメールが届いていた。「胸を張れ」メールにはそうあった。「だが、心も体も無傷で帰ってこい」六時に目覚めた時、予定されていた出航時刻までまだ三時間あったが、すでに陸は視界から消えていた。

明らかになるテロの衝撃

両用即応群《ARG》は〝可能なかぎり高速で航行〟してアラビア海の第五艦隊に合流せよとの命を受けた。燃料の消費量は問題にされなくなり、一五ノットから一八ノットへ、そして二〇ノットへと速度を上げた。シンガポールと香港《ホンコン》に寄港する予定はキャンセルされた。しかし、独立を求めて苦闘していた旧インドネシア領の東ティモールだけは、海兵遠征隊《MEU》も全力疾走を中断して丸一日の人道任務に従事した。わたしがディリの海岸まで乗っていった上陸用舟艇には物資がぎっしり積まれ、木材、穀物、医薬品のほか、どういうわけか、太腿《ふともも》用エクササイズ器具のサイマスターが詰まった木箱まであった。どうやら指揮系統の上の方の誰かが、ある国を叩《たた》きのめす前に、別の国に和平を申し出る役目をわれわれにやらせようとしているらしい。

艦内では熱量が高まりはじめていた。わたしはダートマス大学の同級生が世界貿易センター《WTC》の北タワー一〇四階で死んだことを知った。隊員たちにはニューヨーク市消防局《FDNY》で働く父親や兄弟がいた。海軍水兵たちはいつも制服の時に被《かぶ》っている〈ダビューク〉の野球帽のかわりに、ニューヨーク市消防局《FDNY》やニューヨーク市警察《NYPD》のエンブレムがついた帽子を被った。ある海兵隊大尉はニューヨーク市警察音楽隊のためにバグパイプを吹いた。大尉は日没時の慰霊式を飛行甲板で執りおこない、虚空の海へ向けて「アメイジング・グレイス」の哀悼の調べを響かせた。パトリックもニューヨークの出身で、クラスメイトからＷＴＣのタワーでボーイフレンドが死んだと知らせを受けた。そのクラスメイトはボーイフレンドと電話がつながっていたが、話している最中に電話が不通になったという。パトリックの父親は医師で、マンハッタンのセント・ヴィンセント病院で怪我人の受け入れをしていた。ある海兵隊員はジムの壁に、ハゲタカがやすりで爪を研いでいる壁画を描いた。

ＭＥＵは明確な任務のないまま、あらゆることに備えていた。ホイットマー大尉は西へ航行する間、ほとんどの時間を旗艦の〈ペリリュー〉で過ごした。変更の絶えない計画を把握しやすいからだ。その結果、パトリックとわたしは艦内にある海上通信の無線室《TACLOG》に仮住まいし、送られてくる情報の山の中で暮らすことになった。〝複数件の民間人退避の可否について多大な懸念あり。パキスタン国内および周辺におけるそうした作戦に集中されたし〟

それから二週間にわたり、パキスタンから九〇〇〇人の米国人を退避させる準備について、おびただしい量の情報がＭＥＵに流れてきた。Ｂ《ブラボー》中隊に課せられた任務は、イスラマバードへ飛び、米国大使館の安全を確保して、大使館職員とその家族に本艦隊へ移る用意をさせることだった。艦の副長は、甲板にぎゅうぎゅうに詰めて何人乗せられるだろうかと疑問を口にした。四〇〇人か？六〇〇人か？ 大使が猫を連れてきたがったらどうする？ 米国中央軍から詳しい計画や大使館の建物と敷地の航空写真が送られてきた。

米国の大使館や領事館に共通する特徴は、美しいサッカー・グラウンドや芝地があって、ヘリコプターの着陸エリアを兼ねていることだ。パトリックとわたしは写真を精査し、接近の妨げになる電柱や電線などがないかを確かめた。建物とそれを取り囲む庭も、暗い中で急いで動きまわる際に地図を広げて時間を無駄にせずにすむように丹念に調べた。その週のうちに、わたしはボルチモアの両親宅の裏庭と同じくらい、イスラマバードの米国大使館に詳しくなった。

平和な世界の終わり

アラビア海のパキスタン南沖に到達すると、〈ダビューク〉は旋回を続けた。海は六つの四角い区画に分割され、それぞれに九・一一にまつわる名前がつけられていた。ペンタゴン、ペンシルベニア、ＷＴＣノース、ＷＴＣサウス、ＮＹＰＤ、ＦＤＮＹ。各艦とも絶え間なく動いていたが、衝突を避けるために、割り当てられた区画内にとどまっている。当然の懸念だ。一〇月に入ったころには、数十艦の米艦が、海上をこまかく分けた区画内を回るようになっていた。

ＭＥＵはパキスタンから民間人を退避させる計画を徐々に撤回した。カラチの領事館とイスラマバードの大使館を警護している海兵隊員から、事態は掌握していると報告があった。それでもアメリカがアフガニスタンを攻撃すれば、近隣諸国の激しい反米感情を煽《あお》るというのがおおかたの予想だ。そこで、われわれは退避計画を凍結し、じっくりとアフガニスタンに専念しはじめた。

北アラビア海でいつもと変わらぬ火曜日の夕食を終えたあと、わたしは上甲板に登り、暗幕をすり抜けて外へ出る。真っ暗な海の上で、艦は穏やかに揺れている。目印になるものが何もない中、頭上の星々が前後に揺れているように見えた。はるか下のほうでは艦首に立つ波の白い泡が、海を切り裂いて進む艦の船体沿いに滑っていくのが見え、その音が聞こえた。

平和な世界もここまでだ。士官候補生学校《OCS》時代にアフリカの大使館が爆破された時のことを思い出した。なんて無邪気だったんだろう。あの午後のわたしは、いわゆる平和の配当〔冷戦後の軍縮により、他分野への振り向けが期待された資金〕をまだ信じていた。いま起きていることはわれわれの時代の真珠湾《パール・ハーバー》で、わたしは海兵隊の歩兵将校だ。医科大学院《メディカルスクール》に行くことも、スーツを着て働くこともできたはずなのに。自分の家族をこんな目にあわせるなんて。一九四一年一二月に海兵隊歩兵将校だった者のうち、一体何人が生きて一九四五年を迎えられたのだろう。

いつも考えごとをするのは外の甲板が一番だった。新鮮な空気と風と景色――暗い水平線しか見えなくても――が、わたしを現実に引き戻してくれる。士官室のピーナッツバター〈スキッピー〉やCNNニュースにはずいぶん癒《いや》されるが、それは作られた癒しにすぎない。士官室は、わたしにしてみれば、サンディエゴにいるのと同じだった。国から一六〇〇〇キロも離れているのに、士官室で夕食をとったあとハッチをあける時には、すっかり艦尾の向こうにコロナドの街の明かりが見えるような気になっている。だが、今夜、明かりはひとつもない。わたしは消灯した米国戦艦の群れと、その向こうのパキスタンの海岸を思い描いた。その数百キロ先、山脈と砂漠を越えたところに、アメリカの新たな敵、アフガニスタンがある。

タリバンの戦術に関する報告書

アフガニスタンは内陸に閉じこめられているだけでなく、時間にも閉じこめられていた。わたしは無線室《TACLOG》で金属製の椅子に座り、ＣＩＡによるアフガニスタンの分析資料をめくっていた。パトリックは向かいに座ってタリバンの戦術に関する資料を読んでいる。

「これを聞けよ」わたしは言った。「人口は二五〇〇万人だが、電話機は三一〇〇〇機、テレビは一〇万台のみ。識字率は三〇パーセント、国民ひとり当たりＧＤＰは八〇〇ドル、平均寿命は四五歳、最大の輸出品目はアヘン、ナッツ類、絨毯《じゅうたん》、動物の毛皮。俺たちが戦う相手は棒切れとぱちんこで武装したやつらみたいだな」

「スティンガーもだ。あいつら、ソ連軍を骨までしゃぶったんだぜ」〔一九七九年一二月、ソ連はアフガニスタンに侵攻し、首都を占領、アミン大統領を殺害し、親ソ派政権を擁立したが、反政府派の抵抗を受け、一九八九年に全面撤退した〕パトリックは資料から目を上げずに言った。スティンガーというのは、肩に担いで発射する赤外線誘導式の地対空ミサイルだ。

「ああ、でもあそこの軍隊は、いまだって寄せ集めのチェチェン〔ロシア連邦からの独立を目指すチェチェン人の武装勢力〕にこっぴどい目に遭わされてる。ロシアの戦術も訓練もリーダーシップも、なっちゃないからさ。俺たちとの比較が成り立つとは思えないな」

「そうかもな。俺はただ、歴史を忘れるなって言ってるだけだ」パトリックは過去にアフガニスタンの山々で悲惨な目に遭った他国の軍隊について、ざっと説明した。

「紀元前三二七年、アレクサンダー大王はカイバル峠を抜けてきたところ、アフガン人の矢に射られて死にかけた。その約一〇〇〇年後、チンギス・ハーンがこの地域一帯に自分の意向を押しつけた。唯一、チンギス・ハーンから譲歩を引き出した国はどこか。アフガンだ。それからイギリスがいる。俺は首相のトニー・ブレアが今回の作戦に加わるのを渋ったとしても驚かないね。こいつら相手に三度も戦争に負けてるんだからな」

パトリックは手のなかの書類の束をぺらぺらとめくってさかのぼり、一枚を取り出した。「ほら、これだ。一八四二年一月、イギリスはカブールから撤退した。兵士と民間人あわせて一六五〇〇人が列をなし、一六〇キロ離れたジャララバード〔アフガニスタン東部最大の都市で交通の要衝〕にある安全な駐屯地を目指した。何人たどり着けたと思う？」

「ゼロ」

「いや、ひとりだ。アフガン人はひとりを除いて皆殺しにした。そいつを生かして話を伝えさせるためだ……とんでもないな。それからソ連」パトリックは話をつづけた。「ソ連が認めたところによると、一九八〇年代の死者数は一五〇〇〇人、さらにその一〇倍以上が負傷し、数千人が病死した。認めた人数だけでこんなにいるんだ。つまり何が言いたいかっていうと、ここはおまえや俺みたいな人間が山ほど葬られてる墓場で、自分のために、せめてその連中の失敗から学ぶくらいはしようぜってことだ」

わたしはタリバンの戦術に関する報告書に目を向けた。その説明によると、タリバンには地雷原を通り抜けるテクニックがあり、大きな砂岩の塊を持った人間が先頭になって部隊が一列に並ぶという。一歩進むたびに、先頭の人間がその岩を自分の前に投げ落とす。落ちたところに地雷があれば、爆発して砂煙が上がるが、柔らかい砂岩が衝撃をほとんど吸収する。先頭の男は肝を潰《つぶ》して一時的に耳が聞こえなくなることもあるが、その男は列の後ろに回ればいいだけで、次の男が新しい岩を持って先頭に立つ。

その報告書には、タリバンの戦闘員は決して装備を自分で運ばない――女やラバに運ばせる――とも書かれていた。女もラバもいなければ、その装備なしでどうにかする。文章の最後は、一九八〇年代にムジャヒディン〔イスラムの教義に則《のっと》ってジハード（聖戦）に参加する戦士〕と共に戦った西洋人の話で締めくくられていた。それによると、タリバンと一緒に組織的な攻撃を仕掛けるのはほぼ不可能で、戦闘員はすぐに支援陣地を放り出して華々しい襲撃に加わりたがるとのことだった。

「不名誉よりも死を」

「何だって？」パトリックが顔を上げた。わたしは無意識に声に出していた。

「不名誉よりも死を。海兵隊員がよく前腕に刺青《いれずみ》する文句だが、こいつらは生きざまにしてやがる」

それまでのわたしがどれほど傲慢《ごうまん》に強がっていたとしても――ノヴァック大尉なら〝虚勢を張る態度〟と呼んだだろうが――それは消え去りつつあった。

戦争がはじまった

「諸君、われわれ全員が待ちに待っていた指令が来た」一〇月七日、わたしは夜の定例ブリーフィングで士官室の後ろの方に立ち、艦の作戦担当官が話すのを聞いていた。担当官は紙の束を振って話をつづけた。「これが今夜の戦域の航空任務命令だ。この文書はいつもなら物資補給と医療飛行の一枚ですむ。見てのとおり、これは電話帳と言ってもいい。今夜のわれわれのお仲間は、Ｂ１と

B2爆撃機、B52、あらゆる種類の艦上機だ。かなりの数に上る」

その日の早い時間にC中隊《チャーリー》が〈ペリリュー〉を飛び立ったのは、わたしも知っていた。パキスタンのジャコババードで飛行場を確保し、戦闘探索救難機が使えるようにする任務だ。それが意味することはただひとつ。間もなくアフガニスタンの空を米軍機パイロットたちが飛び回るということだ。

作戦担当官は続けて言った。「あと一時間ほどで、アフガニスタンに対する段階的な空爆作戦が開始される。その第一陣として、ミサイル巡洋艦〈フィリピン・シー〉からもトマホーク〈中距離巡航ミサイル〉が発射される。ということで、話はこれで終わりにしよう。みんなで甲板に出てショーを見られるようにな」

話はあっという間に艦内に広まり、何十人もの海兵隊員が上甲板の暗闇に集まった。一段下の甲板では、ふたりの海軍水兵がギターをつまびきながら、ボブ・ディランの「嵐からの隠れ場所」を歌っている。

最初に見つけたのはパトリックだった。遠くの海が明るくなったかと思うと、それが小さなオレンジ色の球になって煙霧の層を一番上まで垂直に上り、水平線から指一本ほどの高さまでいったところで水平方向に飛びはじめる。トマホークミサイルは北の空へ消えていった。

この瞬間を、われわれは何週間も待っていた。九月一一日に起きたことは戦争行為だが、米国が応じるまでは、本当に戦っているとは言えなかった。これで中途半端さはすっかり解消された。わたしの思いを裏づけるかのように、艦長の声がスピーカーから艦全体に響き渡り、今後二日間の予定はすべて〝作戦任務に備えて〟キャンセルすると告げた。戦争がはじまった。

10 「今夜の任務で最も重要なことは何だ?」

のけ者の中隊が選ばれた理由

一週間後、高い甲板で陽光を浴びながら、信号旗と信号探照灯という海軍の古い伝統を二一世紀に受け継ぐ旗甲板のすぐ下で、隊員たちがわたしを青いゴムマットに叩きつけていた。小隊長はわたしかもしれないが、体格でも格闘でもわたしに勝る隊員は大勢いる。われわれはあいた時間を使って、艦内で海兵隊格闘術《マーシャルアーツ》プログラム、別名〝センパー・フー〟〔海兵隊のモットー「常に忠誠を(センパー・ファイ)」と「カンフー」を組み合わせた造語〕の訓練をしていた。指導しているのは機関銃班長のロウ二等軍曹だ。

「いいか、よく聞け、取っ組み合いのひとつもしたことがない腰抜け野郎ども。ファックやバスケができるなら格闘もできる。大事なのは腰だ」ロウは機関銃手というより図書館司書のような風貌《ふうぼう》だ。自分のことを、背が高くて細く見えるが体脂肪率は高い〝痩《や》せ太り〟と言っていた。小隊で数少ない戦闘経験者のひとりで、過去にはバルカン半島で幾度となく銃撃戦を繰り広げた。〝痩せ太り〟だろうとセンパー・フーの達人であることに変わりはない。

隊員たちはロウを真似て相手を――なるべく自分より階級の高い相手を――マットに叩きつける。

この一時間で二、三回ほど踏みつけにされていたわたしは、はしごを駆け登ってきた中隊書記の伝言で解放された。「フィック少尉、ボスがいますぐ無線室《TACLOG》に来てほしいそうです。大事な連絡が入ったとかで」

ホイットマー大尉はコンピューターの前で待っていた。「ネイト、たったいま〈ペリリュー〉に任務計画の話で呼ばれた。おまえとパトリックにも一緒に来てもらいたい。今はつべこべ言ってる時間はない。二、三日分の荷物をまとめて、五分で出かける準備をしろ」

ホイットマー大尉の背後の壁にはホワイトボードが掛かっている。〝備えるべし〟という標題の下に、青いマーカーで書かれた現在のわれわれの任務が並んでいた。〝イスラマバード米国大使館の兵備強化に備える、ジョーブの前線飛行場の確保に備える、ジャコババードの兵備強化に備える〟今回の任務はこのどれでもなさそうだ。わたしは廊下を自室へ走り、計画書類、トレーニングウェア数着、ウォーレス・ステグナーの『安息角（*Angle of Repose*）』のペーパーバック一冊を防水鞄《かばん》に放りこんだ。ドアを閉めてから、〈ダビューク〉のプラスチック製コーヒーマグを忘れたことに気づいて取りに戻った。任務計画なら夜遅くまでかかるはずだ。それからまた最上甲板に登り、二日ほど留守にするが詳しいことが分かったら連絡すると小隊に告げた。

ホイットマー大尉とパトリックがわたしを待っていた。「ヒーローは飛んだりしない。RHIBで行くぞ」

〈ダビューク〉は長さ一一メートルの複合艇《RHIB》を二艇載せている。RHIBはきわめて強力な黒い小型舟艇で、普通は極秘任務の特殊部隊《SEALs》を投入するのに使われる。狭くて急な階段《ラダーウエル》をいくつも下りていくと、舷側《げんそく》の貨物扉が開いていた。三メートル下を泡立つ海が流れていく。艦のそばにRHIB

の一艇が巧みな操縦で浮かび、われわれの足元から縄ばしごが垂れていた。

ＲＨＩＢがはしごの真下に滑りこんだところへ、われわれは勢いよく跳び降りて乗りこんだ。ＲＨＩＢの連中は艇の性能を海兵隊将校の一団に見せびらかしたいらしく、勢いよく飛びだして、まるで〈ダビューク〉がバックしているかのようにぐんぐん引き離す。前方には大海原が横たわる。四〇ノットで飛ばして一〇分もすると、巨大な〈ペリリュー〉の姿がぼんやりと見えてきた。船体に横づけしてから、さっきの手順を逆にたどり、縄ばしごを上って広い格納庫に入った。〈ペリリュー〉の飛行甲板は航空母艦のように艦首から艦尾まで延びていて、海兵遠征隊《MEU》の飛行隊がまるごとこの艦に乗っている。格納庫内では、ヘリコプターとハリアー攻撃機が薄暗い中で着陸装置の上に身をかがめ、整備班がせかせかと動きまわる一方で、海兵隊員の一団が青いゴムマットの上でセンパー・フーの練習をしていた。

主に一一一の歩兵将校で構成される大隊上陸チーム《BLT》が任務計画をおこなっていた部屋は、マンハッタンのアパートメントほどの広さだった。一方の壁にはコンピューターが並び、反対側の隔壁はパキスタンとアフガニスタンの大きな地図で覆われている。天井からはむき出しの配管や蛍光灯が垂れさがり、ドアには誰かがいたずら半分でウサマ・ビン・ラディンの似顔絵を貼りつけていた。そのキャプションには〝逃げてもへとへとになって死ぬだけだ〟とある。ばらばらに置かれた椅子は、すべて大隊の士官と部隊付下士官たちで埋まっている。

ホイットマー大尉、パトリック、わたしの三人が入っていくと、大隊の副隊長が開始を宣言し、数人の隊員に退室を命じて椅子をあけさせた。「この件の詳細は漏らせないんだ、諸君。すまんな」その隊員たちは傷ついた表情で部屋を出ていき、背後でドアが閉められた。この件はなにやらただならぬ気配がしてきた。

「ようこそ、B《ブラボー》中隊」副隊長がこちらにうなずいて言った。「今から言うことは、この部屋の中だけの話だ。計画を練るのも理屈をこねるのも文句を垂れるのも、この四方の壁の中だけだ——下甲板でも士官室でもジムでも口にするな。分かったか」

わたしたちがうなずくと、副隊長は話を続けた。「知ってのとおり、米国はこの九日間、アフガニスタンに空爆をおこなっている」副隊長の説明によると、地上では小規模のＣＩＡ部隊と陸軍特殊部隊群が主に北部に展開しているという。アフガン南部にはまだ地上部隊が入っていない。副隊長は効果を狙ってひと呼吸おいた。「今から、それが変わる。一〇月一九日、金曜の夕刻、任務部隊《タスクフォース》ソードがアフガニスタン南部への侵攻任務を遂行し、飛行場を掌握して、高価値目標の敵幹部の捕捉《ほそく》を試みる」一瞬の沈黙。「その任務のボールドイーグルを、われわれの大隊から出すことになった」沈黙。そして、ホイットマー大尉、パトリック、わたしに注目が集まる。「B《ブラボー》中隊、それが諸君だ」わたしたち三人は顔を見合わせた。ボールドイーグルは、急襲部隊に問題が発生した場合に備えて、いつでも支援できるようにしておく中隊規模の部隊だ。わたしたちの心に浮かんだ疑問は、〝なぜブラボーが？〟だった。

その疑問を口にするにはホイットマー大尉は控えめすぎたが、わたしには答えが分かっていた。部下を優れた海兵隊員に見せるのではなく、本当に優れた隊員にするための訓練をしているホイットマー大尉は、大隊の中隊長たちの中では型破りで、のけ者のような存在だ。大尉はわれわれを厳しく鍛え、権威にも異を唱えて、こびへつらうふりすらしない。なのに、いざ実戦任務がはじめて命じられたとなると、大隊が頼るのはホイットマー大尉なのだ。

「タスクフォース・ソードは、現在〈キティホーク〉に乗っている特殊作戦部隊《SOF》で編成される」副隊長は続けて言った。航空母艦〈キティホーク〉は、アフガニスタン国内とその周辺に展開する特殊作戦部隊の洋上基地となっていた。

「これが任務指令書だ」手渡された一枚の紙には、赤い太字で〝極秘〟と記されている。わたしは内容を読んだ。〝命令により、任務部隊ボールドイーグルはPEL《ペリリュー》からCH-53×四で目標ライノへ発ち、TFソード機動予備隊と提携し、〝その場交代〟をおこなう。B《ブラボー》中隊でライノを最大二四時間防御する。命令により、目標ライノをTFソードに引き渡し、ARG艦隊へ撤収する〟疑問は解けるどころか膨らむ一方だ。

　計画全体のブリーフィングのあと、ようやく内容を把握できたと思えた。金曜の夕方、日が暮れるころ、主に陸軍レンジャー部隊と特殊部隊で編成されたタスクフォース・ソードが〈キティホーク〉を発つ。ソードはパキスタンへ飛び、ダルバンディン近郊の小さな飛行場、コードネーム〝ホンダ〟を確保して、燃料補給・再軍備地点として使えるようにする。ダルバンディンから先は、部隊の一部がアフガニスタン南部の砂漠にある小空港、コードネーム〝ライノ〟にパラシュートで降下し、残る部隊はカンダハール郊外に住むタリバン指導者ムッラー・オマルの屋敷を急襲する。われわれは、この任務のなかで何かがうまくいかなかった場合の予備部隊だ。任務は複雑で、うまくいかない可能性はいくらでもあるように思えた。

準備命令から確認までを六時間以内に

　翌朝、B《ブラボー》中隊が〈ダビューク〉から移動してきた。下士官たちが隊員に仮の寝台室を割り当て、この任務のための弾薬と装備を配っている間、ホイットマー大尉とパトリックとわたしは引き続き計画に取り組んでいた。MEUの任務は必ず三段階の計画プロセスを経る。まず、どこか上のほうの司令部からMEUに、ある任務の実行を〝準備せよ〟という準備命令が下る。東ティモール国民に食糧を配給する任務のこともあれば、イスラマバードの大使館から民間人を退避させる任務や、アフガニスタン侵攻任務の即動部隊として配置につく任務のこともある。準備命令を受けると、MEU幹部は一気に熱を帯びて忙しく動きだし、MEUでどのように任務を遂行するかという行動方針を策定する。

海兵隊では、個々の部下が指揮官に選択肢を提言しなくてはならない――何ができないかではなく、何ができるかを伝えろ――というのが、戦闘理念の中心をなす教義だ。状況に応じてふたつか三つ、あるいは四つの行動方針を作成し、それをもとにおおまかな基本作戦計画を立てる。ソードの任務では、ヘリコプターのパイロットたちが距離と使用燃料を計算し、山脈を抜ける様々な飛行ルートを計画した。歩兵将校たちは地図を丹念に調べてライノとホンダの施設配置を覚え、それぞれの筋書きに必要な人員数を割り出した。

あらゆる仮説が集まり、行動指針は最終的に三つの選択肢に絞られた。ボールドイーグルを必要に備えて地上のホンダに配置するか、要請があるまで海の上空で機上待機させるか、〈ペリリュー〉で待機させて要請後数分で発《た》てるよう備えるかだ。MEU指揮官がこの選択肢を検討し、この即動部隊を〈ペリリュー〉で待機させると決めた。反応時間はほかとほぼ変わらず、リスクを大幅に減らせるからだ。行動方針が決まり、MEUは任務達成に向けて作戦構想の詳細を具体化していった。

またしても目のまわる忙しさだ。任務の担当ごとに、おびただしい数の小集団がコーヒーを燃料にした議論で計画を練っていく。パイロットたちは飛行ルートを計画し、輸送ヘリコプターのスーパースタリオンと武装ヘリコプターのコブラの組み合わせでいこうと決めた。歩兵の方は、一機が墜落したとしても機関銃手や将校が全滅しないように、小隊を複数のヘリコプターに分乗させる割り振りを完成させた。通信を担当するグループは専用の衛星無線チャンネルを要請し、周波を変えて傍受を防ぐ暗号化コードを作成した。兵站《へいたん》部隊は艦の弾火薬庫から弾薬を運んできた。医療班は艦内に手術室の準備をし、隊員たちに携行させる血液を解凍した。そして、こまごまとした計画のすべてが作戦構想の概要にまとめられてＭＥＵ指揮官に提出された。

訓練時代のわたしは、作戦構想の作成にいつもいらいらさせられていた。今回は〈ペリリュー〉の士官室で、パワーポイントのプレゼンテーションを使ったブリーフィングがおこなわれた。大尉や少佐たちは、文字サイズや背景色や、ヘリコプターが飛んでいるかわいらしいイラストを入れるかどうかで言い争っていた。とはいえ、ブリーフィングの目的はいたって健全だ。計画を公表し、批評し、仮定を検証し、何かまずいことになりそうな調整不足の点を集中的に強化する。適切な変更と改善が加えられたあと、最後は確認ブリーフィングで計画をはじめから終わりまで総ざらえし、主な任務に就く者が自分の役割をＭＥＵ指揮官に説明する。ＭＥＵ（ＳＯＣ）の基準によると、この準備命令から確認までのプロセス全体を六時間以内に終えなくてはならない。

任務の前夜

計画が承認されたあとになって、はじめてわたしは気兼ねなく隊員たちに説明することができた。

任務のこまかい点が二転三転する混乱に隊員たちを巻きこみたくなかったのだ。

「火器小隊、集合」わたしはノートと地図のコピーを手に、格納庫に立って言った。

隊員たちは弾薬を装塡《そうてん》したり無線を合わせたりする手を止めて、話を聞こうと詰め寄ってきた。

わたしが手短に任務を説明すると、隊員たちは小さく口笛を吹いたり、うなずいたりして了解したことを示した。

「今はスケジュールを守ることが重要だ。やることがたくさんある。今夜はこのあと、各自の装備と小隊の装備を準備しろ。今夜はしっかり休め——明日は忙しくなるぞ」わたしはノートから一ページを破り取り、小隊の装備が置かれた上の隔壁に貼った。「これがスケジュールだ。〇六時〇〇分に朝食。〇六時三〇分から〇八時〇〇分まで武器の支給、弾薬の供給、装備の移動。〇八時〇〇分から〇九時〇〇分までヘリの訓練。〇九時〇〇分から一〇時〇〇分の間に正式な小隊命令の発行。一一時〇〇分から一二時〇〇分に装備の最終移動。一二時〇〇分から一三時〇〇分まで交戦規定のブリーフィング。一三時〇〇分から一六時〇〇分まで予行演習。一六時三〇分に試射。一七時〇〇分には呼び出しと最後の積みこみの予行演習。一七時三〇分以降、ソードが発進、われわれは警戒待機《アラート》一〇——つまり通知を受けてから一〇分で発進だ」

わたしは隊員たちの顔、顔、顔を見回した。「いよいよだ、みんな。いまこの瞬間、おまえたちの立場に立ちたいと思ってる男がアメリカに一億人いる。反撃の名誉はわれわれのものだ」

金曜日、わたしははじめて戦時下の軍隊を目の当たりにした。小隊がスケジュールをこなしている間に、パトリックとわたしは任務に必要な物品を集めた。ダクトテープの受け取りサインをしたり、自分たちが食べる個々の戦闘糧食《MRE》を確認したりするのには慣れている。しかし装備類は――ジャベリン対戦車ミサイル、血液パックの詰まったクーラーボックス、化学神経ガス防御用のアトロピン注射器、暗闇でスマート爆弾を誘導するレーザーマーキングシステム二機――どこからともなくいきなり現れたかに思えた。

われわれの荷物、弾薬類、医療機器は、一七時《ヒトナナ》〇〇分《マルマル》までにヘリコプターに積み終えた。ヘリは燃料補給をすませ、飛行甲板に並んで待機している。よく晴れたさわやかな夕暮れで、乾いた空気が艦の姿を鮮やかに浮かび上がらせているように思えた。わたしは小隊を寝台室に下がらせ、そこで全員待機するように――ジムに行ったり夜食の列に並んだりしないように命じた。最後に、無線室《TACLOG》にいる中隊将校たちに加わりに行くと、無線のスピーカー越しにソードの任務が展開されていた。

アフガニスタンの地上にいるレンジャー部隊が、AC-130スペクター攻撃機《ガンシップ》に目標の位置を指示しているのが聞こえる。わたしは何ができるわけでもなく、要請があった場合に備えて休んでおきたかったので、〈ペリリュー〉の艦橋から五階下まで下りて、空っぽの寝台に登り、明かりを消して自分のまわりのカーテンを引いた。疲れが興奮に勝り、眠りに落ちた。

あえて隊員たちを起こさなかった

大隊の副隊長がカーテンを一気に引きあけた。「ソードのヘリコプターが一機墜落した。起きて待機しろ」

わたしは寝台から跳び下りてブーツを履き、靴紐《ひも》をぶらぶらさせたまま廊下を走って大隊の計画室へ駆けこんだ。時計は午前三時四五分を指している。

ソードの任務はまだ進行中で、情報は不完全なうえに矛盾していた。ヘリはアフガニスタンで撃ち落とされたのかもしれないし、パキスタンで着陸する時に土煙に巻かれて墜落したのかもしれない。負傷者はゼロかもしれないし、乗員が全員死亡したかもしれない。救助部隊がただちに飛び立つかもしれないし、レンジャー部隊が自力で復旧を試みるかもしれない。われわれの既定ルールは事態が進展するのを待つことだ。わたしは電話を手に取り、隊員たちを起こそうとしかけて、考え直した。アドレナリンがどっと湧くたびに、そのあと虚脱感に襲われる。発進準備をして取りやめになるたびに、やや疲労感が増し、熱意が薄れ、欲求不満が残る。そういうことからは隊員たちをできる限り守ったほうがいい。あと一時間もすれば空が白む。いま発進しても日の出前に闇に紛れて墜落現場にたどりつけはしないのだから。

ライノへのパラシュート降下は成功し、限定的な抵抗はあったものの、レンジャー部隊が制圧していた。ムッラー・オマルを捕捉するソードの任務は失敗だった。急襲部隊が到着した時には、もうオマルはいなかったからだ。部隊はヘリコプターで離陸しかけたところを砲火に見舞われ、危機一髪で惨事を免れた。一機のチヌークが石塀をかすめた時に、着陸装置がひとつ引っかかって落下したが、無事に脱出した。

件《くだん》の墜落は、パキスタン国境付近の中継基地で起きたものだった。MH-60特殊作戦用ブラックホークが土煙に巻かれ、パイロットが方向感覚を失って機体がロールオーバーし、ふたりのレンジャーが死亡した。死体は回収され、生存者は別機で避難したが、ヘリコプターは墜落現場に残されたままだった。

パキスタン政府は米国と名目上の同盟関係にあるとはいえ、親タリバン勢力の強い国境地域には充分な統治が及んでいない。一度はヘリコプターの回収が試みられたが、敵の激しい銃火に阻まれて以降、ブラックホークを取り戻すのが大きな優先事項となった。使用されている航空電子工学の秘密性という面もあるし、敵に対するプロパガンダの意味合いもあるからだ。しかし最も大きいのは、小銃を持った数人のパキスタン人に海兵隊が追い払われるわけにはいかないということだった。強化された回収部隊が、必要なら銃撃戦になってでも、ブラックホークを取り戻しにいく計画が始動した。計画の中心に据えられたのはB《ブラボー》中隊だ。

またしても、われわれは装備を移動し、作戦概要を作成し、航空支援や通信のこまごまとした調整を無数におこなった。二〇《フタマル》時三〇《サンマル》分、戦闘態勢を解除せよとの命令を受けた。われわれがパキスタン人を殺すことにでもなって、ただでさえ危うい米国とムシャラフ大統領〔一九九九年一〇月、軍を率いてクーデタを起こしシャリフ首相を軟禁、政権を掌握した〕の同盟関係が損なわれることを、在パキスタン米国大使館が懸念したからだ。ブラックホークが取り残されているパンジグールの飛行場にわれわれが行くのは、パキスタンの警戒部隊が飛行場を囲んでからということになった。任務は翌日の夜中まで持ち越された。

完璧な確認ブリーフィング

ＭＥＵ指揮官のトーマス・ワルドハウザー大佐は、この任務の確認ブリーフィングを当日午後四時に設定した。ワルドハウザー大佐は長身で、戦闘任務に就く海兵隊員らしい引き締まった風貌をしている。若手将校時代は歩兵部隊と偵察部隊を率い、部下に自分の仕事をやり遂げさせると評判だった。

パトリックとわたしは席に座れるようにと一五分前に着いた。が、遅すぎた。テーブルはすべて席が埋まり、後ろの壁際にも人がぎっしり立っていた。この任務に出るのは二個小隊だけなのに、ブリーフィングの部屋には将校が五〇人はいたに違いない。わたしは腹が立ったが、これだけ多くの人間の手がかかっているというのは安心でもあった。

最初にプレゼンテーションに立ったMEUの作戦担当官は、スライドを見せながら、主にMEU指揮官とARGを率いる海軍准将に向かって説明した。最前列のテーブルに一緒に座るこのふたりには、計画のどの部分についても単独の拒否権がある。そのあとは次々と、主な任務に就く者たちと、周辺任務に就く大勢が、ひとりずつ自分の役割を説明していった。航空、情報、作戦、通信、兵站、医療、気象、さらには従軍牧師まで少し話をした。

最後に、ホイットマー大尉が立ち上がった。暗い夜の地上で指揮を執るのはホイットマー大尉だ。よれよれの格好でゆっくり話す大尉には、それまでに説明に立った、艦に残ってヘリコプターを見送る者たちの威勢のよさは微塵《みじん》もなかった。大尉はパトリックとわたしに向かって、このお祭り騒ぎも必要なんだと言わんばかりの相憐《あわ》れむような笑顔をちらりと見せてから、計画の全容を指揮官たちに話しはじめた。ホイットマー大尉の説明は細大漏らさず完璧《かんぺき》で、確信に満ちていた。誰を同行させるかの判断から、どんな場合に任務を中止するかの判断まで、任務における判断のポイントをひとつずつ語っていった。

確認ブリーフィングの間じゅう、ワルドハウザー大佐は指揮命令系統に権限を下ろし、任務の要所要所で重要な判断を下す権限を部下たちに与えていった。ホイットマー大尉がヘリコプターのスペースには限りがあるため砲兵たちは残していくと伝えると、大佐はうなずいた。任務中止の条件でも同じだった。大佐が命じたのは、着陸地域に接近中に攻撃を受けた場合は任務を中止しろということだけだった。着陸したあと、中止するかどうかは地上にいる者たちの判断だ。計画の詳細に満足すると、ワルドハウザー大佐は立ち上がり、部屋にいる全員の方を向いて言った。「本任務は確認された。諸君、幸運を祈る」

任務で最も重要なことは何か

ブリーフィングが解散したあと、ホイットマー大尉とパトリックとわたしは、ワルドハウザー大佐の船室で会合の約束があった。ホイットマー大尉がドアを叩くと、大佐がみずからドアをあけた。大佐はわたしたちを招き入れてふたつのソファーにかけるよう勧め、四人ぶんのコーヒーを注いでから向かいの椅子に腰を下ろした。

「諸君、この内々の話し合いに招待したのは、この任務の重要性を理解してもらう必要があるからだ。ムシャラフ将軍は米国の〝不朽の自由作戦〟を支持することで、政治的にきわめて危うい立場に身を置いている」大佐は言葉に力をこめるように身を乗り出して続けた。「今夜の任務で最も重要なことは何だ?」

パトリックとわたしは顔を見合わせ、声を揃えて言った。「ブラックホークの回収です」

「違う。今夜の任務で最も重要なのは、パキスタン人をひとりも殺さないことだ。飛行場のまわりはパキスタン軍の警戒部隊が非常線を張っている。武装した数百人の男たちが暗闇の中にいるんだ。声が聞こえるかもしれない、姿が見えるかもしれない、だが発砲は許されない。びくびくしてすぐに引き金を引く若い米兵に冷静さを失ってもらいたくない、国際紛争を勃発《ぼっぱつ》させてもらいたくないんだ。それだよ、ヘリコプターの回収ではなく、今夜の任務で最も重要なのは」大佐は笑顔で言い足した。「とは言っても、諸君はブラックホークも回収してくれるだろうがな」

わたしは小隊の様子を見て質問があれば答えようと思い、隊員たちの寝台室へ下りていった。ロウ二等軍曹が、信号弾の信号方式と呼び出し符号《コールサイン》を機関銃手たちに教えこんでいる。この説明はきっとこれが一〇〇回目だろう。「よし、戦士ども、もう一回だ。赤い信号弾は緊急脱出。緑の信号弾は分隊の退却――それは撃つなよ。白はただの照明弾で、スモークは何色でも隠れろってだけだ。みんな、分かったか？」

わたしは壁にもたれてロウがコールサインを説明するのを聞いていた。

「任務指揮官はプラウドタイガー、前線航空管制官はネック、援護のコブラはソードプレイ」みんなの目がどんよりしてきたところでロウは話を切り上げ、わたしに向き直った。

「どうです、少尉、これ以上ないほど準備万端ですよ」ロウは言った。「今夜こそ任務実施と願いたいもんですね」眼鏡の奥でロウの目が充血している。「上がったり下がったりがこうも多いと、わたしの鋭い切れ味だって鈍っちまいますよ」

「今回はゴーが出るだろう」わたしは言った。「自分が寝るのも忘れるなよ」

狭い階段《ラダーウエル》へ通じる金属製のハッチを引きあけようとした時、ロウに呼び止められた。「ねえ、少尉。機関銃班は心配いりませんよ。いつでもぶっ放せます。あいつら最高にやばいやつらですからね。うずうずしてるんですよ」

わたしは笑いをこらえながら立ち止まってうなずき、階段を上った。

11 「一九六七年一一月一〇日、わたしはベトナムにいた」

仕事をする普通の男たちがいた

アラームを午前〇時三〇分にセットして寝ようとしたが、無駄だった。ベッドで三時間ごろごろと寝がえりをうったあと、とうとうあきらめて、メタリカの『ライド・ザ・ライトニング』を聴きながら一か月遅れの『スポーツ・イラストレイテッド』を読む。だが、もうじっとしていられなくなり、プラスチックのコーヒーマグをつかむと暗い廊下を歩いて士官室へ向かった。

艦内は静まりかえっていた。大半の者たちは、われわれの人生にどんなドラマが巻き起こっているかも知らず、ぐっすりと眠っている。士官室のドアの下から明かりが漏れていて、開くとホイットマー大尉とパトリックがテーブル席に座っていた。ふたりは顔を上げ、わたしを見て共感の笑みを浮かべた。部屋の向こう隅にはパイロットのグループがいて、湯気の立つコーヒーをちびちび飲みながら、地図を広げて静かに話しこんでいる。わたしはマグにコーヒーを注ぎ、大尉たちのところに座った。数分後、三人の腕時計のアラームが一斉に鳴りだした。眠れないのがわたしひとりでないことだけはたしかだ。

わたしたちは余裕の態度で格納庫へ下りていったが、本当は三人とも余裕などないような気がする。わたしにはなかった。いよいよだ。実戦任務。戦闘任務。これまでの訓練をすべて振り返り、戦闘経験のある教官たちのことを考えた。自分たちより優れていて、落ち着きと自信と能力があるように見えた教官たち。今のわたしはそんな風には感じられない。自分ではどうすることもできない何かにがんじがらめになった、ただの新米将校だ。またしても重圧に、責任の重さに押し潰されそうになる。何よりも、自分が愚かなことをして誰かを死なせたりせずにすむことを願った。

蛍光灯の下で自分の背嚢《はいのう》に腰かけ、小銃弾の入った段ボール箱をあける。実弾だ。弾倉に装填する両手が震える。弾薬ひとつの重さは約一〇グラム。太い真鍮《しんちゅう》の薬莢《やっきょう》が先端に向かってしだいに細くなり、その先端には殺傷能力のある弾丸が銅の被甲《ジャケット》に収まっている。実弾は訓練で何千発も装填してきたが、じっくり観察したことはない。それは、凶暴そうに見えた。わたしの弾丸のなかでどれかひとつでも、この夜が明けた時に、ほかの人間の体に埋まっているものがあるのだろうか。

わたしたちは開いたエレベーターのシャフトの前を縦に並んで通りすぎ、暗い海に向かって試射をした。小銃が鋭い音をたて、手のなかで弾む。試射するのは、それが撃てる銃であることをはじめて確認するためではなく、次の弾が薬室に送られてすぐに撃てるようにするためだ。射撃の音が金属の壁に反響し、無煙火薬《コルダイト》の鼻を刺す臭いが空気に漂った。

小隊は飛行甲板に出る手前のランプで、滑り止めが施された床に並んでいた。隊員はそれぞれへリコプターに乗る順序で座っている。その順序を逆にすれば、パンジグールの地上に降り立つ順序になる。射撃班と機関銃分隊は一緒に座る。わたしはひとりで最後尾に座り、最初にヘリから降りることになる。

防弾チョッキで体の厚みが増したホイットマー大尉が、自分の立っている隅のところへ少尉と軍曹たちを呼び集める。わたしはてっきり計画が直前に変更になったか、交戦規定の最終確認でもするのだろうと思った。

「もし今夜、おまえたちがへまをして隊員をひとりでも死なせたら」大尉は前置きもなく言った。「俺が自分でおまえたちの頭に弾丸をぶちこんでやる」

わたしとパトリックの目が合い、ふたりで「承知しました、大尉」と小さな声を絞り出した。ホイットマー大尉は歩き去った。格納庫は人が多すぎてパトリックとふたりきりでは話せないので、わたしはランプで待つ隊員の列に引き返し、自分の位置に戻った。ホイットマー大尉の言葉が頭から離れない。大尉は俺たちを信頼してないのか？　この任務を真剣にとらえていないと思ってるのか？　俺たちを奮い立たせようとしたのなら失敗だ。わたしはこのことを頭から締め出し、発進に備えることに集中しようと努めた。

ゴムの救命具を首のまわりに装着し、難燃性素材《ノーメックス》の緑の射撃グローブを両手にはめる。救命具には二酸化炭素のカートリッジと、海に落ちると起動するストロボライトがついている。グローブは手を火傷《やけど》から守ってくれて、発射後の銃を熱いままでもつかむことができる。

これまでに様々な訓練を積み、クワンティコでの授業とキャンプ・ペンドルトンでの巡察をあれだけやってきたことで、わたしの頭の中には今からのこともイメージができていた。きわめて重要で大きな意味を持つ見せ場だ。しかし、〝危険な道〟とか〝幸あらんことを〟とかいう仰々しい言いまわしはしっくりこなかった。まわりには数十人の海兵隊員が座って発進を待っている。わたしの目に映っているのは仕事をする普通の男たちだ。わたしの頭は歴史の流れも、アフガン人たちのことも、アメリカを守ることも考えていなかった。考えていたのは呼び出しの合図、無線の周波数、ブラックホークの衛星写真だ。さし迫る任務を前にして、不安も懸念もすべて消えていた。こうして暗闇の中に小銃を持って座っていることが、突如として世界の何よりも自然なことに思えた。

マリーン二等軍曹がわたしの意識を格納庫へ引き戻した。「砲兵を連れていかないのを後悔しますよ、少尉、敬虔《けいけん》なイスラム教徒たちが防御線を越えてくるころにはね」マリーンは出発を待つ隊員たちに声をかけながら、列に沿って歩いていた。

マリーンは冗談口調だったが、一緒に行きたがっているのは分かっていた。わたしも一緒に来てほしかった。返事をしようとした時、艦内通話の声が告げた。「呼び出し、呼び出し！」――ヘリに乗る合図だ。

マリーンがわたしの肩をぽんと叩いた。「今夜はお気をつけて」

パキスタンにはいるのは、ゲームではない

われわれはよろめきながら飛行甲板に出て、耳をつんざく轟音《ごうおん》のほうに顔を向けた。三機のスーパースタリオンがジェット排気を吐き出しながら、回転翼の風でわれわれを横に吹き飛ばそうとする。抑えた照明を浴びて、まわりの隊員たちがぼんやりと青く光っている。わたしは〝忍び寄る死《クリーピング・デス》〟という名が機体に描かれた先頭のヘリコプターへ一列を率いていき、三〇人が乗ったのを確かめてから、後部ハッチに近い最後の席に座った。ほかの二機のCH-53は飛行甲板のもっと先で轟音を響かせている。その一機にはあと三〇人の隊員が乗るが、三機目はからっぽで飛び、墜落したブラックホークを吊《つ》り上げて〈キティホーク〉へ運んで帰ることになっている。

わたしはヘリの機内無線ヘッドセットがついたヘルメットを被り、パイロットたちと通信チェックをおこなった。隊員たちはナイロンの帯を格子状に編んだ椅子《ウエビングシート》にぎゅうぎゅう詰めに座る。まわりには予備の弾薬や医療用品のパレットが置かれている。向かいにいたロウ二等軍曹がかすかな笑みをちらりと見せた。わたしの小隊とパトリックの小隊はごちゃまぜになり、二機のCH–53に分かれて乗っている。どちらかが墜落した場合に備えてのことだ。そのため、ロウの隣にはパトリックの第一分隊長、トニー・エスペラ三等軍曹が座っていた。海兵隊に入る前はロスで取り立て屋をしていたエスペラは、動じた様子もなく、わたしと目が合うとにこりと笑った。

　エンジン音が大きくなり、われわれは横に傾いで〈ペリリュー〉の甲板から飛び立った。海の上を上昇しながら、わたしはパイロットたちが交わす型通りのやり取り――燃料、出力、高度、ナビゲーション――を聞いていた。後方には二機のヘリコプターが、暗視ゴーグルを通してぼんやりと見えている。パイロットが機内通話で「フィート・ドライ」と合図し、パキスタンの海岸線を越えて陸地上空に入ったことを知らせてきた。わたしは手振りで隊員たちに合図を送り、全員が救命具をはずす。ヘリは高度を下げた。後部ハッチの外を飛ぶように流れていく地面は手が届きそうなほど近かったが、明かりは全く見えなかった。今飛んでいるのは、人が住むには世界で最も過酷な地域のひとつ、バルチスタンの上空だ。見るものが何もなく、話すには音がうるさすぎて、隊員たちはみんなひとりで自分の考えにふけっていた。

　訓練時代はずっと、スポーツの比喩《ひゆ》を聞かされてきた。士官候補生学校《OCS》はゲームだった。野外演習で現実とは異なる諸々を訓練に利用していた基礎訓練校《TBS》では、ゲームの勝負を競っていた。勝つか、負けるか。暗号で言えば〝タッチダウン〟と〝ファウルボール〟。だが、CH–53の機内に座り、北上してパキスタンに入るのは、ゲームのようには思えない。今までに経験した何よりも真剣なことに思えた。

パイロットが五分前警告を伝えてきた——あと五分で着陸地域に降り立つ。わたしは背嚢の無線機の出力を上げ、装備を再確認した。暗視ゴーグルを調整し、シートベルトをはずし、水を最後にひとくち飲む。エンジン音が変わり、パイロットは大きなヘリコプターの機体をひねって危険回避の方向転換を繰り返しながら、着陸地域に近づいていく。着陸装置が鈍い音をたてて地面にぶつかり、ハッチが開いた。わたしは走り出ると、回り続ける尾部回転翼を避けて左へ曲がり、滑走路の端にかがんで無線をチェックする。その間にヘリは轟音をとどろかせて土煙の中へ飛び去っていった。ロウ二等軍曹率いる機関銃手たちは、ひとことも発することなく北へ消えた。墜落したブラックホークを囲む防御線を確保しに行ったのだ。

ブラックホークを回収する

わたしは滑走路を走って横切り、そのヘリコプターの残骸《ざんがい》を通りすぎて、あらかじめ決めてあった指揮所へ向かった。無線ヘッドセットを通して、パトリックの班のひとつが遠くで光る銃口の報告をするのが聞こえる。頭上で海軍のP-3通信中継機の明かりが点滅していたが、高すぎて音は聞こえなかった。

暗闇の中で集まっている海兵隊員たちを見つけ、わたしはそちらへ走っていった。ホイットマー大尉がパキスタン人将校と一緒に立っている。ふたりはまるでカクテルパーティーに参加しているかのように、気楽な様子で立って笑っていた。わたしは小銃を持って近づいていくのは失礼な気がして、重い背嚢を背負ったまましゃがんだ。

「フィック少尉、こちらはマジード少佐だ」

「お会いできて光栄です、少佐」ホイットマー大尉をちらりと見ると、大尉は穏やかに微笑んでいた。

少佐は華奢《きやしや》な体をいくつもの略綬《りやくじゆ》と大きな編み紐の肩章で飾っていた。そばには当番兵が銀の紅茶トレーを持って控えている。

「怖れることはない。われわれが三重に防御しているから、あなたがたは安泰だ」少佐は言って軽く会釈した。「お茶でもどうかね」

欠けた陶器のカップに当番兵が紅茶を注ぐ。ヤギのミルクが入った濃くて甘い紅茶だ。グローブをはめた手では持ちづらく、わたしはソフトボールを持つように手をまるめてカップを持った。少佐を不快にさせずに仕事に戻れるように、急いで紅茶を飲む。わたしの最初の任務ふたつを、サイマスター器具の配布と紅茶を飲むことで終わらせるわけにはいかない。浮世離れした叫びにも似た声が静寂を破り、イスラム教の勤行時報係《ムアッジン》が信者たちに朝の礼拝を呼びかけた。パンジグールは敵対的な雰囲気ではなかったが、あまり友好的でもなかった。われわれは〈ペリリュー〉の士官室から遠く離れたところにいるのだ。

ロウ二等軍曹率いる隊員たちは配置につき、パトリックの小隊はわれわれをぐるりと囲んで守りを固めていた。防御線を張る各班は無線でやり取りをして、パキスタン軍の位置を知らせ合っている。わたしは暗視ゴーグルを通して地平に目を走らせ、こちらを狙う小銃がきらりと放つ光を探した。何もない。コブラ武装ヘリコプターのパイロットと話したが、飛行場のフェンスの外まで広い範囲を旋回しているコブラからも、おかしなものは何も見えないという。

B《ブラボー》中隊が防御線を固める中、爆発物処理班《EOD》が慎重にブラックホークに近づきながら、安全な退路の目印として赤いケムライトを落としていく。ヘリコプターに仕掛け爆弾が取りつけられていないことが確認できると、特別な訓練を受けた懸吊《けんちょう》班がその残骸を移動できるよう準備した。長いナイロンベルトをヘリコプターの胴体に何本も巻きつけ、それを一番高いところでまとめて輪とフックにつなげる。もしブラックホークが持ち上がらなければ、焼夷榴弾《しょういりゅうだん》でコクピットとトランスミッションに穴をあけ、尾部《テールブーム》を爆薬で吹き飛ばす計画だ。しかし、ベルトは問題なく取りつけられ、何も載せていないCH−53スーパースタリオンがブラックホークを運びにやってきた。

CH−53が速度を落としてブラックホークの上でホバリングをはじめると、ベビーパウダーのような土煙がCH−53の機体をすっぽり覆いつくした――そもそもの墜落もこんな風に視界が閉ざされたことが原因だ。今は回転翼や胴体が数秒ごとに土煙からちらりとのぞき、まだ無事に飛んでいるのが分かる。ホバリングのまま緊張の一分が過ぎたあと、CH−53はいったん上昇旋回し、その間に隊員たちが回転翼の風でもつれたベルトをほどいた。二度目の降下でCH−53が土煙のなかから姿を現した時、上昇する機体の下にはブラックホークが吊られていて、そのまま轟音と共に南へ消えていった。東の空が、うっすらと白みはじめていた。

わたしは無線で呼びかけ、防御線を張っていたロウの隊員たちを撤収させた。パトリックの小隊も戻ってきて、全員が滑走路に集まった。その滑走路を、ここにも味方がいたんだぞと言わんばかりに、数機のコブラが端から端まで低空飛行で通過していく。グレーの機首を低く下げたコブラの姿は、夜明けの空を切り裂くサメのようだ。二機のスーパースタリオンが低いうなりを上げながら、舗装された地面に着地する。パトリックとわたしはあたり一帯をさっと見回し、隊員が全員揃っていることを確認してから、最後にヘリコプターに乗りこんだ。後部ハッチが上がりはじめているところへ背嚢を投げこみ、つづいて自分たちもよじ登る。わたしは自分の腕時計を見た。午前五時。地上にいたのはきっかり四二分間だ。

昇る朝日に照らされながら、雪のように白い砂漠に赤茶色の岩山が点々とする上を飛んでいく。まっすぐ切り立つ山の尾根がぎざぎざに尖《とが》っているため、ヘリコプターは高く舞い上がるのと、開いたドアのすぐ外の岩をこすり落とすのとを交互に繰り返しているような感じだ。アラビア海の上空に出てパイロットから「フィート・ウェット」の合図を受けると、われわれは小銃から弾倉をはずして緊張を解いた。出発から九〇分後、〈ペリリュー〉の飛行甲板に降り立った――ちょうど士官室でオムレツが出る時間だ。

ベトナム戦争の記憶

わたしは昼を過ぎても眠り続けた。ひと晩寝なかったからというより、アドレナリンのせいで疲労困憊《こんぱい》していた。四時ごろ、パトリックに肩を揺すられた。「総司令官がこの船まで飛んできて、今夜一緒に食事するんだとさ。シャワーでも浴びて支度した方がいいぞ」

起きあがりはしたものの、少しの間、嵐のような過去二四時間の記憶にのまれて茫然《ぼうぜん》としていた。ジェイムズ・L・ジョーンズ大将は海兵隊のトップに立つ四つ星の大将だ。われわれがブラックホークを回収したからといって、それを祝いにワシントンから来るとは思えない。そうではなく、きっと激励に来るのだろう。何か今後の任務のために。でも、どんな任務だ？　わたしが艦に持ってきている軍服は夜通し着ていた砂漠用の迷彩だけだったので、ベッドから降り、それを着たままシャワーを浴びて、汚れをこすり落とした。

六時数分前に、パトリックとわたしは一緒に士官室へ行った。まわりの将校たちは、ぱりっと糊《のり》をきかせた軍服に磨きあげた階級章をつけ、こぎれいに装っている。それにひきかえわたしたちは、野戦用の迷彩は汚れているわ、真鍮はくすんでいるわで、どうにもみすぼらしく見えた。せめてもの慰めは、ほかの連中が服にアイロンをかけたり記章を磨いたりしている間に危険特別手当を稼いだことぐらいだ。

士官室は照明をほの暗くしてあった。奥の上座には壁を背にして長テーブルが置かれ、その前にある一〇卓あまりの丸テーブルは各席にネームカードが載っている。テーブルには銀器、陶磁器、栗色のテーブルクロスがセットされていた。大隊上陸チーム《BLT》の小隊長たちのテーブルは、最前列の真ん中だ。艦内では酒類が禁止されているため、アップルジュースをちびちび飲んで雑談しながら総司令官の到着を待った。一番の話題はA《アルファ》中隊の将校たちがいないことで、不在なのは上陸してジャコババードの飛行場にいるからだ。

「あそこはくそひどいとこだぜ」一〇日前にそこから戻ったばかりのVJが言い放った。「暑いし埃《ほこり》っぽいし煙たいし、食い物もなけりゃあシャワーもない。そこら中スパイだらけだしな。警戒態勢はもう笑うしかない――一個大隊でやっとどうにかってところを、俺たち一個中隊で守ってるんだからな。あそこで俺たちを撃ちたきゃあ誰でも撃てるぜ」パトリックとわたしは身を乗り出して聞いた。ローテーションで次にその基地の防御にあたるのはわたしたちだ。

「全員起立！」会話がぴたりと止まり、全員が弾《はじ》かれたように立ち上がった。

「楽にしろ、諸君。座ってくれ」ジョーンズ大将が言い、ワルドハウザー大佐と一緒に上座のテーブルに座った。ステーキと海老《えび》のディナーを食べながら、わたしたちは大将をちらちらと盗み見た。大将は長身で、部屋にいる全員の中でも余裕で一番背が高く、着ている軍服は海兵隊が新作したデジタル迷彩柄だ。国を離れて長いわたしたちにとって、気持ちの上でも物理的にも自国は遠いところにあったので、この新しく来た人物が自分たちと席を共にしているのは不思議な気がした。この人物はほんの二、三日前までワシントンにいて、あと二、三日後にはまたそこに戻っているのだ。大将のことが、どこかよその国から来た大使のように思えた。

だがそれでも、大将とわれわれの距離は一瞬にして縮まった。大将はディナーを食べ終えると立ち上がり、政治的に公正《ポリティカリー・コレクト》な長演説は抜きにして、自分自身が数十年前に経験した戦闘展開の話をした。

「諸君は海兵隊の二二六回目の設立記念日をここで過ごすことになる。わたしが一番思い出深い海兵隊設立記念日を過ごしたのも戦地だった――一九六七年一一月一〇日、わたしは少尉で、自分の小銃小隊と一緒にベトナムにいた。われわれはみんなの携行糧食《レーション》に入っているパウンドケーキを全部一緒くたにしてケーキを作り、てっぺんにチョコレートを垂らして、『海兵隊賛歌』を歌った。あいにくモンスーンが来ていて蠟燭《ろうそく》に火をつけられなかったので、われわれは戦闘壕《ごう》に戻って南ベトナムのゲリラどもを殺しつづけたというわけだ」部屋じゅうで喝采《かっさい》が上がった。

腰を下ろすまえに、ジョーンズ大将はわれわれ少尉のテーブルをまっすぐ見た。「覚えておきたまえ、諸君」大将は言った。「そろそろ諸君の番だ」

12 「これから向かう場所について、驚くほど何も知らない」

公式にはパキスタンに展開していないことになっていた

C-130輸送機からジャコババードに降り立った瞬間、ベトナムの土を踏んだ上の世代の海兵隊員について、読んだことのある描写が記憶の中から一気によみがえった。総司令官のスピーチからわずか五日後、パキスタン中部のジャコババードにあるシャバズ空軍基地の警戒任務がB《ブラボー》中隊に回ってきた。一一月だというのに太陽はかんかん照りで、自分が履いている褐色のブーツを見ると、上の方全体に黒い汗染みが広がっていた。滑走路脇の駐機場は砂嚢の塹壕《ざんごう》で囲まれ、燃料トラックや軍用車ハンヴィーやヘリコプターがアスファルトの地面を隙間なく埋める。滑走路のすぐ横には金属でできた格納庫があり、茶色いペンキでまだらの迷彩模様に塗装されていた。マリーン二等軍曹とわたしはその建物へ歩いて向かう。

中に入ると、官給品の簡易ベッドがスペースの半分を埋め尽くしていた。隊員たちがバンダナやTシャツを日除《ひよ》けがわりに目に載せて眠っている。簡易ベッドの下には手の届くところに突撃銃《アサルトライフル》が置かれ、プライバシーを守るものはパラシュートの紐で吊ったポンチョしかない。まるで難民キャンプだ。建物内の残り半分はいくつかのブリーフィングエリアに分けられ、地図や図表があって、金属製の椅子が並ぶ。静かな建物中にわたしたちの足音が響いたが、端から端まで通って奥の戸口まで行く間、誰ひとりとしてぴくりとも動かなかった。

まぶしい日差しの中に出て目をすぼめる。格納庫の裏に、白漆喰《しっくい》の低い建物が十数棟あった。その南には、石造りの航空機掩体《えんたい》〔軍用機、物資、人員を敵の攻撃から守る構造物。掩体壕〕が無秩序に建てられている。きれいに並んでいると空からの攻撃に弱いからだ。だが、わたしの興味は、後ろの格納庫から滑走路を隔てた西の方に引きつけられた。煙霧にけぶる地平線の端から端まで、ジャコババードの街が広がっている。街はそこはかとなく恐ろしげな第三世界の様相を呈して横たわり、建物の隙間から四角い貯水塔や高く突き出たテレビアンテナをのぞかせる。くすんだ茶色の建物が煙霧と混ざり合っていた。マリーンとわたしは基地の防御線をくまなく歩き、A《アルファ》中隊が守っていた位置をわれわれの隊員で埋めて、飛行場防御の必要に迫られた場合に備えて砲目距離〔砲から目標までの距離〕を図に記した。

掩体のひとつに、黒いヘリコプターのチヌークが押しこめられていた。着陸装置がひとつ欠けていて、コンクリートブロックの山にわびしくもたれかかっている。わたしはそれを指差してマリーンに言った。「あれが話に聞いたソードのヘリだな。ムッラー・オマルの屋敷から離陸する時に車輪をひとつなくしたやつだ。ウェストバージニア州の家の前庭に置いた方が似合いそうだな」

「メリーランド州の方が似合うかもしれませんよ、少尉の故郷のね」

ジャコババードはぎょっとすることだらけだ。どの掩体の中でも、それぞれ別の特殊部隊が汚れまみれの格好で寝起きしている。〝ロッキード社やボーイング社の請負業者〟——変装したＣＩＡや米陸軍特殊作戦部隊《デルタフォース》の工作員——に入り交じって、英国の海兵隊と特殊空挺《くうてい》部隊の隊員、米国の空軍パイロットや海軍特殊部隊《SEALs》の隊員などもいた。整備班がヘリコプターの弾痕《だんこん》を修繕する横で、別の班が誘導路でタッチフットボールに興じる。

海兵遠征隊《MEU》の偵察班が格納庫の屋根の上に人員を配置していたので、わたしたちもあたりの様子を見に登ってみた。ごみの山を燃やす火や料理する火が無数に上がり、立ち上る煙と砂埃とで空気が霞《かす》む。滑走路を囲むみすぼらしい木々を除けば、容赦なく照りつける太陽に灼《や》かれてひび割れや裂け目の走るむき出しの地面ばかりだ。動くものは何もない。

上にはルディ・レイエスともうひとりの隊員がいて、着ているTシャツには汗染みが白い塊になってこびりついていた。サングラスをかけて日焼け止めの酸化亜鉛の白いクリームを鼻に塗れば、水難救助員に見えそうだ。ふたりの間には双眼鏡、無線機、狙撃銃《スナイパーライフル》が並ぶ。偵察隊員は監視の訓練を受けている。ジャコババードで格納庫の上に座っているのも、暗闇で敵陣内を嗅《か》ぎまわるほどドラマチックではないとはいえ、立派な監視任務だ。

「ここから何か面白いものが見えるのか？」マリーンが肯定的な答えは期待していないかのような口ぶりで訊《き》いた。

「ここを下見しにくる〝救急車〟がいるんですよ」ルディが言った。わたしは立ち上がったルディが手に持っている絵に気づいた。ルディは飛行場の防御線を描き、目印となる地物《ちぶつ》の方位と距離を記して、正確に砲撃や航空攻撃を要請できるようにしていた。「ドアに赤新月のマークがついてるんですけど、いつもカーテンが閉まってるんです。毎日やってきて、カメラを持った男がカーテンの陰から写真を撮っていくんですよ。ISI《ISI》ですね、きっと」

パキスタンの軍統合情報局はタリバンの勢力拡大に力を貸してきた。われわれの味方でないことは分かっていたが、そんなにあからさまにこちらを監視していると聞いて驚いた。この時点で米軍は、公式にはパキスタンに展開していないことになっていた。報道を受けて国防当局は小規模な米軍部隊が駐留していることを認めはしたが、任務は後方支援や探索救難に限られていると明言した。だが、われわれには分かっている。探索救難と探索撃滅は紙一重だ。

「やつらはおまえたちが監視してるところを監視してるのか?」マリーンが興味津々で言った。

ルディが頭を横に振る。「われわれは対監視には熱くならないようにしてるんです。日中はここに同時に登るのはふたりだけにして、目立たないようにしてるんですよ。本当の仕事は夜です。街の近くを偵察するとか、人感センサーを仕込むとか、そんなようなことをやってます」そういう秘密任務が偵察部隊の謎めいた雰囲気を助長していた。

救急車の男たちのように、昼間にこの空軍基地を監視する者の目には、ここは見捨てられたも同然に見えただろう。大半の米兵は格納庫の涼しい日陰で眠っているし、防御線を固める隊員たちの持ち場はうまく偽装されている。冷えた瓶コーラを売るパキスタン空軍所属の者たちだけが、スクーターでのんびり走り回っていた。

そんな芝居も夜には終わる。日没から日の出までの一〇時間は、まる一日ぶんの仕事がぎっしりで大忙しだ。航空機が五分間隔で次々と着陸し、時には米国からノンストップで飛んでくることもある。そのほとんどが、アフガニスタンでの戦争に備えて物資を運ぶ大型の輸送機だ。ジェット戦闘機が来ては去り、空軍やCIAが飛ばす無人偵察機〈プレデター〉も行き来する。誘導路を歩くわたしを可動式カメラでぎろりとにらみながら通りすぎていく無人の〈プレデター〉には、いつも身のすくむ思いをさせられた。

夜間は飛行場の塀の外でも様々な動きがあった。赤い曳光弾《えいこう》の火が空高くまで筋を描き、爆発の衝撃が街を揺らす。パキスタンの役人はいつも決まって、あれは結婚式の祝い事だ、車の逆火《バックファイヤー》による爆発事故だと言い張った。しかし、そんな話を鵜呑《うの》みにできるわけがない——パキスタンが米国を支持する姿勢はムシャラフ大統領から下にはほとんど浸透していないのだから。ジャコババードの日常はスパイ合戦の様相を呈していた。

アメリカ外交を担うという自覚

駐屯をはじめて一週間が経ったある日、いつもと変わらぬけだるい午後になるはずだったところに、パキスタンの伝統衣装〝ディシュダーシャ〟を着た男がひとりやってきて、われわれが中隊本部にしている建物のドアを叩いた。

「ここにいるアメリカ人の責任者の方にお話があります」

ホイットマー大尉は会議中だったので、わたしが名乗った。

「わたしどもの事務所に電話がかかってきています。一緒にお越しください」ずいぶんとあらたまった物言いで、軽い訛《なま》りがある。男は言い終えるとかすかに頭をさげた。

敷地を横切って案内されたのは、入ったことのない建物だ。

石灰石の列が歩道を縁どり、パキスタン国旗が描かれた石の台座の真ん中で小さな看板がここはパキスタン空軍の作戦本部だと告げている。米国とパキスタン空軍の関係について、おおまかな知識はわたしにもあった。パキスタン空軍は二八機のF-16戦闘機の代金を米国に支払ったにもかかわらず、その後の一九九八年に実施されたパキスタンの核実験を受け、米国からは一機も納品されなかったのだ。しかしわたしは、だめになったこの取引が今なおパキスタン人の私怨《しえん》を買っているとまでは、分かっていなかった。

薄暗いパイロット待機室に足を踏み入れる。一瞬立ち止まり、外の日差しの明るさから部屋の暗さに目が慣れるのを待つ。緑の飛行服を着た一〇人あまりのパイロットが椅子にだらりともたれて座り、煙草を吸っている。会話がぴたりと止み、視線がわたしに集まった。壁にはF-16の写真が何十枚も貼られている。飛行中のF-16、着陸するF-16、離陸するF-16、推力増強装置《アフターバーナー》から火を噴くF-16。まるで八歳の男の子の部屋のようだ。ジャコババードの格納庫は、納品されるはずだった戦闘機のために建てられたものだった。それが今は、ただ虚《むな》しく立っている。このパイロットたちは、戦闘機の操縦訓練を受け、戦闘機で空を飛ぶためにここに来たのだ。それが今は、ただぼんやりと座っている。

わたしは自分が自国の高圧的な外交を体現する存在であることを強く意識しながら受話器をとった。電話は切れていた。案内人の男にそう告げると、男は肩をすくめた。

「どの部隊の所属ですか」この質問は、ぼんやりした好奇心ではなさそうだ。

「米国海兵隊です」

「具体的に、どこの部隊ですか。機関銃は何挺《ちょう》あるんですか」

わたしは男を押しのけて、また日差しのなかへ出た。

ジャコババードからの出発

ジャコババードに来て二週間近く経ち、われわれの気持ちに焦りが出はじめた。中隊は三つの任務の準備命令を受けたが、どの任務も一向にはじまらない。みんなそれぞれアフガニスタンを違う呼び方で――〝北のほう〟や〝山の向こう〟などと――遠まわしに呼んでいた。呼び方はどうあれ、われわれの意識はずっとそこに向いている。艦にいた時は上陸したいと思っていた。だが、ジャコババードでじっとしているだけでは物足りない。こんなに近くにいるのに何もしていないなんて。補欠選手になった気分で、ほかの部隊が国境の向こうであらゆる任務を展開しているのを想像した。一〇〇時間戦争〔湾岸戦争で多国籍軍がイラク軍をクウェートから一〇〇時間の地上戦で撤退させた〝砂漠の剣作戦〟〕の話を聞いて育った世代としては、出番がないまま今回の戦争が終わるのではないかと不安だった。

　ある日の夕方、ジムとわたしは本部として使っている建物のポーチに座っていた。夕暮れどきにポーチのウッドチェアでくつろぎながら、日に灼けた飛行場の向こうに並ぶ遠くの木々を眺めているのは、なんだかちぐはぐな感じがする。太腿にとめたホルスターの拳銃《けんじゅう》がなければ、ここ以外のどこにいてもおかしくない気がした。わたしの足元でレーションヒーター〔水を入れると発熱するパッケージ。戦闘糧食の加熱に使用する〕がぐつぐつと音をたて、夕食のハムオムレツを温めている。戦闘糧食《MRE》のパックからM&Mチョコレートの小袋を取り出し、破いて内側に印刷されている広告を読んだ。

「オリンピックの入場チケットが当たるかも」

「どのオリンピックだ」ジムは夕食を抜くことにし、かわりにコーヒーを飲んでいた。

「夏季オリンピック。バルセロナだ。一九九二年。何とこのM&M、一〇年前のだぜ」

「せいぜいオムレツを味わうんだな」

そこにホイットマー大尉がやってきた。指揮官の夜間定例会議を終えたところで、顔に笑みを浮かべている。われわれは来た時と同じく、急遽《きゅうきょ》ジャコバードを去ることになった。明朝、陸軍の第一〇一空挺師団が交代に来て、われわれは艦に戻り、アフガニスタンで後続任務に就く準備をする。ノースカロライナ州を出た第二六海兵遠征隊《MEU》が、スエズ運河を抜けてこちらへ向かっているところだという。われわれと合流して二個MEUで第五八任務部隊《タスクフォース》を編成し、ジェイムズ・マティス准将がその指揮を執る。わたしは姿勢を正した。第五八任務部隊というのは、祖父がレイテ沖海戦の時に所属していた部隊の名前だ。その晩、わたしは荷物をまとめながら、ついに北へ、山の向こうへ行けることに胸の高鳴りを感じた。

「荷物は二二キロ以下」は机上の空論

「明日は感謝祭だ。それぞれ都合のいい時間に祝ってくれ」〈ダビューク〉の艦長が艦内通話で自嘲《じちょう》気味に言い、その言葉の含みが耳に残った。ここでは忙しくしているし、気持ちの上だけでもわが家の心地よさを味わいたいと思っても、そんなことができる場所ではない。わたしは自室の机に腰を据えて、たまった事務仕事を片づけようとした。ジャコバードでは任務で忙しくなると思って、ノートパソコンを持っていかなかったのは失敗だった。次の上陸任務に発つ前に、部下の昇進手続きをすませて評価を書き終えなくてはならない。今はキーボードとの戦いだ。

みんなやるべきことが色々とあって時間を取られていたものの、翌日の夜は〈ダビューク〉の乗組員が祝祭を用意してくれた。士官室で席につくと、テーブルは紙の七面鳥やプラスチックのカボチャで飾りつけられている。料理は七面鳥、マッシュポテトのグレービーソースがけ、スタッフィング〔パンや野菜を七面鳥に詰めて蒸し焼きにした副菜〕、クランベリーソース、アップルパイ。わずかな時間とはいえ、普通の暮らしに戻ったふりをすることができる。わたしたちはテーブルを囲んで手をつなぎ、家にいる家族のために祈りを捧げた。いつもよりひとり少ない感謝祭の食卓を囲んでいる多くの家族たちのために。そして、わたしたちがこうして食事を共にする素朴な喜びを味わっている間も、寝ずの番をしてくれている仲間の兵士たちのために祈った。わたしは食事を終えると自室に戻り、アフガニスタンへ飛ぶための荷造りをした。

背嚢、防弾チョッキ、AK47の弾も止める防弾セラミックプレート、ヘルメット、M16小銃、五・五六ミリ弾の弾倉一二本、M9拳銃と九ミリ弾の弾倉五本、水一〇リットル、寝袋とゴアテックスの裏地《ライナー》、フリースの上着、ウールの帽子と手袋、フェイスペイント、救急キット、地図、戦闘員人物証明書《ブラッド・チット》、油性鉛筆、コンパス、GPS〔全地球測位システム〕、無線受信機、トイレットペーパー、二〇センチのダイビングナイフ、下着二枚、靴下五足、Tシャツ三枚、レインジャケット一枚、パシュトー語とダリー語の翻訳ガイド、使い捨てカメラ、計算機、プラスチックの透明シート、箱入りの栄養補助食品《パワーバー》、安定ヨウ素剤〔放射性ヨウ素による内部被ばくを低減する医薬品〕、耳栓、塹壕を掘る道具、前回のクリスマスに撮った家族の写真、キャンプ用コンロ、信号用の鏡《シグナルミラー》、読みかけの『安息角』、アトロピン注射器、サングラス、ヘッドスカーフ、歯ブラシ、電気剃刀《かみそり》、星条旗、そして念のため二〇ドル紙幣で一〇〇〇ドル。

荷物を詰めながら、ニューヨークのいとこが送ってくれたCDを聴く。ほんの一か月前にマディソン・スクエア・ガーデンで開かれたチャリティコンサートのCDで、九・一一に対する悲しみと、怒りと、立ち直ろうとする力がほとばしっていた。冒頭に録音されているのは、マイク・モーランというニューヨークの消防士の言葉だ。
「亡くなった兄のジョンと第三梯子隊の一二人、亡くなったニューヨーク市消防局アメフトチームのメンバー二〇人、そしてわたしが生まれ育った街、ニューヨーク州クイーンズのロックアウェイ・ビーチの人たち、友人たち、隣人たち、親族たちみんなのために、これだけは言えます。彼らはいなくなったわけじゃない。わたしたちの心の中に生き続けているんです。それからもうひとつ、アイルランド人魂にかけて言いたいことがあります。ウサマ・ビン・ラディン、地獄へ落ちやがれ」

わたしのなかで、自分が九・一一の仇《かたき》を討てる立場にいることを深く感謝する気持ちが沸き立った。驚くほど強烈な感情だった。長きにわたる訓練をやっと生かせるという、単なる職業上の興味ではない。ひとりの人間としての感情だ。アメリカへの攻撃を計画したやつらを見つけ出し、さらし首にしてやりたかった。

背嚢を持ちあげて体重計に乗ると、針が回って一六五キロを指した。体重が八六キロだから、背中に七九キロを担いでいることになる。歩兵士官コース《IOC》で読んだ研究資料の中に、隊員の応戦力を保つには荷物を二二キロ以下にしなくてはならないと書かれていたのを思い出した。二二キロだと、弾薬、水、無線機のどれかひとつは入れられるが、全部は無理だ。あれも机上の空論というわけだ。

荷造りを終えると、廊下を歩いて無線室《TACLOG》へ行った。アフガニスタン南部の砂漠にある飛行場を奪取しにいったC《チャーリー》中隊の様子を聞くためだ。その飛行場はのちにキャンプ・ライノとして世界中に知られることになる。〝ライノ〟というのは一〇月に任務部隊《タスクフォース》ソードがパラシュート降下した時のコードネームで、それがそのまま飛行場の呼び名になった。錠の下りたドアを叩くと、ひとりの隊員がわたしを中に入れ、C中隊の任務状況を教えてくれた。

「時間通りに〈ペリリュー〉を発って、今は空の上だ。着陸予定は協定世界時一七時〇〇分《ヒトナナマルマルZ》」

協定世界時一七時〇〇分《ヒトナナマルマルZ》は現地時間で二一時〇〇分《フタヒトマルマル》だから、約三〇分後だ。その中にはVJ・ジョージがいる。わたしはVJの心に何が去来しているかを想像しようとした。おそらくVJはCH-53の一番後ろに座り、レーダーに探知されにくい超低空飛行で地形に沿って飛ぶ機体から、闇に包まれた景色が流れていくのを見ているだろう。わたしはほっとしたものの、暖かく明るい部屋でコーヒーを飲んでいることに少しばつの悪さを覚えた。飛行場に向かった部隊が無事に着陸したのを聞いて、ベッドへ行った。いずれにしても、わたしがVJとその隊員たちにしてやれることは何もない。VJたちは自力でやるしかないし、もうすぐわたしも同じ立場に立つ。

ベッドに横になっても、最新ニュースのことを考えて寝つけなかった。情報部の報告によると、タリバンはアフガン北部同盟〔北部パンジシール州を拠点にタリバンへの抵抗勢力となった武装組織〕と米軍特殊部隊の圧力を受けて、クンドゥーズの街を明け渡す交渉をしているらしい。あいにくカンダハールについては、確かな話は何もない。カンダハールはタリバン勢力の心の故郷《ふるさと》であり、タリバンにとってのアラモ砦《とりで》〔一八三六年のテキサス独立戦争でアメリカ人義勇兵が立てこもり、メキシコ軍と戦って全滅した〕となっているようだ。われわれの任務はそこでタリバンをねじ伏せ、崩壊させることだ。

ライノの東には四〇〇人の武装戦闘員が野営しているとの報告があり、ライノの北のラシュカルガー付近では、米海軍のジェット戦闘機が地対空ミサイルの攻撃を受けた。時を同じくしてタリバンの総領事が声明を出し、一二月中旬の断食月《ラマダン》最終週に米国内で〝爆破が開始〟され、アメリカ人が〝大量に死ぬ〟だろうと言った。落ち着かない気持ちのまま、わたしはいつのまにか眠りに落ちた。

アフガニスタンは「地図になかった」

翌日の午後、Ｂ《ブラボー》中隊はホバークラフトでパキスタンに再上陸した。艦のウェルドックから後方へ出艇する時に細い窓から外を見ていると、〈ダビューク〉の艦尾の縁《へり》を通りすぎて、わたしはふと、次にこの金属の縁を目にするのは今回の任務が終わったあとなのだと思った。海岸までの三〇分は、ぼんやりとエンジンのうなりを聞いていた。ドアが開くと、外は暗く静かな入り江だった。なだらかな砂丘の麓《ふもと》を三連の低い白波が洗い、あと少しで満ちる頭上の月が砂浜に影を落とす。

　われわれはトラックに乗って、一三キロ先のパスニ空港へ向かった。海岸を離れ、みすぼらしい木々が生える平原を進む。わたしは背嚢に座って隊員たちとしゃべりながら車に揺られていた。

「で、隊長、これはすごくデカいことなんですよね？　海兵隊の一個大隊がアフガニスタンへ行くんだから。国のみんなが記事で読みますよね？」隊員のひとりが言った。

　そうだろうな、とわたしは請け合った。海兵隊の上陸作戦でこれほど内陸深くまで入りこむのは今回がはじめてだ——艦からカンダハールまでは七〇〇キロ以上ある。ボストンを中継基地としてボルチモアを攻めるようなものだ。

　およそ一キロごとに未舗装の道と交わり、われわれが走る道路から枝分かれした道が暗闇の中へ消えていく。どの交差点にもパキスタン人の歩哨《ほしょう》がふたりずつ、第一次世界大戦時の歩兵のように、編み上げのゲートルを巻き、ボルトアクション式の小銃を持って立っている。わたしは寒くないように防弾チョッキの中に身を縮めた。海に近いところでさえ砂漠の暑さは日が落ちると急激に冷えに転じ、骨身に染みる空疎な寒さだけが残る。のろのろ運転でがたごとと半時間ほど進むと、滑走路の照明と地面にとまっている二機のC－130の機首が見えた。小さな木立は徐々に何台もの軽装甲車《LAV》の姿に変わり、ネットで覆って偽装されたハンヴィーも見える。アフガニスタンに入る前の最後の中継地、パスニ空港に到着だ。

パスニでの生活リズムは独特だった。ここでは装備と海兵隊員が折り重なって、ライノへ飛び立つのを待っている。アフガニスタンでは地対空ミサイルに狙われるおそれがあるため、飛行は暗い時間帯に限られていた。パキスタンでは、米軍は攻勢作戦を展開していないという幻想を保っている。つまり、日中は石造りの格納庫の中に、退屈しながら汗だくになって隠れているわけだ。日が落ちると、とたんに基地は蜂の巣をつついたように絶え間なく動きだす。C－130が着陸し、装備や隊員を乗せて、エンジンを切る間もなく滑走路へ消えていく。ヘリコプターが艦との間を行き来して往復輸送する。装備品の山がどんどん航空機に積まれて運び去られる。

到着した夜はどの格納庫もすでに満員で、われわれ小隊は建物の脇の空き地に場所を確保した。わたしは寝つけなかったので、あたりを散歩がてら見て回った。日に灼けた煉瓦《れんが》造りの建物群を白い照明の筋が照らし、妙に華やいだ雰囲気を醸している。赤と白のクロスがかかったテーブルでも並べて、木々の下でワインを飲んでいる人たちがいそうだな、と思った。だが、わたしが目にしたのは、弾薬のパレットを運ぶ何台ものフォークリフトと、飛行場の端に点々と立って外の暗闇の向こうを見つめる歩哨たちだけだった。

われわれは夜明け前に起きて屋内へ移動した。格納庫の中で一日中待機だ。わたしは五回も自分の荷物を整理した。まわりの隊員たちは、トランプをしたり、昼寝したり、ドアのそばに集まって新鮮な空気を吸いながら話に興じたりしている。

「それで、コブラがその建物にロケット弾を撃ちこむんだぜ。ティラーナの街の真っ只中《ただなか》に」ひとりの隊員が言う。「そこら中に民間人が座ってコーヒーを飲みながら新聞を読んでる。そこにどデカいのがどっかーんときて、コンクリートが通りにどばーっと落ちてくるんだ。で、俺たちは軍服を着てるだろ。〝合衆国海兵隊〟って胸んとこに書いてある。そんでもって、ヘリコプターの側面にも〝海兵隊〟だ。俺たちとしちゃあ、〝悪いな、みんな、俺はあのヘリコプターにどんな抜け作が乗ってるか知らなくてね〟ってわけにいかないじゃねえか」

別の隊員がその上をいく話をした。「それを言うならモガディシュだ。モグに行ってないなら、本当にやばい目にあったとは言えないな。痩せた小さいやつらがそこら中を走りまわってるんだ。カートとかいう葉っぱを嚙《か》んでいかれちまってるもんだから、めちゃくちゃ撃ちまくってきやがる。壁には近づけない。弾が壁に沿って飛んでくるからな」

別のグループからは、おどけた話が聞こえてきた。「パタヤビーチの大通りを、ピンクに塗られたゾウの背中に乗ってってたんだ。ビール二本を両手に持って、ねえちゃんふたりを後ろに乗せてな。何だって？　ああ、女だって分かってた。つかんで確かめたから。俺はその時がはじめての軍事展開ってわけじゃなかったんでね」

盗み聞きをしていたわたしは、ふと気づいた。海兵隊員はあちこちへ旅するが、訪れた地を見て回ることは滅多にない。いわゆる旅行者とは違う。様々な国を見ても、それは銃の照準器を通して見るか、自由時間に夜の帳《とばり》を通して見るかしかない。まるで自分たちが芝居の演者で、ほかのものはすべて小道具であるかのように、物の見方が偏って一面的になる。アフガニスタンでもそうなるのだろうという気がした。

これから向かう場所について、われわれは驚くほど何も知らない。世界地図のこの部分で作戦を展開することになろうとは、誰ひとり予想していなかった。荷造りをした時には、タイ、オーストラリア、ケニアで訓練し、セーシェル、香港、シンガポールで自由行動があって、もしかしたらサダム・フセインの問題に最終決着をつけるといったような不測の事態が発生するかもしれないと考えていた。アフガニスタンは文字通り、地図にない場所だった。

われわれは急ごしらえで用意されたパシュトー語とダリー語の〝すぐに使える翻訳〟カードを与えられた。それには〝武器を捨てろ、捨てないと撃つぞ〟などという状況に応じた英語のフレーズが並び、翻訳された文と発音の両方が載っている。

地図はおおまかなものしかなかった。アメリカで出ているアフガニスタンの地図は、ソ連侵攻時代のものがほとんどだ。われわれの手元にある地図はどれも縮尺が大きく、こまかい部分がほとんど記されていないばかりか、地図ごとに作成の元データが異なっていた。ライノはちょうど四枚の地図が合わさる部分に位置し、縮尺と元データが三種類に分かれている。一枚の地図上で位置を探す場合は、GPS座標を見ればいいだけだから簡単だ。ところが少し西へ移動すると別の地図になり、その地図でGPS座標を目標位置に合わせるには、北へ一四一メートル、東へ一八二メートル動かさないといけない。さらに北へ移動すると、南へ一三〇メートル、西へ二一七メートルの調整が必要だ。わたしはパスニの格納庫で横になり、隊員たちの話に半分耳を傾けながら、その数字を全部暗記し、追い詰められた状況で思い出す必要に迫られないよう祈った。

日が暮れたすぐあとに、パトリックが来て言った。「ほら、おまえのチケットだ」手渡されたのは任務指令書で、航空機に乗る隊員たちの名前と血液型が記載されている。「俺たちが乗るのは九時三〇分のカンダハール行きだ」

2001 年 11 月、パキスタンのジャコババードにて。C-130 輸送機に乗りこむ B 中隊。パキスタンとアフガニスタンでは、この年季の入ったハーキュリーズが遠隔地の飛行場へ隊員と物資を運ぶ命綱だった。（撮影：ナサニエル・フィック）

2001年11月、CH-53の後部ハッチから見た海兵隊基地ライノ。写真左下の未舗装道路は、「不朽の自由作戦」初期にアフガニスタン南部で唯一の米軍滑走路として使用された道。（著者提供）

13 「全員が知っていなくてはならない〝五つの弾丸〟」

ライノの防御線の火力強化

三時間後、高速で北へ向かうＣ－１３０の貨物室で赤い薄明かりに照らされながら、わたしは大きなゴム製の燃料タンクの上に腹這《はらば》いになっていた。五〇〇ガロン（約一九〇〇リットル）のジェット燃料《ケロシン》の上に乗っていると、すでにたくましくなりすぎている想像力がさらに掻《か》き立てられる。肩射ち対空ミサイルの最大射程高度はどれくらいだったろう、今飛んでいる高度が分かればいいのに、と考えていた。一／一の平時におけるスローガン――〝安全第一〟――がふと頭に浮かび、優先順位が変わりつつあることに気づいた。隊員たちはみんな平静を装っている。寝たふりをしている者もいれば、何かを読んでいる者もいる。だが頻繁に視線が交わされるのを見れば、それが見せかけだとすぐに分かる。

Ｃ－１３０が急に高度を下げ、体が床から数センチ浮いた。もうすぐ到着だ。着陸装置がどすんと音をたてて地面にぶつかり、機体が前後に揺れながら速度を落とす。ハッチが開いて機内に砂埃が立ちこめる。二等兵のひとりが貨物ネットに脚を取られて足首の骨を折り、まだアフガンの土を踏んでもいないのに、小隊でひとり目の負傷者が出た。

装備を引きずって、厳寒の不毛な景色の中に脚を踏み入れる。見渡すかぎりの砂地を満月が銀色に染めている。新雪が降り積もったかのようだ。山々を思わせるさえざえとした空気に、わたしはライノが標高一〇〇〇メートルに位置していることを思い出した。Ｃ‐１３０が旋回して轟音と共にパスニへ帰っていくと、滑走路の灯火が消えて、われわれは暗闇のなかを歩き、飛行場の南西の角にある塀で囲まれた一画へ向かった。

このキャンプについては、アフガニスタンにいる間中、隊員たちがその起源を話題にしては憶測をめぐらせた。カンダハールから一五〇キロ離れたライノは、わたしが訪れたどの場所よりも荒涼として、未舗装の短い滑走路が一本あり、一連の建物を白いブロック塀が囲んでいる。その四隅には監視塔があった。塀の内側には、天井の高い倉庫が一棟、給水塔が一棟、小さめの建物が六棟、そしてイスラム教の礼拝堂がひとつ立っている。どれも見事な建築で、床は大理石、流し台の天板は花崗岩《かこう》、照明器具は新しく、壁は白い漆喰だった。建物をつなぐ通路は舗装され、両脇に煉瓦の排水溝がある。ここはウサマ・ビン・ラディン捕捉《ほそく》作戦の初期にＣＩＡが金を出して建てたのだと断言する隊員もいれば、アラブの王子がタカ狩りをする時に使う別荘だと言い張る者もいた。

ひと月前に任務部隊《タスクフォース》ソードが急襲した時の銃撃の跡が、敷地のそこかしこに残されていた。どの監視塔にも屋根にひとつずつ砲弾の穴がある――〈ペリリュー〉の無線室《TACLOG》で交信を聴いたＡＣ‐１３０スペクター攻撃機《ガンシップ》が命中させたものだ。ほとんどの壁に重機関銃の掃射の跡があり、小さな薬莢が地面にちらばっている。ＡＫ47の薬莢の多さが、ここで何者かが応戦したことを物語っていた。

その晩は倉庫の床で寝て、明るくなるのを待ってから、われわれは外へ出て防御線の持ち場についた。Ｂ《ブラボー》中隊は南東の角を受け持ち、その左脇はＣ《チャーリー》中隊、右脇はＡ《アルファ》中隊が守りを固める。わたしの小隊の機関銃班と強襲班は小銃小隊に配属されて防御線の火力を強化し、マリーン二等軍曹が迫撃砲班を中隊位置の中央後方に配備することになっている。ジムとわたしは視界のきく場所を探しに出た。どの方角もほぼ地平線の果てまで平らな砂漠が広がっているが、滑走路の横に一か所だけ小高い丘がある。わたしたちはそこに登って視界を確かめることにした。

アフガニスタンは世界でも特に地雷原が多い国に数えられる。敷地内に地雷が埋まっているとは考えにくいが、わたしたちは地面から目を離さなかった。下を見ていたわたしは、乾いた茂みの表面に貼りついた一枚の紙に目をとめた。剝《は》がしてみると、礼状カードサイズの便箋《びんせん》で、写真がコピーされている。倒壊した世界貿易センタービルの瓦礫《がれき》の上で三人の消防士が星条旗を掲げている有名な写真だ。三人の上にはブロック体の文字で、〝不朽の自由〟と書かれている。裏にも同じ写真と、同じスローガンをパシュトー語に翻訳した文字があった。タスクフォース・ソードが名刺がわりに残していったのだろう。わたしはそれをポケットに収めた。

丘はB《ブラボー》中隊の位置から遠すぎてジムとわたしには不便だったので、敷地の南東の角にある監視塔に腰を落ち着けることにした。監視塔は一〇メートルほどの高さがあり、尖った屋根に砲弾の穴があいている以外は無傷だった。この上からならブラボーの防御線全体が見渡せる――戦闘で迫撃砲の指示を出すのに最適な位置だ。敵が狙うにも最適な位置だろうが、ほかにいい場所がないので、それは考えないことにした。

塔に立って監視すること、ほぼ一週間。米軍はタリバン陣地への空爆を継続していて、わたしたちも頭上高くを小さな戦闘機が大きな空中給油機にぶら下がって飛ぶのをたびたび目にした。われわれのほかに地上にいる米軍は、もっと北に展開している二、三個の特殊部隊だけだ。いずれの部隊も人口の集中している地域——カブール、マザーリシャリーフ、クンドゥーズ——の内外で戦っている。ライノ周辺には人っ子ひとり住んでいない。隊員たちが毎晩巡察に出かけるが、全く何も見かけない。塔から一日中監視していても、全く何も見つからない。役に立つためには悪いやつらがいるところまで行く必要がある。

一二月初旬のある日の午後、ジムが立って監視している間、わたしは塔の床に横になって妹ふたりに手紙を書こうとしたが、ひとり目の一文目で寝てしまい、鉄のらせん階段に響く足音で目が覚めた時には一時間が経っていた。床の下から頭を突き出したのは、女三人と男ひとり——四人とも海軍の軍医だ。サンディエゴの海軍医療センターから三〇時間前通知を受けてアフガニスタンに派遣された麻酔医と外傷外科医たちだという。身につけている拳銃が気になるようだ。

「あなたたち、ここで何をしているの」女のひとりが、隅に積まれた双眼鏡と地図と武器の山にちらりと視線を向けた。

「こんな風にいきなり大勢で攻めてこられる前に警報を出せるようにしてるんだ」ジムがさらりと言った。

相手は目をぱちくりさせたが笑顔はない。

「で、どういうわけで医師がこんなに大勢？」わたしは質問攻めにあう前に自分から質問した。

外科医らしい手を慎重に手袋で覆った男の説明によると、外傷の処置ができる医療施設はオマーンにある施設が一番近く、C‐130で約四時間かかるという。アフガニスタンにおける米軍の存在拡大に伴う負傷者の増加を受けて、上層部がライノの中庭に仮設手術室の設営を決めたとのことだった。

「同時に三人の手術をして命を救うことができる」男が言った。

ジムとわたしは男が安心させようとして言っているのか、ただの情報として言っているのか測りかねて、神妙な顔でうなずいた。

医師たちは最後に一度、監視塔からあたりを見渡し、階段を引き返していく。外科医の男が首だけ振り向いて言った。「きみたちはもうすぐ出ていくそうだな。北のほうでの幸運を祈るよ。わたしたちが必要なら、ここにいるからな」

今度のは間違いなく、安心させようとする言葉だった。

B中隊の存在意義

北へ向かうというのはジムとわたしには寝耳に水だったので、マリーン二等軍曹を呼んで監視塔の場所を預け、中隊本部にいるホイットマー大尉に会いにいった。砂地を横切り、砂丘に紛れて立つオリーブドラブ色のテントへ向かっていると、こちらに近づいてくる人物の姿があった。見慣れない階級章が襟で太陽に輝いている。棒の形ではなく、オークの葉でもない〔棒状の階級章は大尉以下、オークの葉の階級章は中佐と少佐を表す〕。

ひとつ星の階級章だ。第五八任務部隊の指揮を執るマティス将軍が到着していた。

「おはようございます、准将」われわれふたりは敬礼できない分の不足を補おうと、活気みなぎる挨拶をした。戦場の海兵隊員は決して将校に敬礼をしない。敵の射手に狙われるおそれがあるからだ。ここではそんなことはありそうにないが、それでも決まりは決まりだし、命を危険にさらしてまで敬意を表明したせいで准将に叱責《しっせき》されるなんてまっぴらだ。

「おはよう、若い戦士諸君」マティス将軍は言葉を交わすために立ち止まった。すらりとした体格で眼鏡をかけ、革のショルダーホルスターに拳銃を収めている。前置きも雑談もなく、将軍はいきなりわれわれのアフガニスタンでの任務を称《たた》えた。「きみたちはここですでに大きな貢献をしている。それを理解してもらいたい。米国にはアフガニスタンの地上に部隊を送る度胸があると、きみたちが証明しているんだ。諸君の存在が北部同盟に勇気を与え、カンダハールでタリバンとアルカイダに改めて圧力をかけることになっている。アメリカの国民が不安でたまらない時に、安心を与えているのはきみたちだ」

　マティス将軍は握手しながらもう片方の手で相手の肘《ひじ》の後ろをつかむという、いかにも将軍らしい力のこもった握手をわたしたちひとりずつと交わした。わたしの中には泰然としていたい気持ちもあったが、ジムもわたしも鼻高々で本部のテントへ向かった。

知っていなくてはならない〝五つの弾丸〟

　翌日の午後、わたしたちは任務部隊の作戦指揮所《COC》への階段を上り、戸口のビニールシートを押し分けて、混雑した部屋のぬくもりと明るさの中に足を踏み入れた。それまで冷たく寂寞《せきばく》とした外の砂漠にいたわたしたちを、陽気な親睦《しんぼく》ムードがすっぽりと包む。あの医師たちは正しかった。われわれは次の日に北へ向かう。計画はほぼ固まっていて、小隊長が招集されたのは最後の確認ブリーフィングだけだった。

　部屋の後ろの隅にはコンピューター機器がぎっしり並び、一番広い壁に貼り合わされたラミネート加工の地図を頭上のレール移動式照明が照らしている。戸口の脇には小銃が傘のように積まれていた。四〇人の小隊長、ヘリコプターのパイロット、海軍特殊部隊《SEALs》、オーストラリア特殊空挺部隊の工作員、CIAの連絡員たちが、フリースの上着やニット帽など、とにかく暖かいものを寄せ集めて身につけ、その場に集まっている。絨毯を重ねたものが椅子の二、三倍多くあり、大半の者がその上に座っていた。

偵察小隊長のエリック・ディル大尉が壁の地図にあと一五センチのところまで顔を近づけ、指で一本の線をたどっている。頭をスキンヘッドに剃《そ》ったディル大尉は、気さくで分析に優れていると評判だ。わたしはそばに歩み寄った。

ディル大尉が挨拶《あいさつ》がわりに言った。「夜は一分に一台」

「えっ?」

「この道路は日没から日の出までの間、平均して一分に一台の車が通る、と監視部隊から報告がはいっている」大尉はカンダハールから西のラシュカルガーの街へ延びる一本の黒い線を指差した。

「何者ですか」

ディル大尉は眉《まゆ》をアーチ形に吊りあげた。「トヨタのピックアップトラックを乗りまわすアフガン人の農民を何人見たことがある?」

わたしはアフガン人の農民をひとりも見たことがなかった。そもそもアフガン人を見たことがない。だが、トヨタのピックアップトラック数百台をサウジアラビア人がタリバンに売ったのは知っていた。タリバンの旗が車体側面に描かれた戦車ほど見分けやすくはないが、ほぼ同じようなものだ。

角ばった顔の海兵遠征隊《MEU》作戦担当官がブリーフィングの開始を宣言した。秘密任務のブリーフィングではメモをとるのは最小限とされているため、わたしはよく聞こえるようにニット帽を耳の上に押しあげた。

オーストラリア軍は西側のヘルマンド川峡谷で任務に就く。SEALsと特殊部隊で編成する合同特殊作戦任務部隊《タスクフォース》サウスは、東のパキスタン国境沿いで作戦を展開する。反タリバン勢力の指導者ハーミド・カルザイは引き続き北からカンダハールに圧力をかけ、もうひとりの反タリバン派指揮官グル・アーガー・シェールザイーは東側の街スピンボルダックからカンダハールに攻勢をかける。グル・アーガーの兵は前日の午後に、カンダハール国際空港からわずか七キロのところにある橋を掌握していた。カンダハールにはタリバンとアルカイダの支持者が一九〇〇〇人いるとされている。

フランネルの上着にジーンズというでたちの情報分析官が鼻の上に眼鏡を押し上げながら、部屋の中央に進み出た。腰の拳銃がなければ大学の教壇に立っていてもおかしくない男だ。分析官の予想によると、カンダハールは一週間以内、一二月中旬までには間違いなく陥落するという。タリバンは街を脱出して逃走を図り、パキスタンやイランへ逃げる者もいるが、カンダハール周辺の山岳地帯に逃げこむ者が多いと思われる。それにひきかえ、アルカイダはもっと情け容赦ない。戦闘員の多くは降伏するくらいなら死を選ぶだろう。

「そうさせてやろうじゃないか」作戦担当官はそう言うと、計画のブリーフィングを続けた。海兵隊の偵察部隊《リーコン》が一時間以内にライノを発ち、車でおよそ一六〇キロ北上する。その部隊は明朝までに、カンダハールとラシュカルガーの間の国道付近に着陸地域と偵察基地に適した場所を特定することになっている。明日午後、そこに軽装甲偵察中隊《LAR》と複合対機甲部隊《CAAT》が合流。戦力の大部分は軽装甲車とハンヴィーが担う。わたしの小隊は一個小銃小隊と共に、同日深夜か翌日早朝にヘリコプターで後に続く。われわれは全体で任務部隊スレッジハンマーと呼ばれることになる。その任務は、国道の通行を遮断して、カンダハールに猛攻を仕掛ける北部同盟からタリバンとアルカイダが逃げられなくすることだ。タスクフォースの名前とは裏腹に、われわれはハーミド・カルザイが振り下ろすハンマーの鉄床《かなとこ》になるわけだ。

最後に作戦担当官は、視線をわたしや部屋にいるほかの若い指揮官たちに据えながら、われわれの小隊に属する隊員全員が知っていなくてはならない〝五つの弾丸〟の要点を繰り返した。〝五つの弾丸〟というのは、任務指令、誰何《すいか》と合言葉、交戦規定、隊員遭難時の計画、脱出・帰還計画――つまりは、自分たちが何をすべきか、どうすれば味方に殺されずにすむか、確実に悪いやつらだけを殺すにはどうすればいいか、迷子になったらどうするかを知れということだ。

ブリーフィングが終わり、部屋にいた男たちは来《きた》るべき日に向けて最後の準備をするために、暗闇のなかへ消えていった。わたしは敷地の門のそばで、エリック・ディル大尉の横に立った。ポケットから手袋を引っぱり出しながら、大尉に訊く。「どう思いますか――勝算のある積極的攻撃なのか、それとも難しい戦いなのか」

大尉は反射的に、胸にたすき掛けしたM4小銃の弾倉をぐいと引っぱった。「数の上では敵のほうがはるかに勝っている、それはたしかだ。だが、われわれの圧倒的な空軍力をもってすれば、数は問題にならないだろう。一度は誰かのケツを蹴《け》っ飛ばしてやる必要があると思うんだ。そうすれば噂が広まるからな」

部下と共に防御線の壕で過ごす

その夜遅く、わたしは小隊の防御線を歩き、隊員たちの様子を見て回った。真夜中を過ぎると一○○キロ四方の環境照明はすべて消え、内燃エンジンの音を聞くのもせいぜい三○回ほどになる。空気があまりに澄んでいるため、はるか彼方《かなた》にヘッドライトや焚火《たきび》が見えたと報告してきた巡察中の隊員も、実は星が昇るのを見ていただけだった。

最初に足を止めた迫撃砲の塹壕では、隊員たちが寝ている間にマリーン二等軍曹が見張りをしていた。

「どうも、隊長」マリーンが言った。

「いい知らせだ。明後日、北へ飛ぶ。第三小隊とわれわれだけ、あとは大隊上陸チーム《BLT》の他部隊が一緒だ。明日にはもっと詳しいことが分かる」

マリーンはすばやくうなずいてこの知らせを受け止め、上体を曲げて噛み煙草の汁を地面に吐いた。「よし。やつらを早くやっちまえば、それだけ早く家に帰れるってわけだ」

「あの〝ひとりも亡霊にならずに輝かしい思い出が残る〟って話はどうなったんだ？」

「そうは言ってられなくなったってことです。戦争になっちまいましたからね。平和を祈ってる場合じゃない。今はもう、撃って殺す、戦って勝つ、ですよ」

わたしは身震いし、それが風のせいだとマリーンが思ってくれることを願いながら、話を変えた。

「今は何か面白いものを読んでるのか？」マリーンは大の読書好きで、わたしたちはよく本を交換していた。

「奇遇ですなあ、それを訊かれるとは」マリーンは背嚢に手を伸ばしてペーパーバックを引っぱり出した。月明かりで表紙に〝ラドヤード・キップリング〟とあるのが読める。「あんまり詩は読まないんですがね、これ一冊で変わりそうですよ」

負傷して、置き去りにされしアフガニスタンの平原で
婦人たち、残れる命を切り刻みに来たならば
吹き飛ばせ、小銃をとっておのれの頭を
そして召されよ、おのれの神に、兵士のごとく

「わたしが負傷したとして、二等軍曹、わたしをアフガニスタンの平原に置き去りにしたら、最後の弾丸は自分の頭じゃなくて、そっちの背中のど真ん中にぶちこんでやるからな」わたしは言った。マリーンは笑い声をあげ、また茶色い唾《つば》を地面に吐いた。「でしょうね、隊長」ひと呼吸おいて言い足した。「ハドサル少尉でもそうしたかもしれません」

わたしはまた防御線に沿って残りの隊員たちを見て回った。月は白い光輪に囲まれ、目の瞳孔《どうこう》が虹彩《こうさい》に囲まれているかのようだ。わたしの影が落ちる地面は月明かりに白く輝き、またしても新雪を彷彿《ほうふつ》させた。重さ二〇キロの防弾チョッキにはいつも苛立《いらだ》ちを覚えるが、今はそれだけが凍てつく風から肌を守ってくれる。わたしは、そびえ立つヒンズークシ山脈の氷河から吹き下ろす冷たい風が、一本の木もない砂漠を何キロも駆けめぐって活力を削《そ》ぐさまを思い描いた。

わたしの機関銃班のうち一個班はパトリックの小隊に配属され、中隊の防御線の向こう脇を固めている。その班を囲むように配置されていたのは、ソードの任務でパキスタンへ飛んだ時に同乗し

ていた元取り立て屋、エスペラ三等軍曹が率いる分隊だ。エスペラは毎晩二、三時間、自分の塹壕のひとつを社交場にして、コーヒーを淹《い》れ、来る者みんなとその日の話題を語り合っていた。わたしがその塹壕に滑りこむと、エスペラはわたしを今夜の議論に引き入れた。

「少尉、いま、リンドの話をしてたんですよ。こいつらは」――塹壕にいるほかの隊員たちに向かってうなずく――「やつが自由戦士《ムジャヒディン》だと思ってるんです」

ジョン・ウォーカー・リンドは〝アメリカ人タリバン〟と呼ばれ、先週、アフガニスタン北部にあるカライジャンギ要塞《ようさい》内の刑務所で身柄を拘束された男だ。今はエスペラの塹壕から数百メートルのところで金属製のコンテナに監禁されている。

「で、自分ではどう思ってるんだ」わたしはエスペラに訊いた。

「裏切者ですよ。それも一番性質《たち》の悪いたぐいのね。やつは自分を育ててくれた社会に背を向けた。自分の信念に従う自由と理想を与えてくれた社会を裏切ったんです」

「でも、やつは何の罪を犯したんだ」わたしは面白がってわざと反対の立場をとり、エスペラを煽った。「まずい時に、まずい場所にいたっていう以外に」

「タリバンに加わってるし、アルカイダのメンバーだと主張してる。くそっ、少尉、それでもまだ足りないなら、やつの仲間が海兵隊員を殺したじゃないですか！」元海兵隊大尉でＣＩＡ職員のマイク・スパンが、リンドを尋問したすぐあとに殺されていた〔マイク・スパンは刑務所に収容されていた数百人のタリバン捕虜が起こした暴動で死亡〕。「海兵隊員を殺したのが自分のばあちゃんだとしても、俺はブラックリストに載せますよ」

エスペラは真面目な顔に戻って言った。「俺たち若いアメリカ人はここで、国民が民主的に選んだリーダーにやれと言われたことをやってるんです。やつはその俺たちと戦ってる。何をそんなに考えることがあるんです？　それにメディアときたら、やつがひどい扱いを受けてるだの何だの、さっそく文句をつけはじめてるんですからね。やつはあったかいとこにいる。守られてる。毎日三度のメシを食って、夜通し寝てる。俺にそれができますか？　俺の隊員たちにそれができますか？」

「われわれが戦って守ってるものの中には、メディアがくだらない意見を表明する自由もはいってるんだ」わたしは言った。もう真夜中をかなり過ぎ、まだ見て回る場所も残っていたので、エスペラとほかの隊員たちが議論を続ける中、わたしは塹壕をよじ登って外へ出た。

その防御線に沿ってさらに行くと、滑走路の端に近い砂利だらけの平地の真ん中に別の戦闘壕がある。わたしは慎重に後方から近づいて〝誰何〟に耳を澄ました。そこにいるのはロケットランチャーを備えた強襲班で、ふたりの隊員が起きているはずだった。ところが、月明かりの空を背に、三人の頭の影が見える。わたしは砂がばらばらと落ちる音と共に、壕の中に滑りこんだ。マティス将軍が砂嚢の壁に寄りかかり、三等軍曹と上等兵を相手に話をしていた。

これこそ真のリーダーシップだ。マティス将軍が個室で毎晩八時間睡眠をとり、副官に毎朝起こしてもらい、軍服にアイロンをかけたり戦闘糧食《MRE》を温めたりしてもらったところで、疑問を持つものなどひとりもいないだろう。なのに将軍はここにいる。凍える夜の只中に、部下の隊員たちと共に防御線の壕にいるのだ。

マティス将軍は強襲班の隊員たちに、何か不満はないかと尋ねた。

「ひとつだけあります、准将。われわれはまだ一度も北へ敵を殺しにいっていません」

将軍は隊員の肩を軽く叩いた。わたしは将軍が昔かたぎで、部隊のあり方としてむき出しの攻撃姿勢を何より重視すると聞いていた。

「おまえも行くぞ。行くことになる。あの悪党どもが合衆国海兵隊員に会ったが最後、やつらの哀れな人生の中でもこれ以上ないほど悲惨な目にあわせてやろう」

14 「予想もつかない複雑な事態が現実の作戦では発生する」

アフガニスタンでの任務

夜明け前の闇の中で、タービンがうなりを上げる。これから上昇して徐々に位置エネルギーを蓄え、水平運動に転じて轟音と共に北へ猛進する気配が漂う。回転翼の羽根が青い静電気を散らし、小隊がすばやく乗りこむ。わたしは前へ行って操縦席の隙間に潜りこみ、機内通話機のプラグを差した。パイロットたちとは昨晩のうちに会って任務の予行演習をしたので、交わす言葉はあまりない。こういう飛行の最中に小隊長ができることは、どこを飛んでいるかを把握して、正確に目的地に下ろしてもらえるようにすることくらいだ。あとは、ヘリコプターが不時着して隊員が即座に行動する必要に迫られた場合に備え、外の状況を把握しておいても損はない。

いつも通り、ぎこちなく上昇をはじめる。スーパースタリオンは大きな機体を前後に揺らしながら、少しずつ持ち上がっていく。回転翼の風に巻き上げられた砂煙に包まれる。そして急に目的を見つけたかのように、機首を下げ、砂塵を吹き飛ばして闇のなかへ出ると、ふたたび現れた地平線をめざしてスピードを上げる。すぐ後ろを二機のヘリコプターが追ってきていた。

低空で飛行し、山々の地形に沿って上昇と下降を繰り返す。目的地は真北へ一五〇キロ。カンダハールのすぐ外で、一番近い米軍基地から一五〇キロ離れたところだ。アフガニスタンについて書かれたものを色々と読んでいたわたしは、この地にはヘリコプターにまつわる気の滅入《めい》るような歴史があることを知っていた。

一九八〇年代、ソ連軍との戦いでムジャヒディンが消耗していたところに、CIAがスティンガーミサイルを供給したことで戦いの潮目が変わった。スティンガーはロバの背中に載せて運べるほど小さいミサイルで、航空機の排気熱を追尾する。一九八六年、エンジニア・ガファーという名のアフガン人指揮官がその戦争で一発目となるスティンガーを発射し、ソ連のMi-24ヘリコプター〝ハインド〟三機をジャララバード近郊の空で吹き飛ばした。

われわれが乗っているCH-53スーパースタリオンは、海兵隊員に〝便所〟と呼ばれている。わたしはあだ名の由来を二通り聞いたことがあった。ひとつは、ベトナムの飛行場にとまっていた一機のCH-53が迫撃砲に破壊され、残骸がトイレがわりに使われるようになって、それがあだ名に定着したという説。もうひとつは、単にこの大型ヘリが煙たい排気熱を大量に垂れ流すからという説だ。わたしはスティンガーが大挙してその熱の痕跡を追ってくるところを想像し、ひとつ目の説が正しいことを祈った。

山という山の陰にスティンガー部隊が見えた気がしたが、よくよく見ると木立だったり、羊飼いたちだったり、ひどい時には一頭のラクダだったりした。ソ連侵攻時代の名残――砲兵陣地を円形に囲った防壁や、錆《さび》が地面まで赤褐色に染めているトラック――も目にした。砂漠を貫く道路には、無限軌道車両の轍《わだち》がついている。おそらく戦車だろう。米国の無限軌道車両はアフガニスタンに持ちこまれていない。

わたしの背後では三〇人の隊員が二列になって、折り畳み式の布製座席に向かい合わせに座っている。間には隊員たちの背嚢の山があった。開いたドアのところでは、銃手たちが五〇口径重機関銃の背後に身をかがめ、ヘルメットのバイザーを下ろした顔をプロペラ後流の中へ突き出している。ひとりは葉巻をくわえているが、火はついていない。わたしはぼんやりと、機関銃手が撃ちはじめたらどうなるのだろうと考えた。大量の空薬莢が風に煽られて貨物室へ飛んでいき、肌に触れたら火傷するかもしれない。

パイロットたちは計器を観察したり、危なそうな地面の隆起や障害物を指摘したりしながら、あれこれと言葉を交わしている。このふたりも神経をとがらせているという事実に、わたしはわけもなくほっとした。横を向いて、アクリル樹脂の風防《プレキシガラス》越しにほかのヘリコプターを見る。二機ともありえないほど低空を飛び、後方の空に砂塵の尾を引いている。これでは遠くからでも目につきやすいが、低空を高速で飛んでいれば、敵の砲手に見つかっても狙いを定めて発射する前に飛び去れるだろう。とにかくわたしはそう願った。

どこを飛んでいるかはGPSで容易に把握できる。それがなかったとしても、水平線に現れた黒々とした山脈が、南部の平坦《へいたん》な砂漠地帯を抜けたことを告げていた。ぎざぎざに尖った尾根が龍の歯を彷彿させ、アフガニスタンの神話と伝説に――アレクサンダー大王、グレート・ゲーム（一九～二〇世紀の中央アジアをめぐるロシアと英国の覇権争い）、ヒンズークシ山脈――われわれを迎え入れた。

山々が頂く雪を見て、わたしはテロ組織に勝るとも劣らない自然の恐ろしさを感じた。ニューハンプシャー州のホワイト・マウンテンで味わうのと同じ感覚だ。大抵は晩秋で、山で夜を明かすことになったら指を何本か失うか、あるいはもっとひどいことになると思いつつ、暗い中を登山口へ急ぐのだ。われわれが履いている布製の砂漠用ブーツは、雪の吹きだまりを踏みしめて歩くようにはできていない。ジャケットとグローブも薄手のものだ。ライノの夜は不快な寒さだった。この山では、夜は危険な寒さになるだろう。

「五分前！」わたしは片手を広げて座席の隊員たちに突き出した。ゴーグルを顔に下ろし、武器を装塡し、背嚢はすばやくハッチを出られるように紐をつかむ。ポケットに地図をしまい、無線機のスイッチを入れ、ここに座っている感覚、ひとっ飛びで安全な場所へ戻れるというまやかしの安心感を最後に味わう。

「三〇秒前！」立ち上がり、パイロットたちに礼を言い、ヘッドセットをはずす。ヘリコプターは着陸態勢に入って音が変わり、滑らかなうなり声が途切れ途切れのあえぎ声になる。機首が上がり、尾部が下がり、着陸装置が接地する音がどすんと響く。ハッチが開いた。小隊は走り出て散開し、着陸地域のまわりに防御線を張る。ほかの二機も先導機に続き、さらに二本の隊員の列が流れ出て円を描く。上昇するヘリコプターが砂塵をまき散らし、わたしは頭をかがめて目を閉じる。三機のヘリは南へ引き返し、残されたわれわれは深まる静寂に包まれた。

レーダーアンテナとロケットの正体

軽装甲偵察中隊《LAR》と偵察部隊《リーコン》はすでに、二キロ離れた岩だらけの高地で配置についていた。われわれ二個歩兵小隊が加われればパッケージは完成だ。わたしたちは背嚢を背負って合流しに向かった。一五〇キロほど北上しただけだが、ここは標高がかなり高く、その分寒さも厳しい。肌を刺す冷たい風が、枯れてもなお地面から直立している植物をかさかさと鳴らしている。昔の西部劇に出てくる回転草《タンブルウイード》のように、ころころと転がっている草もある。

　荒々しく広漠としたアフガニスタンの美しさに、わたしはネバダ州やアリゾナ州の砂漠を思い出した。無限とも思える広がりの中に、ふと心を和ませる小屋の一軒、焚火のひとつもないとなると、その美しさは人を圧倒する。歩兵はその広大さを肌で感じる。外から観察するのではなく、その土地の一部になる。山々や風を隔てる風防もなければコクピットもない。ここで感じる時間と空間の感覚は、星を眺める時のような感覚だ。

　マリーン二等軍曹が小隊の塹壕掘りを指揮している間に、わたしはほかの将校たちと一緒にブリーフィングに参加するため、大隊の仮設指揮所になっている小さなテントへ向かう。

「Ｂ《ブラボー》中隊の諸君、偵察基地〝ペンタゴン〟へようこそ」有名なズールー族の戦士にちなんで〝シャカ〟と呼ばれる大隊長がわれわれの到着を待っていた。この大佐のブリーフィングはトリアージ式〔重要度に応じて優先順位をつける方式〕で、最重要情報が最初に伝えられた。空中監視から受けた報告によると、われわれの南に皿型レーダーアンテナが一基、北に多連装ロケットシステム《MLRS》が一基ある。ＭＬＲＳはトラックの後部にロケット砲の砲身が何本も据えつけられたもので、一キロ四方を跡形もなく消し去ることができる。大隊が最も優先すべきは、これらの脅威について詳しい情報を得ることだ。大佐はジムとＬＡＲの偵察隊をレーダーの確認に、リーコンをＭＬＲＳの調査に送り出した。

　優先順位の二番目は、短期計画の概要説明だ。われわれの二、三キロ北に川があり、両岸に村や畑が点在する。この川の北側を、カンダハールからラシュカルガーへ延びる国道が平行して走っていた。大佐が言うには、小規模な海兵隊員の集まりであるわれわれの部隊に、トミー・フランクス大将から今夜最も重要な任務が課されているという。フランクス大将は、アフリカのホーン岬から中東をまたいで中央アジアに至る地域で、米国の全軍隊を指揮する中央軍司令官だ。すべての目がわれわれに注がれるだろう。その国道を偵察して通行を遮断し、タリバンに思い知らせてやるという任務だ。

「やつらを追い詰めるんだ、諸君」大佐はテントの隅に並ぶ若い将校たちを指して言った。「われわれを憎むどころじゃなくなるまで、恐怖を味わわせてやれ」

これから幾晩かはこの戦法を続けながら、攻撃を受けにくくするために偵察基地を毎日移動させることになるだろう。カンダハールが北部同盟によって陥落したら、われわれの部隊の一部が進軍し、ライノの飛行場からもっと規模が大きく常駐可能なところへ基地を移せるように、カンダハールの空港を確保する。今後どんな任務がありうるか、大佐が見通しを立てられるのは、せいぜい二、三日先までだ。状況に応じてわれわれが動きを変えれば敵も動きを変えてくるため、予定の見込みが立たない。できるかぎりこちらから仕掛けつつ、相手の動きにも対応する必要がある。

わたしがまだテントにいる間に、ジムが指揮するＬＡＲ偵察隊は報告のあったレーダーの地点に到着した。

「シャカ、こちらコサック。報告のあったレーダーアンテナの位置に到着。ただの木です」

「そんなはずはない、コサック。レーダーだという信憑性《しんぴょう》の高い報告を受けているんだ。偽装されているかもしれん。もう一度確認しろ」

わたしはジムが悪態をつきながら樹皮に両手を這わせているところを想像した。

「シャカ、こちらコサック。了解、もう一度確認しました。間違いなく、ただの木です」

リーコンの方はＭＬＲＳが本物のＭＬＲＳだと確認したが、使える状態ではなく、おそらく一二年前にソ連軍が撤退した時からそこに放置されて錆びついていた。とりあえず、偵察基地ペンタゴンは安全ということだ。

訓練では予想していない事態が起きる

ジムとわたしは大隊が囲む岩山の一番高い位置に陣取った。レーザー測距器、小銃、双眼鏡、スコープを使いやすいように並べてから、地面を掘りはじめる。交替で眼下の渓谷を監視しながら壕を掘った。岩間の土は乾燥してもろかったが、掘るのには時間がかかる。標準サイズのシャベルがなく、背嚢の外側にくっつけてある折りたたみ式の塹壕掘削用具しか使えないからだ。地面の岩を掘り出しながら徐々に深くなる壕の前に胸壁を築き、やがて有利な位置で防御しながら渓谷を監視できる場所が完成した。

「あそこのやつらがこっちの様子をうかがってるぞ」わたしたちの下を通って渓谷へ下る岩だらけの尾根をジムが指し示した。大きな岩の陰からふたりの人影がのぞいている。わたしは双眼鏡の焦点を合わせた。若い男たち、たぶんわれわれと同年代、伝統衣装のサルワール・カミーズを着ている。武器は何も見えない。

「きっと羊飼いか川の近くに住んでる村人だ。たぶんわれわれのヘリコプターを見たんだろう」

夕暮れの渓谷に山々の影が伸びる。風が出て急に冷えこんできた。薄い手袋はどの指にも穴があいていて、わたしは時間ができたらすぐに繕おうと心に決めた。火を起こせたらと空想に耽《ふけ》ったが、暗闇の炎ほど弾丸を引き寄せるものはない。わたしたちはただ、座って震えながら監視を続けた。日が暮れたあと、東の地平線が遠くでまたたく稲光のように明滅しはじめた。

「空軍がカンダハールをぶったたいてるな」ジムが乾燥した草をくわえた口の隙間からつぶやく。

両肘をついてうつぶせになり、すっかりくつろいでいる。

わたしは良心の呵責《かしゃく》を、多くの人の死を見ていることの重みを感じようとした。が、できなかった。爆発のたびに黄色い光が空一面の雲にちかちかと反射する。ひときわ明るく光ったあとに、轟音が低く響いた。

「哀れなやつらだ」ジムが言った。「飛行機を間近で見たこともほとんどないだろうに、いきなり自分の家の煙突にJDAMが落ちてくるんだからな」

ジムの言う統合直撃弾《JDAM》はGPS誘導の〝スマート爆弾〟で、目標にピンポイントで正確に命中させることができる。日没と共に出発したLAR偵察隊から入る無線が、数分ごとにわたしたちの会話をさえぎった。LAR偵察隊は渓谷へ下りていき、渓谷ではリーコンが川を渡れる場所を探しているので、そこを渡って国道を封鎖しにいくことになっている。

今夜は今のところ散々な状況だ。

無線を聴くと、リーコンのハンヴィー一台が川の沈泥にはまり、抜け出そうとして三時間かかっている。その間にLAR偵察隊コサックが、予想もつかない複雑な事態が現実の作戦では発生することをわれわれみんなに知らしめていた。訓練で軽装甲車《LAV》が使う燃料はディーゼルだ。しかし、アフガニスタンでガソリンスタンドに立ち寄るのはそう簡単なことではない。そこで、燃料はライノに駐留しているヘリの補給に頼っていた。ヘリが五〇〇ガロン（約一九〇〇リットル）のゴム製燃料タンクを運び、LAVは着陸したヘリから給油する。兵站部隊の人員を抑えるため、車両もすべてヘリコプターと同じジェット燃料《ケロシン》のJP–8を使っていた。だが、JP–8はディーゼルより純度が高く、高温で速く燃焼する。

「シャカ、こちらはコサック。燃料が信じられない速さで減っています。まだ橋もわたっていないのに、タンクに半分と少ししか残っていません」

シャカは任務を中止し、LAVは哀れっぽい音を響かせながら、夜明けまでたっぷり時間を残してペンタゴンに帰ってきた。最も重要な任務がなしとげられるはずだった夜は、不完全燃焼のまま無駄に終わった。

現実の銃火

二日後の夜、わたしは真夜中になる少し前にジムを揺り起こした。

「おい、おまえが監視する番だ」

新しい壕は、川と国道を数百メートル下に見下ろす砂だらけの高い尾根にある。偵察に出る往復の時間と距離を短縮できるよう、偵察基地ペンタゴンから引っ越してきた。前回偵察に出たのは前日の夜。国道のそばで二時間じっとしていたが、目標は一向に現れない。またしても実りのない任務だった。しかし、今夜は見込みがありそうだ。わたしは夕方からずっと、川岸の林の隙間に立ち並ぶ家々の窓からぽつりぽつりと明かりが消えていくまで監視していた。夕暮れが迫るころ、国道を車が通りはじめた――ほとんどがカンダハールから西へ向かうトラックだ。

今の偵察基地は防御にも監視にも最適な位置だが、大きな欠点がひとつある。高い尾根に阻まれて、基地にいる大佐と偵察隊の間で無線がつながらない。ちょうどその尾根の縁に、無線機とアンテナを持って鎮座しているのがジムとわたしだ。ここからは、国道の偵察隊も、背後の坂を三〇〇メートルほど下った本部のテントもはっきり見える。わたしたちがその二か所をつなぐ無線中継地になっているわけだ。

寝袋から這い出して両手をこすり合わせながら壕に飛びこむジムに、わたしは状況を説明した。

「コサックは封鎖目標の国道に接近中。リーコン〝クイズマスター〟は川を渡れる場所を探してる。コサックが行きと同じ道で帰りたくないんだ。ヒューイ〔UH-1Nイロコイ侵攻用ヘリコプター〕とコブラの混成班がもうすぐライノを飛び立って、コサックが通行を封鎖する二時間は援護配置につくことになってる。あと、寒くて凍えそうだ」

ジムは無線のハンドセットを手に取り、わたしはジムの背中を軽く叩いた。寝袋をばさりと広げ、体を揺すって中にはいり、ファスナーを首まで引きあげる。目を閉じたあとに聞こえるのは、ジムがハンドセットを調節して無線をつなぐたびに控えめに鳴る甲高い音だけだった。

一時間もしないうちに、ジムに揺さぶられて目が覚めた。起き上がった時には、もうジムは六メートル離れた場所に戻って壕に跳び下りるところだった。「服を着ろ。はじまるぞ」

寝袋から這い出て、冷たい川に飛びこんだかのように息をのんだ。急いでジャケットを着て、帽子とケブラー素材の防弾チョッキと手袋をつける。気温は〇度より少し低い程度だろうが、体の中までしみこんで体温を奪う寒さだ。われわれはもう何週間もの間、火もなく、シャワーもなく、雨露をしのぐ屋根や壁もない屋外で、昼も夜も暮らしている。

空に雲がかかり、わたしが苦心してファスナーをしめようとしているジャケットが、尾根を吹きすさぶ風にはためいた。われわれにとっては空軍力が頼みの綱なので、わたしは気象学者の熱心さで雲を見つめた。雲は充分高く、われわれにはほとんど影響なさそうだ。左から右へ、暗い地平線に目を走らせる。明かりはひとつも見えない。音もない。差し迫った危険はない。ジムは無線機を操作しながら、通信を中継する合間に状況説明をした。国道では急襲部隊が持ち場についている。リーコンはＬＡＶを少し離れたところに並べて道路の脇にいる。国道は有刺鉄線を張って封鎖済みだ。海軍のＰ－３偵察機から、一台の車がカンダハールの方から封鎖地点へ接近中との報告があった。

「ヘリの混成班はどこにいる？」わたしは二機一組のヘリコプターが近くにいる安心感を求めていた。

「ヘリは墜落した」

「何だって？」

「無線で聴いたが、少なくとも一機はライノで離陸時に墜落したんだ。だから、ヘリは来ない」

わたしたちは停まっているＬＡＶを見つけようと、尾根の高みから暗い平地を見下ろした。ヘッドライトが東から近づいてくる。トヨタのピックアップトラックだ。運転席の男は有刺鉄線を見ると速度を落とし、それから一気にエンジンを全開にして加速した。が、ただ車輪に有刺鉄線が巻きついただけで、トラックは横滑りして海兵隊員たちのそばに停まった。リーコン・チームがトラックに近づく。リーコンの通訳者が男たちに両手を上げろと伝えた。

手を上げるかわりに、トラックの荷台で毛布の下からふたりの人影が起き上がってＡＫ47を構えた。海兵隊員の銃が一斉に火を噴き、トラックの男たちをひとり残らず撃ち殺す。燃料と弾薬が燃え上がる。荷台に積んだロケットランチャー《RPG》が熱で暴発し、擲弾がＬＡＶを大きく越えて飛んでいく。暗闇に曳光弾の火が舞い、黒いカンバスに赤いらせんを描いた。

　路面に死体が散らばりトラックが炎に包まれる中、海兵隊員たちは急いでその待ち伏せ現場を離れる。ＬＡＶに這いのぼり、車輪がむなしく空転する柔らかい砂地を抜け出そうとしている時に、大隊の無線が入ってＰ‐３偵察機からの警告を伝えた。さらに二台の車両が東から接近中。国道の先で前線航空統制官がレーザーマーキングシステムをセットする。数十人の武装集団を乗せた小型バスとダンプトラックが、燃えさかる残骸の二、三〇〇メートル手前で停止した。

　正面切っての戦闘を何としても避けたい海兵隊員たちは、影に入ってうずくまる。前線航空統制官が無線機にささやき、海軍のジェット戦闘機に目標の位置を知らせる。パイロットが機首を下げ、車両を視界にとらえて加速すると同時に、エンジン音が高いうなりに変わるのが聞こえた。二〇〇キロの爆弾が二個、戦闘機の両翼から落下して、暗い空にひゅーっと音を響かせる。戦闘機の推力増強装置《アフターバーナー》の輝きが雲間に消えていく。わたしは次に起きることを見越して本能的に目を閉じた。

　航空攻撃なら、わたしはネバダやカリフォルニアの砂漠で数万キロもの爆弾が投下されるのを、訓練で何十回も見たことがある。だが、これは本物だ。三、二、一……爆発までのカウントダウン。衝撃が夜を貫いた。タリバンの兵士を満載した二台のトラックは一瞬にして消え去り、国道にはねじ曲がった金属と黒焦げの肉の塊だけが残された。

15 「何もしない、何でもできるような準備」

三〇秒の睡眠後にブリーフィング

夜明け前の暗闇の中、急襲部隊は偵察基地ペンタゴンに凱旋《がいせん》した。数週間のちにフランクス大将から海兵遠征隊《MEU》へ送られた手紙には、その夜のMEUが〝戦力投射〔自国領土外で軍事作戦を展開すること。通常は数十万人規模の軍隊について言う〕攻撃部隊〟としての武勇を遺憾なく発揮した、と断言されていた。その賛辞を読んで、わたしは笑った。小銃を携えたたかだか数人の連中を仰々しく〝戦力投射攻撃部隊〟などと、考えてみたこともない。

日の出の直前、一日で一番冷えこむ時間に、ジムが無線係を交替してくれた。「手袋なしで小銃にさわるなよ」ジムが片手を開いて見せると、手のひらの四分の一の皮膚が剝がれている。「手まで凍りつくぞ」

わたしはブーツも脱がずに砂利の地面に横になり、寝袋にもぐりこんだ。この二四時間で一時間しか寝ていない。三〇秒後、ジムがわたしを見下ろしていた。

「これを聞いても俺に怒るなよ、シャカがテントでブリーフィングするから小隊長は集まれと言ってる」

「いつだ」

「三〇分前。すまん、きっと俺が最初の呼び出しを聞き逃したんだ」

肌を刺す風に揉《も》まれ、疲労のあまり視界がはっきりしないまま、わたしはよろよろと尾根をおりた。クワンティコでの夜間行軍を思い出す。あの時は歩きながらうたた寝をして転び、舗道に起き上がった時には両手が血だらけだった。訓練が疲労との戦いを重視しているのは、このためだったのだ。戦争は人間という存在を極限状態に追いこむ――ほとんど食べられず、寝られず、雨露もしのげない。唯一、有り余るほどあるのはストレスだけだ。

テントは一〇人あまりの人間で満員だった。体温で温まり、発電機で頭上に電球が灯《とも》るテントのなかは、高い尾根の暗い壕からはるばる来た身にしてみれば、わが家のように暖かだ。

「仕上げにはいるぞ、諸君」シャカにも疲れが見える。「反タリバン指導者のカルザイはカンダハールに迫っている。シェールザイーの方は街に入った。タリバンの指導者ムッラー・オマルはパキスタンへ逃げたと情報部は見ているが、カンダハールがわれわれにとって重要なことに変わりはない。知ってのとおり、カンダハールはタリバンの精神的首都だ。それに、われわれにはあそこの空港が必要だからな」

大佐はいったん言葉を切って、指揮官用の緑色のノートを一ページめくる。「いつもなら全員をここに集めて作戦指令を出したりしないが、今日は全員の顔を見て話したかった。わたしにこう言った将校たちがいる。隊員たちが疲れすぎていて任務を遂行できません、とな。くだらんたわごとだ。おまえが疲れていても、隊員たちは自分の思っている限界を超えられるんだ。昨夜は防御線に二〇〇メートルの隙間があった。だらしない。しかも危険だ」われわれひとりひとりと目を合わせる。「自分の仕事に集中しろ」

大隊作戦担当官の少佐は、大佐が自分にうなずいたのを合図に、その日の任務のブリーフィングを開始した。「二〇〇一年一二月一〇日、協定世界時〇一時三〇分《マルヒトサンマルZ》、大隊上陸チーム《BLT》一―一は、アルカイダおよびタリバンの部隊の逃走を阻止するため、カンダハール近郊で接敵移動を実行し、国道一号線をまたぐ主要地域を掌握する」

わたしはこの正式命令を普通の英語に翻訳してノートに走り書きした。「諸君、その国道で活動するのは真昼間だ。逃げようとするやつがいたら、CIAが身元を確認するまで痛めつけてやれ。車両のある部隊はみんな運転していく。B《ブラボー》中隊は」作戦担当官がわたしの隣に立つホイットマー大尉を指す。「ここで砂漠に着陸地域を用意して二機のC―53で飛び立つ」

わたしは作戦担当官の視線をとらえて尋ねた。「火力支援はどうなっていますか、少佐」ディル大尉の言っていたことが正しいのはもう分かっている。数で劣っていても、頭上にジェット戦闘機がいる限り安心だ。

「飛行中はコブラが護衛するが、配置につくのは三五分だけだ。それ以外だと、海軍の固定翼機だな。二機のF―14、コールサインはコズビー41。四機のF―18、コールサインはノア55。六機のF―18、コールサインはガンビー21。配置についている時間は二時間だ」

作戦担当官はノートを最後に一瞥《いちべつ》してから勢いよく閉じた。「あとふたつ。捨て身の戦術に用心しろ――自動車爆弾、自爆テロ、偽装爆弾、誘拐などだ。それと、目的地の三キロ東と四キロ西に地雷原があるから、小便しにいってそこらを歩きまわるんじゃないぞ」

アフガン人の少年たち

ほかの部隊がくねくねと長い隊列を組んで川へ下りていったあと、わたしは自分の小隊と一緒に砂漠の平らな地面に立って、頭を突き出し、遠くから聞こえる回転翼の音に耳を澄ましていた。最初にコブラの一団が見えた。高速の低空飛行で北へ急行している。そのすぐあとにスーパースタリオンが来るのは分かっていたので、ストロボライトを点灯した。すでに日は昇っていたが、厚い雲が朝の光と砂漠をひとつに溶かし、灰色一色に染めている。

目印をつけた着陸地域にヘリコプターが轟音と共に降下して、わたしはそこら中にまき散らされる砂塵から顔をそむけた。マリーン二等軍曹とふたりで後部ハッチに立ち、乗りこむ隊員たちを数える。貨物室の真ん中に燃料缶や弾薬のパレットが積まれて紐で固定されているため、機内はもうぎゅうぎゅう詰めだった。わたしはハッチに立つことになりそうだ。

機付長《きづきちょう》〔機体の整備責任者〕が不透明なフェイスマスクの奥でにやりと笑ってナイロン紐をわたしに手渡してから、座っている隊員たちの膝《ひざ》をよじ登るように越えていき、前方のドアに掛かった自分の機関銃の後ろに腰を落ち着けた。わたしはその紐を腰に巻きつけ、頭上で機体に固定する。ハッチの端を踏みしめるブーツの下で、砂漠が砂埃の雲の中に消えていった。

機体は傾きながらゆっくりと砂煙を抜け出し、加速してから高度を家屋の屋根の高さに下げた。飛行時間は五分間。来る日も来る日も遠くから監視していた家々をかすめて飛んでいく。川は泥の帯だった――じっと淀《よど》んで流れない。緑の耕作地が――おそらくアヘンの原料となるケシを栽培しているのだろう――あたり一帯の味気ない岩や砂と好対照をなしている。何ひとつさえぎるものなく平坦な砂地が続き、その端に国道一号線が横たわっていた。せいぜい一・五車線の幅しかない道路は国道というより私道のようで、西と南へ三〇〇キロの区間が最近舗装されたばかりだった。道路脇にはどちらの方角にも湾曲した電柱の列が一本、見渡すかぎり延びている。国道の北側はいきなり岩屑《がんせつ》地帯に変わり、それが二キロ先に連なる山々の麓まで続いていた。

われわれはその岩屑地帯の真ん中に降り立った。山麓《さんろく》の丘陵から細い涸《か》れ川が血管のように何本も延びて国道にまで達している。その向こうには川辺の木々が見える。さらにその先には砂丘が広がり、われわれの偵察基地があった尾根が見えた。ここは前の場所よりはるかに目につきやすい。南は国道からまる見えで、北は山々が頭上高くにそびえ立っている。考えたくはなかったが、次々に炸裂《さくれつ》する迫撃砲に加えて、岩肌を直撃した砲弾が鋭く尖った石片をまき散らすさまが頭をよぎった。

軽装甲車《LAV》がまわりを囲んでいるため、安全確保についてはわたしの小隊に任務らしい任務はない。間接射撃からも安全な深い岩の裂け目に隊員たちを落ち着かせ、武器の掃除と食事と休息を命じてから、わたしは次の行動に関する情報を探しにいった。指揮官たちは常に無線アンテナを携行しているので、アンテナが一番多く集中しているところを見つけ、そこをめざして歩いていく。

途中まで行ったところで、ふたりのアフガン人の少年が笑顔で手を振りながら、われわれの陣地に近づいてくるのに気づいた。少佐が自爆テロについて警告していたことを思い出して、わたしは通訳者を呼び、ふたりで少年たちの行く手をさえぎる。アジマル・アチェクザイ上等兵は、九・一一の発生前は〈ペリリュー〉で調理を担当する給養員として働いていた。同時多発テロのあと、実はカブールの生まれでパシュトー語が話せると口を滑らせ、この任務部隊の主要通訳者になった。

少年たちはゆるいズボンの上にだらりとした上着を着ている。ひとりは革のサンダルを履き、もうひとりは裸足《はだし》で岩だらけの地面を歩いていた。ふたりとも明るく賢そうな目をしている。裸足の少年が笑顔で手を伸ばし、恥ずかしそうにわたしの手に触れてきた。それからパシュトー語で、あの川岸に点在する村を生きて逃れられたのは幸運でしたね、とアチェクザイに言う。

「あそこの人たちはみんなタリバンですから」

わたしは頭を振って笑った。「あそこの村人たちは、米軍が来て嬉《うれ》しい、この一帯でタリバンでないのは自分たちだけだと言ってたぞ」アチェクザイは肩をすくめる。「今のは通訳するなよ」わたしは言い足した。現地の政治をどうこうするなど、一介の少尉が判断することではない。「友好的な態度に礼を言って、われわれはこの国の美しさに感動しているとだけ伝えてくれ」

少年たちはその賛辞に微笑み、手を振りながら砂利の地面を歩いて国道の方へ帰っていった。わたしは踵《きびす》を返してまた本部へ向かいかけて、もうひとつ言うべきことを思いついた。「アチェクザイ、あの子たちに、われわれの陣地に誰も近づかせないように言ってくれ。特に夜は。怪我をしかねないからな」

大隊長と参謀たちは三台のハンヴィーに囲まれた真ん中に集まり、キャンプ用の椅子に座っていた。足元にはアフガニスタン南部の地図が広げられ、葉巻の煙が吐き出されるそばから冷たい風に散る。数メートル離れたところで待っていると、会議を終えたホイットマー大尉がわたしのところにやってきた。

「どうなりました、大尉?」

「ここに駐留する。報告によると、南東の村にタリバンがいて、北東にはアルカイダがいる。手順はもうおまえも分かってるだろう。連携してしっかり守りを固める。一度に隊員を半分ずつ休ませ、大隊が巡察やほかの任務を実行すると決めたら支援できるよう備えておく」

「了解しました。つまり、何もしないで、何でもできるよう準備する、ということですね」

ホイットマー大尉は笑った。「なかなかいい一般原則のようだな」

強い者が重荷を背負う

日没の二時間後、その晩の防御態勢が整ったところだった。わたしが狭い涸れ谷に身を落ち着け、暗闇のなか手探りで小銃を掃除しながら無線を聴いていると、そっけない命令がハンドセットから響いた――ただちに荷物をまとめて移動の準備をせよ。小銃をすばやく組み立て、大佐のハンヴィーへ走る。すでに数人が集まっていた。作戦担当官の少佐から最新情報が伝えられる。

「電波捕捉でこの界隈《かいわい》のパシュトー語の無線交信を傍受した。少なくとも二個の戦闘グループがわれわれの現在地を把握していて、ロケットランチャー《ＲＰＧ》で待ち伏せ攻撃を仕掛ける位置へ向かっている」

暗がりの中で、軽装甲偵察《ＬＡＲ》部隊の将校のひとりが言った。「それがどうしたんです？　われわれは守りを固めています。ＲＰＧなら発射されても届くのはせいぜい一キロちょっとですよ。一キロ以内に近づくやつがいたら、われわれが熱照準器《サーマル・サイト》を使ってＬＡＶで片っ端から掃射してやります」

ここにとどまろうという提案はすべて一蹴《いっしゅう》された。「大隊長が移動すると言っているんだ。一五分で出発し、国道の南側へ移動する。ここから一〇キロ弱だ。車両のある部隊は全員それに乗って行け。Ｂ《ブラボー》中隊は徒歩だ」

わたしは手を挙げた。「少佐、わたしの小隊は迫撃砲弾ほぼ二〇〇発と七・六二ミリ弾一〇〇〇

○発を運んでいます。いくらか車両に載せてもらって重量を減らさないと、隊員たちがもちませんし

少佐はそれに対して、車両はもう満杯で、これ以上重くなると車軸が折れる危険があると言う。「それなら、弾薬を車両に載せて、その隊員たちに歩いてもらいましょう」わたしにはそれが理に適《かな》っているように思えた。

「フィック少尉、わたしは部隊をごちゃまぜにしたくない。車のやつらは車で行く。その弾薬をどうやって運ぶかは自分で考えろ」

ほかの装備もすべてあわせると、隊員全員がほぼ九〇キロずつの荷物を運ぶことになる。

「少佐、それはあんまりです」わたしは怒りの言葉をうやうやしい口調で和らげようと努めた。「こんなに岩だらけでは隊員たちが足首を折って、みんな使いものにならなくなってしまいます。わたしに隊員たちのところへ戻って、われわれはひとり九〇キロずつ運んで、ほかのみんなは車で行くと言えとおっしゃるんですか?」

作戦担当官はこれ以上ないほど威圧的な目でじっとわたしをにらみ、声を一オクターブ低くして言った。「少尉、おまえはいま佐官の怒りを買おうとしているぞ」

わたしはよろよろと岩だらけの地面を小隊のところへ戻りながら、作戦担当官を、海兵隊を、アフガニスタンを、そして完全武装の海兵隊がRPGを携えたわずか数人の寄せ集めの敵兵から逃げようとしている事実を呪った。あれだけ攻撃的な姿勢が大事だの、こちらから敵に戦いを仕掛けろだのと言っておきながら、敵を叩きに行くでも伏撃を仕掛けるでもなく、尻尾《しっぽ》を巻いて逃げ出すなんて。わたしは涸れ谷に跳び下りた。中ではマリーン二等軍曹がわたしに代わって無線の番をして

いる。計画を伝えると、マリーンは頭《かぶり》を振った。

「こんな風に逃げるなんて大間違いだ」わたしは余分な服を脱いで背嚢に押しこみながら言う。

「全くもってそのとおりですね」マリーンは返事しながら、立ち上がって小隊に伝えに行った。

隊列が組まれ、山脈をあとにして南の国道の向こうへ移動を開始する。火器小隊は、武器、防弾チョッキ、背嚢、ヘルメット、弾薬、水、糧食、無線機、バッテリー、シャベルの重みと歩きづらさに苦労しながら、足をひきずってハンヴィーの列の横を行く。車両の隊員で歩いている者はひとりもいない。

わたしの隊員たちはみんな自分の体重と同じかそれ以上の荷物を運んでいる。足元の地面にごろごろ転がる岩は人の顔ほどの大きさで、踏んで歩くには大きすぎるが、跳びこえるほどでもない。足首がねじれる地獄の悪路だ。どの顔も月の光に汗が輝く。国道を渡る時、一昨夜の攻撃で焼け焦げたトラックのすぐそばを通った。わたしはカーゴポケットから〝不朽の自由〟と書かれた消防士の写真を引っぱり出した。トラックの焼け残った金属フレームにその端を差し入れると、写真は反抗するかのように揺れ動いた。

隊列の最後尾近くを歩いていた機関銃手が、牛にかけた軛《くびき》のように両肩に担いだ銃の下で、よろよろとへたばりはじめた。すでに機関銃を一挺運んでいる伍長《ごちょう》が、その隊員の銃を取って自分の肩に担ぐ。二挺の機関銃をあわせると二〇キロ以上の重さだ。わたしは背嚢に詰めた迫撃砲弾六発に加え、無線機とそのバッテリーも運んでいる。だが、それよりもっと荷物の重い隊員がほとんどだ。ハンヴィーに乗る作戦担当官の姿がわたしの頭をよぎった。

そして、クワンティコで大好きだった時間のことを考えた。みんなで「海兵隊賛歌」を歌ったあとの、あの時間。わたしはふと、士官候補生学校《OCS》で感じたのと同じ感覚を覚えた。闘志と、誇りと、自分たちが受け継ぐ伝統に恥じないように生きたいという切なる願いが、とめどなく溢《あふ》れ出る感覚。この隊員たちは、エリーやタスカルーサやベッドフォード・フォールズ〔映画『素晴らしき哉《かな》、人生!』の舞台となった架空の町〕のような小さい町の出身だ。一番若い隊員の月給はわずか九〇〇ドル。冒険を求めて海兵隊に入った者もいれば、安定収入のため、あるいは刑務所に行くかわりに入隊した者もいる。いま、その全員が、支え合いながら歩き続けている。

わたしは伍長が担いでいた機関銃の一挺を引き受けながら、もう二度と訓練で手を抜いたり、隊員の体力に関することで言い訳を認めたりすまいと心に誓った。ホイットマー大尉は正しかった。訓練は血の流れない戦闘で、戦闘は血の流れる訓練だ。テレビのコメンテーターがエアコンのきいたスタジオで、テクノロジーや〝軍事改革〟についてもったいぶった話をするのは勝手だが、その夜の戦場では、脈々と続いてきた歴史が何も変わることなく二一世紀に受け継がれていた。厳しい道では強い者が重荷を背負う。それは絶対だ——考え直す余地もなければ、言い訳も通用しない。それは自然なことであり、危険なことだ。それこそがまさに、わたしが海兵隊に入隊した理由だった。

16 「塹壕の中に無神論者はいない」

ジャララバードでの任務

クリスマスが目前に迫る頃、会話という会話のはじめには必ずひそひそ声のやり取りが交わされるようになっていた。アルカイダの幹部は、おそらくウサマ・ビン・ラディンも含め、東部の山岳地帯にあるトラボラ地域の洞窟《どうくつ》要塞に潜伏している。そのビン・ラディンを――ブッシュ大統領が言うように〝生死を問わず〟――捕捉するため、われわれが送りこまれると噂されていた。国道一号線の伏撃から三日後に、任務部隊《タスクフォース》スレッジハンマーはライノに戻ってきた。カンダハールは陥落し、それと共にタリバンは崩壊した。いまやアフガニスタンにおける米軍の関心はアルカイダに集中している。

トラボラの任務は秘密のはずだが、どうやらみんなその話で持ち切りだ。名前からして、いかにも海兵隊の戦い向きだった。硫黄島、ケサン、ダクトー。トラボラもそこにぴったりはまる感じがする。ある晩、ジムもわたしも寝つけず、ふたりで監視塔に立って砂漠を眺めながら、任務のことを考えていた。トラボラはここよりはるか北、さらに東へ行ったジャララバードに近い山脈の中にあり、標高三〇〇〇メートルに位置している。一二月ともなると雪が腰の高さまで吹きだまり、夜の気温は氷点下にまで下がる。通れる道はなく、山々は高すぎてほとんどのヘリコプターは越えられない。敵は、そしてわれわれも、谷に閉じこめられ、高い尾根から攻撃されたらどうすることもできないだろう。

　そういった問題をわたしが並べ立てている間、ジムは黙って考えていたが、そのあげくにこう言った。「ビン・ラディンを捕まえたら褒賞がもらえると思うか？」

　様々な噂が飛び交うようになって一週間、わたしはこの任務の話が、常日頃からもっと大きな活躍をしたがっている指揮官たちの単なる想像の産物ではないかと思いはじめていた。そこに、防寒用の装備が届く。それまで凍える夜を一か月も震えながら過ごしていたのに、海兵隊がぜったいどこかに保管しているコートや靴下やブーツや手袋を支給するという話は一度も出たことがない。C‐１３０がフリースジャケット、ダウンパーカー、厚手の防寒手袋のパレットを積んで飛び立ったという噂がまたたく間に広まったが、わたしはそれも本気にしていなかった。そのあとすぐ、わたしの小隊は列に並んで装備の支給を受けた。わたしも新しい手袋をはめると、さすがにもう否定できない。本当にトラボラへ行くのかもしれないと思った。

　一二月二二日、目覚めると霜に覆われていた。体を起こすと、濃い露と凍てつく寒さに夜通し包まれていた寝袋がぱりんと音をたて、氷片がいくつもの小さな雪崩になって脇の砂に落ちた。トラボラ。毎朝、まずそれが意識に上る。ぎくしゃくと立ちあがり、意志の力で脚に血液を送りながら、よたよたと作戦指揮所《COC》へ向かう。そこには地図に目を凝らすホイットマー大尉がいた。

　計画はもうでき上がっていた。われわれはバグラムを経由してジャララバードへ飛ぶ。タスクフォースの一部はすでに到着していて、C‐１３０が降りられる滑走路があると伝えてきた。ジャララバード空港からは陸路でパキスタン国境近くのふたつの谷へ向かう。われわれがそこに阻止陣地を構える一方で、特殊部隊が戦闘員の潜む洞窟を特定し、航空支援を要請する。敵が逃げ出そうとしても、逃げ道にはわれわれが待ち構えているというわけだ。ホイットマー大尉はわたしにその谷の地図を渡し、頭に入れておけと言った。かつては夢想するだけだったこの任務が、〝ありうること〟から〝ほぼ確実なこと〟へ刻一刻と変わりつつあった。

つかのまのクリスマス・イブ

クリスマスの前夜、わたしはパトリックと一緒に、滑走路の端あたりで開かれた礼拝に参加した。暮れかかる空の下、二、三〇人の海兵隊員が間に合わせの祭壇――機関銃の弾薬の箱を重ねてポンチョライナーを被せた台――を囲んで立っている。従軍牧師はくつろいだ様子で、〝塹壕の中に無神論者はいない〟〔極限状態では誰もが神を求めるという意味〕という古い格言を皮肉まじりに口にした。「みなさんの中には、わたしが普段お話しする人たちより不信心な方が多いのではないかと思いますが、状況を考えると、なかなか悪くない格言ですよね」

みんなで「きよしこの夜」と「神の御子《みこ》は今宵《こよい》しも」を歌う。わたしは目を閉じ、一六〇〇〇キロ離れたわが家に思いを馳《は》せて、家族も同じことをしているところを想像した。わたしの家族は恒例の中華料理の食事に出かけたあと、二〇年以上前から毎年欠かさず参加しているクリスマス・イブのパーティーに行くはずだ。夜の終わりには真夜中の礼拝で、これと同じ讃美歌を歌うだろう。わたしは自分の無事を家族が知っていることを願い、自分はだいたい毎日自由に楽しくやっていると伝えられたらと思った。

頭上に次々と飛んできた米軍機の轟音で、礼拝は一時中断された。どの機も最初は暗い空のはるか高くで小さなうなりを響かせる。ミサイルの攻撃を懸念して、ライノの上空に達するまでは高度三〇〇〇メートルで飛ぶからだ。そして、下にいる隊員たちの安全を確かめつつ、らせんを描きながら急降下して滑走路に進入する。C－１３０は照明をつけずに暗いまま降下し、滑走路進入端に接近したところでスイッチを入れて地面を照らす。C－１３０の着陸灯は両翼の端から端まで並んでいるので、一〇台の車が横並びで走ってくるように見える。C－17も同じだが、それは暗視ゴーグルで見た時だけだ。C－17の着陸灯は赤外線だから裸眼では見えない。

礼拝が終わった。その夜にライノの防御線外に出る長距離巡察があると思うと、つかのまの平和の幻想も砕け散る。監視塔に戻ってその計画を完成させなくてはならない。パトリックとわたしは一緒にその場を後にして暗闇の中を歩いた。ふたりとも任務や自分の小隊のことで忙しく、話ができる時間は滅多にない。

「調子はどうだ?」そう尋ねるパトリックの口調は、いつもより長い返事を促していた。

「そりゃあもう、いらついてるよ」わたしは鬱積《うっせき》した苛立ちをぶちまけた――じっとしているだけの陣地防御、ロケットランチャー《RPG》隊からの逃走、わたしの小隊に対する作戦担当官の無情な仕打ち、睡眠不足、気がかりなトラボラの任務。すべて吐き出した。パトリックは胸に小銃を抱えたままこちらを向いて立ち止まり、励ますようにうなずきながら、わたしが話し続けるのをさえぎることなく聞いていた。何週間も小隊やホイットマー大尉の前で冷静な仮面を被っていたあとだけに、パトリックに愚痴をこぼすのは気が晴れる思いだ。

「ちょっとはすっきりしたか?」パトリックがわたしの答えを知りつつ笑顔で訊いた。

手袋をはめた手で握手し、メリー・クリスマスと言い合って、わたしたちはそれぞれの小隊へ戻っていった。

司令官からは「レンジ専用のポップコーン」が届いた

クリスマスの朝はよく晴れて寒かった。巡察はこれといった問題もなく、わたしは防衛線を歩いて隊員たちを見て回る。若い隊員の中にはつらいクリスマスを過ごしている者がいるのではと思ったが、みんな華やいだお祭り気分だ。どの戦闘壕の横にも、拾った回転草《タンブルウイード》を三角形に整えた小さなツリーが立っている。枝に吊ってあるのは、戦闘糧食《MRE》のキャンディやタバスコの小瓶だ。プレゼントまであった。隊員たちは一週間前から小袋入りのチーズやパウンドケーキ——MREに入っているごちそう——を仲間のために溜《た》めこんでいた。わたしは盛大にクリスマスを祝っていた迫撃砲班から、ページの角が折れたポルノ雑誌をプレゼントされた。そのお返しに、マリーン二等軍曹の手に嚙み煙草《コペンハーゲン》の缶をふたつ、ぽんと投げた。

監視塔に戻ると、ジムがうんざりした顔で段ボール箱を見下ろして立っていた。箱の外側に、中東のバーレーンに拠点を置く米国中央軍海軍部隊の司令官からのクリスマス・カードが貼られている。宛先は〝アフガニスタン、キャンプ・ライノ、合衆国海兵小隊〟。中にはレンジ専用のポップコーンの袋が二ダース、電気扇風機一台、ジャッキー・コリンズ〔ロマンス小説で有名なベストセラー作家〕の『ハリウッドの夫たち』や『世界は女房持ちでいっぱいだ』といった題名の小説が入っている。

「なあ」わたしが階段を上っていくとジムが言った。「俺たちがここで何をやってるか、誰も知らないんだなって気になったことあるか?」

作戦中止

翌朝、COCのブリーフィングに招集された。トラボラへ行く任務は取りやめだ。米軍はこの任務に一切参加しない。アフガン人の同志たちが米軍に代わってその役目を引き受ける。すでに、パキスタン国境を越えて北西辺境州の奥地へこっそり逃げこもうとしている戦闘員集団のほとんどに攻勢をかけている。ワルドハウザー大佐が言うには、負傷者が出るおそれがあることから、米国政府の最上層部で中止の判断に至ったとのことだった。

監視塔に戻ってジムに知らせると、ジムは壁を蹴とばした。「くそいまいましい弱気な判断しやがって。負傷者だと? 九・一一で一体何が起きたと思ってるんだ。せっかく、あのくそったれどもを捕まえられるチャンスだってのに」

わたしもそう思う。それはマリーン二等軍曹も同じだった。マリーンはわたしたちが監視塔で騒いでいるのを聞きつけて、何ごとかと様子を見にきたのだ。「アフガン人の同志たち? われわれにアフガン人の同志なんかいませんよ。いるのはただ、自分たちに都合のいい時だけアメリカから金をもらって、やれと言われたことをやるやつらだけです。ビン・ラディンはヤギ一匹と引き換えに逃げおおせるでしょうよ」

その任務がなくなって、アメリカが最も捕らえたがっている指名手配犯を自分たちの手で捕らえるというわれわれの夢も消え失《う》せた。だが、ほっとしたのも事実だ。冬の高山地帯でしたたかなムジャヒディンを相手にしていたら、泥沼の戦いになっていただろう。その地帯でソ連軍と一〇年も戦った相手だ。そういう危険をすべて承知のうえで、それでも海兵隊員が行きたかったと思うのは、それだけ大きな意味のある任務だったからだ。

防寒用の衣類が回収され、震えながら監視する夜が戻ってきた。だが、そういう夜は幾晩もなかった。北部同盟はすでにタリバンを敗走させている。おそらく生き延びて、そのうち戦いを再開するだろうが、タリバンによるアフガニスタン支配は終わった。ハーミド・カルザイはそれに代わる新政府ですでに役職に就いている。カンダハール国際空港は、第五八任務部隊《タスクフォース》を編成するもうひとつの海兵遠征隊《MEU》、第二六MEUが確保した。ライノは無用の長物と化した。舗装されていない土の滑走路は、夜間の離着陸を可能にするだけでも毎日数時間の整備が欠かせない。カンダハールから離れていることも、かつてはそれが安全でありがたかったが、今はただ不便なだけだ。われわれは艦に戻る準備をするよう告げられた。

まずC《チャーリー》中隊が出ていき、つづけてA《アルファ》中隊、軽装甲偵察部隊《LAR》、偵察部隊《リーコン》が発った。二〇〇二年一月三日までに、ライノはほぼ空っぽになっていた。われわれのMEUを編成する部隊はすべて、カンダハールへ移動したか艦へ戻ったかだった。

残るはB《ブラボー》中隊だけだ。われわれが乗る航空機は午後に到着することになっていて、中隊のほとんどの部隊は装備をまとめて滑走路へ移動した。迎えの航空機が着陸するまで、ジムとわたしは監視塔に残り、迫撃砲班はそのまま配備についているようにと、ホイットマー大尉から指示を受けた。わたしたちはすべての方角に目を配ったが、動くものは何もない。冬空を覆う雲の下で、空気は冷たく澄んでいる。雪がちらちらと舞い下りてきた。

「ここは地獄そのものだな」ジムはそう言って、タバスコの小瓶を監視塔の外の地面へ投げ捨てた。

「いつか戻ってきて、探索して回るのもいいと思うけどな」わたしは言った。「ノルマンディやモンテ・カッシーノに行く老人みたいに」

「ちぇっ、俺が戻ってくるのは、ゴルフコースとヒルトンホテルとナッシュビルからの直行便ができてからだ。ここはそれまでに朽ち果ててるだろうけどな」

遠くにぽつんと現れた黒い点がC-130の姿に変わると、ジムとわたしは背嚢を背負い、最後にもう一度ライノを見渡したあと、狭いらせん階段を下りた。かつて無線アンテナや料理の火やハンヴィーで溢れていた中庭が、ひっそりと静まりかえっていた。門を出て、門扉を閉める。掛け金をかける。わたしは門のなかを最後に一瞥し、宇宙飛行士が月を去る時の気持ちが分かる気がした。もう二度と戻ることはないだろう。

ジムが訊く。「どれくらいしたら、この敷地に悪党どもが戻ってくるかな」

「明日の夜明け前には捨てられたMREを漁《あさ》ってるさ」

C-130ハーキュリーズが、砂と小石とケロシンの排気が混じったプロペラ後流をわれわれに吹きつける。後部ハッチで待っていたホイットマー大尉が、乗りこむわたしたちの肩を力強くつかんだ。C-130は急角度で滑走路を飛び立ち、機内ではパイロットたちがAC／DCの「ヘルズ・ベルズ」を口笛で吹いていた。

俺たちは戦闘に参加しなかった

〈ダビューク〉に到着したわれわれは、まとめてヘリコプターから甲板下のウェルドックへ連れていかれ、素っ裸にさせられた。牛の群れのように立つわたしと隊員たちに、水兵がホースでシラミ駆除剤を浴びせかける。シャワーなしで四〇日を過ごしたあととあって、文句を言う者はひとりもいない。わたしはそのあと本物のシャワーを浴びに、裸足で自分の部屋へ上がっていった。上陸している間に、乗組員の誰かがわたしの部屋のドアに政治漫画を貼っていた。砂漠を歩いて遠くの山脈へ向かう三人の武装海兵隊員の背中が描かれている。三人の上には〝地には平和を〟という題字があり、下には〝今やってます〟というキャプションがはいっていた。

熱いシャワーで顔にこびりついた汚れを溶かす。砂で固まった髭《ひげ》は二回剃らないと剃りきれない。ようやく終わって鏡を見ると、顔の骨格が浮き出ていた。目はいつもより青くぎらぎらしているが、ふたつの窪《くぼ》みの奥に沈んでいる。体重は七・七キロ落ちていた。洗いたての迷彩柄の軍服が、ありえないほど柔らかい。汗と土で固くなった迷彩服にすっかり慣れていたのだ。士官室へ下りていき、うとうとしながらスパゲッティを三皿たいらげた。だが、ベッドにはいると、今度は全く眠れなかった。

二、三時間以上つづけて部屋にいるのが耐えられなくなっていることにも気づいた。アフガニスタンで六週間ずっと空の下にいたため、〈ダビューク〉の窮屈な部屋はいつにも増して圧迫感が大きかった。そんなわけで、一月七日の月曜日、わたしは気づくと靄《もや》にかすむ甲板に立ち、クウェート・シティの街景を目に映していた。街の尖塔《せんとう》や球体は湾岸戦争中に有名になっていたため、自分の現在地を知らなかったとしても、どこの街かわかっただろう。〈ダビューク〉はゆっくりと港に滑りこんで停泊位置についたが、そこにはごく短い時間しかいなかった。

ペルシャ湾では米艦に対するテロ攻撃のおそれがあることから、桟橋に二、三時間停泊しただけで沖へ戻らざるをえなかった。湾口を出ると三隻の艦はぐるりと向きを変え、一列に並んで錨《いかり》をおろした。風に煽られた波が艦首に砕ける。いずれにしても眺めは沖からのほうがよく、パトリックとわたしは斬新《ざんしん》な街の明かりを背景に、いくつもの旗が翻るのを下に見ながら、話をして夜を過ごした。

「まだよく分からないんだが、俺たちは戦闘に参加したのかな」パトリックが言う。髪は伸び、顔は砂漠の風にひと月さらされたせいであかぎれができている。

「疑問に思うってことは、きっとしなかったんじゃないか」わたしは答えた。

「ああ、だけど、俺たちがいた場所とか、俺たちがやってたことは……」声がしだいに小さくなる。

「めちゃくちゃ危険だったよな。爆弾に地雷にミサイルだぜ」

「正式な基準はたぶん、命の危険がある状態での継続的な地上戦とかだろうな」

パトリックは息を吐いた。「ということはつまり、米軍はもう二度と戦闘に参加しないってことか？　統合直撃弾《JDAM》や中距離巡航ミサイル《トマホーク》やレーザー誘導爆弾ばっかりになるのか？　そういうハイテク兵器を地上で操作する隊員はどうなる？」

わたしたちの下では暗い夜の海を上陸艇が行き来して、ＭＥＵの帰国支度に必要な物を艦に積みこんでいる。わたしはいつ中東を去ってもよかったが、クウェート・シティを見て回る機会がなかったのは残念だった。またいつもの海兵隊員のジレンマだ。仕事の出張と同じで、空港だけはたっぷり見られるが、訪れた場所がどんなところだったのかは分からない。この地域を目にすることは二度とないかもしれないと思うと、少し沈んだ気持ちになった。

新たなキャリアの道

帰国する〈ダビューク〉の長い航海は、鉄のビーチでのピクニックからはじまった。まる一日の間、飛行甲板は巨大な裏庭のバーベキュー会場と化した。海軍水兵たちがハンバーガー用の肉や鶏むね肉のグリルを裏返す。煙が船楼の陰から渦を巻いて立ち昇り、艦の動きで生じる風に乗って虚空へ消えていく。スピーカーから音楽が――ブルース・スプリングスティーン、U2、ジョニー・キャッシュ――大音量で流れる。海兵隊員がチームをふたつ作って艦尾をアメフト場にし、ロングパスが舷側を越えてインド洋へ飛んでいくまでプレーに興じていた。

何よりのごちそうは、ひとり二缶のビールだ。最後に飲んだのは一二七日前、あのダーウィンの夜だった。わたしは両手に一缶ずつ持ったまま、数分の間、ただ缶が冷たい汗をかくのを楽しく眺めていた。ステレオで大音量の音楽がかかる中、太陽の下に座ってビールを飲んでいると、カンダハールのそばで過ごした凍える夜がはるか遠くのことに思える。早くも、あの日々の記憶が薄れはじめていた。

〈ダビューク〉の懐かしいボイラーの音や、最高速の二〇ノットで進むスピードが心地いい。われわれはみんな、アフガニスタンを去ったあとも、もとの環境に慣れるには時間が必要だった。艦は南下してインド洋を抜け、スリランカの脇を通り、赤道を越えて南半球に入った。わたしの不眠症はおさまり、落ちた体重も戻りつつある。風焼けと唇のひび割れも治った。オーストラリアのパースでは太陽とクルージングと料理と酒の一週間を過ごし、シドニーではオペラハウス、浜辺のランニング、ショッピング、泳ぎを楽しんだ。二月初旬、われわれは太平洋の向こうの母国を目指し、東へ針路をとった。

わたしは毎日午後にウェイトトレーニングでエリック・ディル大尉に会っていた。その〈ダビュ
ーク〉のジムの、ハゲタカが爪を研いでいる壁画の下で、はじめてディル大尉からある誘いを受け
た。
「フィック、偵察部隊《リーコン》に来る気はないか?」
「どういうことです?」
ディル大尉の説明によると、第一偵察大隊の新しい大隊長と話をして、自分の後任にわたしを推
薦したとのことだった。光栄ではあるが、どう考えていいのか分からない。
「行ったほうがいい理由は?」リーコンがどんなところかは知っていたが、大尉の口から聞きたか
った。
「自主性だ」大尉はそれですべての説明がつくかのように目を見開いた。「率いる小隊は、聡明《そうめい》で、
しっかりしていて、充分な訓練を積んだ隊員ばかりだ。設備は最高。訓練費も多い。自分がいいと
思った方法で自由に訓練を実施できる」
「任務はどうです?」
「最高なのはそこなんだよ、ネイト」大尉が説明する。「海兵隊員には暴力に命を懸《か》けてるやつも
多い。それが生き甲斐《がい》なんだ。俺がそういう風だったことは一度もないし、おまえも違う——俺に
は分かる」大尉はウェイトベンチに座って三・八リットルの水筒からがぶ飲みした。「リーコンは
仕事がうまくいけば一発も撃たない。それに、リーコンが見つけた情報で多くの命が救われること
もある。実際に撃つ時も運任せで乱射するわけじゃない。頭を使う仕事なんだ。考えてみてくれ」
ディル大尉は勧誘を中断してカール〈ウェイトの負荷をかけて腕などを曲げ伸ばしする運動〉を一セ

ットやったあと、ウェイトを下ろして言い足した。「おまえのボスが作戦担当官として来ることになってるんだ。ボスと話してみるといい」

事務処理と訓練か、隊を率いるか

ホイットマー大尉の部屋のドアをノックした時、大尉は『武道初心集《コード・オブ・ザ・サムライ》』を読んでいた。わたしを招き入れ、座るよう促す。

「ディル大尉から聞いたんですが、帰国したらリーコンに行かれるそうですね。わたしもディル大尉の小隊を引き継ぐよう誘われました」

ホイットマー大尉はうなずき、期待の色を浮かべた目でわたしを見た。何かあっても黙っていて、しかるべき時におのずと明らかになるのを待つのは、いかにもホイットマー大尉らしい。わたしとこうしてこの話をすることを、大尉は何週間も前から見越していたかのようだ。

「あの、大尉、なぜわたしが？」リーコン志願者は通常、試験を受けて厳しい教化を通過しなければ検討すらしてもらえない。

ホイットマー大尉は、リーコンの新しい指揮官が大隊を基本に立ち返らせようとしている、と説明した。今のリーコンの世界はパラシュート降下や潜水のような〝高速、低抵抗〟な訓練にとらわれすぎているのだという。「この国はリーコンのような部隊が頻繁に駆り出される時代を迎えようとしている。そこで繰り広げられる戦いは、おそらく小洒落《こじゃれ》たものではない。おまえがクワンティコで学んだ基本――射撃、行軍、伝達――そういうものが求められる戦いだ。われわれは、確かな歩兵の技能と経験がある若い将校を必要としている。おまえもそのひとりだ」

わたしはわくわくしてきた。小隊に別れを告げるのはつらいが、いずれにしても去らなくてはならない。新しく来る後輩に席を譲るため、将校が歩兵小隊長として遠征できるのは一回きりなのだ。わたしがほかに選べるとしたら、おそらく中隊の次席指揮官である副隊長で、主な仕事は事務処理と訓練だ。リーコンに行けば、ディル大尉が言っていた諸々のいいことがあるだけでなく、また一年か二年は隊を率いて展開できる可能性もある。

「だとしたら光栄です、大尉」わたしは言った。

国に帰ったら、わたしが行くのはリーコンだ。

母国の好戦的愛国主義は虚しく聞こえた

帰国すると、出発した時とは違う国になっていた。米国にはテロ攻撃の一か月前から帰っていなかったので、その違いがはっきり分かる。以前よりも人が親切で、思いやりがあり、そして怒りっぽい。わたしは自分がこの半年で学んだこと――人生のささやかな喜びと、安全や友情や家族に対する新たな感謝の念――の痕跡を、人々の中に見た。

わたしはぜったいに訪れなくてはならない場所、グラウンド・ゼロ〔九・一一で倒壊した世界貿易センタービルの跡地〕とペンタゴンを巡礼し、九・一一の発生から六か月の節目としてホワイトハウスの南芝生《サウスローン》で開かれた追悼式典に参加した。嘆きと悲しみ、そして怒号。虚勢を張る人々。それは、日々変わらぬ営みを中断してなるものか、自分たちの生活のあり方を〝あいつら〟に壊させはしないという誓いだった。

わたしはアフガニスタンで過ごした時間がトラウマになっていたわけではない。誰も殺していないし、誰かに殺されかけてもいないのだから。それでも、好戦的愛国主義《ジンゴイズム》は、どんなに穏やかなものであれ、虚しく聞こえた。手に持って振られる星条旗、強気の発言、どの車のバンパーにも貼られた黄色いリボン。地上戦を戦うことがどういうことなのか、心から関心を持って理解しようとする姿勢はどこにも見られない。長い泥沼の戦いになるだろうことも、たぶん敵にも勇気や理想があるだろうことも、認める者は誰もいなかった。言葉を交わした人たちは、わたしがアフガニスタンから帰ったばかりだと知ると、急に静かになってうやうやしい態度をとった。けれど、わたしが他の人たちと同じように血に飢えてはいないとわかった時には落胆の色を見せた。

わたしは三月にキャンプ・ペンドルトンに戻れるのが嬉しかった。ほかの海兵隊員に囲まれていたほうが、気が休まる。第一海兵連隊第一大隊の小隊長はほとんどみんな、二、三か月の休暇を楽しみにしていて、それが終わるとまた海兵遠征隊《MEU》の訓練期間にはいる。パトリックはB《ブラボー》中隊の指揮官を引き継ぎ、ジムは砲兵中隊に戻った。わたしはというと、辞令がデスクの上にテープでとめられていた。〝二〇〇二年三月二五日、午前一二時〇〇《ヒトフタマルマル》分までに、約六五日間の臨時勤務のため第一偵察大隊に出勤されたし〟。リーコン、とはいってもまだ仮だ。まず、訓練を生き延びなくてはならない。

アフガニスタンの州都カンダハール近くに停車する軽装甲車（LAV）。この1年後、LAVの25ミリ砲によって甚大な被害を受けたサダム挺身隊から「恐るべき破壊者」と呼ばれることになる。（著者提供）

アフガニスタンから帰国して8か月後の2002年11月、海兵隊設立記念祝賀会に参加したパトリック・イングリッシュ（左）、リッチ・ホイットマー少佐（中央）、わたし（右）。アフガニスタンでB中隊を率い、冷静沈着な異端の中隊長として名をはせたホイットマーは、この時には私が加わった偵察大隊の作戦担当官になっていた。（著者提供）

17 「強さではなく、勇気でもない」

部下から認められることは、昇格するより難しい

海兵隊員なら誰でも自分がその場で一番タフだと思っている。しかし、海兵隊で最もタフな部隊は偵察部隊《リーコン》だということに異を唱える者はほとんどいないだろう。実任務に就いている海兵隊員一七万五〇〇〇人のうち、リーコンに所属する人数は三〇〇〇人以下だ。一九八〇年代の政治的判断で米国特殊作戦軍に加わらなかったリーコンは、海軍特殊部隊《SEALs》や陸軍特殊部隊のように注目されることはない。海兵隊の上層部は〝特殊〟な海兵隊員をつくらないと誓いを立て、特殊作戦軍の資金や任務より自主性を選んだわけだ。

その結果、ささやかな劣等感が、情け容赦のない厳しい訓練の形で表出することになった。リーコンの隊員選抜では、まず書類上優秀な候補者――特級射手、体力テストで満点、前の指揮官が推薦状で絶賛――が選ばれる。候補者たちはリーコン教化プログラム《RIP》に入れられ、現役リーコン幹部隊員らの指導のもと、二週間ノンストップでひたすら泳いで走る。RIPという略称通り（動詞としてのr.i.pは「引き裂く」の意）、ここで候補者は半数に削られる。

生き残った候補者たちが次に進むのは、カリフォルニア州コロナドでの一〇週間の基本偵察コース《BRC》だ。ＢＲＣでは巡察、監視、伝達といった偵察の基礎を学ぶ。ここでまた、厳しい訓練で人数が半減する。わたしの知り合いに、訓練中に背骨を折ってＢＲＣを辞めた大尉がいた。

ＲＩＰとＢＲＣは、わたしにほとんど何も教えてはくれなかった。戦術や専門知識の大半は、それまでの訓練とアフガニスタンで学んでいたからだ。けれども、それよりさらに貴重なものを授けてくれた。正当性だ。ＢＲＣは、海兵隊の下士官兵にとってはリーコンに入るための関門になっていて、卒業すれば職種専門技能《MOS》が〇三二一の〝偵察隊員〟に変わる。それが通過儀礼だ。わたしは同じ三か月を耐え抜くことで、役に立つ代物だと下士官兵から認識されることになる。俺もあの訓練を受けたぜ、というわけだ。部下から認められることに比べれば、昇格するほうがよほどたやすい。

二〇〇二年六月の金曜日、わたしたちはＢＲＣを卒業し、その日の午後に第一偵察大隊に戻った。新人リーコン隊員として、そこからさらにパラシュートと潜水の上級訓練、サバイバルスクール、あるいは他国の武器、爆破、登山などの専門コースへ進むことになっている。どのコースを希望するかは二、三週間前に提出してあった。わたしの第一希望は〝実務〟訓練だ。このコースでは特殊作戦任務の計画を作成し、ロープやはしごで突入・脱出するリーコンのヘリコプター操縦資格が得られる。

大隊管理部のオフィスで予定表に指を走らせていたわたしは、自分の名前の横に書かれたスクール名のところでぴたりと指が止まった。上級水中サバイバル。希望リストの最下位にしてあった選択肢だ。わたしが無性に恐怖を感じるのが、なすすべなく水中に閉じこめられることだった。溺《おぼ》れるのが怖い。それを誰かに気づかれ、月曜の朝の〇四時〇〇分《マルヨンマルマル》から、その弱みを無理やり克服させられることになった。

強さとはタフさでも、勇気でもない

近年の戦争で海兵隊員は陸軍と共に戦っているため、世間一般では忘れられがちだが、海兵隊は海軍省に属している。基本的に、海兵隊は水陸両用の軍隊だ。戦闘水難防止水泳コースは、夜明け前のブリーフィングで教官から聞いたところによると、水のなかで極度の苦痛にさらされることで、水中にいるのが快適になるように組まれている。「おまえたちの弱点を見つけて、そこを強くしてやる」教官たちは、その一線を越えればおそらく死ぬだろうという限界ギリギリまでわれわれを追いこむと断言した。「何をどうしたって溺れなくなるぞ」わたしはそれを聞いて気分が悪くなった。このコースは避けたかった。だからこそ、ここにいるわけだ。

リーコンの隊員たちの間では〝強さ〟が至高の美徳だということが、わたしにも分かってきた。誰かが別の誰かのことを強いと言えば、それは最大の褒め言葉だ。強さはタフさではなく、勇気でもない。そのどちらも強さの一部ではあるが。強さとは、手に負えない状況にも冷静に立ち向かい、穏やかに微笑みかけ、とことんプロフェッショナルな誇りを持って打ち勝つ能力だ。

キャンプ・ペンドルトン内にあるキャンプ・ラスプルガスのプールは、高く白いフェンスにぐるりと囲まれ、外の世界から隔離されている。飛びこみ台はリーコンの記章で覆われ、頭蓋《ずがい》骨とスキューバダイバーとパラシュートウイングが、〝Ｃｅｌｅｒ、Ｓｉｌｅｎｓ、Ｍｏｒｔａｌｉｓ〟の文字——第一偵察大隊のスローガン〝すばやく、静かに、徹底的に〟のラテン語版——と共に描かれていた。プールの深い方の端を見下ろすように立っているのは、ぐらぐらする木の塔だ。上へいくにつれて徐々に狭まり、三段階の台になっている――ひとつ目はプールからの高さが三メートル、次は六メートル、最後は目がくらくらするほど高い九メートル。

塔の前面には横幅いっぱいに黒い文字で、このコースのモットー〝まだ意識があるなら落第確定〟と書かれていた。

訓練は毎朝、まず二、三〇〇〇メートル泳ぐことからはじまる。わたしにとってはこれだけで普段の一日分の運動量だが、ここではウォーミングアップにすぎない。次にあるのが回収訓練――水深四・五メートルの底に潜り、小銃、ゴム製ブロック、砲弾の薬莢、プールサイドのジムにあったウェイトなどを拾って水面に戻ってくる訓練だ。その目的は、われわれを〝エルヴィス〔圧倒的な人気を誇った歌手。一九七七年に死亡〕に会わせること〟と明言されていた。このコースでは何をする場合も、真の目的は恐怖を感じていた場所で平常心を保てるようにすることにあった。

ある朝、わたしは一〇キロのウェイトが二個ついたバーベルを両手でうまい具合につかんだ。プールの底を蹴り、光がきらきらと揺らめく水面へゆっくり上っていく。まわりの泡に追い越されながら、少し力を入れて水を蹴り、小さなうめき声を漏らすたびに、かけがえのない空気が鼻と口から流れ出る。視界が灰色になりかけた時、頭が水面に出た。

口をあけて大きく息を吸おうとした瞬間、水の噴射を浴びて水中へ押し戻された。教官たちが消火訓練さながらに、水面に出た頭めがけてホースの水を浴びせかけ、隊員たちを水の中に押し返している。ウェイトを落とせば不合格だ。わたしは必死でバーベルを抱え、水を蹴って水面に戻ろうとした。視界が狭まって灰色の小さな点々になり、それが黒いトンネルの先に見える。恐怖が押し寄せる。また水に押し戻される。もうどうしたって水面に戻れない。沈んでいく。全身の力が抜ける。と、その瞬間、手が伸びてきてプールサイドに引き上げられた。わたしは曲げた両肘の中に、まだバーベルを抱えていた。

　そのあとも回収訓練は繰り返され、次に〝水中エアロビクス〟と呼ばれる公認のしごきがあった。クラス全員がプールの端に並び、教官が塔の上から命令する。ホイッスルが鳴ると、教官の命令通りの泳ぎ方で——潜水で、腕を使わずに、ブーツを履いて、バーベルを持って、手首を足首に縛って——プールの向こう端まで泳いでいく。最後のひとりが向こうの壁をつかむとすぐに、今度はこちらへ戻ってくる。ホイッスル。泳ぐ。ホイッスル。苦しむ。ホイッスル。過呼吸。ホイッスル。気絶。水中エアロビクスのせいで、わたしは夜に寝られなくなった。寝てもどうせ二、三時間で目が覚めると分かっているので寝る気もしない。

　最初は二〇人いたクラスが、卒業する時には一一人になっていた。この二週間はわたしにとってそれなりに、士官候補生学校《OCS》と同様、大きな転換点となった。恐怖に立ち向かって打ち勝ったのだ。わたしは卒業証書を手に意気揚々とリーコンに戻り、自分の小隊と顔を合わせる気でいた。ところが、大隊にはほかのプランがあった。第一偵察大隊は〝高速、低抵抗〟な訓練を避けようとしている、とホイットマー大尉は言っていたのに、わたしは飛行機のチケットを渡され、ジョージア州フォート・ベニング〔現・フォート・ムーア〕へ行くよう命じられた。そこでパラシュート部隊に入るのだ。

士官候補生学校《OCS》を彷彿とさせる訓練

海兵隊がその歴史を通して実際にパラシュート降下任務を実行したのは正確に三回で、ベトナム以降は一度もない。わたしが陸軍の空挺学校で過ごす三週間は、新しい小隊と一緒に働いていられたはずの時間だ。わたしは自分のキャリアの傾向に気づきつつあった。小銃小隊を率いる訓練を受けても火器小隊に配属される。ゴムボートで海岸を急襲する訓練を受けても内陸国の戦争に行く。パラシュート降下で巡察する訓練を受けても実際に使うのはブーツかハンヴィーだ。腹が立ってしかたないと言いたいところだが、わたしは柔軟性の証《あかし》と考えることにした。〝臨機応変に適応して乗り越える〟のが海兵隊のモットーなのだから。

空挺学校にはOCSを彷彿とさせるものがあった。ドアを入ったところで階級を脱ぎ棄てる。意欲溢れる海軍特殊部隊《SEALs》の隊員、陸軍特殊部隊の隊員、陸軍の二等兵、予備役将校訓練課程《ROTC》の候補生、海兵隊のリーコン隊員が、毎朝一緒に隊列を組み、腕立て伏せをして、黒い帽子を被った陸軍の教官にどやしつけられるのだ。教官はみんな〝空挺軍曹《エアボーン》〟と呼ばれていた。

「腕立て三〇回！　海兵隊のくそガキは五〇回だ！」

二週間はひたすら筋肉に覚えこませる訓練をした。木箱から砂場に跳び下りる。〝懸吊着地訓練台〟から跳び下り、パラシュートの装帯を模したハーネスで地面から一・五メートルの高さに吊られ、だしぬけに砂利の山に落とされる。高さ一〇メートルの塔から跳び下り、ジップラインを滑走して航空機のプロペラ後流のシミュレーションをする。この高さは最大限の心理効果が得られるよう、細心の注意を払って設定されているとのことだった。少しでも低いと落ちても怪我をしないように思えるし、少しでも高いと高さの実感が伴わない。わたしはこうした着地訓練のおかげで足首を痛め、腰は青痣《あざ》だらけで、夜になるとホテルの製氷機に通いつめ、炎症鎮痛剤《モトリン》をひとつかみして口に放りこむ日々を過ごした。

本来、スカイダイビングは楽しむものだ。わたしの訓練には、楽しい娯楽が苦痛に変わるという傾向もある。ハイキング、水泳、ボート、射撃――どれもこれもそうだった。というのも、われわれはそういう普通の活動を、普通ではない状況でおこなわなくてはならないからだ。空挺学校で跳び下りる練習を何百回もやらされたのも、まさにそのための――夜に重い荷物を持って、低空から高速で、冷静にパラシュートを開いて安全に着地する――準備だった。そして最終週、実際にそれをやる時が来た。

使わない技能とつけることのない記章

ブーツの爪先《つまさき》の三五〇〇メートル下を住宅地の景色が流れ、裏庭のプールから子供たちが手を振る。わたしの左にある赤いライトが緑に変わったら、C‐130のドアから踏み出して初降下だ。最初は〝つるつる〟の――背嚢のない――状態で昼間に降下する。背後にはわたしのパラシュート部隊の三〇人が一列に並んで立ち、片手を予備傘のハンドルにかけ、もう片方の手で自動開傘索《じどうかいさんさく》をつかんでいる。なぜ〝わたしの〟部隊かというと、わたしは中尉に昇進していて、その集団で一番階級が上だったからだ。最初にドアから飛び降りるのはわたし、ということだ。四基のエンジンの音で話ができないので、みんな互いに元気づけるように笑顔を交わし、自分のしていることが分かっているふりをした。

エアボーン軍曹が、いつでもわたしの背中を蹴とばせるようにドアの脇に立っている。軍曹はにやりと笑って叫んだ。「心配するな、くそガキ。俺が押してやれば、あとは重力がやってくれる」

ライトが緑に変わると同時に、わたしは飛び降りた。わたしを押す満足感を軍曹に味わわせてやる気はさらさらない。飛び降り方が正しければ、両脚が揃い、両手と両肘が腹の予備傘にぴたりとついて、腰を曲げた姿勢になる。わたしの場合はプロペラ後流にぶつかって脚が開き、両腕がばたついてしまった。体がひっくり返る。空。地面。空。地面。パラシュートが開く衝撃があって、体が安定した。

「一〇〇〇、二〇〇〇、三〇〇〇、四〇〇〇。傘体《キャノピー》確認、傘体コントロール」訓練の甲斐あって、やるべきことは明確に覚えている。空を舞い落ちながら大声でカウントした。ライザー〔傘体の吊索と装帯を結ぶベルト〕がねじれていないことを確認し、パラシュートを見上げて丸く開いていることと、空気を捉える布片《パネル》が吹き飛ばされていないことを確かめる。まわりの空はパラシュートでいっぱいだ。中には熱上昇気流に乗ってホバリングしている者もいる。痩せたROTC候補生たちは木の葉のようにゆらゆらと落ちていく。わたしの落ち方はもっと直線的だ。

パラシュート降下では必ず、飛んでいる状態が落下に変わる明確な境い目がある。わたしがそれを学んだのは、気持ちよく浮かんでいる感覚が消えて地面が急速に近づいてきた時だ。パネルがなくなっているのを覚悟してキャノピーをもう一度確かめたが、剝がれたようには見えない。意を決してライザーをつかみ、教わった通りに地平線に視線を固定する。着地を意識するな。背中を伸ばせ。膝を軽く曲げろ。

衝撃で肺の空気が一気に押し出される。柔らかく横に転がって体の軸方向にかかる力を逃がすはずが、足からいって後頭部まで地面に叩きつけられた。視界に青い閃光《せんこう》が走り、真っ黒になる。パラシュートはしぼむどころか共謀する風に膨らんで、動けないわたしの体を岩だらけの着地エリアの端まで引きずった。やっとのことでDリングを引き、パラシュートをハーネスから切り離す。仰《あお》向《む》けに転がるわたしの上を、次の航空機の一団が通りすぎていきながら、パラシュート部隊を空にまき散らした。エアボーン軍曹がわたしを見下ろしている。

「四回飛べば卒業だぞ、くそガキ。あとたったの三回だ。最後の一回はパラシュートを開く必要もない。ウイング記章はおまえのかあちゃんに送ってやるからな」

四回の降下を終えたあと、気をつけの姿勢で立つわたしの左胸のポケットの上に、エアボーン軍曹が銀のパラシュートウイング記章を血が滲《にじ》むほどぐいぐいと突き刺した。この記章をつけるのはこれが最初で最後だろう。軍服を記章で飾り立てるほかの軍隊とは違い、海兵隊員は特別な記章を一切つけない。わたしは使う予定のない技能とつけることのできない記章を携え、空路でカリフォルニアに帰った。フォート・ベニングから持ち帰った記念品といえば、胸に残るふたつの赤い点――エアボーン軍曹が合衆国海兵隊に対する不満から、わたしに八つ当たりした跡だけだった。

捕虜になった際の六つの行動規範

数週間後、暗闇で凍えるわたしの頭上をサーチライトの光が動き回っていた。自分の心臓が打つ早鐘の音が耳に響く。一〇〇メートル離れていても聞こえそうだ。光が近づくと、わたしは干上がった川床の砂利にさらに深く体を押しつけ、身をくねらせて自分と光の間の地面をあと一ミリ広げる。ライトのあるところには犬がいる。犬のいるところには武装した男たちがいる。捕まれば拷問され、殺されるかもしれない。あの光から逃げなくては。乗っていたC−17がバルカン諸国のどこかで墜落し、わたしは一〇人あまりの仲間と共に寒い森に放り出された。安全なところまで運んでくれる地下組織の協力者と合流すべく、昼の間は身を潜め、夜闇《やあん》に紛れて移動しなくてはならない。

　とにかく、そういう筋書きだ。わたしは夜の川床で、それが事実だと思いこみかけていた。実際にその森があるのはカリフォルニア州ワーナースプリングス近郊、サンディエゴ東部の高原地帯だった。わたしは海軍の生存《S》・回避《E》・抵抗《R》・脱出《E》訓練校の生徒だ。SEREは〝リスクの高い人員〟――主にパイロット、SEALs、海兵隊リーコン――を対象に、敵の防御線内で捕捉を逃れ、捕虜になった場合の拷問に抵抗する訓練をおこなっている。この訓練校の〝名誉の帰還〟というモットーには、北ベトナムや湾岸戦争などの紛争で捕虜になった米国軍人の教訓が集約されていた。

　SEREの最初の一週間は教養課程で、コロナドにあるノースアイランド海軍航空基地の教室で半日授業を受けた。教官を務めていたのは、わたしが海兵隊にいるより長い時間を他国の牢獄《ろうごく》で過ごした男たちだ。教官たちいわく、この課程の目的は〝捕虜になっても心理操作を乗り切れるよう訓練する〟ことにある。教官たちはジュネーブ条約にもとづく権利――食事、収容施設、医療、手紙――を説明しながら、自虐的な笑みを浮かべた。「どれも期待するな」さらに教官たちは、六か条の行動規範をわれわれに教えこんだ。この行動規範は朝鮮戦争中、捕虜になった米軍人が心身の圧迫により多大な情報を漏らしたために、戦後に作成されたものだった。

　行動規範の最初にはこう書かれている。〝わたしは米国の軍人です。わたしが仕える軍隊は、われわれの国と生活を守っています。わたしは命を懸けてそれを守る所存です〟そのあとに続く誓約には、〝決して降伏せず、常に捕捉に抵抗して脱出を試み、敵からいかなる特別な計らいも受けない〟とある。この規範は米国軍人の義務として、捕虜になっている仲間を裏切らないことと、明かしてもいい情報は名前、階級、個人識別番号、生年月日のみであることを挙げている。ほかの質問はすべて〝最大限に〟かわさなくてはならない。そして、最後はこう締めくくられていた。〝わたしは自分が米国軍人であることを決して忘れることなく、みずからの行動に責任を持ち、わが国の自由を守る理念に身を捧《ささ》げます。わたしは神に信を置き、アメリカ合衆国を信頼します〟。SEREの二週目にはいり、われわれはそれを実践する機会を得た。

訓練期間が折り返し地点を迎えた土曜日の朝、われわれはバスに乗っていた。歩兵科のわたしは少ない荷物で移動するのに慣れている。背嚢の中身だけで何週間も戦地を生き延びたのだ。その朝は、SEREの野戦訓練で認められているコンパス、歯ブラシ、三メートルのパラシュートコードといった装備がすべて左のポケットに収まっていた。

ワーナースプリングスに着いて最初の数日は、教室で学んだ技能――ナビゲーション、偽装、信号、襲撃――の実践訓練に充てられた。海兵隊の歩兵には何も新しいことはない。寝る時はパラシュートの四角い小さな布の下で、みんなで何とか暖をとろうと折り重なって眠った。六日間で食べたのは、ニンジン一本、少量の野生大麦、ほんの少しのウサギ肉だけだった。SEREが恐れられているのは主にこの飢えが理由で、われわれは徐々に判断力が鈍り、精神状態が不安定になっていった。

その週の半ばにさしかかるころ、最終試験がはじまった。航空機が敵陣内に墜落した設定で、犬を連れた大勢の敵の追跡を逃れ、捕まった場合は隔離された戦争捕虜収容所での尋問に抵抗する。最後まで逃げ切る者はひとりもいない。全員がその収容所へ行く。だが、教官たちに操作できないものがひとつあって、それが時計だった――終わる時間になれば訓練は終わる。いいやり方は、できるだけ長く逃げて、自分なりの方法で森にいられる時間を延ばし、捕虜収容所で敵の手に身をゆだねる時間を減らすことだ。

川床でじっと身をかがめているうちに、大声をあげていた人影とサーチライトは遠ざかっていった。わたしは大きく息をつき、這って移動しはじめる。砂の音がしないのがありがたい。米国の軍隊が敵陣内やその上空で作戦を展開する場合と同じように、われわれは〝指定回収地点〟のブリーフィングを受けていた。わたしはある小屋を指定され、そこで安全な場所まで運んでくれる協力者と落ち合うことになっている。小屋はまだ数キロ先だ。夜が明ける前にたどりつくか、翌日の夜まで隠れている場所を見つける必要があるため、わたしはすばやく移動した。日中に動けば捕まるのはほぼ確実だ。

ワーナースプリングス周辺の高原地帯は夜になると夏でも寒い。わたしたちが着ていたのは夏用の軍服だけだったので、わたしは走って体を温めたい衝動に抗《あらが》い、自制してペースを落とした。ひとりでいるのは気持ちいい。自分の知恵が試され、すぐに見返りが得られる満足感がある。自由な時間の一秒一秒が、わたしにとっては勝ちを意味する。ＳＥＲＥでは対処戦略を講じることも訓練の一部だ。わたしの戦略はこの演習をゲームにしてしまうことであり、それがモチベーションになっていた。

夜明け前に小屋に着き、なかで五人のクラスメイトと再会した。墜落のあと散り散りになり、別々に小屋までたどりついたのだ。小屋の主《あるじ》は屈強なボスニア人で、おそらく実際は海軍の兵曹だろうが、われわれの安全を請け合い、夜の間に長い距離を移動してきたのだから、その日はゆっくり眠るようにと勧めた。わたしは土の床でいつのまにか眠りに落ちた。

〝穏やかな戦術〟の尋問は拷問より恐ろしい

吠《ほ》えたてる犬の声で目が覚めた。外国語の怒鳴り声がして、小銃の遊底《ボルト》が押し戻される音がかちりと響く。裏切られた。太陽はすでに空高く、わたしは捕まったことを悟った。打ちのめされた思いだ。SEREの真に迫ったやり方と、乏しい食料で頭がまわらない週を過ごしていたせいで、ただの訓練だということはあっさりと意識から抜け落ちた。その朝、わたしの頭にあったのは、自分がバルカン諸国のどこかにいて、たったいま捕虜収容所行きを宣告されたということだけだった。

荒々しい手に後ろから地面に押さえつけられる。見えるのはブーツだけだ。黄麻布の袋を頭から被せられ、誘導されているとも引きずられているともつかない状態で砂利道を進み、開けた場所に出た。わたしは自分の状況を把握するのに、ずっと袋の隙間から下をのぞいていた。先週教わったことを思い出そうとして頭をフル回転させる。今は捕まったばかりの最も危険な時間だ。屋外で尋問されることもありうる。ある程度の情報を明かさなければ、捕虜にされるのではなく即座に殺されるだろう。頑《かたく》なに知らぬ存ぜぬで通そうとすると、大抵は頭蓋底に弾丸を撃ちこまれて終わる。

金属の壁に押しつけられたわたしは、満足感に近いものを感じた。屋外での尋問。予想が当たった。口髭を生やした浅黒い男がわたしの襟首をつかみ、前後に揺すって壁に打ちつける。二、三回そうしてから、名前を訊いた。わたしは「アメリカ人だ」と答える。男はわたしに平手打ちを食らわせ、また壁に打ちつけた。そんなやり取りを二回ほど繰り返したあと、男は銃を抜いた。わたしは危険な兆候に気づき、自分の名前を言った。

捕虜になった場合の法則は、ぽきりと折れず、しなやかに曲がること。オークの木ではなくヤナギの木になることだ。殺されれば試験は不合格になる。わたしは男とさらにふたつの質問についてやり取りし、そのあとトラックの荷台に放りこまれた。

翌日は昼も夜も、殴られたり尋問されたりしてぼんやりと過ぎた。わたしは服を脱がされて下着一枚になり、自分の身長より低く肩幅より狭いコンクリートブロックの独房に押しこまれた。足がしびれ、立ち上がる。今度は背中が痙攣《けいれん》する。そのサイクルを何時間も延々と繰り返した。隔離というのは短時間でも過酷なものだ。見る物もなければ話す相手もおらず、時間を知る術《すべ》もない。完全な無力感を味わわされ、自分の運命が敵の手に握られていることを思い知らされる。

日が暮れたあと、雑音のひどい録音音声が収容所中に響いた。ラドヤード・キップリングの「靴《ブーツ》」を物憂げなイギリス英語で棒読みした音声だ。何回も何回も、はてしなく再生が繰り返される〝戦《いくさ》で除隊はありゃしない！〟

ストレスがひどい時、人は人とのふれあいを求め、痛みに共感してくれる誰か、つらさを打ち明けられるという、ただそれだけの希望を持たせてくれる誰かとのつながりがほしくてたまらなくなる。わたしが恐る恐る気持ちの高揚を覚えたのは、日没の数時間後、看守に独房から引きずり出され、銃を突きつけられて地下の長い廊下を連れて行かれた時だった。看守たちが話すのを聞き、動くのを見るだけでも、自分自身から注意を逸《そ》らすことができた。

絨毯が敷きつめられ、暖かく明るい部屋に入る。デスクの奥の男が愛想のいい笑顔でわたしを迎え、訛りのある英語で腰を下ろすよう求めた。キャンディバーと湯気の立つコーヒーカップをデスク越しに押してよこし、さあどうぞと勧めてくる。心理操作だ。わたしは断ったものの、立ちのぼる湯気をじっと見ないわけにはいかなかった。男はジャマイカ大使館の代理人を名乗り、わたしはただうなずいた。男が待遇はどうかと訊く。わたしはジュネーブ条約の第二五条によると適切な施設に収容されなくてはならない、と答えた。第二六条では基本的な日々の食糧が保証されている。どちらも守られていない、と。男は微笑みながら、手立てを検討してみようと言った。それから心配そうな表情を浮かべ、わたしの健康状態を訊いてきた。男に促されるまま、わたしは頭を上下に、そして前後に動かし、腕と脚を曲げる。

このジェスチャーゲームをやりながらも、わたしはそれが〝穏やかな戦術〟の尋問だと認識していた。拷問は大抵愚か者がやることだ。アメリカ人は社会的な生きもので、とりわけ優しい笑顔と親切な言葉で骨抜きにしようとする連中の手に乗りやすい。わたしは言われたことに礼儀正しく従いながら、どんな計らいも受け入れないようにすることで、その卑劣なジャマイカ人に勝利した。そしてまた独房だ。

震えながら二、三時間が過ぎたあと、ふたたび外に出された。今度は目隠しをされ、両手首を縛られる。別の部屋の中で、わたしは木の箱に無理やり入らされた。おそらく高さが一・五メートル、幅が六〇センチで、奥行きは六〇センチもない大きさだ。頭の上で荒々しく蓋《ふた》が閉まり、掛け金のかかる音がした。これではまるで生き埋めだ。わたしはじたばたして動揺を悟られまいと、必死で心を落ち着かせ、力を抜いて息をするよう努めた。

ようやく箱から出されると、看守たちに押されて階段を上り、木の床に膝をつかされた。目隠しをさらにきつく締められ、全く何も見えない。両手は背中で縛られたままだ。声が怒濤《どとう》のように質問を浴びせかけてくる――名前、階級、所属する軍隊、この国にいる理由、航空機に同乗していた米国人の人数。質問者はわたしのまわりをぐるぐる歩き、床板を軋《きし》ませる。どこから一撃が飛んでくるか分からない。

わたしは教わった抵抗手法を使い、もっともらしく筋が通っていながら融通がきいて、一貫性のある話をどうにかでっちあげた。ところどころに曖昧《あいまい》な話を差しはさみ、関係のない方向へ話を逸らす。軍隊用語の頭文字を頻繁に使い、記憶が定かではないと主張する。暗闇からこぶしが飛んでくる気配を察知するたびに、情報を小出しにする。わたしは膝がひりひりしてくるまで、のらりくらりと言葉をかわしつづけた。そしてようやく、小銃の銃身に小突かれて立ちあがり、その銃身を胸に突きつけられながら、足をひきずって独房へ戻っていった。

対処戦略。わたしは震えながら独房の壁をじっと見つめる。日の出まであと何時間あるかも分からなければ、捕虜収容所に来て何日経つのかもさっぱり分からない。その時ふと、タップコードを思い出した。コロナドで受けた授業の中に、モールス信号のようにこつこつ叩いて文字を表すタップコードの授業があった。それを使えば単語を綴《つづ》って独房の壁の向こうに伝えることができる。わたしは目の前の壁を「HI《やあ》」と叩いた。H-I H-I。

驚いたことに、誰かが叩き返してきた。最初に叩かれた音をいくつか聞き逃したので、壁を引っ掻いた。もう一度最初からという合図だ。

S-F S-F S-F。

センパー《S》・ファイ《F》。常に忠誠を。わたしは窮屈な独房の中で微笑み、のんびりと次の心理操作を待った。

予想していなかった罠

SEREの最後に、教官が生徒と一対一でていねいにパフォーマンスの任務後報告《ディブリーフィング》をおこなった。

コロナドの空っぽの教室で、わたしの前に教官の海軍兵曹が座っている。

「さて、中尉」兵曹が笑顔で言った。「箱に閉じこめられていた時間はどのくらいだったと思いますか」

「一時間、二時間かな」わたしは答えた。

「八分です」

わたしが独房から連れ出された二回は、おそらく一回が穏やかな尋問で、もう一回が厳しい尋問だ。厳しい尋問は完全にうまく切り抜けた――ほとんど全く情報を漏らさなかったし、抵抗手法を効果的に使えたので、尋問者は一度も拷問に頼ろうとしなかった。穏やかな尋問のほうは、そうはいかなかった。わたしは黙って座り、兵曹がビデオテープを再生する。そこには、青白くげっそりした顔で暖かい部屋に座るわたしがいた。全く気づかなかったが、隠しカメラがあったのだ。ビデオにあとから足された声が、実際には一度も訊かれていない質問を尋ね、わたしのリアクションが挟まれていた。

「あなたたちの爆撃でわが国の幼い子供たちが死ぬことに、心が痛みますか」

わたしは首を振って否定した。

「平和を愛するわが国の国民に対して、ここでおこなわれている戦争犯罪については、アメリカが諸悪の根源だと思いますか」

わたしはうなずいて、はっきりと肯定した。

ジャマイカ人の健康状態に関する質問に応《こた》えて首のストレッチをしたのが、わたしを陥れるために使われていた。最善を尽くしたにもかかわらず、わたしは穏やかな尋問の餌食《えじき》になっていたのだ。

兵曹が同情をこめて言う。「心配はいりません、中尉。心理操作に一度ひっかかっておくのが一番いいんですよ。二度とひっかからないようにするためにね」

18 「最初の弾が発射されればルールは変わる」

新たな職場

次の月曜の朝、わたしは緑の礼装軍服を身につけた。礼装軍服を着るのはこれが二度目だ。第一海兵連隊第一《1/1》大隊に初出勤してからすでに二年近く経ち、わたしはもう新米ではなくなっていた。アフガニスタン出征の略綬をいくつか胸につけ、それに伴う自信も身にまとう。

第一偵察《リーコン》大隊の本部はキャンプ・ペンドルトン内のキャンプ・マルガリータにあり、飛行場のそばに一階建てのオフィスの建物が集まっている。入り口の上の看板には、海兵隊基礎訓練校《TBS》のレフトウィッチ中佐像で見た記章——頭蓋骨と二本の交差する骨、それを囲む〝すばやく、静かに、徹底的に〟の言葉が掲げられていた。大隊は一九三七年の創設以来、海兵隊のほぼすべての作戦に参加して殊勲を立ててきた。

事務員はわたしの辞令書を回収し、新しい将校が初出勤してきた時は大隊長が握手をご希望なのでと言って、わたしを大隊長のオフィスへ向かわせた。スティーヴン・フェランド中佐は引き締まった体格に端正な顔立ちの男で、わたしがドアをノックした時は電話中だった。そこに座れと手振りで示す。中佐は咽頭《いんとう》癌を患ったあと、かすれた声しか出なくなっていた。中佐の指揮下にある大隊のコールサインが〝ゴッドファーザー〟なのも納得だ。電話を切ったあと、フェランド中佐は社交辞令で時間を無駄にはしなかった。

「おまえの仕事は小隊で誰よりも強いやつになることだ」デスク越しにわたしを指差して言う。「それをやれ。そうすれば、ほかのことはすべて収まるところに収まる」

中佐はつけ足すように、わたしの配属先はB《ブラボー》中隊、コールサインは〝ヒットマン〟だと告げ、幸運を祈ると言った。

わたしは気をつけの姿勢で立ち、まわれ右をして、まっすぐホイットマー少佐の部屋へ向かった。アフガニスタンから戻って昇進し、今はリーコンの新しい作戦担当官になっている。パナマ・シティの戦闘潜水員訓練校で一〇週間を過ごしてきたばかりのホイットマー少佐は、日に焼けて引き締まって見えた。わたしは少佐に会えて嬉しかった。

「正式にリーコンだな、おめでとう、ネイト」

「昇進おめでとうございます、少佐。佐官昇進に伴う前頭葉切除手術《ロボトミー》を受けておられないといいんですが」これは佐官がその階級を手に入れるかわりに常識をなくすという、尉官の間で交わされるジョークだ。

「気をつけろよ、中尉。おまえはいま佐官の怒りを買おうとしているぞ」ホイットマー少佐は笑い、わたしもアフガニスタンで一―一の作戦担当官から食らった警告を思い出して笑った。

中隊指揮官に実戦経験はいらない

B《ブラボー》中隊の指揮を執るのは人好きのしそうな大尉だった。元全米代表のアメフト選手で仕事は元情報士官だが、戦場で歩兵を率いた経験は全くない。だが、リーコンは歩兵部隊と違ってチーム単位や小隊単位で作戦行動をとる。中隊は管理上の理由で存在しているだけなので、指揮官の経歴がそうでもわたしは気にならなかった。指揮官はわたしを歓迎し、悪いニュースともっと悪いニュースのどちらを先に聞きたいかと尋ねる。わたしは悪いニュースを選んだ。

「おまえが指揮するのは第二小隊――〝ヒットマン・ツー〟――だが、隊員は三人だ」ディル大尉の偵察小隊は定員いっぱいの二三人だった。アフガニスタンから帰国したあと、海兵隊を辞めた者やよその部隊へ異動した者がいる。が、今は訓練校に行っていて夏や秋に戻ってくる者もいる。

「で、もっと悪いニュースというのは？」

「来週から一か月、ブリッジポートへ行く。訓練続きだったから休暇をとろうと思ってた、というんじゃなきゃいいんだが」

カリフォルニア州ブリッジポート近郊のハイシエラには、海兵隊の山岳戦闘訓練センターがある。朝鮮半島の雪山で戦う訓練をするために一九五一年に開設された場所だ。アフガニスタンの地形にも似ていて、二〇〇二年夏の時点ではまたアフガニスタンへ行く可能性があった。大隊は三週間半の間、山のなかでロッククライミングや偵察訓練に明け暮れることになる。二、三か月後に分かることがこの時点で分かっていれば、山ではなくトゥウェンティナイン・パームズの砂漠にある訓練所へ行っていただろう。

作戦立案にはチームの能力を知る必要がある

まだ隊員が揃わず〝小隊〟の体をなしていなかったので、わたしはブリッジポートの偵察作戦本部《ROC》で過ごす時間ほぼ全部を使い、偵察任務の計画作成を徹底的に学んだ。一週目が終わる頃には大学生に戻った気分になっていた。蛍光灯の下で夜遅くまで、濃いコーヒーで何とか持ちこたえながら理論を山ほど学んだが、実践が全く伴わない。

わたしは中隊長に、チームの偵察訓練に同行したいと伝えた。返事を聞いてぎょっとする。

「ああ、それだと見栄えがいいな」

見栄えがいい？ そんなことはどうでもいい。わたしは無線の向こうにいる隊員たちの立場で任務が見たかった。地図をひっくり返すようなものだ。通常、リーコンの小隊長はROCで計画や兵站の調整をおこない、偵察は班長が率いる。人の領分に立ち入りたくはないが、小隊の配置後にいい作戦を立てるにはチームの能力を確かめておく必要がある。

大隊の上級将校のひとりが――この将校はのちに、ベネリ社製の散弾銃を携行すべきだと言い張って、隊員たちから〝ベネリ少佐〟とあだ名されるようになったのだが――異を唱えた。「それはおまえの仕事じゃないぞ、中尉。出過ぎた真似をするな」ベネリ少佐は自分より階級の低い者には得意げなにやけ顔でしか話せない。

だが、ホイットマー少佐がわたしを脇へ引っぱっていった。「チームに同行しろ。学べることがいっぱいある。おまえも少佐になったら司令部で腐る時間はたっぷりあるからな」

同行することで見えてきた教訓

任務訓練の筋書きはこうだ。偵察大隊は敵国内で秘密裡《り》に作戦を展開している。翌週には陸軍空挺部隊が侵攻してくることになっていて、大規模な部隊と装備をパラシュートで投下する。リーコンの仕事は、その投下地域にこっそり近づき、任務に適した場所かどうかを詳しく報告することだ。典型的な徒歩偵察任務だった――侵入し、観察し、気づかれずに撤収する。

午前半ば、ヘリコプターは着陸地域へ降下しはじめた。わたしは六人編成の班を陰から観察する。知っているのはルディ・レイエスだけだった。〈ダビューク〉でエクササイズの指導をして、ジャコババードでは格納庫の上で監視に立っていた三等軍曹だ。ルディは班の無線係を務めていた。指揮は班長が執り、わたしは隊員たちを尾行して観察するだけだ。

窓から外を見ると、ありえないほど狭い黄色の草地が金網のフェンスに囲まれていた。だが、パイロットたちは予備役の中佐で、回転翼の羽根の直径より三センチでも広ければ、どんな場所にでも着陸を厭《いと》わない。車輪が鈍い音をたてて接地すると、隊員たちは一列になり、不揃いなマツの木がひしめき合って並ぶ方へ向かった。その木々の影から閃光が走る。わたしに聞こえるのは数メートル後ろで回る回転翼の轟音だけだ。

「接敵！　ヘリに戻れ」班長が叫ぶ。敵役を務める海兵隊の別グループが撃ってきたのだ。隊員たちはジグザグの列を組み、班の半分が撃ち返す間にもう半分が移動する。三五キロの背嚢の下で難儀しつつ、膝射《しっしゃ》で撃ってからヘリコプターへ向かってのしのしと進む。班長とパイロットの間で短い言葉がすばやく行き来する。

「撃ってきた。離陸するぞ」

「あと二〇秒。置いて行くな」

ドアガン射手が機関銃に身をかがめ、木々の列の影に向かって掃射する。最後の隊員がハッチを登りきるのも待たずにヘリコプターは危険地帯から飛び立った。代替侵入地点へ飛んで、急降下する。班長が隊員を率いて着陸地点を離れ、小さく円陣を組ませる。どの隊員もヘリコプターが騒々しく去っていくのに目を凝らし、耳を澄ます。侵入の音と動きが収まったあと、目と耳が森の繊細なリズムに慣れるには時間がかかる。白目のなかですばやく動く瞳《ひとみ》が見えたが、人間と分かる特徴はそれだけだ。まわりを囲む森の薄暗い静けさに慣れるにつれて、それさえも一日の疲れと共に薄れていく。

隊員たちは三〇分間、ぴくりとも動かなかった。鳥のさえずりが戻り、リスがまた落ち葉の間をちょこちょこと走りはじめる。そこではじめて隊員たちが起き上がった。

本隊の目標の投下地域は五キロの山地を隔てた先にある。これより少しでも近くに着陸するのは危険が大きすぎた。班の計画では、日没の頃に配置について目標を観察し、写真を撮って大隊へ送ることになっている。それから闇に乗じてその地域を至近距離で偵察し、そのあと〝スパロー〟と呼ばれる脱出機着陸地点へ移動して朝の迎えを待つ。

伍長を先頭にして班が移動を開始した。伍長は片足の踵《かかと》を地面につけ、音もたてずに体重を親指の付け根に移動させながら、ゆっくりともう片方の足を出す。伍長の後ろを班長が歩き、そのあとに無線機を背負いながらも快活な動きでルディが続く。ふたりの若い隊員は班の大量の物資——主に水とバッテリー——に加え、火力として班の軽機関銃一挺も重そうに運んでいる。副班長は最後尾を歩きながら、隊員がはぐれないよう目を光らせ、班長に何かあった場合にはいつでも代わりができるよう準備している。わたしはできる限り気配を消すよう努め、班の後方で副班長を尾行しながら、班の動きを観察して時間と距離を地図に記録した。

日没直前、班はここより木々が密生して人を寄せつけない場所は見つからないというほど深い茂みで停止した――完璧な偵察基地だ。三人がそこに残り、班長を含むあとの三人が目標地域の偵察に行く。わたしは班長の偵察について行く方を選んだ。

われわれはマツの木が生い茂る谷間を歩き、また日差しの中に出て、岩がむき出しになった浅い尾根を登った。岩肌に土の筋が這い広がり、その土にしがみつく低木がわれわれの動きを覆い隠すほど生い茂っている。そこをすばやく登り、予定されている投下地域をおよそ三〇〇メートル下に見おろす有利な地点に出た。

ふたりの隊員がまわりに目を走らせて危険がないか確認する間に、隊長は荷物をほどいて仕事に取りかかる。ワインボトルほどの大きさの望遠レンズをカメラ本体にねじ入れ、カメラの角度を少しずつ変えながら連続で撮影して目標の全景を写真に収める。別のカメラでさらに五枚。カメラを片づけると、今度はナイロン袋のファスナーをあけて、スケッチブックとひと握りの色鉛筆を取り出した。すばやく確かな線で目標地域の輪郭を描き、木や溝のような障害物を追加して、おおよその高さや寸法を書きこむ。ページに情報をぎっしり詰めこんだあと、袋のファスナーを閉めて立ち上がった。われわれはさっきの尾根を這いおりる。

偵察基地では、ほかの隊員たちが高周波無線を用意しながら、われわれのグループの帰りを待っていた。情報を大隊へ送信するのは、もし自分たちが捕まったり殺されたりしても任務が無駄にならないようにするためだ。班長が小さなノートパソコンで猛然と報告書をタイプする傍らで、ルディがROCに連絡をとろうとしている。

「ゴッドファーザー、こちらヒットマン・ツー」B《ブラボー》中隊第二小隊のコールサインを使って大隊を呼び出す。

静寂。

「ゴッドファーザー、ゴッドファーザー。こちらヒットマン・ツー。応答願います。どうぞ」

静寂。

鞭《むち》形をした通常のホイップアンテナでは山にさえぎられるため、ルディは近くの木にするすると登ると、細いワイヤーを枝に巻きつけて、巨大な野戦用即席アンテナをうまい具合に作りあげた。

「ゴッドファーザー、こちらヒットマン・ツー」

「ヒットマン・ツー、こちらゴッドファーザー。情報を送れ」

写真とテキストの報告書を暗号化されたデジタル方式のバースト転送で大隊へ送る。ＲＯＣでは何キロも離れたところからほぼリアルタイムで送られてくる画像見たさに、受信するコンピューターのまわりに人が集まっているだろう。訓練であっても、このテクノロジーは感嘆に値する。報告書を送り終えると班は装備を片づけ、暗くなるのを待って投下地域へ移動した。

わたしはこれから自分の小隊をうまく活《い》かすための教訓を学びつつあった。リーコンのチームは常に、時間が足りないか、バッテリーが足りないか、情報が足りないかだ。答えるべき質問が多すぎ、確認が義務づけられた本部との無線のやり取りが多すぎ、満たすべき要求が多すぎる。

先頭の隊員が褐色の霧のように坂をふわりと下りていく。わたしは暗視ゴーグルを目の前に下ろし、暗闇の中で隊員たちの動きを追った。かさかさという足音さえ聞こえず、暗視ゴーグルなしではついて行けない。隊員たちの優秀さには舌を巻いた。

〝静かなるプロフェッショナル〟

投下地域の南端で班は二手に分かれ、間に一キロの草地を挟んで、その地域の両端に沿ってジグザグに進んだ。わたしの口から吐き出された息が濃い水蒸気となり、昇る月に明るく照らされる。暖かい服とバッテリーが詰まった三五キロの背嚢の重みに耐えながら、わたしは静かに歩いた。文句はなし。悪態もなし。足の下の小枝を不注意でぽきりと折るのもなし。われわれはマツの木が影を落とす細い小径《こみち》を一列で縫うように進んだ。この月の下で開けた場所を移動するのは目につきすぎる。

頭上高くの暗い空を、旅客機が赤と白のライトを点滅させながら滑るように飛んでいく。わたしはサンフランシスコへの着陸準備に入った機内でコーヒーカップが回収され、折り畳みテーブルが元の位置に戻されるところを想像した。乗客にとってはあと二〇分、われわれにとっては二〇光年の距離だ。

隊員たちは投下地域の北側で手際よく合流した。無線で呼び出す、赤外線ライトを光らせる、慎重に接近する、合言葉をささやく、即座に応答する――〝ペストリー〟、〝タイガー〟。班長はそこから脱出機着陸地点へ針路をとり、途中までできたところで隊員たちに小さく円陣を組ませる。そこでさっきの手順を繰り返し、情報をまとめて大隊へ送った。投下地域に障害物なし。空挺部隊の侵攻を開始されたし。夜明けまであと一時間、睡眠も食事もとる暇はない。ルディはその両方を補うべく、インスタントコーヒーの粉を舌にまぶし、内容物の鑑定家さながらの満足げな笑みを見せた。

東の空がまだ暗いうちに〝スパロー〟へのラストスパートを切った。密《ひそ》かに移動しつつ、ヘリコプターに間に合うように到着するという、新たな必要も満たさなくてはならない。先頭の隊員は相変わらず一歩一歩慎重に踵を下ろしているが、さっきより足の運びが速い。わたしは地図を見た――脱出地点まで二キロ弱。こういう地形では一キロ一時間が目安だ。そのほぼ二倍の距離を二〇分で移動しなくてはならない。われわれがそこにいると信じて〝スパロー〟へ飛んでいるパイロットが目に浮かんだ。

脱出地点に近づいた時、回転翼の羽根の音が谷から聞こえてきた。班長がヘリと連絡をとる。

「ムーンライト、こちらヒットマン・ツー。着陸地点へO《オスカー》M《マイク》」班長は〝移動中（on the move）〟の略語を使った。

「了解、ヒットマン・ツー。丸鋸《まるのこ》とNATO-Yで頼む」

パイロットが要請したのは、暗闇でのヘリコプター着陸誘導に最も好まれる方法だった。NATO-Yは西側諸国の軍隊で標準になっていて、あらかじめ長さを測ったパラシュートコードに四本のケムライトをくくりつけたものだ。地面に置いてコードをぴんと張るとYの字になる。隊員のひとりがコードを取り出し、すでにくくりつけられていた四本のケムライトを折った。それを着陸地点に広げ、Yの縦棒の底を風上に向けて、二股《ふたまた》の部分をヘリコプターの主着陸装置が着地する地点に合わせる。

〝丸鋸〟というのは長さ六〇センチのパラシュートコードに赤外線ケムライトを一本だけ結んだものだ。隊員がそのライトを折り、コードを投げ縄のように回しはじめた。暗視ゴーグルで見ると、ぐるぐるまわるケムライトが揺らめく光の輪になって、視界にくっきり浮かび上がる。ヘリコプターがその合図に誘導されて、隊員たちが三列になってしゃがむ狭い草地めがけて降下する。

回転翼の風に砂塵と小枝を浴びせられ、わたしは顔をそむけた。ハッチが開き、貨物室から鈍い緑の光が漏れる。班長が隊員たちを数えて機内に乗せながら、両手でひとりずつがしりとつかむ。それからハッチの下の草地に手を伸ばし、NATO-Yをぐいと引っぱってヘリコプターの中に回収した。痕跡は残さない。パイロットが推力を上げ、われわれは朝食めざして飛び立った。わたしは以前、リーコンの隊員が自分たちを〝静かなるプロフェッショナル〟と呼ぶのを聞いたことがあったが、その理由が今分かった。無線呼び出しを除けば、二四時間で隊員たちが話した言葉は一〇語にも満たない。

「やる気が感じられんぞ、偵察大隊」

二〇〇二年九月には小隊の全員が揃っていた。全部で二三人。それが六人編成の班三個と、五人の小隊本部に分けられた。ある金曜の午後、日干し煉瓦造りのミッション様式で建てられた礼拝堂で、大隊全体が一堂に会した。話の主題はイラクだ。戦争のブリーフィングには似つかわしくない場所だったが、全員が快適に座れるところはその建物しかなかった。わたしはマイク・ウィン一等軍曹、ブラッド・コルバート三等軍曹と一緒に中へ入った。

ウィン一等軍曹《ガニー》はテキサス出身で、賢明さとしなやかな強靱《きょうじん》さを併せ持つ男だ。一九九〇年代前半にモガディシュで狙撃《そげき》手として戦闘を経験し、エルサルバドルでも米国大使館で勤務していた時に戦闘に加わった。ウィンが小隊軍曹になると分かった時、わたしはハワイで新しい職務に就いていたエリック・ディル大尉に電話した。「ひざまずいて神に感謝するんだな」ディル大尉は言った。「やつは一流だ」マリーン二等軍曹と同じで、ウィンは大声を出すタイプではない。誠実さと公平さで隊員たちから尊敬されていた。二年前より経験を積んでいたわたしは、もう当時のような指導を必要とはしていなかったので、ウィンとは最初から相棒として付き合えた。

コルバート三等軍曹は第一班の班長を務める。金髪で理知的なサンディエゴ出身者で、一年前のカンダハール近郊の急襲でリーコンの班長として冷静に任務を遂行したことから、〝アイスマン〟の異名をとっていた。わたしたちが三人一緒に木製の信徒席に滑りこんで雑談していると、ブリーフィングがはじまった。

ブッシュ大統領はつい先日、国連が決議をイラクに強制して履行させられないのであれば、米国は独自の行動をとるしかない、と国連に勧告した〔米国はイラクの大量破壊兵器保持と、核兵器の秘密裡開発を主張していた〕。大隊の年長者たちは前にもこういう成り行きを見たことがあり、外交手段として強気の発言をしても結局は交渉で何らかの解決を見るだろうということで、おおかたの意見は一致していた。アメリカの戦車がバグダッドに乗り入れることはないだろう。師団参謀長の大佐が祭壇の席につくと、部屋は静まりかえった。

「戦《いくさ》の神を称えて」コルバートが小声で言った。

大佐が師団参謀のうち幾人かを紹介し、紹介された参謀がそれぞれ自分の専門分野を簡単に説明する。にきび面の上等兵が、大佐から〝イラクの軍、兵器、戦術を師団内で最もよく知る人物〟と紹介され、登壇して情報ブリーフィングをはじめる。ガニー・ウィンがわたしに体を寄せて言った。

「あれが本当なら世も末ですね」

紙にペンを走らせる音だけが聞こえる中、師団の兵站部門の担当者が漏斗《じょうご》を使って水を節約する計画や、奪取した燃料の不純物検査方法を説明する。突然、大佐がブリーフィングをさえぎった。

「やる気が感じられんぞ、偵察大隊。〝殺れ《キル》〟はどうした」

大佐はわれわれに、〝殺《キル》れ！〟と叫べ、このブリーフィングでやる気が出たところを見せてみろと言っているのだ。わたしはウィンを見て言った。「誰なんだ、このふざけたやつは。パリスアイランドで新兵に話してるつもりか？」

大隊のみんなは含み笑いしながら所在なさそうにもぞもぞと体を動かし、大佐の命令には生ぬるい反応を返しただけだった。

「立て。外へ出ろ。もうちょっと熱意を持って戻ってこい」

わたしは冗談かと思ったが、ドアを指差す大佐の顔に笑みはない。わたしたちはのろのろと外の駐車場へ出ると、まわれ右をして中に戻り、また腰を下ろした。プロ意識も集中力も消し飛んでいた。むっつりした表情に失望が浮かぶ。われわれがここに来たのは戦争のブリーフィングのためだ。大佐はそのわれわれを子ども扱いし、完全に信用を失った。わたしは自分たちの命をこの大佐に預ける日が来ないことを祈った。

七つの一般原則を血肉にすべし

その数分後、マティス将軍が到着し、じめじめとした午後に訪れた雷雨のように、淀んだ空気を一掃した。マティス将軍は動的な人物だ。アフガニスタンで会った者たちはその人本人に魅了され、ほかの者たちはその評判に魅了された。襟の星は率いる者と率いられる者の間に壁をつくることがあるが、マティス少将の場合、階級は英雄のイメージをさらに強めるばかりだった。マティス将軍は士官であり、将であり、海兵隊員たちを理解する人物であり、何より本人が海兵隊員のひとりだった。わたしはウィンの視線をとらえ、体を寄せて小声で訊いた。「マティス将軍のコールサインを知ってるか?」ウィンは首を横に振った。「カオス。めちゃくちゃかっこいいよな?」ウィンは感じ入ったようにうなずき、マティス将軍が話しはじめた。

「ごきげんよう、諸君。金曜のこんな遅くに集まってくれて感謝する。南カリフォルニアの女たちが諸君を待っているだろうから、時間を無駄にするのはやめておこう」

マティス将軍は戦闘の計画や戦術の話はしなかった——そういう話を行き渡らせるのは指揮系統のもっと下がやることだ。将軍は七つの一般原則の話だけをした。その七つを熟考し、自分の血肉とし、体現するよう命じた。戦闘における師団の成功はそれにかかっている、と将軍は言う。

「八日前通知で混乱なく展開できること」わたしの小隊はおそらく八日で出発できるが、混乱はあるだろう。日常の保守点検と修理をすべて終えなくてはならない。装備を整理して荷造りする必要もある。砂漠用軍服の支給。搭載目録の作成。炭疽《たんそ》病や天然痘の予防接種。それに私生活のこともある。家の荷物をまとめ、車を預け、請求書の支払いをして、家族や友達に会う。何をどうしたって戦争に行くのは大変だ。

「どんな規模であれ諸兵連合部隊として戦うこと」諸兵連合部隊というのも海兵隊のモットーだ。これは敵を板挟みの状況に追いこもうという考え方で、敵はある武器から隠れようとすると別の武器に身をさらすことになる。諸兵連合部隊は小銃手ひとりと擲弾手ひとりでも編成できるし、師団とその航空団でも編成できる。これはわれわれが得意とするところだ。航空隊や砲兵隊との連携経験の豊富さでいえば、リーコンの右に出る者はいない。いるとすれば、元火器小隊長ぐらいだろう。

「兵をまとめる下士官の攻めの姿勢が勝利の鍵《かぎ》を握る」リーコンでは何の問題もない。班長はほとんどが下士官である軍曹で、大隊の根幹を支えるのはその班長たちだ。鍛え抜かれ、やる気に溢れ、経験も積んでいる。わたしとしては、攻撃性を煽るよりも抑えるほうが大変そうだ。「失敗は許されるが、規律違反は一切容認されない」灯火、音、射撃の規律は常に守らなくてはならない。勝利は細部に宿ることをマティス将軍は知っている。些細《ささい》なことをおろそかにすれば、やがて重大なこともおろそかになる。そういう規律違反はできるかぎり些細なうちに潰しておこうというわけだ。わたしはブリッジポートでの偵察の静寂を思い返し、リーコンの規律に自信を持った。「自分の対NBC装備を信用すること」NBCは核兵器（nuclear）、生物兵器（biological）、化学兵器（chemical）の略だ。将軍はひと呼吸おいて部屋を見まわした。「化学兵器の攻撃を受けることは覚悟しておけ」これには正直、ぞっとした。海兵隊員は少なくとも年に一日、ガス室で防毒マスクを安心して使えるよう訓練する。だが、それはただの催涙ガスだ。わたしはサダム・フセインがハラブジャのクルド人の村を化学兵器で攻撃した時の写真を見たことがあった〔一九八八年にイラク北東部のクルド人自治区が化学兵器で攻撃された事件。死者五〇〇〇人、負傷者一〇〇〇〇人ともいわれる〕。サリンやVXガスで窒息死した緑色の死体の山。ガニー・ウィンが要点を口にした。「もし化学兵器にやられたら命はないな」

「戦闘開始直後の五日間を生き延びる訓練をすること」この五日間は最も危険だ。その訓練をしろというのはいいが、最初の五日間のための訓練がそのあとの五日間のための訓練、あるいは最後の五日間のための訓練とどう違うのか、わたしにはよく分からなかった。それに、前回イラクと戦った湾岸戦争の記憶から、海兵隊員の多くは戦争が五日も続くとは思っていなかった。

「最後に、自分がいなくても家族がやっていけるようにしておくこと」それが今回の軍事展開の間だけなのか、それとも一生なのか、マティス将軍からの説明は一切なかった。おそらく両方だろう。

わたしの生命保険は有効だし遺書もあるが、念のため大事な人たちには手紙を書こうと決めた。

マティス将軍は師団全体への指示で話を締めくくった。第一海兵師団の隊員は誰ひとりとして、歩兵上等兵に認められている私物以外の物を持っていかない。キャンプ用ベッドも、コーヒーポットも、ゲームボーイも、CDプレーヤーも、衛星電話もなしだ。ダブルスタンダードはない。全員が地面で寝て、全員が日々の苦労を同等に背負う。スパルタ式の考え方だ。それでこそマティス将軍だ。わたしは嬉しくなった。

許可を求めるより謝罪する方を選んだ

その年の秋を通して、イラク問題の緊張は高まっていった。一〇月、米国議会はイラクが大量破壊兵器を破棄しなかった場合の米軍による攻撃を承認した。一一月には国連安全保障理事会が決議第一四四一号を採択し、イラクが武装解除義務を遵守しない場合は〝深刻な結果〟を招くと通告した。

そうした状況の中でも、わたしの日常生活はほとんど変わらないままだった。相変わらずビーチのそばでVJと暮らし、夕方はほぼ毎日一緒にランニングして、太平洋に沈む太陽を眺めながら、拡大しつつある危機について話し合った。ふたりとも、まだ何ごともなく終わると信じていた。

一一月半ば、パトリック・イングリッシュとわたしは互いのガールフレンドを連れて、ネバダ州で第一海兵師団が開催した海兵隊設立記念日のダンスパーティーに行った。海兵隊の青い礼装軍服《ドレス・ブルー》姿の将校たちが、ダンスフロアでデート相手をくるくるまわしたり、バーに集まって話をしたりしている。わたしは一九三九年の写真を見た時の薄気味悪さを感じた。それは第一海兵師団が平穏に過ごした最後の年だ。

偵察大隊に予兆が現れはじめた。われわれは、イラクで展開する可能性がある軍事オプションのいずれにも徒歩偵察の果たす役割はない、と告げられた。戦争の進行が速すぎるだろうから、と。そのかわり、われわれはハンヴィーと重機関銃を装備することになるらしい。基本原則がこんな風に根底から覆されるなんて、にわかには信じられない。わたしは支給を約束された装備が本当に届くかどうかを静観することにした。感謝祭までに装備が届いた。それでも、わたしの頭にはトラボラの任務の記憶があった。あの任務では、装備がすべて届いたあとで作戦が中止されたのだ。だが、一二月に入るといよいよ認めざるをえなくなった。勤務時間のすべてを使ってイラクとの戦争の準備がはじまった。

大隊から各小隊に、ハンヴィー五台、Ｍｋ19四〇ミリ自動擲弾銃二挺、五〇口径重機関銃二挺が支給された。装備をすぐに戦闘で使えるようにするために必要な改造は、ほとんどがわれわれに任されている。古いものが多かったが、隊員たちはあわてる様子もない。ただ必要な改造をする許可を求めていた。

ガニー・ウィンとわたしは、ハンヴィーを改造しようにも型にはまらない要望を出せば中隊に却下されるだろうと考えた。「それだと見栄えがよくないな」わたしは中隊長が判断の際によく使う基準を真似て言った。

そこで、許可を求めるより謝罪する方を選んだ。わたしはアフガニスタンで、最初の弾が発射されればルールは変わると学んでいた。コルバートとラリー・ショーン・パトリック三等軍曹はアフガニスタンでの経験を活かして第二小隊の解体屋を開業した。パトリックは祖父のように優しい三《み》十路《そじ》男という理由で〝とうちゃん《パピー》〟と呼ばれる第二班の班長だ。泰然自若、長身痩軀《そうく》のノースカロライナ出身者で、一〇年前のソマリア内戦の時からリーコンにいる。

小隊は何週間も駐車場で汗を流し、夜まで作業する日も少なくなかった。暗くなっても見えるように照明を並べ、金と工具と材料はみんなで出し合った。コルバートのハンヴィーは軽装甲だが、ほかの四台は砂丘走行車《デューンバギー》のようなオープンカーだ。ベージュ色の外装に茶色と灰色のまだら模様を塗装し、車両の輪郭を曖昧にして夜明けや夕暮れに目につきにくくする。偽装用の網は巻き上げてルーフに吊るし、一本の紐を引けばすぐほどけるようにした。どのハンヴィーも静止していれば数秒で茂みに見せかけることができる。

重機関銃は高さ九〇センチの金属柱の上に取りつけてハンヴィーの荷台に設置した。銃手が後ろに立つと、胸の高さにハンドルがくる。スティーヴ・ラヴェル三等軍曹はそれぞれのタイヤの上にうまい具合に棚を取りつけて、予備の弾薬が必要な銃手が近くに弾薬の缶を置けるようにした。ラヴェルは第三班の班長で、リーコンには来たばかりだ。ペンシルベニア州の酪農場で育ち、歩兵部隊で狙撃手を務めていた。

「狙撃手としてひとつ学んだことは」ラヴェルが棚を鋲《びょう》でハンヴィーに留めながら言う。「手の届かないところにある弾薬ほど、この世で役に立たないものはないってことです」

もうひとりのアフガニスタン経験者でコルバート班の運転を担当するジョッシュ・パーソン伍長は、民生用のCB無線アンテナをバックミラーに取りつけ、ケーブルを車体の中に通して無線機につなげた。何度かトライ&エラーの微調整を繰り返したあと、雑音のない通信に成功してほかの小隊の羨望《せんぼう》を集めた。コルバートは〈ラジオシャック〉でガーミン社製のGPSアンテナを買ってきた。どの班もGPS受信機を手に持って窓の外に突き出しておかなくてもいいように、受信機をフロントガラスに取りつけて衛星通信を受信できるようにした。

ハンヴィーの戦闘準備がすっかり完成するまでに、数百人時の作業と数千ドルのポケットマネーを費やした。でき上がった車両には、アフガニスタンでの偵察から学んだ教訓がぎっしり詰まっている。隊員たちが準備完了を宣言した日、大隊の最上級曹長である上級下士官が駐車場に見にやってきた。最上級曹長は適任者が務めれば大きな影響力を発揮できる職務だ。だが、われわれの最上級曹長は隊員たちから不評を買っていた。この戦争前夜に、髪型や靴磨きといったどうでもいいことに固執していたからだ。

ハンヴィーを見て、最上級曹長はせせら笑った。「とんだ無法者集団だ。海兵隊から支給されたものだけじゃ勝てないと思ってるようだな」

無法者の部分を除けば、最上級曹長は正しかった。

19 「わたしの人生は終わりを迎えたような気がした」

戦争は現実味が感じられなかった

人間にはもっともらしい理屈をつけて苦痛を和らげる能力がある。一二月のわたしの態度がまさにそれを証明していた。議会が戦争に賛成票を投じる。大統領が必要とあらば単独でも戦うと公言する。何十万ドルもの予算が偵察大隊に割り当てられ、イラクの砂漠での戦闘に特化した装備に注ぎこまれる。その地域に部隊が送りこまれつつある。

それでもわたしはまだ、戦争にはならないのではないかと思っていた。バグダッドに米軍の戦車、アラブの首都に米軍の部隊という発想そのものが、わたしの人生のどんな基準からもかけ離れていた。単純に、自分がその部隊の中にいるのを想像できない。頭ではこの戦争の展開を理解できても、実感が伴わない。現実味が感じられなかった。

クリスマス休暇はボルチモアの実家で過ごす。クリスマスの四日前、大統領がサダム・フセインによる国連決議不履行への対応として、中東に軍事展開すると発表した。わが家伝統のクリスマスディナーの席で、祖母がわたしを脇へ連れていった。「ナサニエル、あなたにこれを持っていってほしいの。いま渡すのがいい気がして」そう言って、小さな箱を差し出す。

あけてみると、中には幅が五センチ足らずのアルミ製の蹄鉄《ていてつ》があった。そこに刻まれた文字を読む。〝サカシマ――カミカゼ――一九四五年六月七日〟何年も前にこれを見た記憶がある。

「あなたのおじいさんが、爆発の時自分に当たった破片で作らせたものよ。あの人はいつも、自分は幸運だと思ってた。あなたにもその幸運が少しは摺《す》りこまれるんじゃないかしら」

翌朝、わたしは蹄鉄にパラシュートコードを通してネックレスを作った。それを首にかけ、また家に帰ってくるまでは外すまいと心に誓う。

出発前最後の食事

一月末日、これがサンディエゴで過ごす最後の週末だと思いながら、満喫しようと早めにオフィスを出て車で帰宅した。われわれは一週間以内の展開に備えるようにと告げられていた。着替えをすませ、通りを軽く走って西のビーチへ向かう。波は低く、風は温かく、海に沈みゆく太陽は赤く染まっている。カールスバッドの街を南へ走り、いつも折り返し地点にしている岩の埠頭《ふとう》に着いた。だが、あまりにも美しい夕方だったので、そのまま南へ走り続け、運動の時間を九〇分にまで延ばすことにした。消えかかる日の名残と競争しながら、満ち足りた爽快《そうかい》な気分で家へ帰る道を走る。

その幻想は留守番電話の赤い点滅に打ち砕かれた。四つのメッセージ。それが何を意味するかは、確かめなくても分かっていた。指揮官とガニー・ウィンの用件は同じ。今夜一〇時までに大隊に来い。われわれに召喚命令が出た。

わたしはＶＪと一緒に、ふたりが気に入っているイタリアン・レストランの〈ジェイズ〉へ夕食に行った。ＶＪはすでに次の海兵遠征隊《MEU》に配属が決まっていたので、今回の戦争には参加しない。

料理が来るのを待ちながら、わたしの心にゆっくりと実感が広がってきた。自分は戦争に行こうとしている。今回はアフガニスタンとは違う。あの時はすでに国を出ていた。今は、この静かな海辺の街を後に残し、パスタと、バルバレスコ・ワインと、ヤシの木々を後に残して戦争に行くのだ。戦争に。それについて、わたしにできることは何もない。拒否して刑務所へ行く以外は。

ほかのテーブルを見回した。わたしと同年代の恋人たちがささやき合い、笑い合っている。年配のカップルたちがゆったりと快適な時を過ごしている。ウェイトレスたちがテーブルをかすって行き来し、メインディッシュから湯気が立ち昇り、わたしは戦争に行く。この人たちには楽しみにする土曜日があり、日曜日があり、これから何か月も、何年も過ごす人生がある。

わたしの人生は終わりを迎えたような気がした。わたしに未来はない。イラクの後の自分の姿を頭に描こうとしてみたが、できなかった。イラクがブラックホールのように立ちはだかり、二五年間の思いも、おこないも、希望も、夢も、すべてがその中に吸いこまれていく。その奥の出口から何が出てくるのか、想像もつかない。わたしたちは店を出た。この〈ジェイズ〉はわたしがカリフォルニアに来た最初の晩に食事した場所だ。また来る日があるだろうか。

全隊員の人生が自分の仕事の出来にかかっている

大隊は完全に混乱していた。投光照明の下、隊員たちはパレード・デッキで背嚢を何度も移動した。まず中隊ごとに集め、次は小隊ごとに集め、また中隊ごとに集め直す。隊員の妻や子供たちが傍らに立って、この騒ぎを眺めている。この組織は愛する家族を無事に返してくれると信じていいのだろうかと、きっと思っているにちがいない。カリフォルニアにしては寒い夜で、それがどことなくふさわしいように思えた。

ウィンとわたしは人数を数え、自分の背嚢に座ってバスを待つ。頭の真上でオリオン座が輝いている。これから何か月かの間、全く違う場所で、全く違う夜に、この星座を見上げては、この瞬間を思い返すことになるのだろう。

午前〇時を過ぎ、夜は寒さを増して、家族たちが帰りはじめた。われわれはまだ待っている。ようやく午前二時ごろに、白いスクールバスのヘッドライトが連なって、ゆっくりとキャンプに近づいてきた。隊員たちは二台のトレーラートラックに背嚢やセーラーバッグを放りこみ、人数確認してさらに再確認を繰り返したあと、小学三年生の大群のようにバスに乗りこんだ。

どのバスにも〝守護天使《ガーディアン・エンジェル》〟と呼ばれる武装衛兵が配備されている。サンディエゴから州間ハイウェイ一五号線を通ってリバーサイド近郊のマーチ空軍予備役基地へ行く間に、サダム・フセインかアルカイダが米軍を自分たちの土地に来させまいとして、攻撃を仕掛けてこないとも限らないからだ。その心配は無用だったことが実証され、バスは夜明け直前に基地に入っていった。

自分たちの荷物を並べ、われわれを中東へ運ぶ空軍のC‐5ギャラクシー輸送機に積みこめるようにしてから、広い格納庫のコンクリートの床に小さなスペースを見つけて陣取った。赤十字のスタッフがコーヒーとハンバーガーを配り、大型テレビがＣＮＮのニュースを流す。ＮＡＳＡとスペースシャトル〈コロンビア〉との交信が途絶えたと報じられ、朝の時間が過ぎていって、今度は燃えくすぶる機体の断片がテキサス中の平原から回収されたと伝えられた。

「くそっ」エスペラ三等軍曹が言う。「こんな縁起の悪いことがあるかよ。今すぐヤギを生贄《いけにえ》にして、この床にはらわたをぶちまけないといけないんじゃねえか?」エスペラもホイットマー少佐やわたしと同じくリーコンへ異動してきていた。今はコルバート三等軍曹の班の副班長だ。

これぞ軍隊式といったところだが、出発は遅れ、そのあとさらに引き延ばされた。二、三〇〇メートルしか離れていない高速道路を車が飛ぶように通りすぎるのを眺めつつ、床の上で気をもみながら貴重な土曜日を過ごす。わたしは本を読むふりをしていた。考えごとをする時間はたっぷりある。隊員たちがしゃべったり眠ったりしているのを見ながら、その妻や子供や両親のことを考えた。ひとりひとりの隊員の人生が、ほかの多くの人たちの人生とつながっている。その人たち全員の人生が、多少なりとも、わたしの仕事の出来にかかっている。

われわれの世代は結果を引き受けない世代、責任を負わない世代といわれることが多い。いま、われわれがその埋め合わせをしようとしているのだ、と思った。

わたしは格納庫の床でいつのまにか眠っていた。こんな風にブーツを履いたまま小銃を脇に置いて眠る夜が、これから長く続くことになる。がさがさする音に目を覚ますと、隊員たちが起き上がったり、手足を伸ばしたり、装備を身につけたりしていた。出発の呼び出しがあったのだ。外のアスファルトの上に青灰色のC‐5が停まっているが、暗くて姿はほとんど見えない。尾部の白いライトはあまりに位置が高く、星空に混ざって見えた。

われわれは防弾チョッキ、ヘルメット、武器、背嚢の重みにのしかかられつつ、のろのろとハッチのスロープをのぼる。ハンヴィーはすでに積みこまれていた――広い貨物室の奥行きいっぱいに、一二台が二列に並ぶ。蛍光灯の光の中で鎖につながれたハンヴィーは動物園の動物たちを思わせ、場違いで哀れに見えた。

C‐5の乗客が座る座席は旅客機式の列に並び、貨物室の上の高いところに位置している。われわれはらせん状のはしごでその乗客室に上がり、装備の山の間に体を押しこんだ。空軍の白髪まじりの二等軍曹がフライトアテンダントを務め、簡単なブリーフィングをおこなう。スペインのモロン空軍基地までの飛行時間は一二時間で、途中、グリーンランド上空で空中給油する。機内食は戦闘糧食《MRE》。映画はなしとのことだった。機体に窓がなかったので、わたしは自分の想像力に頼り、滑走路をがたがたと走って滑らかに飛び立つところを思い描いた。アメリカ大陸をまたぎ、眠っているわたしの家族の上を飛び、大西洋の上空に出る。

湾岸戦争の記憶

日記を書いて時間を潰していたはずが、スペインの地面に車輪がついた衝撃で目が覚めた。真夜中だ。われわれはバスへ急ぎ、次のフライトの前に食事をとる。基地の規則で、武器を武器庫に置いてからでないと食堂へは行けなかった。なぜ戦争に行く途中の海兵隊員が信用してもらえず、何も装填していない武器を軍事基地で携行できないのかは謎だった。寒さに震えながら武器庫で列に並ぶこと一時間。やっとのことで、最後の本物の食事になるはずの食べ物にありついた。ふと気づくと、配膳《はいぜん》カウンターの奥のスペイン人従業員たちがこちらをじっと見ている。われわれの砂漠用の迷彩服が、目的地を雄弁に語っていた。

わたしはほかの小隊長や小隊軍曹たちと同じテーブルに座った。前回の湾岸戦争の話になり、一二年前にそこにいた隊員が思い出話をはじめる。

「あの砲撃はよく覚えてるよ」ひとりの隊員が記憶をたどる。「砲弾が頭の上にひゅーっと飛んでくると、砂に体をうずめたくなるぜ。最初に音が聞こえてからどこに命中するか分かるまで、いつも一秒か二秒の間隔があるんだ。それが最悪なんだよ——その分からない一秒か二秒、これで死ぬかもと思ってる時間がね」

色々な話が飛び出す。「俺が覚えてるのは火だな。あの国中が火の海だった。煙で何も見えないし息もできない。煙のなかから何が襲ってくるか分からないんだ」

「捕虜のやつらはどうだ？　あいつらのこと覚えてるか？　哀れなくそ野郎どもだったな。手をつないでうろうろ歩きまわりやがって。敵に不足がありすぎだってんだ」

「ああ、だけどフセインは武器を山ほど持ってるからな。ボタンひとつで短距離弾道《スカッド》ミサイルを発射して、そしたらこっちは死んだも同然だ」

大隊長が席を立って出ていき、会話は尻《しり》すぼみになった。われわれも立ってごみを捨て、最後にデザートの陳列ケースにちらりとせつない目を向けてから、大隊長の後を追った。

暗闇の中でモロンを発って東へ飛ぶ。大型機のC–5はわれわれを運んでヨーロッパを越え、地中海をまたいだあと、クウェート国際空港へ急降下した。機体が鋭い音をたててぐんぐん地面に近づき、シートベルト一本で固定されたわたしの体はがくんと前のめりになって座席から五センチ浮き上がった。耳が詰まり、風がひゅーっと機体をかすめる。この戦闘機さながらの急降下が、別世界に到着したことを示す最初の手がかりとなった。

混み合ったランプに駐機するのを待つ間、機内で一時間待機する。パレットや乗客を吐き出す旅客機の長い列。もうもうと立ちのぼる排気が揺らめく中で離陸を待つ別の列。右も左も分からず標識かガイドか何かを探している到着客たちにクラクションを鳴らしながら、何台ものトラックが激しく行き来する。ようやく、兵士の一団がピックアップトラックで迎えに現れた。われわれの米軍身分証を携帯端末でスキャンして到着を記録する。中央軍の夜間定例ブリーフィングで、サダム・フセインに対抗する部隊の規模についての情報を共有するためだ。

兵士たちに集められてバスに乗りこんだわれわれは、ターミナルを抜けてゲートへ向かう間、窓に顔を押しつけていた。いたるところに砂嚢で築いた掩体があり、機関銃を持った兵士が配備されている。あちこちにハンヴィーの巡察隊がうろうろしていて、空港の連絡道路をゆっくり流したり、レーザーワイヤーで守られた検問所の前の防護柵《さく》を縫って走ったりしていた。フェンスの向こうには平らな砂利の地面が遠くまで延び、その先に幹線道路と、折り重なるように立つ漆喰の建物群が見える。

空港を出ると、バスのカーテンを閉めなくてはならなかった。武装したアメリカ人が国に流れこんできたのを見たクウェート人が、怒りに駆られて小銃の銃火を浴びせてこないとも限らない。実際にほかの部隊でそういうことが二度起きていた。どのあたりを走っているのか確認しようと思ってカーテンの隙間からのぞいてみると、武装したハンヴィーの護衛隊がバスを囲んでいた。

ガスマスクを装着したランニング

バスは西へ走り、ジャハラの郊外を抜けたところで北に折れた。目指すはコマンド・キャンプ、第一海兵遠征軍の暫定本部だ。クウェート・シティの約三〇キロ北にあり、クウェートの地形で唯一特徴的なムトラリッジの山麓に位置する。コマンド・キャンプはクウェート軍の基地だったが、今は米軍との共同基地になっている。噂によると、シャワーと温かい食べ物と、寝台つきのテントがあるらしい。それが本当だとしても、快適な時間がつづかないことは分かっていた。

コマンド・キャンプに駐屯するのは〝へなちょこ《pogues》〟後方梯隊《ていたい》、つまり支援部隊と決まっていて、ばかにしたようなその名前は〝歩兵以外の人員（persons other than grunts）〟の略語だったからだ。戦闘部隊はクウェート北部の砂漠にあるスパルタ・キャンプに移動して、イラク国境沿いで訓練や射撃や武力の誇示をすることになっている。

コマンド・キャンプでは時差ぼけの克服のため長距離を走り、毎日午後にキャンプのフェンスの内側を何周もした。イラクの攻撃に備えて、どこへ行くにもガスマスクを携行する決まりになっていた。無意味な規則だ。化学防護服とグローブがなければ、どうせガスが肌から浸透して死に至るのだから。それでもわれわれはおとなしく、腰にこすれるマスクをぶら下げて走った。

コマンドに来て二日目の焼けつくように暑い午後、わたしは小隊きっての筋金入りのアスリートたち三人と一緒に走りに出た。今は第二班のパトリック三等軍曹の下で副班長を務めるルディ・レイエス三等軍曹、第二班の重機関銃手のアンソニー・ジャックス伍長、第三班の重機関銃手のマイク・スタイントーフ（〝スタイン〟）伍長の三人だ。軍の序列のため、わたしが普段一緒に過ごすのはガニー・ウィンか、直属の上司である中隊長と部下の班長たちだ。小隊のほかの隊員たちと出かけて話せる機会があるのは嬉しかった。

二周目まではあまり話をしなかった。先頭を走るのはレイエスで、そのすぐ後ろを筋骨隆々のスタインが続き、さらに後ろをジャックスとわたしががんばって追いかける。舗装された地面に靴音が小気味よく響く。敷地の一番奥のコーナーを曲がりかけた時、低くうなる機械音がして、それがゆっくりと甲高い音に変わった。ガス攻撃警報。ミサイルの飛来。われわれは足を止め、布の専用バッグからガスマスクを取り出した。わたしはまだ息が荒く、ガスマスクをすっぽり被ると顔の汗で目の部分が曇った。ベストコンディションでもガスマスクを被るのはストローで息をするようなものだ。わたしは今にもへたりこみそうになった。

ルディがまた速足で走りはじめる。わたしたちも遅れてついていきかけた時、キャンプのスピーカーから声が聞こえ、今の警報はただのテストだというアナウンスが流れた。だが、もはやガスマスクを被っていることがある種のテストになっていたわたしたちは、そのまま被って走り続けた。

翌日には、小隊の全員がガスマスクを装着してランニングしていた。楽にガスマスクをつけていられるようになるための強硬手段だ。われわれにとって最大の脅威はイラクの化学兵器だが、このランニングで自分たちは化学兵器で攻撃されても戦い抜けると自信がついた。われわれは生き延びられる。いや、われわれは勝利できる。

イラクは大量破壊兵器を持っている

コマンドで三日目の夜、フェランド中佐が小隊長、小隊軍曹、班長を集め、イラクの戦力組成と第一海兵師団の機動計画についてのブリーフィングをおこなった。戦力組成は敵の戦力としてどこにどんな部隊と装備があるかということで、機動計画はそれを打ち破るためにどんな計画を立てるかということだ。今回の戦争で正式な計画の感触を得たのは、これがはじめてだった。

ブリーフィングの場所は将校のテントだ。薄い布越しに盗み聞きする者がいないように、歩哨が外を巡察する。大隊の情報士官が地図を壁に掛け、テントの天井の一番高いところに吊るした裸電球がそれを照らす。地図のまわりには人がぎっしり集まって、MREの箱や弾薬の木箱やキャンプ用の折り畳み椅子に座っていた。わたしはガニー・ウィンと班長たち——コルバート、パトリック、ラヴェルの三等軍曹三人——と一緒に腰を下ろした。サンディエゴを発つ前に〈バーンズ&ノーブル〉でミシュラン社発行のイラク地図を買っておいたので、われわれは五人でそれを使う。

情報士官はまず、われわれが相対することになる部隊の概要を説明した。イラク南部の防衛にあたっているのはイラク軍の第三軍団で、この軍団は三個師団で編成される。バスラ周辺を守る第五一機械化歩兵師団、バスラの北を守る第六装甲師団、そしてナシリヤの東を流れるユーフラテス川流域を守る第一一歩兵師団だ。この三師団を合わせて、第三軍団全体で擁する兵は三〇〇〇〇人、戦車は三〇〇台を超える。

この軍団は前にも一九九一年に第一海兵遠征軍と戦火を交えたことがあり、その時に惨敗を喫した記憶が残っていると思われる。イラク第三軍団の士気は低く、現在は兵士に戦わないよう説得する心理作戦が盛んに展開されている。その計画で言われているのは〝降伏せよ——そして新しいイラクの一員として生きよ〟だ。要するに、はるか北の共和国防衛隊が支配する地域に達するまでは、軍による大きな抵抗はないと予想される。「食い物も足りない哀れな連中だからな。弾薬や訓練された指揮官や戦う意志は言うに及ばずだ」情報士官はそう結論づけた。

情報士官はこの評価にひとつ、重大な補足事項をつけ足した。大量破壊兵器だ。イラクは化学兵器と生物兵器を保有し、その兵器で米軍を攻撃する手段を持っていると考えられる。兵器の発射手段はミサイル、主に悪名高いスカッドとあまり知られていないフロッグ7、そして砲弾だろう。サダム・フセインによる化学兵器の使用については〝引き金を引く条件〟があると米国は考えている。残念ながら、その条件が何かは誰も分からない。

われわれは、言わばホワイトハウスがクランクを回すことで締まる万力《まんりき》だ。われわれをここに派遺したということは、そのねじが一度回されたということだ。国境を越えるともう一度。ユーフラテス川を渡る。共和国防衛隊と交戦する。大統領宮殿のドアを蹴破ってサダム・フセインの喉《のど》を掻き切る。一歩ごとにフセインを締めつける力が強くなる。どの時点でフセインが最後の抵抗に出るか。連合軍の航空機が最優先で標的にするのは砲とミサイルだ。われわれにできることは自分たちのガスマスクと化学防護服を信用し、地上で動きを予測されないようにすばやく移動し続けることだけだ。

敵の情報に続き、米国がどのように作戦を開始するかについて、フェランド中佐がおおまかな計画を述べた。理想を言えば、三方向から前線を移動させるのが望ましい。陸軍の第五軍団が南西から、第一海兵遠征軍が南東から、陸軍の第四歩兵師団がトルコを通って北からだ。ただ、トルコはまだ難色を示しており、全部隊がクウェートから行かなくてはならないかもしれない、とフェランド中佐は予告した。

海兵隊としては、第七海兵連隊を中心に編成される第七連隊戦闘団《RCT－7》が最も東に構え、バスラを孤立させて、第五一機械化歩兵師団を撃破する。そのすぐ西では、第五海兵連隊を強化した編成の第五連隊戦闘団《RCT－5》がルマイラ油田を掌握し、イラク軍による破壊を防ぐ。これは深刻な環境破壊を防ぐだけでなく、戦後イラクの経済力を保証することにもなる。

第一海兵連隊は第一連隊戦闘団《RCT－1》として、ノースカロライナ州のキャンプ・レジューンから来た第二海兵連隊を中心に六〇〇〇人で編成する任務部隊《タスクフォース》タラワと共に、ルマイラ油田からさらに西進してユーフラテス川の橋梁《きょうりょう》を確保する。

フェランド中佐はいったん話を切って、この大量の情報が咀嚼されるのを待つ。後ろの方にいた班長のひとりが立ち上がり、この計画全体における第一偵察大隊の役割を尋ねた。中佐は漸次変化するとした上で、われわれの任務は師団の前衛偵察、大規模な部隊の側衛、航空支援の調整による敵装甲隊列の撃破、ユーフラテス川を渡る幹線道路橋梁がイラクに爆破された場合の代替経路の確保などがありうることを示唆した。

「おまえたちの手で人を殺す」中佐は言った。「それだけはたしかだ」

20 「食事にありつけるのはキャンプで最年少の隊員」

イラク国境に向けて

二日後、われわれはコマンド・キャンプを後にした。ハンヴィーが空港から届いたので、カーテンを引いたバスに閉じこめられる屈辱とはおさらばだ。北へ向かって出発し、幹線道路八〇号線でムトラ丘陵を進む。ここは一九九一年の湾岸戦争中に第二海兵師団が、クウェートから敗走するイラクの共和国防衛隊に追いついた場所だ。かの有名な〝死のハイウェイ〟。ここで米軍の攻撃機が何百台ものイラクの車両を壊滅させた。今は電柱の列が地平線の先まで並ぶ近代的なアスファルト敷きの幹線道路になっているが、わたしの頭には膨大な数のトラックが黒焦げでくすぶる場面しか浮かばなかった。八年生の時にCNNで見た映像の記憶が頭に焼きついている。その痕跡が全く残っていないのは驚きだった。

途中、ごろごろと低い音を響かせながら北へ進軍するほかの隊列と一緒になった。イギリスの第七機甲旅団〝砂漠の鼠《デザート・ラッツ》〟の兵士たちが顔を布で覆い、はためく英国旗を掲げた戦車を走らせる。自分たちがイラク国境へ向かっていることに驚いているようだ。米国陸軍の隊列は、登り坂の向こうに何があるか把握しているのだろう、高速車線で追い越していく。一三年もこの地に駐留しているのだから自分の庭も同然だ。

われわれは低速車線を時速八〇キロでゆっくり進んだ。数分ごとに、クルーザー並みに大きなメルセデスがホイールキャップをきらりと光らせて追い越していく。さっと一瞥を投げてよこすドライバーは例外なく白い服をまとった男で、目にはスピードの遅さに対してだけではない軽蔑《けいべつ》を例外なく浮かべている。われわれは二度、速度を落としてラクダの群れが舗道からいなくなるのを待った。少年たちが棒切れでラクダの脇腹を打ちながら群れの後ろを歩いていく。〝米軍の部隊に神のご加護を〟と書かれた緑色の蛍光看板を通りすぎる――間違いなくアラブ世界でこの手の看板はこれが唯一だろう。

ムトラリッジからイラク国境までの八〇キロは延々と砂漠が広がり、ところどころで幹線道路から未舗装の道が枝分かれしている。危険の気配もないその道路を軍の隊列が東へ西へと折れ、ひっそりとした細い道を通りすぎて、砂に紛れた町の隅々にまで侵入していく。クウェート政府は国土の北三分の一を軍事上の立ち入り禁止区域に指定し、戦争状態が終わるまでの間、ベドウィン族〔アラブ系遊牧民〕が大半を占める地域住民をはるか南の牧草地帯へ移住させていた。

幹線道路八〇号線を降りて左折し、レーザーワイヤーに囲まれた検問所を通りすぎる。うねうねと曲がりくねった道は砂漠を二キロ進んだところでむき出しの岩を回りこみ、そこからはまっすぐに新しい〝都市〟の中心へ入っていく――キャンプ・マチルダだ。名前の由来はオーストラリアの「ワルチング・マチルダ」という曲で、これは一九四三年に日本からガダルカナルを奪回したあとオーストラリアへ移動した第一海兵師団にゆかりの曲とされている。かわいらしい名前とは裏腹に、マチルダは荒涼とした未完成のキャンプだった。少なくともあと一週間は、電気もなければ温かい食べ物もシャワーもない。テントの外に立ってコマンド・キャンプの快適さを失ったことを嘆いていると、一機のF－16戦闘機が頭上で両翼を揺らしながら鋭い音を響かせた。イラク南部の飛行禁止空域を偵察して帰ってきた戦闘機だ。パイロットは地上の兵士に活を入れてやろうと思ったのだろう。効果はてきめんだった。われわれはキャンプ・マチルダで自分たちの居場所をつくり、今後数週間の訓練計画に取りかかった。

事件を教えてくれるのはロンドンのニュースだった

一週間ほど経ったある朝、早く目覚めたわたしはテントの中で静けさを堪能《たんのう》していた。小隊の隊員は自分たちのテントで生活し、ガニー・ウィンはほかの部隊付下士官たちと一緒のテント、わたしは若い将校たちのテントで寝起きしている。わたしの寝袋があるのはテントの隅で、真ん中よりも少しはプライバシーを保てる人気の場所だ。足元にあるテントの幕の隙間から涼しいそよ風が流れこむ。短波ラジオに手を伸ばし、毎時のニュースが入ることを願いながらＢＢＣに合わせた。

「グリニッジ標準時で二時になりました。お聴きの放送はＢＢＣワールドサービス、ロンドンからお届けしています。イラクとクウェートの国境を隔てるフェンスに複数の穴があいているのが見つかりました。非武装地帯に米国海兵隊員を名乗る兵士たちが立ち入っていた模様です。クウェート・シティから詳しくお伝えします」

国境から六五キロのキャンプで大勢の海兵隊員に囲まれていても、ここで何が起きているかを知るのはロンドンからのニュースで、というわけだ。ラジオは両親からのプレゼントで、わたしの貴重品のひとつだった。さらに一〇分ニュースを聴いたあと、寝袋を抜け出して服を着る。歯ブラシと水のボトルを持ってテントの幕をくぐり、ピンク色の空の下で顔をごしごし洗い、口をすすいだ水を砂に吐く。二棟先のテントの前で同じことをしている人影があった。男は歯磨きが終わると頭に水をどぼどぼとかけ、顔を叩いて頭を左右に振りはじめる。その独特の朝の儀式にガニー・ウィンだと気づき、声をかけた。「よう、ガニー、おめかしが済んだら朝食にいくか?」

「おはようございます。ええ、あと二分待ってください」さらに頭を振って顔をこする。

キャンプを突っ切って食堂テントへ歩きながら、ウィンとわたしはまた、このところずっと時間を見つけては計画を練っている件――小隊の人員配置をどう調整すれば最も効率よく戦力を最大化できるか――について話し合った。われわれは人員の充実したたぐい稀《まれ》なる小隊だ。一等兵から一等軍曹までの隊員が二一人、海軍から派遣された衛生隊員がひとり、そして将校がひとりいる。本来ならこの二三人が、六人ずつの偵察班三個と五人編成の小隊本部に分かれるところだ。各偵察班は軍曹が班長を務め、小隊本部は小隊長、小隊軍曹、衛生隊員、無線通信手、〝特殊装備下士官〟に任命された隊員で編成される。特殊装備下士官はパラシュートと潜水の装備を管理する役目だが、クウェートにはどちらも持ってきていなかった。

この人員配置は、各偵察班が個別に徒歩で移動し、小隊本部が戦闘に加わらない通常の任務であれば、うまく機能する。だが、今回の戦争でわれわれに課せられた役割は、慣例通りではない。朝な夕なにキャンプを横切って食堂への道をさんざん歩き、ようやく計画の調整が定まった。

コルバート三等軍曹の第一班は、第一班A《アルファ》と第一班B《ブラボー》に分かれてハンヴィーを一台ずつ使う。第一班Bはエスペラ三等軍曹が率い、小隊内の四つ目の班として効果的に機動する。コルバートの装甲ハンヴィーに乗るのは四人、エスペラのオープンのハンヴィーは五人だ。パトリック三等軍曹の班は、通常よりひとり少ない五人編成でハンヴィー一台。ラヴェル三等軍曹の班も同様とする。ラヴェル班の五人のうち、ひとりはわれわれの衛生隊員である〝ドク〟ティム・ブライアン海軍二等衛生下士官だ。

ウィンとわたしは重機関銃のない唯一のハンヴィーに乗る。防御は、小隊の無線通信手ということになっているエヴァン・スタフォード伍長と、〝特殊装備下士官〟とはいえ実際は下士官でもなく特殊装備も持たない一九歳のジョン・クリストソン一等兵に頼る。このふたりが小銃を持って後部座席に立ち、ウィンとわたしはナビゲーション、調整、連絡に専念して小隊を指揮する。

わたしたちが目指していたのは、余裕があって相互支援の可能な配置だった。第一班Aと第一班Bはペアを組んで一緒に戦い、第二班と第三班もペアを組む。武器も補完し合えるよう組み合わせ、第一班AのMk19と第一班Bの五〇口径重機関銃、第二班のMk19と第三班の五〇口径重機関銃をペアにする。五〇口径は一オンス（二八・三グラム）の弾丸でほぼあらゆるものを撃ち抜ける優れものだが、弾道が直線なので、頑強な遮蔽物《しゃへい》の背後に隠れれば回避するのは容易だ。Mk19は五〇口径ほどのストッピング・パワー〔被弾した生物を行動不能に陥らせる力〕はないが、放物線状の弾道で擲弾を撃ちこめる。腕のいい銃手なら、射角をとって壁の向こう側や戦闘壕の中にでも着弾させることが可能だ。単体だとどちらにも弱点はあるが、コンビを組めば強力な破壊力を発揮する。まさに、諸兵連合部隊で戦えというマティス将軍の命令通りだ。

移動は大抵縦一列で、コルバートとエスペラが前、ウィンとわたしが指揮を執りやすい真ん中、パトリックとラヴェルが後ろを走る。班長たち全員の賛同を得て、この配置でさっそく訓練を開始した。まずキャンプ・マチルダ内で訓練し、さらに外の砂漠に出て日々訓練に明け暮れた。

アラビア語の特別授業

マチルダでの第二小隊の朝はいつも、早朝に寝袋を巻いて片づけ、夜ごと自分たちを覆う砂を掃き出すことからはじまる。二一人の隊員たちが生活しているのは、テントを縦九メートル、横六メートルに区切った一画だ。ほかの小隊の区画とは、パラシュートコードに吊ったポンチョライナーで仕切られている。テントの布地は外側が白く内側が黄色いため、合板敷きの窮屈なテントに場違いなサクランボ色に輝く光が満ちる。

ガニー・ウィンとわたしはテントの入り口の幕をくぐりながら、〝B《ブラボー》中隊第二小隊〟という文字の上に黒いリーコン・ジャックが描かれた厚紙の看板を押して中に入った。これはリーコンの非公式のシンボルマークで、交差したナイフと櫂《パドル》に重ねてパラシュートウイング記章とスキューバダイバーが描かれたコラージュだ。わたしたちと一緒に、スプールとミッシュも朝の〝授業〟を指導しにきた。スプールはヒューイのパイロットで本名はマイクだが、渦巻く情熱で常にきりきりしていたので、ずっと前に飛行隊の仲間から〝糸巻き《スプール》〟とあだ名されていた。ミッシュはクウェートの民間人で、イラクに対する憎悪をポジティブな方向に生かし、ボランティアの通訳としてわれわれを手伝っている。湾岸戦争中に共和国防衛隊にいとこを処刑され、その弾丸の代金を家族が無理やり払わされたという。ミッシュはいつもわたしにマリファナたばこを売りつけたそうな顔をしていた。

小隊は二組に分かれ、テントの両端でそれぞれ半円をつくる。隊員たちは緑色の身体訓練着、薄手の半ズボンに小さすぎるTシャツという格好だ。淀んだ空気に体臭と放屁《ほうひ》と前日のトレーニングウェアの悪臭が充満している。スプールは一方のグループを相手に近接航空支援の手順確認をおこない、ミッシュはもう一方のグループにアラビア語のフレーズを練習させて、終わったらグループを入れ替える。

「アアガフ・ロ・イル・ミーク。止まらないと撃つぞ」

声を揃えて復唱する。「アアガフ・ロ・イル・ミーク。止まらないと撃つぞ」

「イヒ・ナー・イヒ・ナー・ヒュット・タ・インサア・ア・デック。あなたたちを助けにきました」

「イヒ・ナー・イヒ・ナー・ヒュット・タ・インサア・ア・デック。あなたたちを助けにきました」

これは飽きるだろうな、とわたしは思っていた。あまりにも耳慣れないフレーズだし、これまでのどんな経験ともかけ離れているので、隊員たちに響かないだろうと思ったのだ。ところが隊員たちは、よく聴き、学んだ。何日かすると、クリストソンなどは英語よりもアラビア語の方をよく話すようになっていた。

スプールは指導中ひとことも無駄にしない。「われわれはエデンの園〔旧約聖書「創世記」に登場する理想郷。イラク南部のチグリス・ユーフラテス川流域にあったとされている〕を〝キル・ボックス〟に分割している」キル・ボックスはひとつが三〇平方キロメートルの区画で、その区画内にいくつか設定された基準点の位置情報を航空機と地上部隊で共有している。われわれ第一海兵師団が飛航空支援を要請すると、クウェート国内のもっと南にある飛行場二か所から第三海兵航空団が飛んでくることになっている。われわれが北へ進軍するにつれて航空団も北進し、イラク国内で奪取した飛行場から飛び立って幹線道路をまっすぐ北に移動することになる。

スプールは床に地図を広げ、隊員たちに架空の航空任務について説明する。「おまえたちは車両で走っていて、のぼり坂を越えたところで、ばーん！　路上にイラクの戦車だ。さあ、どうする？」

コルバートが航空支援要請手順を暗唱した。各キル・ボックスに事前に設定された地点を基準としてパイロットに支援を要請する。その基準点からの方位と距離をパイロットに知らせ、目標の説明と区画内の正確な位置を伝える。目標にしるしをつける——一番いいのはレーザーだ。夜なら赤外線ポインターで照らす。いずれにしても、地上四六〇〇メートルの上空から識別できる地物を目印にして、パイロットを目標に誘導できるようにしておく。その地域にいる友軍に気をつけるようパイロットに伝えてから、米軍が掌握している地域の上空を飛んで目標から離れるよう指示する。

「上出来だ」スプールはうなずいて言った。「じゃあ今度は、考えられないような事態が発生したと仮定してみよう。コルバート三等軍曹が区画を間違えて戦車を撃破できず、そいつがおまえたちのハンヴィーに主砲をぶちこんだ。そこら中に、ばらばらになった手足の指が散らばる。コルバートの頭は砕けたスイカみたいに粉々だ」スプールはコルバート班で最年少の、ハロルド・トロンブリーという一九歳の上等兵を指差した。「負傷者後送ヘリが必要だ。さあ、どうやって呼ぶ？」

「上に立つ者が食べ物にありつくのは一番あと」

授業が終わると、わたしは走りに出た。高い雲が太陽をどんよりと覆い、西の地平線の上に暗い空の壁がそびえ立っている。砂嵐が来る。キャンプ・マチルダ周辺の砂嵐は、メリーランド州の八月の雷雨さながら、唐突で獰猛《どうもう》だ。直撃される前にせめて四、五キロは走っておきたい。運動はフラストレーションだらけのキャンプ生活で数少ない息抜きのひとつだ。キャンプの朝は早く、夜は遅く、プライバシーもなければ戦争準備の苦役から逃れる手立てもない。戦争について話す。戦争について考える。戦争の装備。戦争の地図。戦争の計画。マチルダのまわりの砂利道を走る五〇分間は、それから離れることができた。がんばって一周ごとにタイムを縮め、自分を追いこむ快感を味わい、張りつめていたものが徐々にほぐれる感覚を楽しむ。六周したあとストップウォッチを止め、七周目は歩いてクールダウンしてから、キャンプをくまなく見て回った。

食堂テントの外に隊員の長い列ができていた。列の最後尾のあたりをうろついている下士官たちに追い返される者もいる。わたしはそちらへ近づいていった。どう見ても野外炊事場《フィールドキッチン》が狭すぎて、食事はキャンプ全体の三分の一程度の人数分しかない。海兵隊の流儀では、その食事にありつけるのは、先に来た者ではなく、階級を笠《かさ》に着かねない年長の者でもなく、キャンプ内で最も年少の隊員たちだ。下士官たちは二等兵や上等兵だけを食事の列に並ばせていた。わたしは〈ペリリュー〉で食事の席を共にした総司令官、ジョーンズ大将から聞いた話を思い出した。フォーチュン五〇〇企業〔ビジネス誌『フォーチュン』が毎年発表する全米の総収益トップ500の企業〕のCEOになった元海兵隊員の台詞《せりふ》だ。指針とする理念を問われて、そのCEOはこう答えた。「上に立つ者が食べ物にありつくのは一番あと、ということです」きわめてシンプルで、おおいに役立つ理念だ。

敵より先に判断するためのOODAループ

ウダイリ演習場はまるで砂の海のように、どの方角を向いても砂地が地平線の果てまで広がっている。ここで動きまわるのは、キャンプ・ペンドルトンを徒歩で巡察するというより、太平洋でゾディアック社製のゴムボートを操るようなものだ。二月下旬、小隊はキャンプ・マチルダで取り組んでいた技能の演習をはじめるため、二日間ウダイリへ行った。車で西へ五時間、サウジアラビア国境方面へ向かう。はからずも、イラク国境にも近づいていた。わたしは小隊に、敵国領土のすぐ隣で訓練しているという現実を感じてほしいと思った。国境のフェンスを見て、あわよくば夜の監視塔の明かりに浮かぶイラク国境警備員も見てほしい。

まず、接敵訓練――車両で走行中に誰かが撃ってきたらどう応戦するか――からはじめた。

「前方接敵！　二〇〇メートル。小火器」砂漠を一列で走行中に、わたしが無線で告げる。瞬時にエスペラが車両をコルバートの横につけ、ラヴェルの車両がパトリックの隣に並ぶ。ついさっきまで前方に向けた銃は一挺しかなかったのが、ほんの数秒で四挺が発射できる状態になった。

「突撃！」さらに前進を命じる。われわれは架空の待ち伏せ場所に突っこんでいき、そのあと輪になって任務後報告《ディブリーフィング》をおこなった。

銃撃戦で勝つには班長たちがすばやく動く必要がある。重要なのは、相手に対してどう出るかを敵よりも先に判断して行動すること。わたしが教わったのは、空軍戦闘機パイロットのジョン・ボイド大佐が提唱するＯＯＤＡループ――観察（observe）、状況判断（orient）、意思決定（decide）、行動（act）――という四段階の意思決定プロセスだ。ハンヴィーを使った接敵訓練では徹底的にそればかりをやった――敵の脅威を観察し、状況を見極め、どうするかを決定し、実行する。前方と後方、左側と右側、昼間と夜間の接敵訓練をした。危機的状況で直感的に反応できるように、何度も訓練を反復する。へとへとに疲れたら、そこからさらに訓練する。単調な訓練だが、敵の待ち伏せを逆手にとって反撃する術が身につき、おかげでその後の数週間、命を落とさずにすむことになる。

歩兵というのはもともと技術革新反対派だ。研究所や試験施設では現実世界の暑さや寒さ、湿気、砂埃、地面のでこぼこなど分からないのだから。これまでもこれからも、歩兵が生きるのは現実の世界のみだ。とはいえ、戦争のたびに新しい技術が導入されてきた——第一次世界大戦では機関銃、第二次世界大戦の末期にはジェット戦闘機、アフガニスタンではGPS誘導爆弾。マチルダでは、ある太った民間業者がわたしの目をじっと見て、今回の新技術は〝ブルーフォース・トラッカー〟だと断言した。

これはコンピューター画面にGPS受信機を接続したもので、コルバートのハンヴィーの助手席正面に据えつけられた。まるで州警察の車両装備だ。画面にはクウェートとイラクの地図が表示され、その地図上にわれわれの現在地が青い小さなアイコンで示されている。ブルーフォース・トラッカーがすごいのは、ネットワークでつながっている点だ。このシステムを搭載しているほかの車両もすべて地図に表示される。そのアイコンをクリックすれば、直接テキストメッセージを送信できるのだ。われわれみんなが敵の位置情報をアップロードすることもでき、それが地図上に赤く表示される。戦場にいる隊員たちそれぞれの状況をこんな風に把握できるなんて前代未聞だ。キャンプ・マチルダへの帰り道、わたしは自分の地図を座席の下にしまいこみ、コルバートに案内役を任せたところ、このトラッカーだけを使ってまっすぐ小隊のテントに帰り着いた。

交戦規定の四つの要点

三月初旬のある曇った日曜の午後、第一海兵遠征軍指揮官のジェイムズ・コンウェイ中将が将校たちと話をしにキャンプ・マチルダを訪れた。わたしがクワンティコの生徒だった頃、同じ場所で訓練を受けていた海兵隊将校たちを指揮していたのがコンウェイ中将で、当時はひとつ星の准将だった。そのあと、わたしが第一海兵連隊第一大隊にいた時は、ふたつ星の少将になっていて、一―一が属する師団の指揮官だった。わたしは名前も認識されていなかったが、中将と多少の歴史を共有しているような気がしていた。コンウェイ中将は将軍たるものかくあるべしといった風貌だ。長身、白髪、日に焼けた肌、人あたりのよさと威厳の両方を感じさせる落ち着いた声。中将が話すたびに、わたしはラジオ・パーソナリティのポール・ハーヴェイを思い浮かべた。コンウェイ将軍には自然と周囲からの尊敬が集まった。

将軍は星条旗と海兵隊旗を背にして水陸両用強襲車《アムトラック》の上に立った。マイクを通した声が、下に立つ一〇〇人ほどの将校たちの間に響きわたる。話の主題は交戦規定で、四つの要点を明確にすることが将軍の狙いだった。第一に、本来的に指揮官は部下を守るという義務を――当然の義務というだけでなく、法律上の義務、倫理上の義務を――負っている。第二に、敵が〝人間の盾〟を用いたり、こちらからの正当な攻撃目標を寺院《モスク》や病院の隣に配置したりした場合、そうした無辜《むこ》の人々を危険にさらしているのは、われわれではなく敵の方だ。第三に、指揮官は調査によって明らかになる事実に対して責任を負うのではなく、その時点で――夜間や砂嵐の最中や弾丸が飛び交う中で――自分が誠意をもって判断した事実に対して責任を負う。第四にして最後の要点は、交戦規定の核心を突くものだった。コンウェイ将軍はこれを、提唱者のチャールズ・ウィルヘルム将軍（二〇〇〇年に退役した元海兵隊大将）に敬意を表して〝ウィルヘルムの法則〟と呼んだ。敵から攻撃してきた場合は、それにつりあった――過剰ではなく適度な――武力で反撃するよう注意しなくてはならない。こちらから攻撃する場合は、攻撃対象外の者を巻き添えにして被害を与えないよう注意しなくてはならない。

コンウェイ将軍が話している間、わたしはこの金言を自分の隊員たちに伝えようと思いながらノートをとった。この交戦規定を聞いていると、大学で学んだ聖アウグスティヌスと〝正戦論〟の授業を思い出す。わたしには〝正しい戦争〟の宣戦布告についてはどうすることもできないが、自分の影響力が及ぶごく限られた範囲で〝正しいおこない〟をさせることならできる。思うに、正しいおこないをするというのは倫理上不可欠なだけでなく、小隊を最も有効に指揮する方法でもある。隊員が身にまとうのが甲冑《かっちゅう》なら、隊員が心にまとうのが交戦規定だ。数日後に出す正式な作戦指令書にこれをすべて記載しようと思ってノートに記した。ただし、コンウェイ将軍の最後のひとことは胸にとどめておくことにした。「将校諸君。自分が殺されないようにしてくれたまえ。部隊の士気がくじかれるからな」

21 「命令とあらば、満月のもとであろうと攻撃するのみ」

厄介な襲来者たち

三月中旬になる頃には、戦争に突入しそうにないような話が聞こえてきていた。ＢＢＣの報道によると、イラクはアルサムード・ミサイル〔イラクが開発した液体燃料推進方式の戦術弾道ミサイル〕の廃棄に踏み出し――国連決議の遵守に向けての大きな一歩だ――、国連監視検証査察委員会のハンス・ブリックス委員長はイラク側の全面的な歩み寄りが進んでいると述べたという。キャンプ・マチルダでは、ここを引き払って帰国するかもしれないと噂されていた。いくらなんでも、それはないだろう。上級将校の間では、われわれは国境を越えるには越えるだろうが、臨戦態勢というほどの構えではなく、おそらくイラクの履行を見届ける国連多国籍軍に加わることになるだろうとの憶測が飛び交っていた。その憶測が憶測にすぎなかったと分かったのは、メディアがやってきた時だった。

一台のバスがうなり声を上げながらキャンプ・マチルダに入ってきて、百戦錬磨の従軍記者を二五人ほど吐き出した。みんな砂色のベストとカーゴパンツを身につけている。髭面の男がほとんどで、見た目はわれわれと大差ない。要するに、どちらも世界の同じ地域で大人になったということだ。記者たちがここに来たのはほかでもない、本格的な攻撃を報道するためだった。

「きみたちはどこの人?」

ガニー・ウィンとわたしは夕食の列に並んでいて、三角形の明かりが漏れる食堂テントの入り口はまだ一〇〇メートルほど先だった。暗闇の中で振り返り、話しかけてきた人物を見る。わたしより三〇センチ背の低い男が、縁の太い眼鏡の奥からこちらをじっと見上げていた。テープレコーダーを捧げ物のように高く掲げている。「ねえ、どこの部隊? 出身は? 名前は? 何か言うことない? ぼくなんてもう、ここに来てワクワクしちゃってさ」

無視してもよかったが、それであと二〇分も前後に並んで待つのはさすがに気まずい。

「第一偵察大隊」わたしは言った。

「おおー。リーコンか。きみたちは特別なんだよね?」

「特別だと思ってるのは母親だけだ」

「えっと、ぼくはコマンド・キャンプから来たばかりでね。整備兵たちの車で同行するんだ。きみたちはどんな任務についてるんだい?」

思った通りだ。会って三〇秒で、こちらが漏らせない情報を聞き出そうとしてくる。「われわれにできる限りの方法で師団の役に立つことだ」ガニー・ウィンがゆっくりと、一音節ずつはっきりと言った。

「おいおい。それじゃあワクワクできないよ」

ウィンとわたしは記者の質問をかわし続け、ようやく列の先頭にたどりついた。料理の載ったトレーをつかむと、ふたつだけ席があいていたテーブルに滑りこんでにっこり微笑む。記者は期待をこめた目で、わたしたちに確保してもらえているはずの席を探していた。

夕食後、わたしたちはゆっくりと仮設トイレやテントの杭《くい》の間を抜けて大隊に戻った。ちょうど参謀会議が終わったところで、中隊長たちが自分のテントへ引き上げながら、暗い中で手短に話を終わらせようとしている。わたしは自分の中隊の指揮官に見つかって呼び止められた。

中隊長は今後二日間についての新たな情報を少し説明したあと、そばの暗闇に立つ人物を指し示した。「こちらはエヴァン・ライト。『ローリング・ストーン』誌〔音楽やカルチャーを扱うアメリカの大衆雑誌〕の記者だ。うちの大隊に同行することになった」

ライトが無防備に微笑む。わたしはどうせさっきの襲来者と同じだろうと当たりをつけた。本国にいる時は通りで話しかけもしない相手を戦場で追いかけ回してピューリッツァー賞を狙う、どうしようもないご都合主義者。わたしが民間人なら、ペンタゴンが派手に宣伝する従軍メディアの報道キャンペーンはアメリカ人に戦争や兵士の様子を無検閲で知らせる手段だと考えて支持しただろう。将校としては、情報が漏れたり、隊員の気が散ったり、海兵隊の文化も戦闘における意思決定の難しさもほとんど知らない人間がひっきりなしにモラルを乱してくるかと思うとぞっとする。

将校たちを取材し続けるのは「大間違い」

次の日の夕方、ガニー・ウィンのテントを夕食どきにのぞいてみたが、ウィンはまだランニングから戻っていなかった。わたしはひとりでキャンプを歩きはじめる。

「フィック中尉！」

振り向くと、ライトがいた。汚れたカーキ色のズボンをサスペンダーで吊っている。茶色いTシャツには映画『スーパーフライ』のロゴ、消えゆく日差しを受けてきらめく太い金のネックレス。海兵隊員だとしたらありえない。静かな、堅苦しいとも言える口調で、ライトは一緒に食事に行ってもいいかと尋ねた。わたしはいいと答えたものの、食堂テントへ行く途中、海兵隊員のグループの横を通りすぎる時には人目が気になった。

わたしたちは互いの経歴を話した。ライトはヴァッサー大学で中世史を学んだとのことで、わたしが古典学を専攻したと知ると面白がった。きみのような人は海兵隊じゃなくて、もうひとつの〝隊〟に行くもんだと思ってたよ、平和部隊の方にね、とライトは言った。穏やかな語り口で、きわめて温和な印象を受ける。ライトはアフガニスタンで陸軍の小隊の巡察に同行したり、ペルシャ湾を航行する海軍艦に乗ったりしたことがあり、全くの軍隊初心者ではなかったが、海兵隊は今回がはじめてだった。マッシュポテトと鶏肉をつつきながら、わたしは海兵隊の第一印象を訊いてみた。

「うーん、わたしは上級将校のテントにいるんだ。みんなよく働いて、よく読んで、よく寝てるね」

将校たちにくっついているのは大間違いだ、とわたしは言った。海兵隊員の記事を書くなら、部隊付下士官ではなく、ましてや上級将校などでもなく、隊員たちと一緒にいるべきだ。三等軍曹以下の隊員たち。生活のために引き金を引く、若くて最高にイカれた正直な男たち。キャンプの中を歩いて戻る時、わたしは小隊のテントを指し示し、いつでも部下たちに話を聞くといい、とライトに伝えた。ライトは今すぐ会いたいと言う。わたしたちはテントの幕を押しあけて、小隊の生活スペースに足を踏み入れた。コルバートは何かを読んでいる。レイエスは拳《こぶし》立て伏せの真っ最中。ガルザとチャフィンというふたりの伍長は、二〇センチのダイビングナイフの刃先を向け合い、うっすら血が滲む程度の戦いを繰り広げている。わたしは歩き去りながら、猟犬たちの中にウサギを放りこんだような気がしてならなかった。

あらゆる問題と疑問を想定する

数日後、わたしが小隊に作戦指令を出した時、ライトもその場にいた。ライトとは基本的な合意に達していた。コルバート班の車両に同乗してもいいが、邪魔はしない、作戦は漏らさない、という合意だ。

指令書は訓練で何百回も書き、パキスタンとアフガニスタンでは本物を何回か書いたが、今回の指令書はそのどれよりも長かった。計画に時間をかける余裕がある中で、考えられる不測の事態をひとつでも漏らすとしたら、それは怠慢というものだろう。わたしは午前一〇時に小隊のテントに入り、壁に地図を掛けた。そばに集まって戦闘糧食《MRE》の箱や巻いた寝袋に腰を下ろした隊員たちは、いつになく静まりかえっている。

「この中に目新しいことはほとんどないはずだ。ガニー・ウィンとわたしはドクと班長たちを交えて問題や疑問をあぶり出し、その答えを指令書の文言に盛りこむよう努めた。じっくり目を通してくれ。ただし、これは極秘だから取り扱いは慎重に。それから、楽にしてくれ――説明に二時間ほどかかる予定だ」

わたしはまず全体像として、自分たちがクウェートに配置されることになった政治判断と戦略判断の説明からはじめた。そこから徐々に、イラクの部隊と米軍の連隊の話を掘り下げていく。ここまでで五分。次にテント内の二三人に話を移し、個人の役割と小隊全体の役割を説明した。

今小隊が座っているキャンプ・マチルダ内の場所から国境へ、国境からイラク中南部の沼地へと進路をたどりながら話を進める。ユーフラテス川はイラク国内をほぼ西から東へ流れ、われわれが駐留しているクウェート内の地域からバグダッドへの道をさえぎる天然の障害物となっている。第一海兵師団は毎年夏にコロラド川で演習を繰り返し、何年もかけてユーフラテス川を渡る訓練をしてきた。イラク軍はナシリヤの幹線道路橋梁を爆破するだろうから、ほかに川を渡れる場所を見つけなくてはならないと師団は考えていた。リーコンは小隊ごとに橋を割り当てられ、調査と安全確保をおこなうことになっている。われわれが受け持つのは、チベイイッシュというのどかな町に架かる橋だ。

われわれはチベイイッシュにたどりつくまでの航空支援の要請、民間人への食糧配布、捕虜の捕捉、燃料の確保について話し合った。無線の周波数、部隊のコールサイン、日没時刻を暗記する。じっくりと地図を見て、写真をみんなで回し、テントの床にミニカーを走らせて敵から攻撃を受けた場合の陣形と動きを確認した。二時間のはずが三時間になり、四時間になる。チベイイッシュの橋を奪取した頃には昼食の時間をとっくに過ぎ、わたしの声は嗄《か》れていた。

その晩、GPSに座標を入れてみた。わたしの寝袋はユーフラテス川に架かるチベイイッシュの橋から一五九・五キロだ。その約一六〇キロに何が待ち受けているのだろうと思いながら、わたしは眠りに落ちた。

航空写真で確認したかった三要点

情報はどんどん変わっていく。わたしはほぼ毎日、情報士官に最新情報を確認していた。三月一七日、国連武器査察団がイラクから退避し、ブッシュ大統領がサダム・フセインとその息子たちに四八時間以内の国外退去を求める最後通告を突きつけた夜、わたしは情報士官からチベイイッシュの新しい航空写真が手に入ったと聞いた。ガニー・ウィンと班長たちを伴って、師団情報部隊のテントに最新の写真を見にいった。

そのテントはキャンプ・マチルダ内をぐるりと走る道路の輪の真ん中にあり、まわりにはアンテナが林立している。張りめぐらされたワイヤーにつまずいて悪態をつきながら、テントの入り口へ向かった。黒いゴム製の重い幕を引いて小部屋に入り、幕を閉じてから次の幕を肩で押し分けて、照明の明るい部屋に足を踏み入れた。淹れたてのコーヒー。まるで楽しく冗談を飛ばしながらみんなで一緒に働く郊外のオフィスのようだ。

わたしは画像分析官をつかまえた。「チベイイッシュの橋へ行くリーコン小隊だ。最新のU‐2のフィルムを見せてもらえるかな」写真は二日前にU‐2偵察機が撮影したものだった。

わたしたちが折り畳み椅子を二脚とMREの箱をふたつ引き寄せて待っていると、さっきの軍曹が写真を持って戻ってきた。一〇倍の拡大鏡も貸してくれたので、それをフィルムの上で動かしながら作戦の地域に目を凝らした。すばらしい解像度だ。ひとりひとりの人物、ヤギ、茂みまで見える。コルバートはフィルムを読み取る才能に長《た》けていた。「よし、ここが大隊の分散地点だ」そう言いながら白黒で小さく表示された交差点を指差す。われわれが何日も読んだり想像したりしていた地点だ。「それからこの道をこう走る」コルバートはフィルムに指を這わせながら、もう片方の手でハンドルを回して進行方向に写真をスクロールする。「で、この堤防の隙間をさっと抜けて、うちの小隊の担当エリアに入るわけだ」

わたしたちが確かめたかったのは、車両で通行できるかどうか、ユーフラテス川に架かる橋はどんな状態か、敵の気配があるかどうかの三つだった。写真に写っているタイヤの跡や車両からすると、この地域全体の通行は問題なさそうだ。ここはハマール湖《ホウル・アル・ハマール》と呼ばれ、かつては人家が点々とする湿原だったが、一九九〇年代にサダム・フセインがシーア派の蜂起《ほうき》に対する報復として水を抜いてしまった。住民たちには悲劇だが、われわれにはありがたい。今は固く乾いているように見える土地が湿原のままだったら、通り抜けるのがとんでもなく困難だっただろう。橋そのものも、しっかりしていそうだ。二車線の簡素なコンクリートの橋で、長さは一〇〇メートルほどあり、街灯が点々と立っている。おかしなものは何もない。人や車が川を渡り、釣り船が橋の下をくぐっているのが見える。戦車も、銃も、地雷原もない。この片田舎の町に対するわれわれの関心について、チベイイッシュの人々が何かを知っていると思わせるものは一切なかった。

わたしたちは夜までずっとフィルムの上にかがみこんでいた。野営地の安全に関する疑問の答えを見つけ、イラクですばやく適切に判断できるようにする絶好の機会だ。テントを後にする頃には、コルバート三等軍曹の言う〝一世一代のリーコン任務〟がしっかりと頭に入っていた。

一日二四時間の防護服の着用

翌朝、ベネリ少佐の怒鳴り声で目が覚めた。われわれの師団は本日午後から〝機動予行〔部隊の移動・展開の予行演習〕〟を実施する、出発の準備をして正午には砂利道に移動していなくてはならない、と少佐が言う。隅の方から疲れた声が予行の期間を尋ねた。

「六か月、一年かもな」

そういうことか。待ちに待った朝が来たのだ。それから六時間かけて、われわれはすべての装備をハンヴィーに積みこんだ。燃料、水、食糧、弾薬はすでに分けてあったので、どう積むかというだけの問題だ。しかし、いよいよ本番という思いから、何度も荷物を積み直した。ひとつひとつの配置に頭を悩ませる。すべてを安全に、すぐ使えるように積まなくてはならないし、充分な台数のハンヴィーに分けて積み、一台が破壊されても小隊の能力や必要な物資が奪われないようにする必要がある。正午までには大隊の八個小隊と各小隊のハンヴィーの荷積みが終わり、準備が整った。

われわれ小隊の車両は地面のでこぼこを越えるたびにうめき声を上げながら、キャンプ・マチルダを出発した。一〇トンの重みに車体がたわむ。それでもわたしは何か忘れているような気がして心配だった。無線調整のためにキャンプの端で停車した時、ウィンとわたしは放置されたテントを襲撃して水とMREの箱をハンヴィーに持ち帰り、すでに荷物が満載の車両に積みこんだ。リーコンはつねに食糧や水が足りないという、ブリッジポートで偵察訓練をした時に得た教訓を思い出したのだ。

米国陸軍のキャンプの横を通りすぎた。ニューヨーク、バージニア、ペンシルベニア――どのキャンプにも九・一一の〝戦場〟の名がついている。海兵隊の車両の隊列にブラッドレー歩兵戦闘車と陸軍の燃料輸送車が何台も加わり、長蛇の列が国境へ向けて北進する。軍事計画担当者たちは勇敢にも大規模機動のしやすい道路の建設を試みたようだ。驚いたことに、風に洗われた砂地のあちこちからコンクリートの板がのぞいている。だが、コンクリートに勝ち目はない。道路はあくまでも、ところどころに舗装面がのぞく砂の道であって、その逆になることはなかった。どの車両も両輪から雄鶏のような砂埃の尾を引いて走る。運転する者たちはゴーグルとバンダナをつけている。全員が空咳《からせき》をして悪態をつき、あいた窓の外へ砂だらけの鼻水の塊を吹き飛ばす。

キャンプ・マチルダからイラク国境へ向かう車両の中で、わたしは恐れも不安も感じていなかった。胸にあるのは安堵《あんど》感だ。戦争が避けられないことは少し前から気づいていた。外交による解決という幻想を抱いたこともあったが、今となっては戦争を戦って勝つまでは国へ帰れないと分かっている。その準備はできていた。小隊は心身共に申し分ない状態だ。しかし、準備ができている様態をずっと保つとなると話は違ってくる。砂漠であと一か月も待たされたら感覚が鈍ってしまうだろう。粗末な食生活、睡眠不足、中途半端な運動、近しい人たちと離れて暮らすストレス、どうなるか分からない状況――目に見えて疲弊していくはずだ。われわれは撃鉄を起こしたままテーブルに置いておける銃ではない。それよりも、ぱちんこのようなものだ。石をセットし、手前に引いて、待つ。長く待ちすぎるとゴムが伸び、ただ石ころを握りしめて立ちつくすことになる。

進むうちに日が沈み、月が昇った。満月が銀色の輝きで砂漠を染める。側方の何キロも離れたところをハンヴィーの列が走るのを見て、わたしはたじろいだ。夜間戦闘能力を大きな強みとする米軍としては、二〇～三〇パーセントの照度のもとでイラクへの最初の攻撃を仕掛けたいと考えていた。今の明るさはほぼ一〇〇パーセントだ。わたしたちは残念な気持ちをぐっと飲みこんだ。それならそれでいい。命令とあらば、満月のもとであろうと攻撃するのみだ。

国境近くでわれわれが分散する地点は、GPSでしか識別できない場所だった。砂と砂利ばかりの土地が広がる中、まわりの景色と全く区別のつかない砂漠の一端で大隊は円陣を組んだ。わたしは前もってイラクの砲とミサイルの射程を調べていた。われわれは今、そのいくつかが充分に届く範囲内にいる。任務志向防護態勢《MOPP》装備という、炭素材の裏地がついた分厚い化学防護服を着るよう命じられた。追って通知があるまで一日二四時間この防護服を着用し、ガスマスクとゴム手袋もつねに携行することになる。われわれは〝遊撃隊員の墓穴〟と呼ばれる寝るための穴を掘り、中にもぐりこんだ。化学防護服に汗ばみながら、わたしは頭上のオリオン座を見上げた。

22
「三月二一日、金曜日、午前五時、作戦開始」

不確実な情報の中での待機

イラク国境まで一三キロの地点で、わたしは戦争がはじまったことをＢＢＣニュースで知った。中距離巡航ミサイル《トマホーク》とステルス戦闘機〔レーダーに探知されにくい低観測性技術を用いて開発された戦闘機〕が前日に戦いの火蓋を切り、サダム・フセインの殺害を試みたのだ。われわれのまわりの砂漠は静かだった。空には細い雲がそよ風にたなびき、相変わらず鳥が舞い、どの方角を見ても地平線の先まで動くものは何ひとつない。われわれだけが孤立しているように思えた。ほかの米軍の部隊も全く見えない。こういう瞬間は何かもっと劇的なものだと思っていたのだが。

数分後、「ガス、ガス、ガス！　スカッドが飛来！」という叫び声で野営地が騒然とした。わたしはガスマスクを被って視界を確保し、ゴムの手袋とブーツを装着して無線機をつかむと、重い足取りで自分の浅い穴へ向かった。耳のそばに無線のハンドセットを置いて仰向けになっていると、本当にミサイルに直撃されそうな気がしてくる。ガスマスクの中で過呼吸になればおそらく意識を失うだろうと思い、必死で気持ちを落ち着けた。

三月二〇日、木曜日の午前中に、この〝訓練〟を三回繰り返した。そのうち二回は誤警報だったが、一回はミサイルのひゅーっという音が頭上を越えていった。ついにコルバート三等軍曹が業を煮やして言い放った。「米軍はもうスズメバチの巣を蹴とばしたんだから、俺たちだってぼさっと突っ立ってないでスズメバチを殺しにかかりゃいいじゃないか」

すでに戦争がはじまっているとはいえ、空爆に続いてわれわれ地上部隊が侵攻を開始するかどうかは、まだ全く分からない。先月はそれが話の種になっていた。第一次湾岸戦争で地上戦がはじまったのは、航空作戦の開始から三八日後だ。しかし、クウェートの砂漠にあるこの野営地は攻撃の危険にさらされている。軍事計画担当者が怖れていたのは、空爆に挑発されたサダム・フセインが、もしかしたら化学兵器でここを攻撃してくるかもしれないということだった。今のところは一日に三、四機の戦闘機が頭上を通りすぎる音が聞こえるだけだ。ガニー・ウィンとわたしは大隊で情報を嗅ぎ回ったが、みんなわたしたちと同じで、何もつかんでいなかった。確実に言えることは、侵攻の命を受ければただちに開始するということのみ。そうなれば、次に小隊全員を集めて話す余裕ができるのは何週間も先かもしれない。

わたしは小隊の班を無線で呼び出し、隊員全員に小隊本部の車両へ来てくれと伝えた。われわれの持ち場は数分の間、左右の小隊が監視していてくれる。ウィンとわたしが見ていると、吹きつける砂の中を、ＳＦの宇宙飛行士のような、化学防護服とゴーグルを身につけた隊員たちが近づいてきた。全員が集まってから、わたしは前日にマティス将軍の〝全隊員へのメッセージ〟として小隊長に配付された一枚の紙を読み上げた。

何十年もの間、サダム・フセインはイラク国民を拷問、投獄、蹂躙《じゅうりん》、殺害し、一方的に近隣諸国を侵略し、大量破壊兵器で世界を脅かしてきた。今こそフセインの恐怖政治を終わらせる時だ。若き兵士諸君、きみたちは人類の希望を担っている。

諸君に命令を下す時、わたしは諸君と共に攻撃開始線を越え、戦うことを、敵を討ち滅ぼすことを選んだ部隊のすぐそばにいる。われわれが戦う相手はイラク国民ではない。降伏すると決めたイラク軍の者たちでもない。抵抗する者には迅速かつ攻撃的に対処しつつ、それ以外のすべての者には礼節をもって接するものとする。フセインの圧政に長年耐えてきた国民に騎士道精神と軍人らしい思いやりを示すのだ。

化学兵器による攻撃、裏切り、罪のない人々を利用した〝人間の盾〟が予想され、ほかにも非倫理的な戦術が用いられる可能性がある。すべてに冷静に対処してもらいたい。狩られる側ではなく、狩る側に立て。一瞬たりとも部隊の防御を緩めてはならない。的確に判断し、最も国益にかなう行動をとれ。

諸君は世界で最も恐れられ、最も信頼される軍隊の一員だ。武器を使う前に頭を使え。仲間と勇気を共にして攻撃開始線の北へ、何が起きるか分からない土地へ進むのだ。左右の仲間と頭上の海兵航空支援を信頼しろ。前向きな心と強靭な精神で戦え。

任務のため、国のため、そして過去の戦《いくさ》でわれら第一海兵師団の旗を掲げ、決しておじけづくことなく命をかけて戦った者たちのために、任務を遂行し、諸君の高潔なる名誉を守るべし。〝最良の友にして最悪の敵〟は合衆国海兵隊をおいてほかにないことを、世界に知らしめるのだ。

しんと静まりかえった様子からすると、隊員たちは戦争の実感が湧いてきたようだ。もちろんわたし自身、その実感があった。ほかに言うべきことはなかったので、ガニー・ウィンとわたしは小隊を解散させ、防御線へ戻らせた。ヒットマン・ツー、進撃準備完了だ。

イラク国境に集結する

その日はずっと待機のまま、武器を掃除しては掃除し直し、地図を確認しては確認し直し、繰り返し祈りを捧げた。午後六時、予告されていた通り、あわただしい無線呼び出しで一五分後の出発に備えるよう告げられた。われわれは偽装用の網を引き剝がし、最後の無線調整をおこなう。隊員たちがオイルを注ぎ足し、追加の結束バンドで配管をきつく締め、エンジンをかけて暖気した車両が低く高くうなりを上げる。何日も整備の〝できればしたほうがいい〟リストに入れてあった問題は、この一五分間ですべて片づけられた。

コルバート三等軍曹がわたしを脇へ引っぱっていった。「隊長、お願いだから教えてもらえませんかね。中隊長は自分のハンヴィーに何をしたんです?」コルバートが顎《あご》で示した中隊本部の車両は、フロントガラス以外の窓がすべて黒いダクトテープで覆われている。

その日の早い時間に、わたしも同じことを本人に尋ねた。中隊長は、夜に懐中電灯で地図を見たいから、車の外に明かりが漏れないようにするためだと言う。これではハンヴィーの外が見えませんよと指摘しても、中隊長は聞く耳を持たず、周囲の状況を把握するためにリーコンがいるんだとでも言いたげな顔をしただけだった。

「コルバート三等軍曹、そんなこと、訊かなくても分かってるだろ」

「了解しました」コルバートがにやりと笑う。

その後ろには、コルバート班のパーソン伍長がハンヴィーの運転席に座っていた。指で装甲車両のドアをこつこつ叩きながら、銃撃戦で死ぬことを歌ったトゥパックの曲を口ずさむ〔トゥパック（2PAC）は一九九〇年代に絶大な人気を誇ったラッパー。一九九六年にギャングに撃たれて死亡している〕。わたしの視線に気づいてパーソンが言う。「やる気が出る曲なんですよ、隊長。内なる狂気を搔き立ててくれるんです」

わたしが最後にしたことは、ピンク色の航空機用標識布をボンネットにくくりつけ、ハンヴィーのホイップアンテナの先に〝ホタル〟を取りつけることだった。明るい時なら上空のパイロットが標識布を見て、われわれを米軍だと認識できる。ホタルというのは、九ボルトの電池で光る小さな赤外線点滅ライトだ。裸眼では見えないが、暗視ゴーグルを通すと本物のホタルが無数に飛んでいるように見える。イラクでは、このホタルが暗闇で味方の車両を識別する主な手段となるだろう。

暗視ゴーグル越しに見回すと、各班のハンヴィーで小さなライトが心強い光を放っていた。

大隊は一列になってゆっくりと砂漠を進みはじめた。空が闇に染まりゆくなか、どの方角を見ても点滅するライトの列が連なり、それがすべて二か所に集まっていく。海兵隊の工兵たちがイラク国境のフェンスと防壁を破って突破口を二か所つくることになっているのだ。われわれは西側の突破口へ行くよう命じられていた。さらに西のサウジアラビア国境に近いところでは、陸軍の第三歩兵師団が自分たちの突破口へ向かっているはずだ。東のほうで閃光が走る。海兵隊の砲兵部隊がイラク側の国境付近で唯一の高台であるサフワン・ヒルに砲火を浴びせていた。間もなく海兵隊の別の小隊がサフワンにパラシュート降下し、イラクの監視所で生存者を見つけて殺害するだろう。

わたしは無線で知らせを受けるたびに班に伝える。〝計画変更――東の突破口を使う〟〝再度変更――西の突破口へ戻る〟〝国境付近にイラクの戦車と装甲兵員輸送車を発見〟〝イラク兵が国境付近に地雷を仕掛けている〟〝われわれの視界を低下させるためにオイルを溝に流して着火〟そんなこんなで車両を走らせること五時間。五〇台のトラックとハンヴィーが停まっては走り、暗闇の中で前を行く車両の赤外線の点滅だけを頼りに、車体を揺らしながらでこぼこの砂漠を駆け回る。わたしは地図とGPSを信用していたが、それを見てもピンとこず、方向感覚を失っていた。隊列の先頭はわたしの知っている中尉の小隊だ。橋までずっと大隊の先頭を行くことになっている。わたしはその中尉がキャンプ・マチルダで進路の研究に精を出すのを目にしていた。ほかの将校たちが映画を観たり手紙を書いたりしている間、地図とノートパソコンに身をかがめ、進路上の曲がり角という曲がり角、目印という目印を図にしては修正を繰り返し、すべてを頭に叩きこんでいた。あの男なら信用できると思うと、少し気が楽になった。

次に何が起きそうかを想像することさえできない

真夜中ごろに国境沿いの突破口に接近し、いったん停止して狭い抜け道を通る順番を待つ。右には砲列が並び、北に向かって一斉砲撃を繰り返している。榴弾砲が巨大な火の玉を夜の中に吐き出すと、まわりの顔が照らし出され、まるでキャンプファイヤーのそばに座っているかのようだ。イラク側の遠方で火が上がる。わたしたちは首を伸ばして頭上の戦闘機――最も頼りになる救済者――に耳を澄ましたが、何の音も聞こえなかった。隊員の中にはこの待ち時間を有効に利用して地面に横たわり、ほんの数分の仮眠をとる者もいる。わたしは隊員たちの様子を見て車両に問題がないか確認しようと、小隊の間を歩き回った。

　ホイットマー少佐が隊列後方へ走っていく途中にわたしの横を通りすぎかけた。立ち止まって知らせてくれたところによると、イラクの戦車隊がわれわれのすぐ前方を移動中との報告があったらしい。少佐は笑いながら、おまえの小隊のＡＴ４携行対戦車弾が楽に届く距離だといいな、と言った。わたしも笑い、ほんの数秒、戦闘に突入することへの不条理な興奮を覚えた。少佐とわたしはぎこちなく抱擁を交わし、がちゃがちゃと武器同士がぶつかる音を立てながら背中を叩き合う。ホイットマー少佐の姿が暗闇に消えると共に、明るい気分も消えていった。戦車部隊が来ているのか。

　自分のハンヴィーのボンネットに腰を下ろす。砲兵隊はまだ二分ごとにわたしの歯を振動させていたが、砲撃と砲撃の間はしんとしている。〈ジェイズ〉で最後に夕食をとった時の感覚がよみがえってきた。今立っているのは得体の知れない、知りようのない何かに足を踏み入れる瀬戸際だ。これまでの人生ではずっと、ある程度は次に何が起きるか予想がついた。人間は連続性の中で自分の人生――場所、友人、目標――を組み立てる。月曜に仕事に行く時は金曜の夜の予定を立てているし、大学一年生になる時は四年生になるつもりでいるし、退職後のために貯金をする。次に起きることをコントロールして、自分の意にかなう形にしようとする。だが、今回は事が大きすぎて、どうにも形にしようがない。

　わたしは自分の未来に対する責任から放免されていた。その代わり、ほかの二二人の未来に責任を負っている。地図に引かれたあの線の向こうでは、わたし個人の歴史などどうでもよくなるように思えた。何を予想すればいいのか分からず、次に何が起きそうかを想像することさえできない。わたしは何かが起きた時に自分がどう反応するかを、怪しい魔法でも使うかのように脳裏に描こうとしたが、全く何も思い浮かばなかった。それが単にぎりぎりの国境手前に立っている影響であることを願った。国境を越えればまた未来を予想できるようになる、と自分に言いきかせる。

明け方近くになって、われわれは軽装甲偵察中隊と合流して突破口へ移動をはじめた。軽装甲車《LAV》の一団はわれわれを護衛しながら突破口を抜け、そのあと自分たちの任務に向かうことになっている。イラク側に居場所を知られているこの地点で、火力の増強はことのほかありがたい。わたしの車両はガニー・ウィンがハンドルを握り、深い砂の中を突破口へと進んだ。過去数週間、夜に国境沿いを走行することはあったが、間近に見たことは一度もなかった。国境のクウェート側には、東の果てから西の果てまで金網のフェンスが延びている。その一部がブルドーザーか戦車に押し倒され、幅九〇メートルの隙間ができていた。次の障害物は土が高く盛られた防壁で、その次に溝があり、それから国連が警備していた道路を渡ると、またフェンス、防壁、最後に溝があった。そのふたつ目の溝を登りきると、そこはもうイラクだった。三月二一日、金曜日、午前五時。作戦開始日時だ。

通信基地を守る無抵抗の部隊

コンパスによると、真北へ進んでいた。みすぼらしい草木の間をうねうねと走り抜け、何台もの錆びついた戦車——一二年前の湾岸戦争の遺物——を横目に通りすぎると、砂地の平原を走りはじめた。わたしは小隊を楔形《くさび》隊形にし、コルバートとエスペラを前、ラヴェルとパトリックを両側に配置した。これなら各班が重なり合わずに前を向いて撃てるので、前方の火力を最大限に強化できる。左に二、三〇〇メートル離れたラヴェル三等軍曹の班を見て、思わず心が震えた。ハンヴィーが砂塵の尾を背後の空になびかせて、砂漠の中を疾走する。それは、攻めの姿勢を絵に描いたような光景だった。

うら寂しい家々の前を通りすぎる。ヤギとやせ細った牛で何とか生計を立てている家族たちの民家だ。はじめて出会うイラク人たち。双眼鏡と機関銃を向けても相手は手を振っただけだった。われわれは歓迎に感謝して手を振り返し、時速四〇キロでさらに北へ向かう。師団の情報部隊によると、このあたりは住む人もまばらな広漠たる砂漠で、イラクの中でも人口の少ない地域らしい。それでも正午までに見かけた人数は、わたしがアフガニスタンにいる間に目にした人数を超えていた。これは、イラクの民間人がこの戦争で大きな要素になることを示す最初の手がかりとなった。

真昼の太陽に車体をきらめかせつつ、砂利の海を突き進む。わたしは高い送電塔の列を目印にして、現在地を地図上で特定した。地図では前方に建物の集まる場所がある。首を伸ばして目を凝らすと、地平線からアンテナが何本も突き出ているのが見えた。われわれは塀に囲まれた敷地の二、三キロ南で停止した。スコープをのぞくと門のところに点々と黒い人影が見える。大隊がコブラ攻撃ヘリコプターを呼ぶと、数分後に南から轟音が近づいてきた。外をうろうろしている者たちを威嚇するように、複数のコブラが機首を下げて建物の上を低空飛行する。コブラの砲口が見守る中で、通訳者がその敷地へ派遣された。イラク人たちが通訳者に語ったところによると、この通信基地を米軍から守るよう命じられているが、みんな家に帰りたくてしかたないのだという。その門衛たちが笑顔で手を振ってくるのを尻目に、われわれは迂回《うかい》して走り去った。

数分後、先頭を走るハンヴィーの隊員たちが、岩だらけの地面から三個の地雷がのぞいているのを発見した。古い地雷が風にさらされつづけて露出したか、埋め方が杜撰《ずさん》だったのだろう。コルバートはブルーフォース・トラッカーにその場所を記し、われわれは隊形を一列に変更して、運転している者たちはみんな慎重に前のハンヴィーのタイヤ跡をたどる。わたしは一〇台目の車両で冷や汗をかきながら、先頭の連中に同情することしかできない。間もなく舗装された道路に乗ったが、その道を何キロか走ったところで北へ折れて、ふたたび人跡未踏の荒涼たる砂利の砂漠を進んでいく。

最適な情報源はBBCだった

夕方になって、われわれは速度を落とした。このまま進むと二、三キロ先で国道八号線と交差する。八号線は近代的なハイウェイ——ガードレールと広い中央分離帯のある六車線の道路——で、バスラからナシリヤを通ってバグダッドまで続いている。この道路を北へ越えた米軍の部隊はまだいない。偵察部隊の用語で言えば、こういう道路は〝直線危険区域〟で、最も慎重に対処しなくてはならない障害物だ。イラクの戦車が近くに潜んでいるかもしれないのに、国道を渡る間は姿をさらすことになる。米軍の空軍力がいくらすばらしくても、これだけ多くの地上部隊が移動しているからには、つねに完全な支援を期待できるとは限らない。確実なのは目に見えるものだけだ。

われわれは国道を渡る地点の両脇に車両を配置して防御することにして、ゆっくりと国道へ近づく。砂漠の比較的安全な場所を後にして道路を渡りはじめたとたん、二台のトラックが東の丘の上に姿を現し、スピードに乗って舗装道路をこちらへ向かってきた。わたしは双眼鏡を手に取る。トヨタのランドクルーザーのようだ。黄土色に塗装され、人を満載している。典型的なイラク軍。これが二、三日あとだったら、われわれから一・五キロの近さに迫ったところで火の玉になって消えていただろうが、この時は戦争初日だ。まだ殺したり破壊したりすることが日常的になってはいなかった。

偵察部隊が訓練でおこなっているのは、情報を収集し、破壊行動をほぼ全般的に統括する戦闘指揮官に報告することだ。トラックが丘を越えてきた時、部隊は訓練をよりどころにし、発砲せずに見たものを報告した。わたしは無線でトラックについてのこまごまとした説明を聞きながら、なぜ先頭のほうで誰も発砲しないのだろうと思っていた。

イラク軍は〝公然の敵〟であり、いきなり交戦してもかまわない、という判断に大隊がたどりつく前に、トラックはすでに停止し、その脇に軍服姿の男たちが両手を上げて並んでいた。大隊の半分はもう国道を渡っており、どのハンヴィーも当惑顔のイラク兵たちに銃を向けるだけ向けて素通りしていく。そのまま道路を渡って北の砂漠へ進んでいった。さんざん威勢のいい話をし、あれだけ疑念や怖れや驚きを抱いたあげく、いざサダム・フセインの兵に出くわしたら、見なかったふりをして終わったわけだ。愚かにも発砲する者がどちらの側にもいないまま擦り抜けられたことを、わたしはありがたく思った。

東の方に立ち昇る煙が見え、それが何の煙かを知るために最適な情報源にあたることにした。BBCによると、陸軍がすでに西の砂漠をナシリヤの近くまで進み、南の方では海兵隊が港町ウムカスルの掌握に動いていて、ルマイラ油田では二、三か所でオイルが燃えているらしい——このあたりの煙の出どころはおそらくそれだろう。BBCはさらに、前日夜にトマホークミサイル一〇〇〇発が発射され、航空機一〇〇〇機が出撃したという中央軍の発表も報じていた。ウィンとわたしは顔を見合わせて微笑んだ。攻撃機が兵器を破壊すればするほど、地上でわれわれに抵抗する者は少なくなる。砂漠がピンクに染まり、ハンヴィーの長い影が灰色に沈む中を、われわれは走り続けた。

日が暮れた頃、わたしの車両はバグダッド＝バスラ鉄道の盛土の線路沿いに停まっていた。ガニー・ウィンとわたしは各班に給油するのに予備の燃料缶を使いきり、数キロ戻って大隊本部の燃料輸送車まで自分たちの車両に給油しにきたのだ。そのあと〝墓穴〟を掘って無線番につく頃には、雨が降りはじめていた。夜通し降り続き、頭を横たえた土がねっとりした粘土に変わる。体温で水分が温まったせいで、任務志向防護態勢《MOPP》防護服のなかは蒸し暑い。乾くと今度は寒くなり、皺《しわ》くちゃのスペースブランケット〔アルミ素材の防寒・防暑用シート〕を体に巻いて温まろうとしたが無駄だった。朝には体中がこわばり、疲れ、赤褐色の泥で固まっていた。侵攻開始からまる一日が経った。

23

「われわれは同じ間違いを繰り返していた」

各地で投降が繰り返される

任務はたびたび変更された。いずれは湿原を北上してチベイイッシュの橋を偵察するのだろうが、今のところは〝第一連隊戦闘団《RCT－1》の側衛を務める〟としか聞いていない。RCT－1は国道八号線を西進してナシリヤへ向かっているので、おそらくわれわれはその北側でイラクの集中攻撃を事前につかんで知らせるということなのだろう。だが、これまでに目にしたイラク人はみんな、とても攻撃を仕掛けられるようなありさまではなかった。

日の出と共に、大挙して移動する人々の姿が遠くに見えた。盛土の線路の上をこちらへ歩いてくる。その流れはゆっくりと東から西へ向かっていた。双眼鏡で見ると服装はばらばらで、軍服や洋服や民族衣装がごちゃまぜだ。AK47を携えている者たちがいる。ダッフルバッグや、凍結防止剤のボトルに飲み水を入れたようなものを引きずっている者たちもいる。足どりは重く、誰ひとりとしてすばやく動く者はいない。

イラク人、とりわけ兵士たちをまだ見慣れていないわれわれは、近づいていって流れをさえぎった。先頭の男たちがこちらを見て武器を捨てる。その動作が列の後方へどんどん伝播《でんぱ》していき、あっという間に地平線の先まで、放り出された武器や脱ぎ捨てられた軍服だらけになった。大人の男たちが下着姿で体を揺らして泣いている。通訳のミッシュを介して、この集団はバスラ周辺に配置されていた第五一機械化歩兵師団の兵士たちだと知った。その部隊はほぼ一発の弾も発射することなく降伏して崩壊し、今はナシリヤに近いユーフラテス川沿いの故郷の村まで、あと一〇〇キロかそれ以上、不毛の砂漠を歩いて帰るところだという。水はほとんど底をついていた。ひとりの男が泣いてわたしにすがりつく。降伏した兵士や任務を放棄した兵士は、政権の意のままに動くサダム挺身隊《フェダイーン》〔サダム・フセインの息子ウダイが率いる民兵組織〕の暗殺部隊に処刑される、と男は嗚咽《おえつ》を漏らしながら語った。

わたしが最も避けたいと思っていたのは、捕虜の対応で動きが取れなくなることだった。侵攻軍の目となり耳となるのがリーコンだ。われわれはつねに本隊と競争している。もし師団の本隊に後れをとれば、戦闘から脱落してしまう。投降したイラク兵を調べるのは警務隊や後方梯隊の仕事、われわれは北へ進攻してバグダッドまで攻めこむのが仕事だ。とは言っても、指令が出ていない以上はここにとどまらざるをえず、とどまる以上はわれわれの陣地に流れこんでくる何百人もの兵士たちに上辺だけでも関心を寄せないわけにはいかない。

「この男に〝ヒュームラット〟を渡してやれ」わたしは言った。

〝ヒュームラット〟というのは人道支援糧食《ヒューマニタリアン・レーション》を表す海兵隊の俗語で、小さな町の電話帳サイズの黄色いビニール袋に食べ物が入っている。アフガニスタンでは空軍が数十万食のヒュームラットを国中にばらまいたが、歩兵部隊はひとつも手に入れられなかった。そこで、われわれはアフガン人に取り入って、通常の戦闘糧食《MRE》と交換してもらった。

アフガン人の中には腹をすかせて成分表示をほとんど見ずに糧食の袋を破り、豚肉焼きそば《ポーク・チャーメン》のような非ハラール食品〔豚肉などイスラム法で禁じられている食材を使った食品〕を食べてしまってから、騙《だま》されたと思った者もいた。水を入れると化学反応で発熱するレーションヒーターまで食べた者がいて、言うまでもなく大変なことになった。そうした経緯から、イラクでは各車両に人道支援糧食の箱を積んでいた。中身はクラッカー、ゼリー、レッドビーンズと米などの簡素な料理——豚肉もなければヒーターもない。

イラク兵がしゃがんで大きく目を見開く前で、レイエスが黄色い袋を切ってあけ、男に差し出した。ヒュームラットが目にとまりやすいように、ひと目でそれと分かる鮮明な色をしているのは理にかなっているように思える。だが不幸なことに、爆弾にも黄色く塗られたものがある——それは罪のない人々が近づかないよう警告するためだ。のちにイラク人から聞いた話では、このふたつを子供たちは混同してしまうという。しかし、この時にはイラク兵士はこの糧食をめぐる歴史や議論など知る由もなく、幸せそうにトッツィロール〔キャラメルのような菓子〕をほおばっていた。

プロパガンダ用チラシの効果

午後半ばまで、われわれは同じ儀式を何十回も繰り返した。近づいてきたイラク人兵士たちがわれわれを見て恐れをなす。進路を変更して迂回しようとする。われわれはRCTがナシリヤのそばで武器を持った大勢の人間に囲まれるのを避けたいがために、砂漠中をハンヴィーで駆けめぐり、羊を集める牧羊犬さながらにイラク人兵士を集めて回る。

兵士の多くは米軍のプロパガンダ用チラシを、まるで安全を保証する通行手形か何かのように頭の上で振っていた。自分たちがいたバスラ郊外の基地や兵舎のいたるところに、航空機からチラシが無数に撒《ま》かれたという。そのチラシには、米軍は降伏したイラク人には手を出さないが、あえて戦うのであれば容赦なく殺すと書かれていた。第一次湾岸戦争を覚えている兵士たちは、この脅しを真剣に受け取った。夕方近くまでにイラクの師団三個――第五一機械化歩兵師団、第六装甲師団、第一一歩兵師団――の兵士たちに話を聞き、全員が同じことを語った。どうやらイラク南部での心理作戦は成功しているようだ。

大人数の集団を追い詰めた時は、武器を捨てさせ、役に立つ情報がないかを聞き出し、人道支援糧食を配り、水の容器を満たしてやった。撃たれるのではなく食べ物を与えられると分かると、男たちの多くが涙した。軍服のズボンをはいてウィスコンシン州ジェーンズビルのＹＭＣＡのＴシャツを着た少年は、にこやかに笑って大声で言った。「俺、ジョージ・ブッシュに好き好きする」

ガスマスクを持っている者も多かった。なくても何とかなるものはすべて砂漠を旅する間に捨てていたが、小銃と水とガスマスクはぜったいに手放さなかったのだ。わたしは脇に男がひとり、静かに立っているのに気がついた。きれいに髭を剃ってドレスシャツを着ている。声のする方に顔を向けて会話を追っているところを見ると、英語が分かるようだ。わたしは自己紹介して男と握手を交わした。男は大隊長の大佐で、ここにいるのはほとんどが部下だという。男は厚意に感謝すると言い、わたしは国は違えど兵士同士の方が自国の世間一般の人たちよりも共通点が多いと答えた。それから男にガスマスクのことを尋ね、米軍がイラクに対して化学兵器を使うと思うかと訊いた。

「いいえ」男は答えた。「サダム・フセインの方が米軍に化学兵器を使って、われわれは板挟みになると思っているんです」

午後半ばまでに数十人のイラク人を調べ、さらに数百人の姿が遠くに見えていた。主に正規軍に徴兵された下士官兵だ。大半がシーア派で、フセイン政権が滅んでも涙を流す者はひとりもいないだろう。この兵士たちはわれわれの敵ではない。

隊員たちがしびれを切らしはじめる。三時頃になってようやく出発の命令が出た。われわれが受けた指示は、西へ走行し、北側の湿原に入って偵察しながらチベイイッシュへ向かえ、とのことだった。

橋梁は爆破されていなかった

時速一〇〇キロで砂漠を猛進する。体が座席の中で大きくはずむ。南側には火砲〔口径が比較的大きい火器。大砲など〕を運ぶトラックの列が国道を走る後ろ姿が見えてきた。本隊との競争。すでに後衛部隊にも引き離されていたのだ。間もなく右へ逸れ、国道が視界から消える。またわれわれの大隊だけになった。夕闇の中、砂岩の切り立つ峡谷を抜けていく。細い砂利道が山腹にしがみつき、急斜面が運河まで下っていた。水は空にかすかに残る光をまだらに映してゆっくりと流れている。わたしは地図をにらみ、運河の名前を確かめた――〝すべての戦いの母なる運河〟。

先頭のハンヴィーがためらいがちにアル・ラタウィ鉄道橋に乗り上げ、そろそろと運河を渡りはじめるのが見えた。途中でやけになったかのように、いきなりスピードを上げたかと思うと向こう岸へ渡りきって橋を跳びおり、後続車両のために安全を確保した。ガニー・ウィンが橋に乗り上げ、両輪で線路をまたいで走りだすと、わたしは座席の端に体を寄せて真下の運河を見下ろした。タイヤから橋の縁までは左右どちらも一五センチといったところだ。

橋を渡った先で安堵し、暗闇に包まれながら、サダム運河の土手沿いに停止して今夜の野営を張る。われわれの任務は運河より北側を見張り、南と西にいるRCT－1に対するイラクの動きに早期警戒することだけだ。わたしは土手のあちこちで点滅する〝ホタル〟を見て満足すると、掘削用具を振り上げて柔らかい地面に〝墓穴〟を掘りはじめた。

レイエス三等軍曹と一緒に無線機のそばに腰を下ろし、真っ暗な北の空に次々と撃ちあげられる対空砲火を眺める。曳光弾がゆらゆらと尾を引くと、ほぼそのたびに、上空の戦闘機が爆撃で応える閃光が後に続く。わたしたちはテニスの試合でも観るかのように、頭を左右に動かして砲火を目で追い、声をひそめて応援した。

運河の夜は静かに更けていった。朝日が昇ると、わたしはイラク兵から取り上げたＡＫ47をすべて運河に投げ捨て、ぶくぶくと沈んで消えていくのを眺めた。

三月二三日、任務が完全に変更された。クウェートで計画を練っている間も、戦争開始直後の数日間も、われわれは同じ間違いを繰り返していた。この状況なら自分たちはこうするという行動をイラク軍がとると思いこんでいたのだ。戦争をシミュレーションする図上演習で、敵軍が南からワシントンに攻めてくるとしたら、どんな米軍将校でもポトマック川に架かる橋梁を爆破して、川が敵と目標の間をさえぎる天然の障害物になるようにすると言うだろう。だからイラク軍もユーフラテス川で同じことをすると考えていた。ナシリヤの主要な幹線走路橋梁が爆破されると予想していたからこそ、湿原を抜けていき、離れた地点で川を渡る小ぶりなほかの橋を調査するという任務が第一偵察大隊に課されたのだ。その日曜の朝、ナシリヤの橋梁がどれも無傷のままだと判明した。

われわれは幸運を喜び、もしかしたらイラクは米軍にナシリヤの橋を使わせたいのかもしれない、などとは――少なくともわたしのレベルでは――考えもせずに、南へ引き返した。

明け方にふたたび〝すべての戦いの母なる運河〟を渡り、国道八号線を西へ進む大軍に合流する。海兵隊の戦車や水陸両用強襲車《アムトラック》に交じって、イギリス軍の角ばったトラックやポーランド軍のソ連製装甲車両も走っていた。ポーランド軍は装備がイラク軍と同じなので、いつもぎくりとさせられる。時速五〇キロから六五キロの車両で大混雑する国道八号線は、ハルマゲドンに襲われたサンタモニカ・フリーウェイか何かのようだ。ガニー・ウィンとわたしは、数キロごとに出現する休憩所――カラフルなパラソルを立てたピクニックテーブルと、プラスチック製の大きなイラク幹線道路マップがある――を楽しく眺めた。

舗道には農民やその家族が並び、手を振る者もいたが、大抵は食べ物を求めていた。山と積まれたＭＲＥが、わたしたちより先に通っていった者たちの気前のよさを物語っている。二度、投げ損ねのキャンディを拾いに子供たちが飛び出してきて、ハンヴィーの車輪に轢かれそうになった。わたしは無線で食べ物をこれ以上ばらまくのは禁止という命令を伝えた。ただでさえ自分たちがこれから必要になるかもしれない食糧なのだから。

〝待ち伏せ通り〟での作戦

三時間後、隊列全体が速度を落とし、ナシリヤの南およそ三〇キロのところで動かなくなった。前を見ても後ろを見ても、ぴたりと止まった車両が延々と続いている。いつまで止まっているのか見当もつかないので、われわれは二、三軒の小屋の庭先に駐車した。最初の一時間、隊員たちはいつでも動きだせるように座席で待機していた。徐々に車両のそばの木立へ移り、やがて路肩に腰を落ち着け、ついには防御線を張りつつコーヒーを沸かし、武器を分解して掃除しはじめる。不意に前方で発砲の音がした。砲撃だ。路肩に座って音のする方を向いていると、第一次世界大戦を扱うテレビ番組が頭に浮かぶ。あの手の番組は大抵、ナレーションが発砲音の正体に言及したところから悲惨な展開になっていく。

午後の間中、頭上をヘリコプターが行き来していた。海兵隊のCH-46や陸軍のブラックホークが北へ飛び、戻って南へ消えたかと思うと、また北へ向かう。行っては帰り、行っては帰り。午後を過ぎ、日が傾いて真っ暗になってもヘリコプターの行き来は止まらない。何をしているのかは分かっていた。海兵隊のヘリコプターは特徴のない青灰色の塗装だが、ブラックホークは機首と機体両側に赤十字が大きく描かれている。負傷者後送ヘリ。死亡兵や負傷兵を戦場から後方の救護所へ空輸する航空機だ。あのヘリコプターで運ばれているのはわたしと同じような隊員たちで、わたしは彼らがヘリに載せられた場所へ、組織の歯車として否《いや》も応もなく向かっている。どうすることもできないという感覚。無力感。だが、自分を憐れむ気持ちはない。その反対だ。まわりの隊員たちの顔に、静かな決意がみなぎりつつあった。わたしも思いは同じだ。

小隊は武器を掃除し直し、また地図を確かめる。ヘリコプターが通るたびに、下にいるわれわれにエネルギーが注ぎこまれる。世界が消散していくのを目の前にしつつも、プロフェッショナルとして冷静に頭を働かせている自分たちを誇らしく思う。われわれは攻撃モードのオンとオフを冷静に切り替えられる。しかし、感情が紛れこみはじめていた。わたしは怒りを感じていた。復讐《ふくしゅう》したかった。その時はじめて、わたしは血がたぎるのを感じた。

その夜は行き来するヘリコプターと星を仰ぎながら、そのまま路肩で過ごす。情報士官から各小隊にナシリヤの航空写真が配られた。幅一二〇センチの毛布大の紙に路地も家々も細部まで鮮明に写っている。町はおよそ五キロ四方に広がり、南はユーフラテス川、北は運河に接している。国道七号線が町の西側を北へ延び、国道八号線から分岐した道路がそれと平行して東側を走る。ユーフラテス川を南へ渡るとナシリヤの郊外となり、徐々にヤシの木立や農地が増えていく——今われわれがいる場所だ。海兵隊は国道八号線を行くことにして、それを〝ルート・モウ〟と名づけたが、その経路はすでに〝待ち伏せ通り〟という分かりやすい名で知られていた。

わたしは自分のハンヴィーに班長を呼び集め、タープの陰で一緒に写真をじっくり眺めた。われわれ大隊の月曜の任務としては、ユーフラテス川に架かる東寄りの橋の南側、つまり〝待ち伏せ通り〟の南端地点で第八海兵連隊第二大隊と合流し、そこから橋を渡ってナシリヤに入ることになるだろう。ナシリヤで何が起きているかは、ほとんど何も分からない。ＢＢＣは米兵数十人が負傷したと報じていたが、詳しい情報はほぼ皆無だった。日曜に陸軍の整備補給部隊が誤って町に進入し、挺身隊の伏撃を受けたという曖昧な話は聞こえてきていた。任務部隊《タスクフォース》タラワが生存者の救出に入り、ＲＣＴ－１がナシリヤを抜けてバグダッドへ猛攻をかけられるように橋梁を開放したという。ところが今は、足止めされて激しい戦闘を繰り広げているようだ。われわれもそこに加わろうとしている。

壊滅した米部隊

三月二四日の月曜日、われわれはゆっくりと北へ動きだした。ナシリヤの安全確保を待つ補給トラックの列を迂回するため、道路脇の野原を走行する。負傷者後送ヘリコプターは病的なまでに往復を続けていた。渋滞の先頭を越え、われわれだけがさらに先へ進む。巧みに偽装された海兵隊の砲列が、ちょうどわれわれが横に並ぶと同時に一斉砲火を放ち、わたしは座席のなかで跳び上がった。風景は徐々に野原から、コンクリートブロックの建物や金属製の倉庫に変わっていく。道路の脇に立つ男たちは、やじをとばす者もいれば黙って見ている者もいるが、みな一様に不穏な空気を漂わせている。右の方では石油貯蔵タンクが炎と黒煙を空高く巻き上げて燃えている。鉄橋を渡って線路を越えながら下を見ると、燃えて骸《むくろ》となったイラクの戦車が防壁の内側に残されていた。

過去四日間、イラク軍の車両の残骸は何十台も目にしてきた。米軍戦闘機の攻撃を受けた戦車、爆破された道路脇のトラックや高射砲。今、南行きの対向車線には、それよりもっと多くの残骸が転がっている。だが、何かが違う。わたしはじっと目を凝らした。

「なんてこった、ガニー。あれはハンヴィーじゃないか」

血まみれの手でドアを掻いた悲しげな跡が、あちこちの車両に残されている。弾丸で蜂の巣になったフロントガラス。凝固した血――ひとりの人間の体にこれほどの量が流れているとは思えないほど大量の血液が、空気の抜けた二本のフロントタイヤのまわりに池をつくっていた。それは、陸軍第五〇七整備補給中隊の無残な亡骸《なきがら》だった。中隊は曲がる場所を間違えてナシリヤに進入するという大失策をおかし、挺身隊の民兵によって壊滅状態に追いこまれた。少なくとも九人が殺され、捕虜となった六人の中にはジェシカ・リンチ上等兵〔一週間後に救出され、のちに〝戦場のヒロイン〟としてメディアの注目を浴びた〕も含まれていた。だが、その午後の時点で分かっていたのは、そこに転がる何台ものハンヴィーには米兵が乗っていて、その米兵たちは死んだとしか思えないということだけだった。

橋はあと三キロに迫っていた。すべての木が、塀が、建物が、敵意に満ちているように見える。わたしはイラクではじめて恐怖を感じた。頭の中を駆けめぐる血液の音に混じって、自分の足が勝手にハンヴィーの床を叩く音が聞こえる。両膝がミシンを踏むように上下する。何もかもがぼんやりと通りすぎていくように感じる。戦闘中は視覚が研ぎ澄まされ、一本一本の草まで見えて、それまで感じたことがないほど色が鮮明に感じられるという話を思い出した。けれどもわたしには、町全体が色あせて、ぼやけた灰色の塊になったように見えていた。情報を処理する速度が遅すぎて、一〇を見なくてはいけないのに一しか見えていないのではないかと怖くなる。わたしは騙された気がした。わたしも研ぎ澄まされた視覚がほしかった。

24 「戦争に熟練する日」

戦闘では感情の振り幅が大きくなる

前方のどこかで機関銃が鳴り響く。道路の脇で迫撃砲が炸裂して茶色い砂煙の柱が立ち昇る。国道の半分は残骸にふさがれている。われわれは速度を上げ、車体を揺らしながらカーブの中央分離帯を突っ切って、南行きの車線を北へ走った。

「なんで静かな野原から半時間でこんなことになってるんですかね？」左手でハンドルを握り、右手でドア枠の外へ小銃を向けながらウィンが訊く。

わたしもさっきから同じことを自問していた。「バグダッドへ行く途中にある最南端の町。俺たちは敵の狙い通りの場所にいるってことだ」

無線では銃撃や怪しい動きの報告が飛び交っていたが、混乱の渦中に入るとそれらがぴたりとやんだ。色々なことがありすぎて報告が追いつかないのだ。われわれが砲列や支援部隊より先へ進み、橋にさしかかっている歩兵部隊よりはまだ後ろにいる時に、道路沿いのヤシの木立から小火器が撃ってきた。ということは、前方の歩兵部隊は包囲されているわけだ。国道でヘリンボーン隊形〈V字形が連なる魚の骨のような隊形〉を組む海兵隊の車列をようやく通りすぎると、歩兵部隊が原っぱに浅く掘った壕の中に並んでいるのが見えた。われわれは〝待ち伏せ通り〟へ続く橋の南端で大きく左へハンドルを切り、まわりをヤシの木々に遮蔽された狭い砂の空き地に突っこんだ。

わたしは思わず笑ってしまった。ベトナム戦争の映画のセットに迷いこんだかのようだ。鬱蒼《うっそう》と茂る緑のヤシに取り囲まれ、空き地の片側には乾燥した葉でできた柵が並んでいる。いたるところで銃声が響き、隊員たちが体を低くかがめて走り回る。上空ではコブラが轟音をとどろかせ、川の対岸に並ぶ建物にロケット弾を撃ちこむ。わたしは木々の間から「フォーチュネイト・サン」の曲〔一九六九年にロックバンドCCRが発表。ベトナム戦争を象徴する曲として多くの映画などに使われている〕が流れてくるのを半ば期待した。

道路を挟んだ原っぱに砲弾が落ちて炸裂する。電線が切れて跳ね上がり、怒ったヘビのように反り返って火花を吐いた。負傷した海兵隊員たちが倒れ、炎の間から「衛生隊員!」と呼ぶ声が上がる。

A《アルファ》中隊とC《チャーリー》中隊は川岸まで前進し、耳をつんざく銃砲の音を響かせて対岸の敵陣に激しい攻撃を続けている。B《ブラボー》中隊は空き地に残って指示を待つ。わたしはヤシの葉の柵へ走り、その間を擦り抜けて、壕の中にいる海兵隊員たちと話をしにいった。その小隊は南と西を向いてわれわれの側方を守っていた。目の前には一頭の水牛が横倒しになって腐敗している。十字砲火の犠牲者だ。小隊長は小銃と無線機を持って壕の中にしゃがんでいた。聞くと第八海兵連隊第二大隊の小隊だという。一日中砲火にさらされていたらしく、小隊長はわたしに、そんな風にうろつくなと警告した。

「木にあいつらがいるんだ。そこら中にいて、あのくそ野郎ども、銃の撃ち方も分かってやがる」

ベトナムだ。

空き地に戻ると、不可欠な装備以外はすべてハンヴィーから下ろせと命じられた。任務部隊《タスクフォース》タラワが橋を渡ってナシリヤに攻め入ったら、わたしの小隊も後に続いて町へ入り、タラワの負傷者を後送する。上空はロケットランチャー《RPG》が多すぎてヘリコプターが飛べないため、負傷者後送ヘリはすべて地上で待機することになっていた。タラワの隊員たちはまだ歩き回り、仲間と話し、攻撃に備えているのに、その隊員たちの後送を計画するのは気が重い。われわれが余分な燃料を捨てて担架や医療用品をハンヴィーに積み足している間も、道路を挟んだ砂地に迫撃砲が何度も着弾し、舗道に土の塊が飛び散って、小石がばらばらと騒がしい音を立てる。パトリック三等軍曹と立ち話をしていると、金属の物体がガードレールを飛び越えてきて、パトリックのハンヴィーの後部にかちんと当たり、弾んで荷台に転がった。

「榴弾！」叫び声が上がり、われわれは地面に突っ伏して爆発を待つ。まだ待つ。さらに待つ。とうとうパトリックとわたしは立ち上がり、車両の後ろをのぞきこんだ。中には尖った榴散弾の破片が転がっている。全く無害というわけではないが、榴弾そのものでもない。わたしたちは声を上げて笑った。戦闘では感情の振り幅が大きくなり、愉快なことがとんでもなく愉快なことになる。戦闘の最中には、隊員たちが激しく笑っているのを目にすることもあった。

ヘリコプターはなおも対岸の市街地を猛攻撃している。一機のヒューイがゆっくり飛行しながらドア部のガトリング砲で河岸を掃射すると、隊員たちは歓声を上げた。建物から石の塊が崩れ落ちる。コブラは高速で急降下して発射器《ポッド》からロケット弾を撃ち出し、ありえない角度で飛び去って、海兵隊が地上を掌握している方へ急いで戻る。F／A-18ホーネットがとどろきを上げて川の上を低空威嚇飛行する。コクピットからパイロットの頭がのぞく灰色の機体が矢のように通りすぎた。

ロールで上昇する機体の後を、吐き出される煙と曳光弾の筋が追う。威嚇は終わりだ。

たった一日が〝戦争に熟練する日〟になる

　ナシリヤに夕闇が垂れこめる。われわれにとってはただ曳光弾が見やすくなるだけだ。予告された渡河《とか》攻撃がまだ決行されていないため、このまま橋の手前で夜営の準備をする。わたしは小隊を二分し、半分は安全の確保、もう半分は戦闘壕の掘削にあたらせた。掘りはじめるや否や、命令が下りてきた。三キロ南へ戻って第一連隊戦闘団《RCT-1》に合流し、夜のうちに〝待ち伏せ通り〟を猛進して通り抜けろ、との命令だ。

　われわれは来た道を引き返した。道路にくすぶる炎がちらちらとフロントガラスを照らす。南へ。再編成してまた北へ進撃するためだとしても、陣地を手放して後退しようとしていることが信じられなかった。何か月もの間、イラク人は戦う気がない、最南部では抵抗があったとしても散発的でたいしたことはないと聞かされてきた。ところが報告によると、〝殉教者軍団〟ともいわれるサダム挺身隊が戦いのためにナシリヤに集結しているという。戦争の前は、挺身隊は拷問と処刑を得意としていた。これではまるで海兵隊の連隊二個が途中で挺身隊に追い返されたみたいじゃないか。

　道路は両側とも数百台の車両が連なっていた。戦車、水陸両用強襲車《アムトラック》、ハンヴィー、支援トラックが暗闇で停まっている。われわれは列の中に自分たちの場所を見つけた――鉄道橋の真ん中で、道路の東側で燃えている石油タンクの逆光をもろに浴びる位置だ。狩猟ライフルを持った一二歳の子供だって、明るい炎に浮かぶわれわれの影を狙い撃ちできるだろう。わたしは道路を走って中隊長のハンヴィーまで行き、一〇〇メートル前か後ろの、ましな位置に移動させてくれと頼んだ。

「大隊に確認しないと許可は出せない」中隊長が答える。

「じゃあ、大隊に確認してください」

「こんな些細なことで大隊をわずらわせるのは見栄えが悪い」おおげさに苛立ちを滲ませて言う。

「それに、もうすぐ動きだす」

六時間後、交替でハンヴィーの下にもぐって仮眠をとり、無線の交信を聴き、北のナシリヤへ向かって一斉に発射される砲弾を数えたあとになっても、われわれはまだ動きだしていなかった。

時間潰しに道路を行ったり来たりしていたわたしは、クワンティコのクラスメイトにばったり会った。疲れ切った様子で、目の落ちくぼんだ顔が砲火に白く照り映えている。調子はどうだと訊いてみた。

「最悪な日だ。今日の早くにイラク兵が何人か投降してきたんだが、隊員たちが近づいていくと白旗を捨てて、長衣《ローブ》の下からAKを出しやがった。その一〇分後には、片手で幼い女の子を抱えたまま、もう片手で小銃を撃ってくるゲス野郎がいた。俺の隊員たちは正しいことをしようとしてるが、そのために死なせてたまるかよ。町の中の道路には海兵隊員の死体がごろごろしてる。おまえも行けば分かるさ」

「何があったんだ」

「それは訊く相手による。RPGの待ち伏せ攻撃。友軍のA-10の誤爆。俺が知るかよ」

この日はわれわれにとって、戦争に熟練する日になったわけだ。海兵隊の大半は本物の戦闘を経験することなく一〇年を過ごしてきた。今は自分たちが成長曲線の急坂をのぼり切ったことを祈るばかりだ。マティス将軍には戦闘の最初の五日間、最も危険な日数を生き延びろと言われている。

残るはあと四日だ。ほんの一日前は、今回も一〇〇時間戦争と同じだろうと話していた。自分たちが一発も発射することなく戦争が終わるかもしれない、というのが最大の懸念だったのに。わたしは炎に囲まれ、ハンヴィーのボンネットに腰を下ろして、砲弾がナシリヤに撃ちこまれるたび閃光が広がる地平を見つめていた。明け方近く、われわれはエンジンをかけた。

国道七号線を北へ

ナシリヤの南側の橋にさしかかった時、われわれは機動しやすいようにあらかじめ車間距離をとっていた。アクセルペダルを床まで踏みこむ。ガルザ伍長がエスペラのハンヴィーの機関銃のところに立っているのが見えた。揺さぶられながら道路に落ちないように両手でしがみついている。地図によると、ナシリヤの南側の橋から北側の橋までの距離は三・五キロ。四分もかからない。前の日に車両を停めた橋の手前の地点を通りすぎ、ユーフラテス川に架かる橋を登りはじめる。ジェットコースターでかたかたと登っていく時のような感じがした。登り切って、目の前に延びる〝待ち伏せ通り〟を見下ろす。急降下する直前に、一番高いところで一瞬止まる感覚だ。われわれは猛スピードで町へ突っこんでいき、コンクリートブロックの建物や車両の残骸の間をぐんぐん走り抜ける。町全体が瓦礫と化していて、われわれが通りすぎると野良犬たちが吠えたてる。

歩兵大隊が町の警戒線に配備され、〝ルート・モウ〟沿いにアムトラックと車両を降りた歩兵たちが並んでいる。気が立ってむやみに発砲したがる何千人もの隊員たちが通りすぎる中、敵対的な町にじっと立っているなんて、うらやましい仕事とは思えなかった。われわれの前や後ろで小火器の発砲音が甲高く響いたが、撃ち返す相手は見あたらない。交差する通りが左右に長く延び、電柱が立ち並ぶ。わたしは路地の間から人影が飛び出して乱射してくるかと思ったが、どの通りにも人っ子ひとりいない。地面のあちこちに戦闘壕があり、わたしは布で覆った顔がのぞいてRPGを担ぐのを待った。どの壕からも何も現れなかった。

　われわれが目にしたのは、これまでの戦闘の残骸だ。サーディンの缶詰のようにルーフがめくれ上がったアムトラックが一台、道路に放置されている。背嚢や寝袋が地面に散らばり、ポンチョに覆われた塊があった。海兵隊員の死体。前日に倒れた場所にそのまま横たわっているなんて、死者にはつらいにちがいない。わたしは通りすぎながら、倒れている仲間たちを自分の小隊の全員が目にしていることを意識した。イラク兵たちの姿もあった。高射砲を満載した一台のトラックが南行きの車線に停まり、弾丸を全身に浴びた男の死体が運転席から逆さまにぶら下がっている。頭は地面につきそうだ。道路に倒れている別の男は、何十台もの車両に轢かれてほぼぺしゃんこだ。胴体は赤いべたべたしたものになって舗道に広がっている。のちに隊員たちはその男のことを〝トマト箱男〟と呼んだ。

　〝待ち伏せ通り〟の北端で別の橋を渡り、道路交差を左へ曲がる。軽装甲車《LAV》が道路の横の空き地を走りながら、姿の見えない襲撃者を掃射する。わたしはその支援に感謝しつつ、高速で走り続けた。右に曲がって国道七号線に出る。このまま北上していけば、チグリス川沿いの町アル・クートにたどりつく。

　ナシリヤからアル・クートまでは国道を通って二〇〇キロ、一〇日間かかる距離だ。第三歩兵師団、第五連隊戦闘団《RCT-5》、第七連隊戦闘団《RCT-7》は西へ大きく逸れて開けた砂漠を通っていくが、第一連隊戦闘団《RCT-1》と第一偵察大隊は国道七号線を通り、古代の〝両河の間の土地《メソポタミア》〟で戦いながらすべての町を抜けていく。われわれの任務はイラクの部隊と交戦しつつ、その兵士たちが退却してバグダッドの守りを固めに戻るのを防ぐことだ。陸軍とほかのRCTはさらに北進してから任務を果たし、先陣を切って首都バグダッドに攻めこむことになっているが、われわれにとって今日からの一〇日間はこの国道沿いが主な戦場となる。

われわれが先頭の部隊だった

自分たちがこの国道をいく米軍の先頭部隊なのかどうかを探りながら、われわれはナシリヤから北へ進みはじめた。先にユーフラテス川を渡った大隊が二個あるが、〝待ち伏せ通り〟沿いと道路交差地点にとどまっている。ということは、やはりわれわれが先頭だ。この結論を裏づけるかのように、イラクのBM21ロケットランチャーが前方の道路に待ち構えていると報告が入った。いったん停止し、戦闘機が来て爆破するのを待つ。

わたしは停車している間、ハンヴィーの横に膝をついていた。停まっている車両はRPGを引き寄せるし、歩兵はみんなそうだが、地面に足がついている方が落ち着ける。あたりを見回すと、スラム化した工場地区があり、廃品置き場や機械工場やがらくたの山が集まっていた。緑や黒の旗〔緑はイスラムを象徴する神聖な色、黒は過去の抑圧やイスラムの勝利を表す色で、どちらもイラク国旗に使われている〕が朝の暑さの中であちこちの建物から垂れ下がり、黄色い目をした犬たちが〝侵略者〟をじっと見る。われわれは路地や窓に目を走らせて人の動きを探したが、何も見えなかった。こういう停止は厄介ごとを招く。海兵隊の小隊が固く円陣を組んだ時の火力がどれほどのものか、まだ実戦における能力も見定められていない。

視界の隅で人影が躍る。さっとそちらを向いても姿をとらえきれない。窓に男がひとり。一軒の建物から隣の建物へひらりと移るふたり目の影。遠くの脇道からのぞき見る三人目。ナシリヤのあと、わたしは銃を構える右側だけ耳栓をしたままだった。そのせいで、血液が頭の中を流れる音が大きく響く。機関銃を撃ちまくって四方をすべて更地にしたかった。更地で炎に囲まれている方がまだ安全だ。だが、そういうわけにもいかず、われわれはただ座って待ちながら、ちかちかする目で見ていることしかできなかった。

平らで特徴のない田園地帯に入った。国道だけがまわりの土地より数十センチ高い。水路や溝が縦横に走っているが、耕作されている様子は全くない。不毛な茶色い泥の大地を風が吹きすさぶ。道路の脇には塀に囲まれた家がぽつりぽつりと並んでいる。この危険とは無縁なわびしい農業地帯のイメージは、やがて戦闘壕や爆破されたトラックや死体が現れて崩れ落ちた。海兵隊の航空機の掃射で開かれたわれわれの進路に沿って、その名残が左右の路肩で燃えている。RPGの山、ピックアップトラックの荷台に高射砲を取りつけた〝即製戦闘車両《テクニカル》〟、黒焦げで横倒しになった戦車。生きている兵士はひとりも見あたらない。

走りはじめて三時間後、大隊は国道を降りて止まり、各車両が援護し合いながら側方に撃てるようにヘリンボーン隊形を組んだ。隊員たちは車両を降りてその前を歩き、安全を確保する。わたしは首の高さまである低木の茂みに分け入り、音を立てないように一歩ずつ進みながら、小銃の銃身を左右に向けて目を凝らす。枝がズボンにこすれて軋み、小枝が折れるたびに小銃の発砲かと思うような音がする。小高く盛り上がった土をゆっくり登り、足を止めた。下に戦闘壕がある。毛布が敷かれ、薬缶《やかん》が火の上に吊るされたままだ。手つかずの料理が二枚の皿にきれいに盛りつけられていた。砂地の足跡が藪《やぶ》の中へ消えている。

「クリストソン、スタフォード、こっちへ来い」

隊員ふたりが走ってきて、二重らせんを描くような規則で歩きながら足跡を追いはじめ、臭跡をたどる犬のように行きつ戻りつする。だが、壕にいた者たちは消えていた。わたしはふたりの男を思い描いた。おそらくわたしと同年代で、壕に潜んで米兵が来たら撃てと命じられたのだろう。そうすれば自分の村を、母親や姉妹を、異教徒から守ることができる。たとえ死んでも殉教者として天国へ行き、九九人の処女と永遠に生きるのだ。きっと悪くない計画に聞こえたことだろう。海兵隊の隊列が目の前に止まるのを見るまでは。

求めていたシンプルな偵察任務

大隊が停止したのは、指揮官たちが次の動きを計画するためだった。わたしは呼ばれていって、今日これからの作戦指令を受けた。ハンヴィーのボンネットに地図を広げ、指令を聞きながらメモをとる。RCT-1は国道七号線をこのまま進み、第一偵察大隊は国道を東へ五キロから一〇キロ離れた農地を偵察しながら移動する。われわれの任務はRCT-1の側方を遮掩〔敵の接近を察知し、本隊との接触を防ぐ戦術的行動〕し、その方角からの攻撃に早期警戒することだ。提案された灌漑《かんがい》水路沿いのあぜ道を行くルートを青いペンでたどる。大隊の先頭はB《ブラボー》中隊、B中隊の先頭はわたしの小隊だ。

遮掩は文句なしの偵察任務だし、この任務は単純で目的もはっきりしている。何よりありがたいのは、ラヴェル三等軍曹が指摘した通りのことだった。「田舎を行くわけだから戦えますね。町中にいるみたいに、腰をかがめて耐えるだけじゃなくて」

われわれはふたたび走りだした。コルバートのハンヴィーが先頭を行き、エスペラがそれに続く。そしてガニー・ウィンとわたし、その後ろをパトリックとラヴェルが走る。ジャハールという小村の近くで舗装道路を離れ、車体を揺らしながらゆっくりと東の細く埃っぽい道へ入っていく。曲がり角の溝の中に、おそらくヘリコプターの銃火を浴びたのだろう、引き裂かれた死体が横たわっていた。

道路はところどころで干上がった溝にさえぎられながら、うねうねと延びている。われわれはヤシの木々やアシの茂みを縫って国道をどんどん離れ、緑の深まる農村地帯へ入っていった。青々とした涼しい木陰の灌漑水路に沿って、泥の小屋が並び立つ。道路はロバが引く荷車や徒歩用につくられていて、一〇トンのハンヴィーには向いていない。タイヤの下で土がばらばらと溝に落ち、今にも崩れて淀んだ水に転落しそうだ。細い橋を少しずつ慎重に渡ったあと、行き止まりだと気づいた。車両を停めて後ろの中隊に警告する。B中隊のほかの小隊、ヒットマン・スリーが橋の手前で引き返し、大隊の先頭に立った。隊列の残りの部隊がゆっくりと橋を戻るのを見届けたあと、最後にわれわれが続く。これで大隊の最後尾につくことになった。パトリックとラヴェルが機関銃をぐるりとまわして背後を守る。

紆余《うよ》曲折のわれわれが進むよりも口伝えの噂が広まる方が速く、間もなく行く手の道に人が集まるようになった。笑顔で歓声を上げる友好的な人々がほとんどだが、つまりはわれわれが来るのをあらかじめ知っていたということだ。水路を越えていける道は一本しかない。この道は徐々にカーブし、左の視界の外を走る国道七号線と平行して北へ向かう。木陰と青葉、水と作物、伝説に名高いイラク南部の湿原の名残をとどめる景色を見るのは心地よかった。このシーア派伝統の暮らしぶりは失われつつあり、わたしはそれを戦争に汚されずに堪能できたらよかったのにと思った。

幼い少女がふたり、黄色いワンピースをひらめかせて一軒の家から飛び出してきた。その家とわれわれの間にある溝の急坂を滑り下り、可憐《かれん》に水を飛び越えると、ひなたぼっこをしていた二匹のカメが水に逃げこんだ。少女たちは溝のこちら側の坂をよじ登り、道路にいるわれわれのハンヴィーの目の前に走り出て、エスペラ班の隊員たちに笑顔で手を振った。ハンヴィーが停車する。ガルザが機関銃の銃口を上げて少女たちから逸らし、手袋をはめた手に人道支援糧食《ヒューマンラット》を持って身をかがめる。少女たちが伸ばした手に、ガルザはその糧食をそっと載せた。わたしはカメラを手探りしたが、シャッターチャンスは逃してしまった。少女たちは大はしゃぎして、転がるように溝を渡って戻り、家へ駆けていく。糧食を受け取った父親が、神妙な顔でこちらに手を振った。

全員が同じ危険の兆候に気づいていた

少しずつ、だがはっきりそれと分かるくらい、まわりの雰囲気が変わってきた。道は国道のほうへやや曲がり、小さな町へ近づいている。予定ではその町に接近してからまた東へ向きを変え、別の道で遮掩を続けることになっていた。わたしは戦闘で第六感が働くことはなかったが、もとからある五感は冴《さ》えてきた。危険の兆候が現れている。人々は通りすぎるわれわれを無表情で見つめている。父と同年代の男と目が合った。男はゆっくりと、指で喉を掻き切る動作を見せた。さらに進んでいくと、女たちが布でくるんだ包みを背負い、われわれと反対方向の南へ向かって歩いていた。子供をしっかりつかみ、こちらを盗み見る。トラクターに乗った男がひとり、子供と家財道具でいっぱいのトレーラーを引いて通っていく。何かがおかしい。この人たちは何かから逃げている。

「ヒットマン・ツー、撃ってくるぞ。まわりは民間人が大勢いる。分離した目標だけを撃て」

わたしの警告は必要のないものだった。わたしが気づく兆候には隊員たちも気づく。接敵訓練と交戦規定も心得ている。だが、警告することでわたし自身の気が楽になった。拳銃の撃鉄はもう起こしてある。われわれはただそれを周囲へ向けて、引き金を引くきっかけを誰かが与えてくれるのを待った。

タイミングを計ったように、前方で銃声が響いて隊列が止まる。車両に閉じこめられるのを嫌って、われわれは本能的に飛び出して車両の横に膝をついた。

「A《アルファ》中隊が接敵。待機せよ」アルファは隊列の先頭だ。

停止したとたんに風が吹きはじめた。砂埃を巻きあげ、二、三〇〇メートル先まで視界がさえぎられる。目がちくちくしてゴーグルを顔に引き下げざるをえず、さらに視界が狭まった。この〝シャマール〟という砂嵐は何の前ぶれもなく吹きはじめる。どこもかしこも砂だらけだ――ハンヴィーのエアフィルターも、機関銃の薬室も、目と口も。われわれは小さな窪地に身を沈めた。ここなら多少は風と敵の銃火から守られる。無線では、アルファが遭遇した何らかの抵抗を打破するために砲撃支援を要請していた。途切れ途切れに小火器の音が聞こえ、たびたび機関銃の重い咆哮《ほうこう》が混じる。距離と風のせいで、撃っているのが敵か味方か分からない。

緊迫した空気の中で一五分待った。隊員たちが畑や木々に目を走らせて、撃つべきものがないかを探す。見えるのは相変わらず大勢の村人たちが怯《おび》えて脱出していく姿だけだ。ガニー・ウィンとわたしは窪地の端で腹這いになっている。ウィンは狙撃銃のスコープを通して並木に目を凝らし、わたしは無線に耳を傾ける。

「前方のあの町ですよ」ウィンが言う。「町に近づくたびに攻撃されてます。さいわい今回は町をかすめて通るだけで、その後また開けた土地に出るみたいですね。少なくともわれわれは学習してるわけだ」

わたしはそれに同意した。ナシリヤを繰り返すことだけはぜったいに避けたいし、指揮官たちもそう思っているはずだ。その時、無線が鳴った。

「ヒットマン・ツー、移動の用意をしろ。遮掩任務は終了だ。この町の真ん中を通って西の国道へ向かう」

25 「食べるよりも、寝るよりも、体を洗うよりも先に銃を掃除する」

町の真ん中を突っ切れ

前を行くコルバートがスピードを上げ、左へ急ハンドルを切って町へ突入する。信義に厚いチームメイトのエスペラがすぐ後に続く。どの班の銃手も完全に姿をさらして銃座に立っている。ウィンがアクセルペダルを床まで踏みこみ、わたしは曲がる時に横のドア枠から外へ放り出されないようにフロントガラスの枠にしがみついた。右側には通りに面して三階建ての建物が並ぶ。ドアや窓の奥は暗く、錬鉄のバルコニーやひび割れた鎧戸《よろいど》に隠れている。その黒い四角のひとつひとつで、銃口の火がちかちかと明滅した。

感覚が圧倒されて体が固まる。泥の建物が道路から何メートルも奥まったところに並んでいるのが目に入る。その角を越えると建物はコンクリートになり、道路の両側に高くそびえ立つかのようで、都会の峡谷にわれわれを閉じこめる。撃ってくる銃火の閃光に囲まれる。だが、わたしにはその音が聞こえない。小隊が撃ち返しているかどうかも分からない。恐怖はない。勇む気持ちもない。何も感じない。わたしは映画を観るかのように、この待ち伏せ攻撃をただ見ているだけだ。

ガニー・ウィンがハンドルをぐいとまっすぐに戻したところで、はっとわれに返った。一気に音が押し寄せてくる。機関銃がとどろき、ハンヴィーのエンジンが鋭くうなる。道路が、挺身隊の位置が、戦う小隊が、目に飛びこんできた。両側の建物から銃火が降り注ぐ。弾丸が発射されるたびに煙が細く立ち昇る。われわれは猛スピードで激走していたが、這っているようにしか感じない。

地面の穴や欠けた舗石を踏み越えるたびに体が座席から跳び上がる。道路の真ん中で煙を上げる車の残骸を、コルバートがすばやく左へよけた。ウィンが続き、中央分離帯を飛び越え、街灯をかわしてスピードを上げる。ハンヴィーのタイヤが泥水や下水のしぶきを上げて高く尾をひいた。

「こちらヒットマン・ツー、接敵。左右から小火器の攻撃を受けている。交戦中」前方には大隊のほかの部隊の姿は見えない。

「了解、ツー」本部が応答する。「われわれも途中で攻撃を受けた。とにかく進みつづけろ」

生存本能と命令が綱引きをする。普通の人間の生存本能に従えば、ハンヴィーの床にうずくまって目を閉じるだろう。それこそが、海兵隊が訓練で克服させようとしている反応だ。その効果はあった。待ち伏せ攻撃に遭った最初の衝撃が過ぎ去ると、わたしは冷静になって落ち着きを取り戻した。隊員たちも同じ様子だ。銃を向け、目標の位置を大声で知らせ合い、ひとつになって動く。

いま小隊長がやるべきことは単純だ。可能な限り速く町を駆け抜け、悪者どもが狙いを定められないくらい撃ちまくり、隊員全員を町の反対側まで連れていけるよう祈るのみ。一番心配なのは、運転している隊員が撃たれたりハンヴィーが爆破されたりして、生存者を拾うために停止を余儀なくされることだ。停止は死を意味する。わたしは最後尾の第三班がついてきていることを確かめるため、無線の交信を続けた。

「ツースリー、そっちはどうだ？」

「ツースリー、順調。走りまくって撃ちまくってます」

この状況で生存本能に最大限の譲歩をするとしたら、それは撃つことだ。若い歩兵将校がクワンティコに行くと、まず〝撃たれたら撃ち返せ〟と教えこまれる。それを海兵隊では〝火力優位の獲得および維持〟と呼ぶ。二三人しかいないわれわれにとっては一挺の銃でも重要だ。要請すべき砲撃支援はなく、指揮官に伝えるべき情報もない。わたしもひとりの射手だ。自分のＭ16に身をかがめ、窓やドアを撃ちはじめる。小銃の鋭い銃声がハンヴィーの中でとどろく。左の耳は無線のハンドセットが押しあてられているが、右の耳は銃声で耳鳴りがした。耳栓が落ちていたことに気づき、やみくもに床を手探りする。だが、弾むハンヴィーの中で小銃を撃つには両手が必要だ。

わたしの弾倉に装塡されているのは小隊に目標を示すための曳光弾ばかりで、何も撃ち抜いてはいなかった。この揺れでは狙いを定めるのもむずかしい。わたしの小銃は銃身の下にＭ２０３擲弾発射器《グレネードランチャー》が装着されている。距離は充分擲弾が届く近さだ。運転席のルーフに吊られたＭ２０３の弾薬の袋に手を伸ばす。グレネードランチャーの銃尾を前後に動かし、できるかぎりの速さで装塡を繰り返して発射する。

昆虫や植物以外に、生まれてから一度だけ生きものを殺したことがあった。一〇代半ば、両親の家の芝を刈っていた時に、誤ってシマリスを芝刈り機の刃で傷つけてしまった。わたしは歯を食いしばってシャベルでシマリスの首を切断した。苦しませないための慈悲殺とはいえ、ひどくつらい思いをした。狩猟をしたこともないし、したいと思ったこともない。それがいま、名前も知らない町で、見ず知らずの人間に擲弾を撃ちながら、どこかそれを楽しんでいる自分がいた。

ずっと願っていた通りに、視覚が研ぎ澄まされていた。若い男が路地に身をかがめているのが見える。青いシャツに黒いズボン。ベルトの銀の金具がかすかにきらめく。片膝をついて前かがみになり、上半身を建物の壁にぴたりと押しつけている。手にしているのはＡＫ47。銃身をこちらへ向けて狙いを定め、撃ってくる。小銃が手のなかで跳ね上がり、銃口が一瞬光って小さな炎を吐き出す。男は三〇メートルも離れていないはずなのに、ずいぶん小さい感じがする。男を狙って擲弾を撃つと、弾は男の頭のすぐ上の壁に当たって炸裂した。男が小銃の上に倒れるのが見えた。われわれはその路地をまたたく間に通りすぎ、わたしはさらに擲弾を装塡して窓や開いたドアに撃ちこんだ。

ウィンが急ブレーキを踏み、わたしの胸がダッシュボードに打ちつけられる。前方でイラク兵が頭上の電線をコルバートの車両にどさりと垂らし、ウォルト・ハッサー伍長が銃座から叩き落とされた。ハッサーはルーフの上に頭を後方へ向けて倒れている。二本の手が下から伸びてきて、ハッサーを引っぱり起こすのが見えた。永遠とも思える二、三秒、わたしたちはほぼ微動だにせず座っていた。その空白の最中に後方からＭｋ19の咆哮が聞こえ、ジャックス伍長が銃撃で一軒の建物の半分を崩落させる。ジャックスは撃ちながら大声を上げ、われわれに止まるなと叫ぶ。左側の泥煉瓦造りの建物から敵が一斉に撃ってくると、ジャックスは何十発もの擲弾を連射し、三階建ての一階部分を消滅させて挺身隊たちの銃を黙らせた。ハッサーが起き上がるや、われわれはまた前へ飛び出した。

コルバート班が猛スピードのまま四五度の角度でハンドルを切り、ハンヴィーの外輪が重力を失って路面から浮きそうになる。ハンドルを握るパーソン伍長が車体を立て直し、そのまま西へ猛進する。エスペラとウィンも続いてカーブを切る。一瞬、煉瓦造りの塀に囲まれた青緑色の円蓋の寺院《モスク》が目に入った。その光塔《ミナレット》から銃火が降り注ぐ。ばかげたことに、これはルール違反だという思いがよぎった。われわれは今や最後の直線コースを走り、町の出口が近づいている。無線では第三班が、第二班の後ろにいると力強く言い切った。前方にはまだ大隊のどの部隊も見えない。

メカニックサポートチームの仕事

ついに、町を囲む塀の門を走り抜けた。時速八〇キロ以上を維持して、国道七号線にぶつかるT字路へ突っこんでいく。南には国道の脇にRCT-1の戦車がヘリンボーン隊形でとまっていた。車両をおりた海兵隊員たちが列をなして路肩の陰にかがみ、われわれのハンヴィーが町から飛び出してくるのを驚いた顔で見る。コルバートはスピードを出しすぎて国道で曲がり切れず、突き当たりの路肩を越えて土手を駆け下りていく。まだ背後から弾丸がびゅんびゅん飛んでくる中、町から少しでも離れようと、われわれもみんな後に続いた。

コルバートは土手を下り切り、固く乾いた土の上で南へ方向転換する。広々とした土地の五キロ先に、一列に並ぶ木々がぼんやりと見えていた。戦術としては、やはりきわめて簡単だ――撃って、動いて、連携する。コルバート班以外は土手の途中で止まり、第三班が一番後ろに車両をつけた。ここなら部分的に遮蔽され、機関銃を町に撃ち返して敵の圧力を削ぐことができる。スタイントーフが黒いゴーグルで目を覆い、前かがみになって撃ちまくる。われわれは町を脱出したのだ。だがその時、最悪の事態が起きた。

地面が砕けるおぞましい音と共に、コルバートの重い装甲ハンヴィーが地面の表層を破り、タールのような泥に車枠まで沈みこんだ。この土地は〝ソブカ〟だ――巨大なクレーム・ブリュレさながら、表面は太陽に焼かれて固くなっているが、その下は深く柔らかい。イラクのソブカについては全員が説明を受けていたものの、まだ目にしたことはなかった。いま、まだ銃火を浴びながら、われわれはそのひとつにはまりこんだのだ。

コルバート班がどやどやと車両を降りる間に、われわれはあわただしく防御線を張った。第三班はそのまま後方を守り、わたしはエスペラを少し前へ進ませて、路肩の向こうが正面に見えるように向きを変える。この時点でわたしが最も恐れていたのは、怒りに猛《たけ》る挺身隊がわれわれになすべがないと見てとって、戦いの始末をつけに道路を越えて一気に押し寄せてくることだ。風が強まり、巻き上げられた砂で空がオレンジ色に染まって、視界が二、三〇〇メートルしかきかなくなっていた。パトリックがソブカの端まで這っていき、コルバートのハンヴィーの後部にウィンチを引っかける。ルディが車両のギヤをリバースに入れ、エンジンをうならせて引き上げようとするが、一センチも動かない。だめだ。もっとトルクと馬力のある何かが要る。

わたしは無線で大隊に連絡し、メカニックサポートチームの〝グッドレンチ〟を要請した。車両輸送担当の隊員たちはリーコンではなく、作戦部隊の若い隊員たちは〝へなちょこ〟とばかにしたりする。だが、わたしの小隊で年長の隊員たちがそんな風にけなすのは聞いたことがない。この日の午後、理由が分かった。

支援を要請してから五分後、ブリンクス二等軍曹が年季の入った軍用五トントラックでエンジン音を響かせながら、弾丸が飛んでくるのを気にもとめずに国道を走ってきた。そのままゆっくりと、スタイントーフが敵に銃撃を続けている土手を下ってくる。運転席から跳び降りると、にっこり笑って言った。「どうもです、中尉。どうされました?」わたしはアドレナリンで神経がひどく高ぶっていたせいでほとんど何も言えなかったうえ、ブリンクスの陽気さが英雄を気取っているためか、それとも間が抜けているのかも分からなかった。だがそのうちに、それが仕事を片づけるベストな方法なのだと分かってきた。

　ブリンクスはプロのまなざしでハンヴィーの状況を慎重に判断し、トラックにいる部下の隊員たちに大声で指示を出した。隊員たちはぞろぞろと降りてきて、すばやくチェーンを取りつける。ぐいと引っ張るとコルバートのハンヴィーはぽんっと抜け、ソブカから飛び出して移動できるようになった。われわれは町の方へ銃を向けて〝グッドレンチ〟が帰っていくのを援護し、一列になってそのままトラックの後を走る。コルバートのハンヴィーは車枠の幅が二倍になったかと思うほど泥がたっぷりまとわりつき、歪《ゆが》んだリムのせいで車体が横に流されそうになっていた。〇・五キロ走ったところで国道に登ってスピードをあげ、何十台も並ぶＲＣＴ－１の武装車両の横を通りすぎる。なぜ、たった今、敵の町を突破してきたのが、砂丘走行車《デューンバギー》に毛が生えた程度のわれわれだったのだろう。戦車や軽装甲車《ＬＡＶ》がここに鎮座して、隊員たちが地面で居眠りしているというのに。

　大隊が国道脇の平地で円陣を組んでいるのが見え、わたしは小隊を率いてその防御線上の配置についた。開けた土地で停止する場合、われわれの大隊は三個中隊で大きな円陣を組み、各中隊が三分の一ずつを受け持つ――時計でいえば、一〇時から二時、二時から六時、六時から一〇時で、一二時が北の方角だ。Ｂ《ブラボー》中隊は六時から一〇時なので方角は西、一・五キロほど離れたヤシの列まで視界をさえぎるものがない土地を向くことになる。防御線の隙間に割りこむと、小隊全体で防御する幅は一〇〇メートルしかない。

戦いが語り直される意味

車両を停めてガニー・ウィンがエンジンを切ったあとも、ウィンとわたしは車を降りなかった。どちらも黙ったまま二、三分が過ぎてから、顔を見合わせる。ウィンが笑顔を浮かべ、ふたりとも声を上げて笑う。無理やりの笑いだ。わたしはウィンの顔が青白く、顔全体の皮膚がいつもより引きつっているのに気づいた。

口を開くと、ウィンの声はかすれていた。「何とまあ。とんでもなかったですね」

「もう少しでやられるとこだったな」わたしは地図を見た。「アル・ガラフ。あの町の名前はアル・ガラフだ」

わたしは小隊を防御に残して中隊本部を探しにいった。重い装備と任務志向防護態勢《MOPP》防護服を身につけて、でこぼこの地面をよたよたと歩いていくと、海兵隊員が集まって地べたでひとりを囲んでいるのが見えた。近づいていくと話が聞こえてきた。この話をするのは一〇回目にちがいない。

「ダーノルドの運転であの町を走ってたら、あっちからもこっちからも弾がびゅんびゅん飛んできて、いきなりあいつの腕がハンドルから横にどーんと弾かれたんだ。あいつが〝撃たれた!〟って言って、コーカー三等軍曹がかがんで見てやった。そしたらやっぱり、ダーノルドの前腕に穴があいて血が出てた。ところがだ、コーカーはものすごく冷静で、腕に止血帯を巻いて言った。〝おまえは大丈夫だ。運転を続けろ〟ってな。ダーノルドは黙って運転して、俺たちもほかのみんなと一緒に、ここにたどりつけたってわけだ。全くひどいもんだぜ」

わたしは少しの間、第一偵察大隊でひとり目の戦闘負傷者をじっと見た。ダーノルドは元気そうだ。撃たれてまだ弾が入っている前腕に、小さな赤い穴があった。

中隊本部では大尉から追加の——夜営して朝の移動に備える以外の——指示はなかったので、わたしは小隊に戻った。すでに隊員たちは柔らかい土に寝る穴を掘り終え、安全確保、武器の掃除、食事、足の洗浄、睡眠という日課に着手していた。

そして、語っていた。戦いというものは、あとで語られることで戦い直される。時に静かに、時に賑《にぎ》やかに。時には笑いと共に、時には涙と共に。小隊は組織として記憶する。学び、変化する。多くの場合、学びを得るのは銃撃戦のあとだ。将校の中には、そんな話をするのはプロらしくない、気持ちが乱れるだけだと考えて、話をやめさせる者もいる。わたしは奨励した。心の重荷を軽くするために、そして即席の授業として、次の戦いに向けて刃《やいば》を研ぐために。

しかし、わたしはそういう語り直しに、どことなく不安も感じていた。人を正気につなぎとめているのは、自分の感覚に対する信頼だ。わたしは大学時代に一度、吹雪の中でクロスカントリースキーをしたことがある。広い雪原を渡っていた時、地面を覆う雪と空から降る雪の区別が全くつかなくなった。平衡感覚も遠近感覚も失い、眩暈《めまい》に襲われた。足元の雪から突き出た小枝と、何百メートルも離れたほかのスキーヤーが同じに見える。頭がぐるぐる回り、うずくまるしかなかった。

戦闘は一種の眩暈だ。わたしは混乱を糧にする訓練を受けていたが、どんな訓練をしようと、自分の感覚が信じられなくなる恐怖に備えることはできなかった。これはよく気づかされたことだが、戦闘の記憶というのは、自分の記憶でしかない。あとで話をすると、五人が五人とも違うことを言う。わたしの記憶では、未舗装の道を左へ曲がり、アル・ガラフの町を西へ走る舗装道路に入った。右側の建物から撃ってくるのが見え、猛スピードで四、五キロ走って国道へ抜けたのを覚えている。それがわたしの記憶で、わたしが真実だと思っている出来事だ。

ところが地図を見ると、距離は一五〇〇メートルほどで、思っていた距離の半分もない。小隊の何人かは角を曲がった左に武装した男たちが立っていたと言うが、わたしは全く見た覚えがなかった。円蓋のモスクはわたしの記憶に焼きついているものの、それを説明すると、見たのを覚えているのはコルバートとライトだけだった。パーソンは国道へ出る直線を走っている時に橋を渡ったと言って譲らなかった。小隊ではほかの誰にも橋の記憶はなかったが、地図には橋が載っていた。

アル・ガラフへの突入は間違いだった

その午後遅く、四挺ある機関銃〔Mk19自動擲弾銃二挺と重機関銃二挺。米軍で擲弾銃は機関銃に分類される〕のうち三挺に隊員が立っていた。双眼鏡で地平に目を凝らしつつ、気になる地点を大声で知らせ合う。四挺目の機関銃は分解されてハンヴィーのボンネットに置かれている。その上にかがみこんで、ジャックス伍長が熱心に作業していた。大きな汚れた手が小さな部品をひとつひとつ、愛情すら感じさせる優しい手つきで掃除する。銃を組み立て終えると、今度はMk19の弾薬ベルトの擲弾をひとつずつ拭《ふ》きはじめた。食べるよりも、寝るよりも、体を洗うよりも先に銃を掃除するジャックスに、わたしは海兵隊の本質を、二〇〇年以上も過酷な場所で若い隊員たちを支えてきた海兵隊魂を垣間見《かいまみ》た。愛国心に駆られて他愛のない妄想を抱いたわけではない。わたしが抱いていたのは、たいした経験のない権力者によって、こういう隊員たちが酷使されたり誤った使われ方をしたりするのを見たくないという、大きくなりつつある思いだった。

わたしは性急に判断をくださないよう自分を戒めていた。小隊長の自分に見えているのは、パズルの小さな一ピースにすぎない。だが戦術を考えた時、わたしの体の全細胞が、アル・ガラフに突っこんでいったのは間違いだと告げていた。われわれは運に恵まれたが、その幸運を実力だと誤解する者がいれば、危険なことになるだろう。

砂嵐が日差しの名残を覆い隠し、わたしは急いで防御線上で夜営する用意を終わらせた。コンパスをにらみながら、機関銃手それぞれに左右限界を伝える。銃手たちは自分の銃の左右調整目盛り《トラバーシング・バー》にそのしるしをつけ、暗闇で攻撃を受けた場合に互いの射撃範囲が重なりつつも、ほかの友軍の位置がその中に入らないようにする。これは型通りの手順で、基本的に第一次世界大戦の時から変わっていない。戦場で成功をもたらすのはここぞという時の創造力だが、それは単純作業を重ねた確固たる土台があればこそだ。リーコンの評判が創造性と個人の即応力によって築かれているとはいえ、地味な基本をないがしろにする若い中尉は災いに見舞われる。ほかのものはすべて、その基本の上に成り立っているのだ。

そんなわけで、わたしは防御線を歩き、照準を調整し、計算して地図に線を引いた。その作業をしている時にガニー・ウィンも班を回り、怪我や装備の損傷を確かめて弾薬をチェックした。交戦全体を通して小隊が撃った弾丸はたったの一〇〇〇発ほどだったので、わたしのハンヴィーの後ろに積んでいる予備の弾丸で充分全員の補充ができる。防御線の端ではラヴェル班がハンヴィーの弾痕を数え、ほかの装備にあいた穴に驚嘆していた。スタイントーフは自分のノースフェイス製リュックの生地がざっくり裂けているのをわたしに見せた。立っていた場所からほんの数センチのところでAK47の弾が切り裂いていった跡だという。

「たぶんこれは保証の対象外ですよね」スタイントーフが裂け目を指でいじりながら言った。

コルバートのハンヴィーもさんざん撃たれていた。弾丸の穴が二二個、そのうち六個は従軍記者のエヴァン・ライトの座席側のドアにある。わたしが近づいていくと、ライトは畏敬《いけい》のこもったような目でその穴をまじまじと見ていた。

「気分はどうだ、エヴァン」わたしはエヴァンが、もうたっぷり取材できたから、次の補給ヘリコプターで帰りたいと言うのを半ば期待していた。

「密着を実感してる」エヴァンは答えた。「ここまで密着取材ができるなんて、思ってもみなかったよ」

エスペラがエヴァンの肩に腕をまわして言う。「でも、まだ残るそうですよ。根性のあるやつなんです」

見えてきたイラクの戦略

開けた土地に突風が舞い、まだ今日の激走の記憶にひたる隊員たちの小さな集団に砂埃を吹きつける。ハンヴィーの風下に背嚢を下ろし、防弾チョッキとヘルメットを脱ぐと、曇り空の下、風そよぐ中で体が軽く自由になった気がした。地面につるはしをふるって自分の寝床を掘る。土を掘るのはいやな作業ではない。それどころか、一日の緊張が腕から柄を伝って地面に放出されて、心が癒される。掘りながら安全の相対性に思いをめぐらせた。国の家族や友人は、いまこの瞬間もわたしを心配しているにちがいない。あっちから見ればイラクは危険な場所だ。わたしにしてみれば、危険な町もあれば安全な町もある。危険な町の中にも、危険な区画と安全な区画がある。危険な区画でも、通りの片側は危険で反対側は安全ということもある。それは自分が常に安全ということなのか、あるいは常に危険なのか、穴を掘り終えても答えは出なかった。

闇に包まれ、風が強まる。雷鳴に爆発の遠いとどろきが混ざり、稲妻に上空で放たれる砲撃の閃光が重なる。ガニー・ウィンとわたしは運転席に避難し、無線を聴きながら今日はじめての戦闘糧食《MRE》にかぶりつく。わたしは自分が飢えていたことに気づいた。トッツィロールをかじるウィンの顔が、無線機の鈍い緑のライトに照らされてフロントガラスに映っている。

「何を考えてる?」わたしは訊いた。

「ナシリヤからここまでで、イラクの戦略がかなりはっきりしました。こういう田舎の開けた土地だと猛攻撃を食らって叩きのめされるから手を出さない。われわれが町に入るのを待って、消耗戦を仕掛けてくる。こっちが反撃して民間人に怪我でもさせようもんなら、あいつら大手を振ってテレビに出まくって、こっちが悪者に見えるようにするんですよ」

わたしは地図を見て、ナシリヤからアル・ガラフまで国道七号線を指でたどった。そこから先も、提案されているルートをさらに北へたどる。アン・ナスル、アシュ・シャトラ、アル・リファ、カラト・スッカル、アル・ヘイ、アル・クート——点々とした町の連なりがチグリス川まで延びている。そしてチグリス川の北には、イラク最大の街、バグダッドが横たわる。

「まあ、近いうちにましになりそうには見えないな」わたしは言った。

そのあと、ふたりで無線の番を交替しながら夜を過ごした。夜が明ける少し前、わたしが壕で横になっていると、雨が降りだした。

26 「待っていたのは身内からの銃撃だった」

国道をさらに北上する

三月二六日の朝はさわやかに晴れ、空気中の砂がすっかり雨に洗い流されたかのようだった。泥の塊に覆われたまま痛む手足を伸ばし、日課のコーヒーを淹れはじめる隊員たちを、昇る朝日が照らし出す。質素な生活をしているせいで、人生の素朴な喜びのありがたみがひときわ強く感じられる。中でも格別なのが一杯の熱いコーヒーで、濃ければ濃いほどいい。どのハンヴィーの横でも燃料がわりのC‐4プラスチック爆弾の小片が炎を上げ、ぼろぼろの軍用カップがその上に並んでいる。コーヒーは手から手へ渡り、仲間内で分け合って飲む。ひとりで一杯を全部飲むのは無作法というものだ。

任務志向防護態勢《MOPP》防護服を着てブーツを履いたまま寝ていたので、目が覚めたあとは立ち上がるだけでいい。わたしは寝袋を巻き、その湿った不格好な塊をハンヴィーの後部に詰めこんだ。快適には程遠いライフスタイルだが効率はいい。髭剃りなし、シャワーなし、服のアイロンがけもなし。ドライヤーや朝食や新聞やメールもない。ただ起きて、生きるだけだ。

無線で呼ばれて中隊本部へ行くと、そこでも同じように朝の日課がはじまっていた。今日一日の予定を中隊長がブリーフィングする。三〇分後に国道に乗って北へ進攻だ。今のところアル・ガラフより北に米軍はいない。われわれは連隊戦闘団《RCT》の他部隊と交互躍進《リープフロッグ》〔各部隊が前進と援護を交替しながら進撃する歩兵戦術〕で国道を北上する。交替については移動しながらブリーフィングするから常に無線をつないでおくように、と中隊長が言う。ああ、そうだ、ロケットランチャー《RPG》の待ち伏せと自動車爆弾に気をつけろ、とつけ足した。

ガニー・ウィンと班長たちが、わたしのハンヴィーのボンネットを囲んで待っていた。わたしは地図を手にしてその中に入る。

「みんなが大好きな任務、接敵移動だ」わたしは言った。「国道七号線を北上、第一連隊戦闘団《RCT-1》に同行する」班長たちは自分の地図を見ながらメモをとる。「交互躍進しながら拠点を獲得していく。友軍はすべて国道を行くから、側方に何か気になる動きがあれば、おそらく敵だ。コブラが時々支援にはいる。何か質問は?」

「隊長、〈フーターズ〉のウェイトレスが穿《は》いてるショートパンツはオレンジより白がいいと思いますか?」わたしはにやりとし、ほかの隊員たちは声を上げて笑った。全くこの連中ときたら、完璧なタイミングを心得ている。

引き続き、いくつかの懸念事項や不測の事態について真面目に話し合ったあと、班長は解散して隊員たちに説明しに行った。ガニー・ウィンとわたしは小銃を掃除し、無線機のすべての接続部を消しゴムでこすって昨夜の雨による腐食を落としてから、エンジンをかける。一〇分後、大隊は少しずつ平地を這い出し、一列になって国道七号線に乗った。

アン・ナスルからアル・リファへ

悪い日というのは大抵そうだが、この日もはじまりは上々だった。われわれは調子よく北へ走り、RCT-1の戦闘力が集結して国道沿いに広く陣取っている横を通りすぎた。RCT-1はまだ、われわれがアル・ガラフを突破してソブカにはまった道路交差の近くにいる。町は鎧戸を閉ざし、不穏な空気を漂わせながら、国道の東三〇〇メートルのところに横たわっていた。

空は相変わらずよく晴れて、陽光が肥沃《ひよく》な土地と緑の木々をまだらに染める。家々の煙突から調理の火の煙が立ち昇る。通りすぎるわれわれに若い羊飼いたちが手を振り、赤や深紫の長衣姿の姉妹たちが門の陰から恥ずかしそうにのぞいていた。

アン・ナスルの南端に着くと停止して、舗装道路の脇でヘリンボーン隊形を組んだ。わたしは各班の車両を回って隊員たちの様子を確かめ、ここで少しの間、RCTの部隊が通りすぎて町に入るのを待つと伝えた。三人の狙撃手はケースから小銃を取り出し、側方に目を光らせて、撃ってくるイラク人がいないか監視する。

大抵の場合、イラク人が攻撃してくる気配はほぼ皆無だ。激しい戦闘に巻きこまれ、迫撃砲が炸裂して上空を戦闘機が飛び交うかと思いきや、頭に桶《おけ》を載せた女が三人、町の井戸へぶらぶらと歩いていくだけだったりする。こうした環境で、民間人保護の義務を全うするのはなおさら困難だ。その点、殺したい相手にどんぴしゃで命中させられる狙撃手は、最高に優れた戦力だった。

話をしている間に、戦車中隊一個がごろごろと音を立てながら通りすぎた。塗装が緑の戦車もあれば、黄土色の戦車もある。どれも〝ピースメーカー〟や〝アベンジャー〟といった名前が砲身に刷られていた。ゴーグルと防護服とヘルメットを身につけてハッチに立つ隊員たちは、ロボットのように見える。われわれを後に残し、ハッチを固く閉じてアン・ナスルへ向かっていく。軽装甲車《LAV》中隊が、やはりハッチを固く閉じて、旋回砲塔を左右に動かしながら後につづいた。

国道はアン・ナスルの南で上り坂となり、優雅で近代的なコンクリートの橋につながって緑の低地と細い川を越えたあと、下り坂に変わり建物群の中へ消えていく。戦車の列が硬い音を響かせながら橋を越えて見えなくなった。頭上を四機のコブラ武装ヘリコプターが北へ急ぎ、二組のペアに分かれて町の中心の上空で低く円を描く。どうやらやっと、われわれはしかるべき手順で町に入るようだ。

移動の命令を受け、橋を登りはじめる。アン・ナスルの通りは人気《ひとけ》がなく、門は閉ざされて鎧戸は掛け金が下りていた。動くものは何もない。すべての交差点に戦車が配置され、誰も近づかないように砲塔を水平に道路へ向けている。街区を次々に通りすぎ、わたしは気が緩みはじめた。たぶんここには挺身隊がいないか、われわれの火力におじけづいたのだろう。肩の力が抜けて呼吸が穏やかになったその時、右側の斜め後ろで自動火器の連続発射音が響く。

来た。

肩に力が入り、呼吸が浅くなる。「ヒットマン・ツー、東から銃撃」努めて冷静な落ち着いた声で警告を送る。

ウィンがハンドルを握りながら小銃を手探りし、ハンヴィーが前後に揺れる。「くそっ。誰も見えない」

今度は頭上で連射する衝撃音が弾けた。

「どこにいる?」わたしは首を回し、どこから撃ってきているのかを探す。無差別に撃ち返すことはできないが、おそれをなして逃げていくと敵に思わせたくはない。ただし、われわれの任務はバグダッドにたどりつくことだ。それははっきりしている。撃つべきものが見あたらない以上、一発も撃ち返すことはできず、怒りを噛み殺してそのまま北へ走り続けるしかない。数分後、ふたたび木立が並ぶ広々とした土地に出た。

大隊の先頭をＢ《ブラボー》中隊が走り、その中で先頭に第二小隊がいる。われわれの前にいるのは軽装甲偵察部隊《ＬＡＲ》だけで、どうやらそのＬＡＲは戦っているようだ。チェーンガンの連射や二五ミリ砲弾の飛ぶ音が聞こえてくる。前方の空に煙が巻き上がり、双眼鏡で見ると何台ものトラックが炎に包まれていた。われわれはさらに前へ押し進む。銃撃戦ではいつのまにか本能が勝り、生き、隊を率い、戦うための、こまごまとした数えきれない仕事が恐怖に取って代わる。案ずるより産むが易しだ。

前方の銃撃に近づくにつれ、わたしは無意識のうちに手足を引っこめ、防弾チョッキの中に縮こまろうとしていた。わたしのハンヴィーはドアがなく、アン・ナスルの南ではそのおかげで美しい農業地帯を気持ちよく満喫できたが、今はばかばかしいくらい露出しているように感じる。妄想がひとり歩きして、木も屋根も土手も、すべてにＲＰＧを持った戦闘員が潜み、そのＲＰＧが確実にわたしの胸のど真ん中に狙いを定める。わたしは最初、声がうわずるのを怖れて無線を避けていた。だが、いざ無線で話してみると、自分の声の冷静さに驚いた。

ＬＡＲが挺身隊に残した選択肢は、逃げるか、降伏するか、死ぬかだけだった。われわれは爆破されて間もない小型バスの脇を通った。車内の一団はみんな黒焦げの塊になり、粉々に割れた窓からぶら下がっている者もいる。運転席の男だけまだ息があり、ほぼ真っ黒に焼けてハンドルの後ろに座ったまま、弱々しく手を振っていた。道路の両脇には戦闘壕から這い出そうとする銃手たちの死体が倒れている。そのひとりがまだＲＰＧをつかんでいる横を、われわれは慎重に通りすぎた。死体のまわりの地面にはロケット推進擲弾が散らばっていた。

四台のピックアップトラックが路肩で燃えている。いずれも高射機関銃が一挺ずつ荷台に据えつけられ、北向きに停まっていて、南から近づいてくるわれわれを撃てるようになっていた。その銃はいまや黒焦げで折れ曲がり、乗っていた者たちは骨と化して砂埃の中でくすぶっている。道路のさらに先ではコンテナトラックやタンクローリーが燃え、油ぎった煙がもうもうと空へ昇っていく。視界の隅にちらりと見えた色に目を向けると、青い服を着た女の子が死んで道路に横たわっていた。六歳くらいに見える。その隣にしゃがみ、降伏のしるしに両手を頭の上に上げた軍服姿の兵士が、通りすぎるわれわれに小声で何かを言った。わたしはいつのまにかイエズス高校で過ごした四年間に引き戻され、口のなかで詩編二三編を唱えていた。〝たとえ死の陰の谷間を歩むとも……〟

アシュ・シャトラの町は、使える銃をすべて車両の窓から突き出して駆け抜けた。その時点では知る由もなかったが、のちに、そこはこの戦争を象徴する重要な町となった。われわれが駆け抜けたまさにその道で補給部隊が待ち伏せ攻撃に遭い、海兵隊の軍曹ひとりが捕まって惨殺されたのだ。磔刑《たっけい》にされたと言う者もいた（その隊員の遺体を回収し、海兵隊員を冒瀆《ぼうとく》すればどんなことになるかをアシュ・シャトラの住民に思い知らせるために、われわれの大隊のＡ《アルファ》中隊がＣＩＡと自由イラク軍と共に送りこまれたが、作戦実行の直前になって、イラクの同盟軍のほとんどが夜の間に逃げ出していたことが判明した）。

地図によると、次の町はアル・リファだ。大隊本部から無線がきて、今回はアン・ナスルの計画の逆でいくという――リーコンが先に町に入って拠点を確保し、そこをRCTが通り抜けるのだ。わたしの小隊が大隊の先陣を切ってアル・リファに入り、ひとつ目の大きな交差点で道路を逸れて拠点を確保する。B《ブラボー》中隊のほかの小隊はそのまま一キロ北まで進んで同じように動く。そのあとA《アルファ》中隊とC《チャーリー》中隊がわれわれを通りすぎ、町の中心部と北部で拠点を築く。すべての部隊が配置についたところで、RCT-1が一気に町を通り抜け、そのまま北へ進攻を続けるというわけだ。町に入った時にはすでに午後も遅くなっていたが、われわれは作戦開始から終了まで一時間もかからないと踏んでいた。

将校の道を捨てイラクに来た男

アル・リファに入ると、いやな臭いがした。町は国道の東から道路をまたいで西へはみ出し、五〇〇メートル奥の市壁まで延びている。排水溝を下水が流れ、道路をごみの山が点々と縁どっていた。国道のすぐ東には変電所が立ち、そこで火が燃えていて、青白い炎が焦がした電線が臭いを放つ。その三〇〇メートル奥には、まばらに立つ泥の小屋、一列に並ぶヤシの木々、いくつかの小さな盛土があった。変電所の南で、東からくる細い道路が合流している。その地点で、わたしは小隊を率いて拠点を確保した。

われわれは遮蔽された浅い排水溝に五台のハンヴィーを停め、全方向の警戒態勢をとった。狙撃手たちはスコープをのぞいて塀や門や屋根を見張る。機関銃手たちは怪しそうな目標物に銃を向け、ひとりが北、ひとりが南、ひとりが東、そしてひとりが西向きに立った。ガニー・ウィンとわたしは地図に目を凝らし、急遽支援が必要になったらすぐに対応できるように、砲撃支援のための目標物を描きこむ。その作業をしている間に、大隊のほかの部隊が笑顔で手を振りながら通りすぎた。拠点というにはお粗末なこの場所を素通りできるのが明らかに嬉しそうだ。

「武装したやつらが木の間で動いてます！」クリストソンが叫び、さっき見えた木々の間をすばやく動く三、四人の男を指差した。ＲＰＧを持って、こちらを見ている。

　わたしがウィンに狙えそうかと訊くと、ウィンは自分のM40狙撃銃をハンヴィーのボンネットに載せて構えた。まわりで飛び交う声や混乱を無視して、辛抱づよくスコープをのぞく。引き金にかけたウィンの指に力が入る。が、またゆるんで、完璧なタイミングを待つ。わたしが無線で呼び出されて応答している間に、ウィンの銃が鋭い音を発した。

「命中したかどうかは分からないが、これでやつらも考え直すだろう」

　男たちのうちふたりが盛土の陰から逃げだした。クリストソンがそのふたりを狙い、軽機関銃で五・五六ミリ弾を八発か一〇発連射する。わたしは双眼鏡で見ていて、狙った位置が高すぎたのが分かった。逃げる男たちの頭上で曳光弾が弧を描いた。

「もっと低く、クリストソン。狙いが上すぎる」わたしの声は冷静で、またしても自分で驚いた。弾が飛び交う中でのリーダーシップには芝居の要素があることを、わたしは学びつつあった。それを裏打ちする能力は必要だが、外面的な要素が小隊全体の雰囲気づくりには大きく影響する。クリストソンは狙いを低くして撃ち、男たちは倒れた。「よく見張っていろ、クリストソン。ほかにもこの方角から攻撃してくるやつがいたら全員殺すんだ」

　反対の方角には、アメフトのフィールドひとつ分しか離れていないところにアル・リファの家々の塀が並んでいた。イラクのほとんどの町と同じように、この町も東アフリカ製とソビエト製の絶望が入り混じっている。民家は泥やコンクリートブロックや荒削りの木材を組み合わせた造りで、平らな屋根の上に貯水槽が置かれ、上階の窓からは間に合わせのテレビアンテナが鋼のツタのように這っている。厚い壁に穿《うが》たれた窓は暗く、ガラスの入っていないものが多い。家々は狭い間隔で並び立ち、その間には錬鉄の門で閉ざされた細い路地があるだけだ。政府機関の建物はほとんどが石造りかコンクリート造りで、民家の中でひときわ目を引く。むだのない左右対称の建築様式が権威主義を滲ませていた。装飾はドアの国章だけの場合が多いが、中にはぼろぼろになった緑と黒の旗が正面にはためく建物もある。軍事的に判断すると、アル・リファは人が密集し、厚い壁と高い門によって自然に築かれた要塞で、われわれはそこからあまりにも近いところにいた。

散発的な銃撃はすっかり鳴りをひそめ、まわりの空き地に人の動きは一切ない。隊員たちは緊張を保ったまま腰を据えて待機し、監視の目を光らせながら、RCT−1が遅いと文句を言っている。わたしは木々の列に目を走らせるクリストソンの隣に立った。近い距離で人間を標的にしたのはさっきの射撃がはじめてだったはずだから、どんな様子か確かめたかった。

「あれはいい射撃だったな、クリストソン」

クリストソンは話しかけられて驚いたようだった。「ありがとうございます、隊長」クリストソンは小隊で一番若い隊員だ。年季の入った隊員が多いリーコンで一等兵といえば普通はひよっこだが、クリストソンはほかの隊員にひけをとらない。合衆国海軍兵学校に進んで将校になる道が約束されていたのに、九・一一のあとにそれを蹴って海兵隊の歩兵になった。全く見上げた男だ。

中隊長の言葉に耳を疑った

南の方で砲弾の音がした。着弾ではなく発射の音だ。ウィンが片方の眉を上げてこちらを見る。わたしは頭を横に振った。さあな、なんだろう。砲弾は風を切って頭上を通りすぎ、アル・リファの北端で爆発した。誰かが砲撃任務を指揮している。米軍で北にいるのはほかのリーコン中隊だけだ。無線に耳を傾けると、A《アルファ》中隊がバース党本部を攻撃していた。正当な攻撃目標だとしても、人が密集した町に高性能爆薬の砲弾を落とすなんて、どういう了見だろうといぶかしく思った。そのあとさらに、首をかしげたくなる知らせが続く。中隊長がこちらへ向かっていて、東の木々から撃ってくるやつらを黙らせる任務の話がしたいという。

われわれの小さな円陣にハンヴィーで乗り入れた中隊長を出迎える。「大尉、連中には何発かお見舞いしたので、もう懲りたようです」わたしは言った。「この一帯を双眼鏡で監視していますが、人の動きは全くありません」

「ああ、でもA中隊があっちで砲撃支援を要請してるから、わたしも呼びたいんだ」

わたしは耳を疑った。A中隊と張り合うために砲撃をするというのか。「大尉、どちらかというと現状の対応を継続したいんですが。事態は制圧できていますから」

「おまえは小隊だけ監視して、わたしがやることを黙って見てればいいんだ、フィック中尉」三分後、わたしは中隊長が手こずりながら大隊に砲撃支援を要請するのを聞いていた。黙っておとなしくしていたら、ここから二〇〇メートルしか離れていない目標への砲撃を要請しはじめた。六〇〇メートルの範囲内はすべて〝危険距離爆撃《デンジャー・クロース》〟――至近距離に友軍がいるため特段の注意が必要――とされている。この空き地だと、われわれに自軍の砲弾の破片が降り注ぐことになる。わたしは口を挟みかけた。

「大尉、それだとデンジャー・クロースのずっと内側です。要請を取り消してください」これはまずいと思ったガニー・ウィンに先を越された。

「そこを撃つんだ。黙ってろ」中隊長が言う。

「何もない空き地じゃないですか！」わたしは叫んだ。「ここは監視してるんです。われわれを砲撃することになりますよ。きっとRCT-1も。RCT-1はいつ来るか分からないんですから。そんなくだらない要請、取り消してください」手を伸ばして無線のハンドセットを取り上げようとする。

あとで分かったことだが、無線の相手はホイットマー少佐で、少佐はわたしより激怒していた。怒りに駆られて無線のハンドセットを放り投げ、〝あのくそばか野郎が〟とわめきちらしたらしく、〝くそばか野郎〟は大隊の参謀の間で以後ひそかに〝くそ野郎《シットマン》〟と呼ばれるようになった。師団参謀長が声の届くところにいたので、フェランド中佐がホイットマー少佐の率直さにひんしゅくの目を向けたそうだ。いずれにせよ、ホイットマー少佐は要請をはねつけ、中隊長のばかげた行為による被害を食い止めた。中隊長は自分の権威にたてついたわたしを威嚇したあと、車両で走り去っていった。

一難去ってまた一難というわれわれの伝統を守るべく、エスペラ三等軍曹が低い体勢でハンヴィーの陰から陰へ移動して、こちらを狙っているかもしれない狙撃手の目を避けながらやってきた。

「隊長、タイヤがパンクしました。いつでも移動できるように、いますぐ交換しないと」

わたしはこれを、クワンティコの教官が〝地図を逆さまにする〟と呼んでいた枠組み——敵の視点で選択肢を検討する——に当てはめて考えた。自分が挺身隊の指揮官だったらどうするだろう。海兵隊のハンヴィーがジャッキで持ち上げられ、パンクしたタイヤを隊員たちが必死で交換しているのを目にしたら？　きっと敵の弱みにつけこんで攻撃する。動けないところを狙って死傷者を出せれば最高だ。最悪でも退散するよう追いこんで、残していったハンヴィーは無能な米軍からぶんどった戦利品として火を放つ。

「エスペラ、ここではだめだ」わたしは言った。「班のみんなを連れて、〝グッドレンチ〟がいるところまで運転していくしかない。あの連中なら人数も多いし、すぐにタイヤ交換できるよう手伝ってくれる。悪いが、部下を連れて今すぐ行ってくれ。いつなんどきここを出発するか分からないから」

エスペラがわたしに半信半疑の視線を投げる。さらに一瞬考えて、合点がいったのだろう、エスペラはうなずいた。「了解しました、隊長。ここに戻る時に連絡します」

荷台がオープンになっているエスペラのハンヴィーが排水溝を這い出し、車体を傾かせたままがたがたと国道を走っていった。それを見送りながら、わたしは改めて責任の重みと、隊員たちを誇りに思う気持ちで胸がいっぱいになった。

アル・リファの住民を懐柔する

車両を停めてから三時間が経っても、まだＲＣＴ−１はひとりの隊員すら姿を見せない。傾いていく太陽を眺めながら、一か所にじっとしている不安が徐々につのる。たったひとつの戦術上の判断ミスが大惨事につながることは滅多にない。小さなミスの積み重ねが徐々に選択肢を狭め、自由に選択できるならぜったいにとらないような行動へ、指揮官を追いこむのだ。クワンティコの授業でケーススタディの事例にされるなんてまっぴらだし、ましてや写真に撮られてドクター・デスの殺人学のスライドショーに使われるなんてぜったいにいやだった。

アル・リファに着いた時は門も鎧戸も閉まっていたが、好奇心旺盛《おうせい》な住民たちが思い切って少しずつ塀の外に出てくるようになり、こちらの様子をうかがいはじめた。手を振る住人もいるが、指で喉を掻き切る動作をする住人もいる。道路では数十人のイラク人が舗装された路面を歩き回り、さっきの射撃で出た真鍮の空薬莢を拾い集めていた。わたしは大隊に連絡して通訳者を要請した。一〇分後、一台のハンヴィーが道路をやってきて、わたしの横のぬかるみにミッシュを下ろした。

クウェート人のミッシュは、ほんの一〇年前に自分の国を蹂躙したイラク人をきらっている。体重は一一〇キロ以上あり、長い髪を巻いてひとつにまとめ、その上に米軍支給のヘルメットを被っていた。のちに海兵隊が大量破壊兵器の脅威はなくなったと結論づけて、任務志向防護態勢《MOPP》防護服を脱ぐ許可を出したあとでさえ、化学防護服とグローブと扱いづらいゴムブーツを身につけていないミッシュを見た者はいない。今は徐々に大きくなる人だかりを苦々しげに見つめ、やがてぶらぶらと道路の方へ歩いて話をしにいった。

住民たちは拳を振り回しながら、ミッシュにアラビア語でまくしたてる。ミッシュは肩をすくめ、眠そうな目をして聞いている。アル・リファの男が三人、こちらの方を指差して声を荒らげ、怒った様子で足を踏み鳴らす。わたしはラヴェル班の隊員たちに見守ってくれるよう伝えてから、歩いていってミッシュに並んだ。

「何て言ってるんだ?」

ミッシュはすぐには答えず、自分の値打ちを堪能する。「海兵隊が来てくれて嬉しい、解放されて感謝していると言ってます」

「うそつけ、ミッシュ、でたらめを言うな」

「あなたがずっとここにいるのはなぜだろうと思ってて、町を攻撃されて殺されるんじゃないかと怖れてるんですよ。町の反対側の隅にあるバース党の旧本部に、挺身隊がいると言ってます。悪いやつらを殺す手伝いがしたい、と」

ここへきて事態が動きだした。「よし、これを頼めるか訊いてくれ」わたしはミッシュにひとつかみの赤外線ケムライトを渡した。「こう伝えるんだ。暗くなるまで待ってから、このケムライトを折って、挺身隊が潜んでいる建物の屋根に置いてほしい。そうすれば、米軍のヘリコプターがライトを見て、その建物を爆破できる」

これは、それまでにわれわれがブリーフィングを受けていた計画だ。わたしとしては、すでに目にしたイラク人の同族意識からして、うまくいくかどうかは怪しいと思っていた。ケムライトのほとんどは、この男たちが借金している相手の家の屋根に置かれて終わるとも考えられる。それでも、ほかの情報源を使って本当は何の建物かという裏づけが取れれば、うまくいくかもしれない。男たちはライトをもらったことをしきりに感謝し、ミッシュは男たちから煙草をゆすり取った。アル・リファに夕闇が迫る。わたしたちは敵味方のはっきりしない中を走って比較的安全なハンヴィーへ戻った。

あまりに愚かな身内からの銃撃

大隊からの指示は相変わらずRCT–1を待てとのことだったので、ここで腰を据えて落ち着かない夜を過ごすことになる。隊員たちが〝ホタル〟に電池を入れ、間もなくすべてのハンヴィーで赤外線ライトの小さな明かりが励ますように点滅するのが暗視ゴーグルで見えるようになった。各班二、三人ずつ地面で仮眠をとる間、ほかの隊員たちが空き地や町に目を走らせて動きを見張る。

わたしは防御線の警戒をもう一度確かめ、コルバートのハンヴィーで足を止めてAN／PAS-13を使った。この黒いプラスチックの暗視装置はティッシュ箱ほどの大きさで、熱を視覚化できる。従来の暗視装置は周囲の微弱な光を増幅させるため〝スターライト・スコープ〟と呼ばれている。AN／PAS-13のような赤外線暗視装置は温度差を可視化して、熱を放射する人体などの物体を、黒い背景の中で動く明るい白の塊として画像に表示できるのだ。われわれ以外に誰もいないことを確かめて満足し、わたしは自分のハンヴィーに戻って、無線を聴きながら冷たい戦闘糧食《MRE》を掻きこんだ。が、本部からの無線に食事の手が止まる。

「海兵隊の兵站部隊が南から接近中」

ハンドセットを手に取って応答しようとした時、機関銃の銃声が夜を引き裂いた。赤い曳光弾が国道から西や東へ次々と飛び、トラックの隊列が地面を揺らしながら近づいてくる。わたしはこちらへ向けて放たれる銃火を茫然と見つめた。

「伏せろ！　みんな伏せるんだ！」

小隊の隊員たちはすでに銃座やボンネットから跳び下りて地面に突っ伏している。わたしはエンジン部の陰に滑りこんで側頭部を泥に押しつけた。「撃つな！」ハンドセットに叫ぶ。目に映るトラックの隊列は、国道沿いの木々や建物に発砲し続けながらぐんぐん近づいてくる。隊列へ向かって暗闇から飛んでいく曳光弾はひとつもない。

わたしは一瞬、自分たちが待っていたのが身内からの銃撃だったという皮肉に気をとられた。冷笑に続いて怒りが湧いてくる。憤怒《ふんぬ》の中で思考が駆けめぐる。この危険な場所で一日中待機を続け、通り道の安全を確保してやったのに、あの〝へなちょこ〟連中は今、時速八〇キロでその道をすいすい走りながら、目に入るもの全部を撃ちまくっている。思考が逸脱して同じところをぐるぐる回りだす。撃ち返せたらどんなに気持ちいいだろう。不注意きわまりない大ばか野郎どもを叩きのめしてやれるのに。だが、その時にはもうトラックがほぼ真横まで来ていて、わたしはハンヴィーの下でさらに深く体を土に押しつけながら、七トントラックやトレーラートラックが曳光弾を頭上高くにまき散らしつつ轟音と共に通りすぎていくのを眺めた。射撃のへたなやつらで助かった。北にいるほかの小隊に無線で警告してから体を起こし、タイヤにもたれて座る。顔の横には泥がこびりついていた。

コルバートが暗闇の中から大声を上げる。「ホタルを見て銃口が光ってると思ったんだ、あのばかどもが」別の声が、支援部隊は銃のかわりに棒を持つべきだと言って加勢した。

真夜中近く、大隊から無線で連絡が入った。アル・リファの北側に大隊の全部隊が集結し、一個大隊として北へ長距離を走ってカラト・スッカル近郊の飛行場へ向かうという。ガニー・ウィンとわたしは一緒にポンチョを被り、赤いレンズの懐中電灯で地図を照らして行き方を調べた。カラト・スッカルは国道七号線で次の町で、北へ約三〇キロの距離だ。ただ、飛行場は町の東に位置し、国道一七号線と書かれた道のところにある。どうやら夜間、ヘッドライトもつけず、米軍の陣地からはるか北の敵地を通って、六五キロから八〇キロほど走ることになりそうだ。

ウィンがわたしの方を向き、諦観《ていかん》の表情で言う。「この大隊にいるのは、毎日が宝くじを当てるようなもんですね」

クウェートで訓練任務中に偵察用ドローンの準備をする小隊最年少のジョン・クリストソン一等兵（当時19歳）。クリストソンは9.11のあと、アナポリスの海軍兵学校への道を蹴って海兵隊に入った。（撮影：ナサニエル・フィック）

同乗したハンヴィーで、無線機、暗視ゴーグル、双眼鏡、擲弾の入った箱に囲まれているガニー・ウィン。ウィンとわたしはこの狭い運転席で計り知れないほど長い時間を共に過ごし、階級を超えた友情を育んだ。（撮影：ナサニエル・フィック）

27 「精神科医となり、コーチとなり、父親となる」

疲労の限界を超えられるか

アル・リファの北側で、大隊の〝ホタル〟が国道の東の平地に点滅しているのを見つけ、われわれは静かに防御線に加わった。小隊がカラト・スッカルまで長距離を走るための準備をする間、ガニー・ウィンとわたしは今夜の任務のブリーフィングに参加する。わたしはもう何が起きても驚かない無感覚の境地に達しつつあった。この一二時間というもの、海兵隊の他部隊から銃撃を受けたばかりか、われわれの殺害を狙う男たちの殺害を指示したり、人の密集する町に砲弾が落とされるのを見たりもしたし、自分の指揮官に殺されそうになりもした。そして今は、長距離走行で敵陣に踏みこむ任務に出発しようとしている。

フェランド中佐が将校と部隊付下士官をまわりに集め、かすれた声で計画を説明した。明日の朝、バグダッド進攻の中間基地として利用するために、カラト・スッカルにあるイラクの軍用飛行場をイギリス軍のパラシュート連隊が強襲することになっている。その攻撃の前に、まずわれわれが偵察する。飛行場には、イギリス軍を重大な脅威にさらす戦車や高射砲が配備されているとの報告があった。それ以上の詳細は分からない。任務は日の出との競争だ。少しでも強襲部隊の役に立っためには、今すぐ出発する必要がある。後ろのほうにいた小隊長が中佐に、『ゼイ・ワー・エクスペンダブル』という映画〔〝エクスペンダブル〟は軍事目的のため犠牲にしてもよいとされる兵士や資材の意。邦題『コレヒドール戦記』〕を観たことがあるか尋ねた。

最初の区間はわたしが運転した。ウィンにずっと必要だった休息を少しとらせるためだ。視野は暗視ゴーグルで狭められ、緑色のざらざらした小さな領域がふたつ見えるだけだった。国道で前を走るエスペラ班のハンヴィーはふらついていて、わたしと同じように運転に苦労しているのが分かる。無線では、標的らしきものが見つかったと報告があったかと思うとヒツジやヤギや早起きの農民だったりして、そのたびにお決まりの軽口が飛び交った。みんな疲れ切っている。わたしはアフガニスタンでシャカが言っていたことを思い出した。あの時シャカは、隊員たちは自分の思っている限界を超えられるのに、将校が自分の疲労を伝播させてしまっていたと叱責したのだ。シャカは正しい。だが、あまりにも追いこみすぎると何かが壊れてしまう。

カラト・スッカルの南で国道七号線を降り、全く人通りのない田舎道を通って町を迂回する。二時間、暗闇の中を這い進んだ。わたしはごくわずかな手がかり――ちらりと見える家や路面状況――を頼りに、人家の密集具合、地形、イラク軍が近くにいる可能性といった推測を組み立てる。ふと、自分は完全に間違った印象を抱いているのではないか、この道を昼間に走れば全く別の仮説が立つのではないかという気がした。仮説が変われば対応も変わる――攻撃を受けた場合に反撃するか撤退するか、反撃するなら大規模な武力か精密射撃か、増援部隊を要請するかどうか。仮説で正しいのは半分ほどだろう。そう思うとぞっとする。疲労、暗闇、ストレス、曖昧な任務が渾然《こんぜん》一体となって、わたしを霧の中に包みこむ。まるで時速一六〇キロで猛吹雪の高速道路を突っ走っているような気がした。

道端の溝も木立も、どこに敵が待ち伏せていてもおかしくない。隊員たちにちらりと目をやると、怠りなく警戒している姿がGPS受信機や無線のライトの薄明かりに浮かんでいた。飛行場が近づくにつれて地形が開け、雲が晴れて空に星がまたたきはじめる。夜明け前の最も冷えこむ時間帯に、車両を停めて偽装ネットを被せた。警備につく者たち以外の全員が倒れこんで仮眠をとり、わたしは中隊本部を探して次の動きを訊きにいく。

中隊長の話では、徒歩偵察部隊二個が送り出されるが、われわれはその中に入っていないとのことだった。その偵察部隊はきっと、飛行場を観察し、報告を受けた通りの大がかりな防御態勢が敷かれているかどうかを確認してから戻ってくる。その頃、日の出と共にわれわれはイギリス軍が攻撃開始するのを眺めているのだろう。わたしはほかにすることもないので小隊へ戻り、防御線を確かめたあと、高く茂る草の中に横たわって眠りに落ちた。

不合理な命令に命を懸けたくはない

二〇分後、クリストソンに起こされた。「隊長、移動準備です」東の空がすでにピンク色に変わりつつある。わたしのポンチョライナーは朝露で濡《ぬ》れていた。それをハンヴィーの後部に放りこむ。口の中は乾き、目は長時間ずっと寝ずに酷使しすぎたせいでひりひりする。うまく平衡感覚がつかめないまま、よろよろと中隊長のところへ情報を聞きにいった。

例の偵察部隊はまだ飛行場を観察する配置についておらず、師団はカラト・スッカルの防御について何か分かるまで英軍に攻撃を開始させないとのことだった。わたしはイギリス軍のヘリコプターが炎を上げて空から墜落するところを思い描き、納得してうなずいた。攻撃をもっと遅らせて、日が昇ってから飛行場を隅々まで偵察することだって簡単にできただろう。よく晴れた朝だ。上空に航空機を待機させ、脅威となるものがあれば排除することもできたはずだ。ところが、指揮官たちはわれわれに、厚い装甲に覆われてもいないハンヴィーで、準備の時間もないまま、ただちに飛行場に突撃するよう命じた。攻撃することで敵情をさぐる〝威力偵察〟だ。

イラクではじめて恐怖を感じたのは最初にナシリヤに入る時だった。続く三日間の銃撃戦で、そんな風に感じたことはない。飛行場の奪取について聞かされた時、二度目の恐怖に襲われた。今回の恐怖は、イラクの防御態勢や自分の無残な死を怖れたのではない。指揮官たちも疲労やストレスの影響を受けていることに気づいたからだ。指揮官たちに置いていた信頼に小さなひび割れが生じ、広がっていく空疎な隙間を恐怖が満たす。マティス将軍が戦闘の最初の五日間を生き延びる訓練をしろと言っていたのを思い出し、この六日目の朝に死んだら運命の皮肉もいいところだと思った。

恐怖と共に、しかたないが、やりきれないという気持ちが湧いてくる。わたしは海兵隊員だ。命令されれば受け入れもするし従いもする。全体図を把握していないわれわれは、命令に意味があると信じるしかない。隊員たちもわたしも命を捧げる用意はある。だが、できればそんなに安売りはしたくない。わたしが恐怖を感じたのは、取引されているのが自分の命だけではないと気づいたからだった。

エンジンの回転音が響きはじめるなかで、小隊にブリーフィングする。わたしは三〇秒で作戦指令を出した。飛行場への主要接続道路を猛進して正面ゲートを突破。中に入ったら放射状に拡散。B《ブラボー》中隊は、左側を第三小隊、右側を第二小隊が固めて、そのまままっすぐ突き進む。A《アルファ》中隊と

C《チャーリー》中隊は別の方向へ。飛行場内を進みながら、イラク兵がいれば片っ端から交戦する。抵抗を制圧したら主滑走路で陣地を強化。空軍の航空機が上空で待機しているが、コールサインと呼び出しの周波数は不明。わたしの中には班長たちがあからさまに反発するのではという気持ちがあったが、みんなうなずいて各班に散り、移動の隊列を組んだ。

コンマ一秒の違いが命を救う

昇る朝日を背に浴びながら、飛行場への接続道路を突き進む。右を見ると、昨晩の徒歩偵察部隊のひとりがこちらを向き、武器を十字に交差させて高く掲げ、〝友軍――撃つな〟の合図を送っていた。接続道路は数キロの長さで、両脇に茂みや低木が並んでいる。われわれ以外には誰もいないように見えた。

ガニー・ウィンが運転し、わたしは助手席で小銃と無線機ふたつを操る。飛行場のまわりに張りめぐらされた金網に到達するほんの数秒前、中隊本部から全車両に警戒命令が出された。「飛行場内の人間はすべて公然の敵だ。繰り返す。飛行場内の人間はすべて公然の敵」

通常、作戦の実行には一定の制約がある。攻撃を受けた場合は同等の戦力で自衛のために応戦できる――〝撃たれたら撃て〟だ。あるいは、明確な軍事目標ならこちらから攻撃してもかまわない。どちらの場合も、攻撃していいかどうかは明らかに危険な目標かどうかによる。一方、〝公然の敵〟とは交戦規定がないことを意味する。まず撃て、考えるのはあとでいい、ということだ。クワンティコではベトナムの無差別砲撃地帯について教わった。窮地を脱しようとすればするほど泥沼にはまっていく無法地帯、というのがもっぱらの認識だ。いま、カラト・スッカルが、その無差別砲撃地帯と宣言されたのだ。

それを覆す命令を小隊に出そうとして、無線のハンドセットの通信ボタンを押した。通常の交戦規定を厳守しろと言いたかった。だが、口をつぐんだ。もしかしたら大隊か中隊はほかの情報をつかんでいて、それを伝える時間がなかっただけかもしれない。未確認の脅威に遭遇してコンマ一秒の反応の遅れが決定的となる場面で、〝公然の敵〟という宣言が、隊員たちの命を救うことになるかもしれない。わたしは命令をそのままにして小銃を肩に構え、飛ぶように流れていく景色へ銃口を向けた。

前方で機関銃の短い連射音が響く。複数のぼやけた人影と車とラクダが茂みを抜けて走る姿がちらりと目に入った。男たちが持っているのは長い棒状のもの、たぶん小銃だ。無線では要領を得ない通信が警告を発している。「銃口が光って……男たちが小銃を」人影のそばで何かがきらりと光ったが、われわれはすでに通り過ぎ、滑走路を目指して疾走していた。

フェンスの境を越えて内側の舗装道路を突っ切ると、飛行場の外辺部に並ぶ監視塔が見えた。ガニー・ウィンとわたしは隊列から右へ分離し、小隊を率いてわれわれが受け持つ側の敷地を突き進む。盛土を越え、灌漑水路を越えて怒濤の前進を続けながら、確実に速く走れる滑走路を懸命に目指す。空軍のA-10サンダーボルト攻撃機が片方の翼端を下にして接近し、パイロットがわれわれを見おろした。排気の臭いが分かるほどの低空飛行で頭上をさっと通り過ぎる。ハンヴィーのボンネットにつけた鮮やかなピンク色の航空機用標識布にパイロットが気づいているといいのだが。

滑走路に到達し、わたしの小隊は半円隊形で大隊側方の守りを固め、ほかの小隊はさらに前進して飛行場の建物を捜査しにいく。木々の間で戦車や銃が見つかったという報告が無線に溢れかえる。

われわれからは何も見えない。

日が高く昇る中、わたしは新たな占領地に目を凝らした。ところどころに穴のあいた一本の滑走路が敷地を二分している。舗装の割れ目から雑草がわびしく生えている。飛行場の奥のフェンスに沿って格納庫などの建物がいくつか並んでいるものの、人が活動している気配は全くない。A-10は最後にもう一度、頭上をかすめてから南へ去っていった。そのあとに訪れた静けさの中で、ふと気づくと、鳥たちが草の合間で餌をついばみ、そよ風が木々をさらさらと鳴らし、木の葉が地面にまだらな影を落としている。わたしはまたしても、この戦争の中で何の脈絡もなく暴力行為と平和な安らぎがにわかに移り変わることに驚かされた。自分がこの美しい朝を乱す侵入者のように思える。

指揮官は常に仮面をつけている

カラト・スッカルの軍用飛行場は、もぬけの殻だった。何年も使われていなかったようにすら見える。第一偵察大隊がすでに飛行場を掌握したため、イギリス軍の強襲は上層部が中止した。大隊は飛行場の北に広がる牧草地へ移動して駐留する。わたしの小隊はL字形に曲がった灌漑水路に沿って、五〇〇メートルの範囲を割り当てられた。ハンヴィーを一〇〇メートル間隔に停めて、壕を掘りはじめる。ここにとどまるのが一時間か、一週間になるのかは分からない。

わたしはまた無感覚な状態に陥っていた。運がよかったのだ――今回も。大惨事を回避できたのはわれわれ自身に実力があったからではなく、イラクのやり方がまずかったからだ。この飛行場にうまく偽装された戦車が一台あれば、A-10が見つけて爆破する前に、小隊がまるごと吹き飛ばされていたかもしれない。わたしはひび割れた地面につるはしを振り下ろす。この飛行場を掌握する任務が悲惨な結果に終わっていたかもしれないことは、隊員たちも分かっている。自分たちの命の危険が無視されているという話が、すでにおおっぴらに交わされていた。そうではない、とわたしは言っていた。全員が生きて帰るには、すみやかに決定的な勝利をおさめるのがベストな方法なのだ、と。壕を掘り続けながら、わたしの思考は錯綜《さくそう》していた。様々な考えやつながりがひとつの形にまとまりつつあったが、それはまだ意識的思考の表層に現れてはいなかった。

フェランド中佐は傲慢で、部下のことよりわが身の出世を考えて自分たちを任務に行かせている、と隊員たちは思っていた。わたしはそれも違うと言った。指揮官というのは仮面をつけているものだ。リーダーは陰で苦悶《くもん》しているかもしれない、いや、苦悶すべきなのだ。わたし自身、苦悶している。中佐もそうだと思うが、それを見せるわけにはいかないはずだ。

遠くの方の動きに目がとまり、わたしはまっすぐ立ってつるはしに体重をかけ、首を伸ばして目を凝らした。ラヴェル班の正面に、われわれの方へのろのろと歩いてくる五人の人影があった。隊員がふたり、銃を持ってそちらへ向かう。わたしも防弾チョッキに体を滑りこませて後を追った。近づくにつれ、ふたりの女が毛布にくるんだ何かをひきずっているのが見えてきた。その後ろでは、三人の男がもうひと包みの毛布を引いている。イラクでは自分の病気の薬を求めて近寄ってくる村人たちがどこにでもいたが、それとは明らかに様子が違う。わたしは足を速めた。ドク・ブライアンが医療キットを肩にかけてそのイラク人たちのほうへ走っていく。まだわたしからはアメフトのフィールド一面ぶん離れている。わたしは走りだした。

駆け寄った時にはすでにブライアンが毛布を開き、ふたりの少年の姿があらわになっていた。どちらも一〇代半ば。兄弟だ。兄の方は脚に撃たれた傷がある。ふくらはぎと足首に凝固した血液がこびりついていた。弟のほうは、傷より先に顔に目がいった。DC総合病院で見た死体のような顔。血の気のない緑がかった蠟人形のような色。その色が、腹部にあいた四つの穴から、この子の命がすでにどれほど沁《し》み出しているかを物語っていた。少年たちの母親と祖母は、ふたりに覆いかぶさるようにして体を揺らしている。父親は数歩下がったところに立っている。三人の顔には何の感情も浮かんでいなかった。

ブライアンは傷を数秒で調べ、五・五六ミリの弾丸だと言い切った。イラクでそんな弾丸を使っているのは米軍だけで、ここにいる米軍はわれわれだけだ。戦慄《せんりつ》を覚えながら、わたしは数時間前に飛行場を強襲した時のことを思い起こした。記憶の断片が集まってひとつの像を結ぶ。われわれが見たのは小銃ではなく羊飼いの杖《つえ》、光ったのは銃口ではなくフロントガラスに反射した日光だったのだ。走っていたラクダはこの少年たちのものだった。われわれはふたりの子供を撃ったのだ。

リーダーシップが試される瞬間

小隊はすぐさま行動に移った。ふたつの班が安全確保を引き受ける間に、ドク・ブライアンが少年たちを手当てする。ふたりをトリアージして、まず腹部の銃創に取りかかる。医療キットを開き、点滴装置、生理食塩水のバッグ、毛布、ハサミ、ガーゼを取り出す。わたしはかがんで手伝おうと手を伸ばしたが、沁み出る血液が緑の手袋を黒く染め、思わずたじろいだ。自分も役に立ちたくて、居ても立ってもいられない。こんなことが起きていいはずがない。誤りを正さなくては。ブライアンの落ち着いた言葉に、わたしにはもっとほかにやれることがあると気づかされた。

「隊長、ここは大丈夫です。オーバン医師を呼んできてもらって、負傷者後送ヘリを何とか手配してもらえませんか。〝緊急手術〟だって伝えてください」

一刻も早く何とかしなくてはと、ほかの人間もみんな感じるものとばかり思っていたが、それは間違いだった。中隊本部に駆けこみ、息を切らしながら何が起きたかを説明しても、中隊長は子供たちを助けるかどうかは自分より上の判断だと言うだけだった。ここで言い争っている暇はない。わたしは次へ進んだ。ベネリ少佐は大隊のテントの日陰に腰をおろし、戦闘糧食《MRE》をつついていた。

「少佐、わたしの防御線に負傷した子供がふたり来ています。今朝の強襲でわれわれが撃ったんです。うちの衛生隊員が手を尽くしていますが、ひとりは緊急手術が必要です」

ベネリ少佐は肩をすくめた。「だから何だ?」

わたしは改めて、〝飛行場内の人間はすべて公然の敵〟という無線の直後にその攻撃をおこなったことを説明した。人影が見え、何かが光り、小銃だと思って発砲した。けれども兵士ではなかった。ふたりの子供を撃ってしまい、少なくともそのうちひとりは、いまわたしの小隊の目の前で血を流して死にかけている、と。

「中佐は寝ておられる。そいつらには家へ帰れと言ってやれ。われわれにはどうすることもできん」少佐は食事に戻ってわたしを追い払う。

目の前が真っ暗になった。自分がどう感じ、どうしたいのか、冷静にはっきりとは説明できない。われわれは米軍だ、米軍は子供を撃って死なせたりしない、部下たちの人生はこの先もずっと、鏡に映る自分をまともに見られるものでなくてはいけないのだ。そう少佐に言いたかった。ここから少佐を引っぱり出して、両手をあの子の腹部にあてさせ、銃創からどくどくと溢れ出る血を止めさせてやりたかった。少佐の首に両腕をまわし、へし折ってやりたかった。

だが、時間がない。上級将校がどんなに愚劣な犯罪者まがいの冷血漢でも、わたしはその判断を受け入れるようまだ条件づけされていた。その場を立ち去り、大隊軍医のアレックス・オーバン海軍大尉をつかまえて、急いで事情を説明する。オーバン大尉の両目が大きく見開かれる。大尉は医療バッグをつかんでドク・ブライアンのところへ向かい、わたしは大隊本部へ引き返した。あの子たちを搬送するにはやはり許可が必要で、自力ではどうしようもない。近づいていくと、ベネリ少佐はにやけた笑みを浮かべた。

「中佐はまだお休み中だ。わたしは起こすつもりはないし、その怪我人を搬送するために米軍の人間を危険にさらすつもりもない。自分で何とかしろ」

わたしの信頼に生じていたひび割れがさらに広がり、いくつもの深い裂け目となって、恐怖と憎悪、悲嘆と悔恨がその裂け目に忍びこむ。無力感に襲われる。だが、全く何もできないわけではない。手には小銃がある。このくそ野郎を撃つことならできる。この男がヘリを呼ぶまで拘束することだってできる。が、紙一重で自分を押しとどめるだけの冷静な自己認識が、まだわたしの心に残っていた。今の自分は、そのうちそういう時期が来ると聞かされていた状態にある。あれだけの訓練を経て海兵隊員としての自我が肥大し、力を誇示するようになった結果がこの感情なのだ。今は自分自身のリーダーシップが試されている。わたしは車両に乗り、小隊のところへ戻っていった。

これまで大切にしてきた価値が崩壊し、それに取って代わるものがわれわれを踏みにじろうとしている。優れた隊員たちが、浅はかな交戦規定に縛られた愚かしい任務へ送り出され、今はほかの連中の下劣な判断の結果を引き受けさせられて、勝手に苦しめとばかりに見離されようとしている。

この一週間、罪のない無数の民間人が砲撃や空爆で殺されたはずだ。いまここで起きていることとの違いは、そうした所業の結果どうなったかをわれわれはそばで見ていなかった、ただそれだけだ。わたしたちは自分の行為を目の前に突きつけられ、指揮系統の上にいる者たちは、その責任を部隊の中で最も若く、最も傷つきやすい者たちに押しつけようとしている。

少年たちを治療するための「抜け道」

わたしはいきなり良心の呵責にさいなまれたわけではない。戦争賛成。戦争反対。自由のための戦争。石油のための戦争。戦争の哲学論争はわたしには贅沢《ぜいたく》すぎて楽しむ気にもなれない。われわれにとって戦争はすでに存在している現実だ。投票したわけでも、承認したわけでも、宣戦布告したわけでもない。ただ戦わねばならないというだけだ。

戦争を戦うということは、わたしにとってふたつのことを意味する。勝つこと、そして隊員たちを生きて家へ帰すこと。だが、〝生きて〟というだけでは設定基準が低すぎる。わたしは隊員を心も体も無傷で帰さなくてはならない。隊員たちは、その戦争自体を支持していようがいまいが、自分が担った一端は名誉ある戦いであり、人道にもとることなく戦ったと思えなくてはならない。もし隊員が殺されたり心を病んだりした場合、わたしは隊員の母親と顔を合わせ、あなたの子供は仲間の過ちの犠牲になったのではないと説明できなくてはならない。あのイラク人の少年たちは助からないかもしれないが、われわれの手の中で死なせるわけにはいかない。

近づいていくと、ドク・ブライアンが期待をこめた目でわたしを見上げた。少年たちはブライアンとオーバン医師の手当てで小康状態を保っていたが、弟の方はすぐに手術しないと命はないとブライアンたちが断言する。兄の方はおそらく二、三日は持ちこたえるが、そのあと感染症でやられるだろうという。そばに立つコルバートの目には涙が浮かんでいる。

わたしはオーバン医師を脇へ引っぱっていった。「大尉、大隊はあの子たちがどうなってもいいと言っています。死なせたがってるんです。負傷者が大尉の管理下に置かれた場合の規定はどうなっていますか」

抜け道があった。負傷した民間人が大隊軍医の管理下に置かれた場合、法律的にも倫理的にも、われわれは可能な限りの医療を施す義務を負う。担架を担ぐ要員を八人集めてすぐさま出発し、徒歩で飛行場を突っ切って大隊本部へ向かった。

「さあ、少佐。この子たちを死なせたいんですよね。だったらここで、少佐のテントの目の前で死んでもらいましょう」ドク・ブライアンがベネリ少佐の正面で慎重に担架を下ろす。少佐も今度ばかりは言葉がなかった。小さな反乱軍を前にして、もし海兵隊が負わせた銃創のせいで子供たちが死に、そばに海兵隊将校が座っていたりしたら、後世まで不興を買うだろうと徐々に気づきはじめたのだ。ベネリ少佐は転げるように走ってテントの奥へ中佐を起こしにいった。

フェランド中佐は、少年たちをただちに第一連隊戦闘団《RCT―1》の野戦病院へ搬送して救命救急班の処置を受けさせるよう命じた。ドク・ブライアンは子供たちを外科医に引き渡すまで看護を継続するため、一緒にヘリに乗っていった。わたしは歩いて小隊に戻りながら、隊員たちにどう話すかを考えようとしていた。

精神科医となり、コーチとなり、父親となる

その日の午後、ガニー・ウィンとわたしは武器の掃除をして過ごした。わたしはハンヴィーの横の日なたに腰を下ろし、二日ぶりにブーツを脱ぐ。足は白くふやけていた。チーズとロードキル〔車に轢《ひ》かれた動物の死体〕の中間のような臭いがする。汚れた布切れを膝の上に広げ、M16を分解した。まず機関部をオイルで拭《ぬぐ》って脇に置く。次にプラスチックのハンドガードをはずし、布切れで銃身の汚れをとる。薬室に綿棒を突っこむ。引き抜くと煤《すす》で真っ黒だ。すべての弾倉から弾丸を抜き、弾丸ひとつひとつの埃や砂を拭きとってから、弾倉のバネを伸ばして掃除する。武器の不具合は大抵弾倉の問題が原因だ、とマリーン二等軍曹から教わった。

小銃を組み立て終えると、今度はホルスターからベレッタを取り出して弾を抜く。スライドを後方へ引いて分解し、部品を膝の上に置く。ひとつずつ、手の中でひっくり返し、鈍い鋼色に反射する日の光を眺めながら、部品の汚れを落としていく。こうしていると心が休まる。ぼんやりしているように見られずに、ゆっくり考えごとができる。

ドク・ブライアンが戻ってきたので、わたしは隊員たちを呼び集めた。小隊は家族だ。最低の小隊では隊員たちがきわめて親密だが、最高の小隊でも隊員たちは仲がいい。われわれは最高の小隊だ。それが崩壊するのは耐えられない。葛藤《かっとう》や不満があれば吐き出させる必要がある。でないと、それがわだかまりとなり、表面下で鬱積して、われわれの戦闘力の土台である人間関係が蝕《むしば》まれてしまう。起きたことについて話さなくてはならない。わたしはあくまでも小隊長として、精神科医となり、コーチとなり、父親となる必要がある。

「みんな、今日はめちゃくちゃで、とんでもない一日だった。しかし、どんな任務を課されるかは、

われわれにはどうすることもできない。それをどう実行するか、というだけだ」わたしは言った。大隊はマティス将軍に対して義務を負い、それは選択肢を提供することであって言い訳をすることではない、と説明する。ここは戦場で、適用ルールが異なる。どんな策を講じようが、自分たちのリスクもまわりの人間のリスクもゼロにすることはできない。

「今朝、あの〝公然の敵〟の命令をそのままにしたことで、わたしはおまえたちに対する責任を果たせなかった。わたしの失敗のせいで、みんなをありえない状況に追いこんでしまった」悲劇ではあったが、あの少年ふたりを撃った行為は完全にわれわれが指示を受けた交戦規定の範疇《はんちゅう》だった。起きたことについて司令部は調査をおこなわない。調査というのは、狭義では責任の所在を明確にするために存在するが、得られた教訓を周知することも意味する。わたしは小隊のために、そうした教訓を引き出そうと努めた。

「第一に、われわれは今朝、過ちを犯した」わたしは言った。厳密な法解釈はさておき、われわれは合衆国海兵隊員であり、海兵隊員は世界で最も偉大なる民主主義のために戦うプロの戦士だ。子供は撃たない。撃ってしまった場合はその憂うべき出来事を認め、そこから学ぶ。残念ながら、われわれがこのたぐいの判断をくださなくてはならないのは、これが最後ではないだろう。

「第二に、今日一日を頭のなかで隔離してもらいたい」今日の経験は頭の一番奥に、妻や恋人や飼い犬と一緒にしまいこむようにと隊員たちに話した。今日のことは隊員たちが明日を生き延びる役には立たない。全員がそこから学び、それを脇に置く必要がある。

「第三に、後からあれこれ勘ぐったり、外野からつべこべ批判したりはするな」われわれはいつも瞬時に判断する。正しいこともあれば、間違えることもある。今日間違えたからといって、明日の判断をためらうことはできない。躊躇《ちゅうちょ》は死を招く。何があろうとわれわれはチームで、これからもチームでありつづける。

隊員たちは防御線の持ち場へ帰る時、二、三人ずつ連れ立って歩いていった。隊員たちは共に監視に立ち、共に食事をし、共に冗談を言い合う。だが、わたしはひとりだ。ハンヴィーの運転席に座り、隊員たちが去っていくのを眺める。アフガニスタンでは仲間の将校、ジムとパトリックがいた。リーコンは違う。もっと独立性が強く、戦闘で小隊内の絆《きずな》は強まるが、ほかの小隊との絆は生まれない。わたしはガニー・ウィンとは純粋にプロフェッショナルなチームワークの段階を過ぎ、友人になった。戦争のことも、中隊のことも、小隊の隊員たちのことも、自分の疑問をウィンには打ち明けられた。けれども、自分自身の話はしたことがない。今日起きたことの記憶が一気に押し寄せてきて、わたしは泣かずに息をするのに苦労した。

カラト・スッカルに宵闇が迫る中、わたしは無線機のほの暗い緑のライトに照らされてひとりで座っていた。胸が張り裂けそうになりながら、羊飼いの少年たちを思い、青いワンピースの女の子を思い、ナシリヤに、アル・リファに、この戦争がこれから破壊していくほかの町々に、たしかに生きているすべての罪なき人々を思う。この重荷を生涯背負うことになるわたしの隊員たち、心やさしきアメリカの男たちのことを考えると胸が痛む。そして、自分を嘆いた。自己憐憫《れんびん》ではなく、イラクへやってきた若造の自分を悼んだ。あの男はもういない。暗闇の中でそんな風に考える間中、わたしはずっと小隊からひとり離れていた。この世界で戦闘指揮官ほど孤独な仕事はない。

28 「海兵隊の訓練は自己防衛本能との戦いだ」

壕を掘るのをさぼれば砲撃を浴びる

まぶしい閃光が閉じた瞼《まぶた》を突き刺し、数日ぶりに深く眠っていたわたしを叩き起こした。寝袋から顔だけ出して目を凝らすと、真っ暗な空に火柱が何本も上がっている。次々に起きる爆発で背中の下の地面が揺れ、振動で体が震える。紫とオレンジの炎が小隊を照らし、転がっていた寝袋の大群がシャクトリムシのようにハンヴィーの裏や下へ大急ぎで移動する。これだけ短い間隔で砲弾が飛んでくるということは、多連装ロケット砲《MLRS》に違いない。イラク軍の従来の火砲ではこんな連射は不可能だ。

三月三〇日はイラク侵攻一一日目にして、はじめて〝墓穴〟を掘らずに眠った夜だった。わたしはハンヴィーの下に潜りこみながら、迫りくる死の危険予報が当たる確率を呪った。傘を忘れれば確実に雨に降られるし、壕を掘るのをさぼれば確実に砲撃を浴びる。

カラト・スッカルはその日の朝に出発してきたが、それまで三日間も駐留していた。われわれはその小休止を休息と補給の機会として歓迎しつつも、なぜ何日もそこにいる必要があったのか気になっていた。噂によると、陸軍が第三歩兵師団を三〇日間停止させて、その間に補給路を強化したいと要請しているという。いくら疲れた海兵隊員が特大ニュースに飢えているとはいえ、ありそうにないと思われた。とはいえ、同じ場所で二回以上目覚めるだけでも真実味は充分で、噂はますます過熱した。

わたしはカラト・スッカルで一日過ごすたびに、今日も米国の空軍力がイラク軍を叩きのめしていると考えるようにして、その時間を使って休息をとり、避けることのできない進撃再開の指令に備えることで満足していた。指令がようやく出された時、われわれが命じられたのは、わずか数キロ西の国道七号線と一七号線の交差点へ移動して、第一連隊戦闘団《RCT−1》の本隊に合流することだった。その日の朝は明るく涼やかで、わたしは移動の再開に胸が弾んだ。

長らく大隊単独で活動していたため、連隊の指揮所は大都市のように見えた。総勢数百台の戦車、水陸両用強襲車《アムトラック》、トラック、ハンヴィーが国道の両側に長い列をなし、武装ヘリコプターのコブラとヒューイが砂埃の中で一機ずつタンクローリーの横にとまっている。テントやアンテナが立ち並び、数千人の海兵隊員が行き来する。この仮設の街に乗り入れたわれわれは、小高い盛土で遮蔽された場所に車両をとめ、歩兵部隊が外周に警戒線を張る中ですっかり安心して、その夜は壕を掘る必要を感じなかったのだ。

到着の一時間後、わたしは大隊本部のテントをくぐり、翌朝の任務のブリーフィングに参加した。フェランド中佐が中央に立ち、参謀や将校たちが戦闘糧食《MRE》や弾薬の箱に腰かけたり地面に座ったりしてまわりを囲む。任務の話にはいる前に、中佐はこの一〇日間の戦闘とわれわれの戦いぶりについて手短に話をした。

「諸君、隊員たちの間に好ましくない態度が性病のように蔓延《まんえん》している。諸君には空気を正してもらいたい。範を示し、率先して手本となる、それが諸君だ。われわれは短い猶予期間を過ごしたところだが、明日からまた移動し、さらなる戦闘が確実に待ち受けている。運まかせや神だのみの戦法はない。全力を尽くすのみだ」

第一偵察大隊が命じられた任務は、国道を北へ進撃してガラフ川の小さな橋を渡り、RCTが前進する道路の西側を遮掩するというものだった。われわれは単独で農村地帯や小村を通り抜けつつ、本隊の側方を守ることになる。日暮れまでに約五〇キロ先のアル・ヘイの町に到達するのが目標だ。戦車は同行せず、限られた航空支援しかない。軍隊用語で言うところの〝接敵移動〟だ。小隊に戻ってブリーフィングすると、隊員たちはもっとストレートに受け止めた。「ということは、隊長、撃たれるまで走れってことですね」

そして真夜中を少し過ぎた頃、砲撃に見舞われた。ブリーフィングが終わり、出発前にひと晩ゆっくり寝られるのをみんな楽しみにしていたのに。隊員たちは本物の戦闘を見飽きたとあって、顔を出して爆発を眺めはしたものの、誰ひとりとして温かい寝袋からわざわざ起き出そうとする者はいなかった。遠くのミサイル発射装置が相手では、どうせ出る幕はない。隣にいた砲兵部隊が敵の集中砲火の発射地点をレーダーで特定し、反撃の砲弾を次から次へと撃ち上げる。送り出される死と破壊が心地よく空を覆う中、わたしはその下でまた眠りに吸いこまれていった。

情報部隊の報告と異なる配備

翌朝は平穏に北へ移動を開始した。大隊は国道を北上し、予定通り橋を渡る。その先には農場と川と木々の牧歌的な世界が広がっていた。農民が牛を追い、通り過ぎるわれわれに子供たちが手を振る。「がんばれ、アメリカ！　がんばれ、ジョージ・ブッシュ！　金をくれ！」こんなに美しい日に危険が潜んでいるはずがないと思いたくなる衝動に、わたしは必死で抗った。

われわれは東の対岸を走る国道七号線を視界にとらえながら、ゆっくりと砂利道を進んでいく。川岸に木々が並び、その下に掘られて間もない戦闘陣地がいくつも隠れていた。ここからなら国道を進む米軍部隊をはっきり狙える。おびただしい数の新しい塹壕があるのに、中には誰もいないのが不思議に思えた。

「ミッシュ、あの男たちのところへ行って、何か分かるか聞いてきてくれ」わたしはそう言って、通訳者のミッシュを路肩にいるイラク人たちのところへ行かせた。ミッシュが吠えたりうなったりしている間、相手はぎこちなく足を動かしている。男たちが何かを言いかけたが、ミッシュはそれを無視してわたしのハンヴィーに戻ってきた。

「あいつら農民だって言ってますが、嘘ですね」それはもう分かっていた。イラクの農民はサンダルを履いて民族衣装の長衣を着る。男たちは革靴を履き、西部劇風のシャツとズボンを身につけていた。手は滑らかでたこもない。

「正規軍か挺身隊かは分かるか？」

「正規軍でしょうね。地元のやつらで、アメリカの州兵みたいなもんです。われわれが来るのを見て軍服を脱いだんですよ。きりっとした兵士らしさがありませんからね」

前方にいる第三小隊長から無線が入った。「川に袋を投げ捨てている十数人の男たちを発見。逃げようとしている。調査に向かう」

第三小隊の車両が巻きあげる砂煙の中に、われわれもスピードを上げて突っこんでいく。第三小隊だけで対応できるだろうが、従うべきは歩兵の行動規範、〝銃はあったほうがいい、多ければ多いほどいい〟だ。

イラク人たちは静止して、取り囲む機関銃をむっとした顔でにらんでいた。わたしは川から麻袋を釣り上げている隊員たちに加わった。袋を切ってあけると、イラクの通貨が大量に出てきた。サダム・フセインの顔が刷られたディナール紙幣だ。

「おいおい、くそっ。これ見ろよ」ひとりの隊員が持ちあげた緑色の軍服は、脇の下がまだ汗で湿っている。「なにが州兵だよ。こいつら共和国防衛隊じゃないか」隊員が指し示したのは肩に取りつけられた赤い三角の部隊章、フセインの精鋭部隊の証だった。

「手を縛れ。こいつらは連れていく」共和国防衛隊がこんな南部にいるとは寝耳に水だ。情報部隊の報告では、チグリス川よりさらに北の防御陣地にいることになっていた。男たちはフセインと同じ口髭をたくわえ、両手をポケットに突っこんで立っている。ひとりは地面に腰を下ろして脚を組み、祈りに使うビーズの輪を指でもてあそびながら、ボトルのペプシをちびちび飲んでいた。第三小隊は男たちの両手を背中で縛り、トラックの荷台に乗せていった。

われわれが捕虜に時間をとられている間に、川の向こうでは歩兵部隊の先遣隊が追いついてきた。ハンヴィーが二台、銃座に対戦車ミサイルを積んで武装し、横並びになって国道七号線を探りながら進んでいる。眺めていると、その隊員たちの前方で、南行きの対向車線を次々に走ってくるイラク兵のピックアップトラックが急ブレーキをかけて止まり、Uターンして北へ戻っていく。川の向こうにいる隊員たちからは、前方の坂を越えた先でUターンするピックアップトラックが見えていない。どのピックアップトラックもUターンのあとにヘッドライトを光らせる。国道をこちらへ向かってくる挺身隊への合図だ。わたしはそう判断して大隊に無線で伝え、大隊は歩兵部隊に伝えた。その次に来たピックアップトラックがUターンしてヘッドライトを光らせようとした瞬間、火の玉になって消えた。先遣隊のハンヴィーの一台から発射されたミサイルが運転席を直撃したのだ。二台のハンヴィーがゆっくりと通り過ぎる横で、残骸から立ち昇る油っぽい煙が空へ消えていった。

側方で小火器の発射音が響いた。海兵隊員の分隊がアムトラックから跳び下りて、塀で囲まれた建物の庭へ侵入する。さらに銃撃が続く。「フラグ投擲!」ひとりの隊員が叫び、ドアから破片手榴弾《フラグメンテーション・グレネード》を投げこんだ。建物の窓から煙と砂埃が溢れ出る。数秒後、ふたりの隊員が屋根の上に現れ、国道にいる味方に向かって親指を突き出して「クリア!」と叫んだ。

そのあと昼を過ぎ、午後に入っても、われわれは北進を続けた。RCTの側方を進み、川のこちら側からRCTが攻撃を受けないように防御する。国道ではRCTの重機甲部隊と歩兵部隊が組織的な動きで抵抗を排除しながら前進し、かつてないほどバグダッドへ近づいていく。

自分の足で立つのが性に合う

午後一時頃、わたしの小隊が大隊の先頭へ移動し、直後に道路の左右に広がる村が現れた。川岸沿いに泥煉瓦造りの家が集まる小さな村で、数台の車が打ち捨てられている。紐に干された洗濯物だけが彩りを添えていた。こういう待ち伏せにもってこいの場所を通る時のやり方はすでに痛い目を見て心得ているので、小隊の半分が徒歩で村を進み、残る半分がハンヴィーに乗って重機関銃で支援する。町で最も確実に車両を守る方法は、まわりに部隊を配置することだ。車両部隊はガニー・ウィンが指揮を執る。わたしは徒歩の隊員たちに加わることにして、無線のヘッドセットですばやく指示を出した。

「車両部隊、徒歩分隊のすぐ前を行って制圧に備え、われわれの機動や交戦離脱を支援しろ」わたしはさらに命じた。「徒歩機動分隊、建物をしらみ潰しに探して武器と書類をすべて回収。偽装爆弾に気をつけろ。村の北側で合流して先へ進む。さあ、行くぞ」

慎重に身をかがめて村へ走りながら、わたしは肩に小銃を構えた。足を地面につけていると安心できる。ハンヴィーに座って待ち伏せされるのを待ちながら国道を走るのは、いつまでたっても慣れなかった。自分の足で立つこと、人間、ブーツ、小銃というのがわたしの性に合う。

隊員たちは灌漑水路を越え、泥煉瓦造りの小屋が集まる村のなかへ慎重に足を踏み入れる。壁に背中をつけて並び、一気に小屋に飛びこむと、ニワトリたちがけたたましく鳴きながら駆け回る。村は空き家ばかりだった。分隊はＡＫ47を二挺とロケットランチャー《RPG》を一挺、さらに共和国防衛隊の赤い三角の部隊章がついた軍服の山を回収した。一着持ってホイットマー少佐のところへ歩いていくと、少佐は大隊作戦部のハンヴィーの後部で地図と無線機に囲まれていた。

「さあどうぞ、少佐。フセインの精鋭部隊のちょっとした置き土産です」

ホイットマー少佐は笑って言った。「歩いて村を突破する任務から逃れるつもりでリーコンに来たんじゃなかったのか」

村の北端の一部屋しかない学校の中で、女と子供たちが身を寄せ合っていた。われわれが来るのを見て、怖くなって逃げこんだのだ。危害を加えるつもりはないと安心させて、なぜ村には男たちがいないのかを尋ねた。返事をミッシュが通訳する。

「わたしたちは貧しい農民です。男たちは一日中畑で働いています」

「バース党はどこにいる？　挺身隊は？」

「ここには挺身隊はいません。アメリカ人が来るのを見て、わたしたちは喜んでいます」

「なぜここに、この共和国防衛隊の軍服があるんだ」女たちは何も答えず、踏み固められた土の床を黙って見つめるだけだった。

その村にはRCTの進行を脅かすものがないことに満足し、われわれは北へ走行を続けた。うねうねと延びる道路はヤシの木立を抜けて走り、木々に集う色とりどりの鳥たちが歌を奏でる。木陰が太陽からの逃げ場となって、荒涼とした土地が広がる中での涼しい幕間《まくあい》が心地いい。暑い日中に村を突破するのは重労働だった。隊員たちは青白い顔をして、目の縁が赤くなっている。わたしの袖《そで》は白い塩の結晶で覆われていた。防弾チョッキに取りつけたプラスチックの水筒から生ぬるい水を飲むと、スイミングプールの水のような味がした。

男たちは不自然に笑った

A《アルファ》中隊が大隊の先頭へ移動し、わたしの小隊は最後尾に回った。どういうわけか、われわれはいつも気づくと前か後ろにいて、気楽な真ん中になったためしがない。パトリック班とラヴェル班は銃をぐるりと後ろへ向けてしんがりを務めた。大隊は村々をのぞいたり畑で働く人たちに目を凝らしたりして、次のカーブの先や坂の向こうに待ち受けているものの手がかりを探しながら、歩く速さで北上を続ける。しばらくすると、隊列が停止した。わたしはハンヴィーをおり、無線のコードを伸ばしてハンドセットを耳にあてたまま、車体の脇の地面に片膝をついた。反対側ではウィンが同じ動きをしている。

「今のところ、いい日ですね」ウィンがいつになく陽気な口調で言った。「とりあえず、何かの役には立ってる。あの川沿いの戦闘壕にはびっくりでしたね。イラク兵はRCTを吹き飛ばして、どこから攻撃してるか気づかれもしないうちにとんずらすることだってできたんだから」

わたしはウィンと同じように明るい気分にはなれなかった。「俺は共和国防衛隊の軍服が大量にあったのが気になってる」わたしは言った。「われわれの知らない何かがあるんじゃないかな」

無線が入って話がさえぎられた。小隊長は全員、前に集まってミーティング。大隊の命令を聞いてわたしは頭《かぶり》を振った。隊列の最後尾に移動したばかりなのにという気持ちの表れだ。わざとらしくにっこりするウィンを見て笑いながら、小銃を胸に斜めにかけ、自分のポータブル無線機をウィンに渡して歩きはじめた。

長蛇の列をなして停止している車両を追い越していく。大隊が一列に並ぶ狭い砂利道は前方が右へカーブし、川岸の林の中へ消えている。そのヤシの木々の上から、ずっと遠くにある寺院《モスク》の青緑色の円蓋が突き出て見えた。道の左側に灌漑水路が平行して走り、その向こうの平地には作物の植えられた畑が一・五キロ以上先まで広がっている。右側は川の土手まで一メートルあるかないかで、急な土手を下った底に川が流れていた。対岸では腰の高さまである作物の畑を、うっそうと茂るヤシの木々が縁どっている。その畑の中に、白いセダンが一台とまっているのが見えた。

わたしが歩いていると、木造の手《て》漕《こ》ぎ舟が一艘《そう》、櫂《かい》を漕ぐともなしに漕ぐイラク人の男をふたり乗せて、前方から近づいてきた。男たちがわたしを見て一瞬にやりと笑ったのが気になった。笑うのは子供だけだ。そのふたりの年頃の男はみんな、にらみつけてくるか目を逸らすはずだ。わたしはそばの車両を見あげ、機関銃の銃座に立つ隊員に声をかけた。「あの舟の舟底に何か見えるか――武器とか袋とか、何かないか？」

「何もありません」

くそっ。あの舟を沈める口実があれば大歓迎だったのに。あのふたりの何かが気に障る。戦闘となると感覚が鋭くなって研ぎ澄まされ、普通なら気づかず見過ごすような些細なことにも目がとまり、色々なことが頭の中で結びつく。直感が思考の舵《かじ》をとりはじめる。わたしはこれまでの経験から自分の直感を信用していた。その直感が、舟の男たちを撃てと言っている。

自己防衛本能を突き破る瞬間

舟が後方のカーブを曲がって視界から消えると同時に、ひゅーっと不気味な音がして、わたしは顔から地面に突っ伏した。この耳障りで異様な音はぜったいに危険な何かだ。ほんの一瞬、オレンジ色の火の玉が稲妻のように頭上を走るのが見えた。地面に体を押しつけながら、〝撃ち返せ〟と念じる。だが、火の玉の発射場所は分からない。

川を向いて伏せながら右の方へ目をやると、土手に沿って並ぶわたしの小隊がはっきり見えた。燃えるカボチャのような火の玉が帯状に連なって畑の上を飛んできたかと思うと、小隊のハンヴィーのすぐ脇をかすめて川岸に炸裂した。隊員たちは銃座を捨てて開いたドアから道路へ跳び下り、地面に伏せて身を守る。火の玉の帯が今度は弧を描いてわたしの方へ伸びてきて、ボウリングの玉が風を切るような音と共に頭上を通り過ぎる。わたしは灌漑水路へ這っていき、すでに中にいた隊員たちに加わった。

「やばいぞ、トリプルＡ《エー》だ！」大口径の高射砲〔anti-aircraft artilleryの頭文字をとってＡＡＡ（トリプルＡ）と呼ばれる〕で、イラク人たちがはるか前方のヤシの林のどこかから、われわれを狙って撃ってくる。小隊へ戻らなくてはという一心で、わたしは指揮官のミーティングへ行くのを断念した。川が湾曲しているせいで、わたしの小隊が最も高射砲の危険にさらされているように見える。と同時に、発射位置を確認して反撃できる唯一の場所にいるようにも見えた。

わたしは立ち上がって走りだした。燃えるボウリングの玉がまた飛んできて、ふたたび地面に突っ伏してやりすごす。土手は一発の砲弾を止める役にも立ちそうにない。われわれのトラックにまだひとつも命中していないのが信じられなかった。大隊はほぼ全員が水路の底で泥水の中に身を潜めている。わたしの小銃は豆鉄砲も同然に思える。航空支援が必要だ。無線機はガニー・ウィンに預けてある。誰かがコブラを呼んでくれていることを祈った。

立ちあがり走っては、また砲撃を避けるために身を伏せる。その時ふと、戦争とは個人がなす無数の卑怯《ひきょう》な行為であるという、前に読んだ何かの一節を思い出した。自分の部下が砲火にさらされているると知りながら、土手の陰に身を隠している自分が恥ずかしくなった。こんなのはリーダーシップじゃない。クワンティコで学んだのはこんなことじゃない。海兵隊の訓練は本質的に自己防衛本能との心理的な戦いだ。今は本能が、土手の陰にうずくまっていろ、ほかの誰かがイラクの高射砲を追い払うのを待てと全力で叫んでいる。クワンティコのあらゆるしきたり——やれ洗脳だ、服従の強要だ、海兵隊の歴史と伝統のすりこみだとけなされる規範は、こういう瞬間のために存在するのだ。

わたしは息をひとつ吸って、走りだした。また火の玉が飛んできたが、今度も頭上を越えて西の畑で砂煙を上げる。Ｍｋ19が反撃する音が聞こえ、コルバートのハンヴィーで銃手がトリプルＡの発射場所へ向けて連射しているのが見えた。小隊が近づくにつれて、また自信が湧いてくる。わたしは小隊に戻って指揮についた。

トロンブリーがハンヴィーのそばにしゃがみ、前のめりになって大きな双眼鏡をのぞいている。ハッサーが銃座に立ってＭｋ19を構えながら、それを見下ろしていた。

「並んでる木が右の方で途切れてますよね？」トロンブリーが言う。「そこからだいたい指二本ぶん左、木の奥に引っこんだところ。高射砲はきっとそこですよ」

ハッサーが銃を連射し、トロンブリーが言った位置に擲弾を撃ちこんで炸裂させる。見たところ、トリプルＡがあるのはＭｋ19の射程ぎりぎりいっぱいのあたり、いや、その外かもしれない。だとしたら敵はこちらを撃てるが、こちらからは届かない。

コルバートのハンヴィーの運転席ではパーソンが歌っている。

「ワン、ツー、スリー、フォー、何のために戦ってるんだ」

「その答えは自分で見つけるんだな」わたしは身をかがめてハンヴィーのフェンダーにもたれ、自分の双眼鏡をのぞきながら言った。

「ああ、えっと」パーソンは戦火の真っ只中にいるのを気にもとめない様子で、運転席からわたしの方を向いて言う。「安いガソリンのためと、頭にターバンを巻いたやつらがアメリカのビルを爆破したりしない世界のために戦ってるんですよ、きっと」

「なかなかの理想主義者だな。聞けてよかったよ」

「今はそういう世界がすごく理想的だなと思うんです」

同時に対処できる危機の個数

二機のコブラ攻撃ヘリコプターが急降下して視界に飛びこんできた。先導機が急角度で横へ逸れ、林から伸びてくるオレンジ色の火の帯をかわす。二機は近づいて攻撃を開始し、銃弾やロケット弾を木の列に撃ちこんだ。砂煙が宙に舞い、トリプルAの砲火がまたヘリコプターめがけて放たれる。さっき畑にいるのを見かけた白い車が、小さな円を描いて走りながらヘッドライトを点滅させていた。

こういう動きをすでに何度も目にしていたわれわれは、コブラにその車を狙うよう指示した。機関砲が炸裂して円を描く車の動きが止まり、ボンネットから上がる煙の中で運転席の男が崩れ落ちた。トリプルAはまだ砲撃を続けている。だが、機構の調子が悪いか、操作手が訓練不足なのだろう、数発が発射されたあと、次の発射まで数秒か数分の沈黙がある。もっとすばやく正確に狙われていたら、われわれはとっくに吹っ飛んでいただろう。

東側の川に意識を集中していたわたしは、背後の爆発音に驚いて振り返った。灌漑水路を越えた先の畑に砂煙が上がっている。それを見ていると、次の砂煙がその隣に上がり、続けて鈍い音が聞こえてきた。迫撃砲だ。

「狙撃手！　探査を開始。あの迫撃砲の観測手を見つけるんだ」わたしは叫んだ。迫撃砲は、標的を観測できる誰かが弾着点の誤差を迫撃砲班に伝え、砲弾を命中させようとしているものに誘導しないかぎり効果がない。今はわれわれがその標的だ。観測手が迫撃砲の誘導に成功してわれわれに命中するのが先か、われわれがその観測手を殺すのが先か、命がけの競争がはじまった。

ガニー・ウィンが片目で狙撃銃のスコープをのぞき、ハンヴィーのボンネットに体を押しつけて視界を固定する。

わたしはふたつの無線機と首から下げた双眼鏡をとっかえひっかえ操っていた。「同時に対処できる危機の個数っていくつだろうな」何気なく口をついて出ただけの質問で、ウィンには鼻であしらわれると思った。

ところがウィンはぴたりと動きを止め、急に思案顔になってスコープから目を上げた。迫撃砲はどんどん飛んでくる。わたしは質問を撤回してウィンに探査を続けろと言いたくなった。

「われわれが対処してる個数より常にひとつ少ない数でしょうね」ウィンが言った。

ショーン・パトリックとルディ・レイエスも観測手を探していた。ふたりは盛土の上で肩を並べて腹這いになり、足を絡ませ合って体を固定している。レイエスが観測スコープをのぞき、パトリックが狙撃銃を調整して長距離を狙う。海兵隊の狙撃手の評判は伝説的で、それには正当な理由があった。クワンティコの前哨狙撃兵学校では入学者の一〇人に七人が退学になる。卒業した者は、標的が一・六キロ離れたところにいる人間でも、レミントン社製の猟銃を改良した狙撃銃で撃ち抜くことができる。

「隊長、あのグレーの車を見てください」レイエスが体を起こして指差したのは、灌漑水路を越えた畑のずっと奥にかすかに見えている車だった。「九五〇メートルってとこですね。男がひとり乗ってて、こっちを見ながら無線機か携帯電話で話してます」

双眼鏡を目にあてて見ると、レイエスの報告通りだ。車は畑の真ん中にぽつんと一台だけ停まっている。中にいる黒い人影は明らかにこちらを見ていて、時々何かを顔のところに持ち上げては、それに話しかけるように口を動かす。わたしは一瞬、それがひとりの人間を殺す根拠たりうるだろうかと考えた。瞬発的に自己防衛するのは簡単だ。今はもっと冷静かつ慎重に判断すべきだろう。畑でまた砲弾が爆発したが、今回はさっきより近く、爆発の閃光と爆音にほとんどずれがない。ゆっくりと、容赦なく、迫撃砲は誤差を修正してわれわれに迫りつつあった。

「撃て」狙撃手が撃つのは警告や抑止のためではない。パトリックは最初の一発で仕留めるべく、頭か胸を狙う。ルディが風を読み、わたしはパトリックが呼吸を整えるのを見守る。

射撃を制止するのも将官の仕事

コブラがトリプルAと勝負し、パトリックとレイエスが迫撃砲の観測手と勝負している間に、わたしはそのふたつに気をとられているのが心配になってきた。敵が仕掛けてきているのは軍隊で諸兵連合伏撃と呼ばれる作戦だ。迫撃砲から逃れるために立って動けば、高性能爆薬の高射砲弾にやられる危険をおかすことになり、うずくまってトリプルAから身を隠していれば、迫撃砲の熱い鋼の雨が降り注いでくるのを待つことになる――われわれはどちらを選択しても苦しい状況に追いこまれている。さいわい敵はやり方がへたくそで、撃ってくる位置は遠いし、圧倒的な火力でもない。わたしの直感が、後方からも撃ってくるかもしれないぞと言っていた。大隊全部がわれわれの北に並んでいて、東は川に防御されている。西は畑が広がり、敵がいれば姿が見える。心配なのは後方だ――砂利道が南へ延び、さっき通ってきた村々へ続いている。

「ジャックス！　スタイントーフ！　後方から撃ってくるかもしれない。身元確認を忘れるな。このあたりは民間人がいっぱい走り回ってるからな」ジャックスとスタイントーフはそれぞれ機関銃の銃口を下げて道路へ向け、わたしにさっと親指を立てて見せた。

パトリック三等軍曹の狙撃銃が鋭い音を発した。ルディが観測スコープ越しに目を凝らし、硝煙をあげて標的へ飛ぶ弾丸の弾道を追う。

「低いな」弾丸は運転席のドアの真ん中に当たったらしい。パトリックは銃のボルトを引いて、標的が動くより先に二発目を狙う。銃がまた火を噴いた。「命中だ」弾丸が運転席の窓のガラスを突き破ったのをルディが確認し、車の中の男は崩れ落ちて視界から消えた。

「見事な腕前だ、パトリック三等軍曹。ルディ、いい指示だったな。これで迫撃砲が止まることを祈ろう」わたしは言った。

「後方から車両！」誰かが大声で警告すると同時に、オレンジと白のタクシーが一台、南からカーブを曲がって近づいてきた。二挺の機関銃の銃口を見て車は停まり、三人の男が降りてきた。

「撃つな！　撃つな！」わたしはジャックスとスタイントーフに叫ぶ。部下をけしかけるだけでなく、恐怖やアドレナリンのせいで歯止めがきかなくなりそうな時に制止するのも将校の仕事だ。イラク人でも武装していたり突進してきたりしない限り、われわれは撃たないようにしている。賢明なことに、男たちは車を捨てて南へ駆け戻っていった。一分もしないうちに、二台目のタクシーがスピードに乗ってカーブを曲がってきて、われわれは同じことを繰り返した。ふたりの男が跳び出して、南へ逃げ帰っていった。

何かがおかしい。迫撃砲が炸裂し、ヘリコプターが銃撃しているというのに、あの男たちはわれわれの隊列のすぐ後ろまで車を走らせてきたというのか？　一度ならず二度までも。二台目のタクシーは一台目の連中が南へ走っていくのとすれ違ったはずなのに。わたしはタクシーまで歩いていって、ナイフでタイヤを切り裂いた。これで、あの連中が追ってきて、道路で襲撃してくるのを防げるだろう。

すでにコブラはトリプルAの撃破に成功し、ほかの目標を探してわれわれの目の前を通り過ぎていく。迫撃砲はもう飛んでこない。あの男を仕留めたのは正解だったのだ。大隊は何が何でもヘリコプターの燃料がなくなる前に目標の距離を走破しなくてはということで、移動の再開を命じた。

29 「われわれは虜になりつつあった」

静寂のアル・ヘイ

隊列はわたしの小隊を最後尾に配置したまま、青緑色の寺院《モスク》の脇を通り過ぎ、トリプルAがあった林へ入っていった。林の中は木々が空を覆い、湿気と煙が立ちこめている。そこここでくすぶる炎の上でヤシの木々がふたつに裂け、葉は黒焦げでぱちぱちと音を立てていた。空っぽの戦闘壕がいくつもあり、ロケットランチャー《RPG》の弾薬の山が打ち捨てられている。またしても、イラク人の性急さと未熟な戦術のおかげで命拾いした。もっと接近してから高射砲を撃たれていたらと思うと背筋が凍る。

隊列の前の方で二、三発の銃声が響く。林の中を動き回る男たちがいると無線連絡が入った。隊列が速度を上げる。急いでたどる砂利道は、うっそうと茂る竹林に左右を挟まれている。竹林の足元は藪に覆われ、道路から一・五メートル奥までしか見えない。わたしは小銃の安全装置をはずし、両足をドア枠の上で踏ん張って腕を固定した。いつ銃撃に見舞われてもおかしくない。

林を抜け出ると、右へ曲がってすぐに石造りの橋があり、ここまでずっと道路の脇を流れていた細い川を渡る。対岸にはナシリヤ以来の大きな町が広がっていた。このアル・ヘイの町は南へ向かって見渡すかぎり長く延びている。通りを歩く人影はなく、家々の窓は閉ざされて鎧戸が下りていた。町全体が死んでいるかのようだ。まだ日没まで二時間あるというのに、暗く陰鬱な空が屋根屋根の上に垂れこめている。

　イラクに来てからずっと、天気と戦況がシンクロしている気がする。安全な場所では太陽が輝き、不穏な場所では暗く霞んで風が吹きすさぶ。

　前方でＭｋ19の咆哮が響いた。Ａ《アルファ》中隊が散発的な銃撃を受けていると無線で報告する。擲弾が次々に炸裂し、道路脇に立つ一軒のコンクリートビルの外壁が規則的な閃光を映して明滅する。わたしはケブラー素材のヘルメットの中に身を縮め、いままさに突入しようとしている一斉攻撃に備えようとした。前方の誰かの無線通信ボタンがオンのままで、マイクが作動している。「これでも食らえ、くそ野郎！　食らいやがれ！」声の向こうで爆発の音がとどろいた。

　われわれはアル・ヘイの町を北へ、川と平行に進み続けた。町の端までできたところで東へ折れて、空き地の中を走り抜ける。ごみの山や投棄された車が地面のあちこちに散らばっているが、やはり人の動きは全くない。塀の陰からＲＰＧの砲弾が一斉に飛んでくるかと思ったが、何も飛んではこなかった。アル・ヘイは異常なほどひっそりしている。

　われわれは国道七号線を目指していた。第一連隊戦闘団《RCT―1》はまだ南にいて、この国道をこちらへ向かっている。今は第一偵察大隊がイラクで一番北にいる部隊で、米軍のほかの部隊との間には人口四、五万人の町が横たわっている。北にはアル・クートとバグダッドがあり、戦車部隊と砲兵部隊を備えた共和国防衛隊の機甲師団がいる。わたしは三〇〇人の武装した海兵隊員に囲まれていながら、滅多にない心細さを感じた。

無線で受けたわれわれの任務は、この国道に阻止陣地を敷くことだ。朝になったらRCT-1が南からアル・ヘイに攻めこむ。われわれは挺身隊の兵士たちが北へ逃げる流れを止めて、バグダッドへの途中にある次の町が挺身隊の要塞と化すのを阻止するというわけだ。すでにアル・ヘイの側方はおさえ、今は挺身隊の背後に回っている。

わたしは戦闘意欲に燃え、幸福感と言ってもいいような感覚を味わっていた。隊員たちの顔にも同じ気持ちが浮かんでいる。この一週間、代わりばえもせず同じ国道をのろのろと進みながら、待ち伏せ攻撃を受けては運に助けられてきた。この日の午後のアル・ヘイ郊外では、今回の戦争ではじめてわれわれが主導権を握る。待ち伏せをする。狩る側になるのだ。

戦闘を回避できることの価値

土手を登って国道に出たあと、大隊は夜営の場所を探しに去っていった。わたしの小隊は後に残り、場所探しをする大隊を防御するために急ごしらえのバリケードを築く。国道はゆるやかな弧を描きながらアル・ヘイを抜けてきて、われわれが今通ってきた空き地をまたぐところで橋に変わる。その近代的な橋の北端で小隊は停止した。

国道にハンヴィー三台を横並びにとめ、各車両の機関銃を南へ向ける。襲撃してくる者がいるとすれば橋を渡ってこなくてはならず、どこにも隠れられない橋の上まできたところで正面から機関銃の集中砲火を浴びることになる。いい陣地だ。高架道路の上で目につきやすいが、防御は容易だし、航空支援が必要になった場合にパイロットが上空から見分けるのも簡単だ。

「エスペラ、国道を二〇〇メートル南へ行ったところに鉄線を一本張って、赤いケムライトをいくつかくりつけてきてくれ」わたしは言った。町はずれの暮れかかる国道で、近距離の銃撃戦に小隊単独で突入するのは避けたかった。鉄線に取りつけたライトを見て敵が引き返してくれればそれでいい。

「了解しました、隊長」エスペラとふたりの隊員が道路を走っていく。引きずっている有刺鉄線は、ガニー・ウィンとわたしがハンヴィーのボンネットに縛りつけて運んできたものだ。その有刺鉄線に赤いケムライトを三つくくりつけると、エスペラたちは踵を返して小隊へ駆け戻ってくる。その時、ハンヴィーのエンジンのアイドリング音に混じって、車のモーターが低くうなる音が近づいてきた。橋のてっぺんに、ぼんやりとしたヘッドライトの明かりがふたつ浮かび上がる。二〇挺の小銃と機関銃がそのライトに狙いを定め、エスペラとふたりの隊員が陣内に滑りこむ。

ウィンがみんなを制して言った。「落ち着きたまえ、諸君。鉄線のところに来るまで待って、止まるチャンスをやろうじゃないか。もし鉄線を突破してきたら、片づけろ」われわれが最悪な状況に陥ると、ガニー・ウィンはきまって本領を発揮する。小隊を落ち着かせる天性の力があるのだ。

わたしは小銃の槓桿《チャージングハンドル》を後方へ引き、薬室に弾薬が入っているのを確かめてから、引き金を引けば確実に弾丸が発射されるようにボルト強制閉鎖機構《フォワードアシスト》を押しこんだ。わたしがひそかに怖れていることのひとつが、銃撃戦で撃とうとした時に、かちりと虚しい音だけが響き、撃針がからっぽの空気を叩くことだった。わたしは隊員たちに加わって、ヘッドライトが大きくなっていくのをじっと見つめる。

ふいに、鉄線が近すぎる気がして、距離を三〇〇メートルにしなかった自分を咎めた。もし車が時速一〇〇キロで鉄線に突っこんできたら、応戦できる時間は六秒しかない。無線では、航空支援はなく、大隊はまだ夜営の場所を探していると知らされていた。われわれへの指示は、引き続き南から接近する交通をすべて遮断しろとのことだ。

ブレーキの軋む音がしてヘッドライトの速度が落ち、わたしはふうっと息を吐き出した。ヘッドライトの光が旋回して赤いテールライトに入れ変わり、橋を戻って遠のいていく。鉄線とケムライトは名案だった。車に乗っていたイラク人はそれを見て、警告を受け入れ、自分の命を救ったわけだ。隊員たちは立ち上がって、ガードレールの陰や装甲車両のドアから出てきた。笑顔が溢れ、冗談が飛び交い、背中を叩き合う。戦いを回避できるのは、戦って勝つことの次に気分がいいものだ。

“指揮官の第一の義務は部下を守ること”

「中尉、あれ見てください、西の方に車が多数走ってます」ラヴェル三等軍曹がそう言いながら、最初に通ってきた橋の方を振り返って指差した。ヘッドライトの列が川沿いを北へ向かっている。

「くそっ、側方か」わたしは大隊を無線で呼び出し、目撃した情報を伝えた。どうやらわれわれが国道にいるのが知れわたっているらしく、挺身隊は北へ逃れてどこかで再編成しようとしているか、われわれの側方を移動して別の方角から攻めてこようとしているようだ。ホイットマー少佐が車両の正確な位置と台数の確認を求めてきた。

夕闇の奥に目を凝らす。位置は難しくない――あそこには道が一本しかなく、そこを走っているのは明らかだ。ヘッドライトは見えたと思ったらまたすぐに木の陰に隠れるが、つねに六組か八組は見えている。全部で数十台いるのは間違いない。むき出しの荷台に人を満載しているトラックのようだ――ぎゅうぎゅう詰めの人影が荷台に立って肩を寄せ合っている。ほかの町で見てきた挺身隊の特徴にぴったり一致する。

正当な攻撃目標だと確信したホイットマー少佐は、アル・ヘイの南にいる砲兵部隊に砲撃任務を命じ、われわれはその道が砲撃でちかちかと光りはじめるのを遠くから見守った。挺身隊を少しでも殺せればそれに越したことはないが、走っているトラックを一台ずつ狙って砲弾を命中させるのはほぼ不可能だ。そこでわれわれは、北へ逃れるルートはあまりよくないと思わせ、悪党どもを町に閉じこめておいて、明朝の攻撃で叩ければそれでよしとした。

遠くに見えるその道に気をとられていたわれわれは、またひと組のヘッドライトが橋をこちらへ向かってくるのに気づいてはっとした。さっきとは違って、今度のヘッドライトは地面から高い位置にある――トラックだ。ギヤのこすれる音が聞こえ、加速して橋のてっぺんを越えてくる。高速で走っていて、スピードを落とす気配はない。たぶんわれわれに気づいていないのだろう。

「ヘッドライトをつけろ」われわれのライトは標的にならないように消してあったが、そのトラックが赤いケムライトに気づかなかったとしても、三組のヘッドライトが国道に横並びになって正面から照らしてくれれば見落としようがない。隊員たちがスイッチを入れると、有刺鉄線のはるか先まで白い光が舗道を明るく照らした。トラックはなおもスピードをあげ、音はますます大きくなる。高さ三メートル、長さ一五メートルの黄色いトレーラートラックだ。〝止まれ、止まれ、止まれ〟わたしはトラックが停まって引き返してくれるよう念じた。

大きさとスピードからすると、こちらが射撃を開始しても突っこんでこられるだろう。クウェートでコンウェイ将軍から聞いた〝指揮官の第一の義務は部下を守ること〟という教えが頭をよぎる。このトラックはもしかしたら怪我をした子供たちを大勢運んでいるかもしれない。しかし、こちらの陣地に突っこんでくるのを止めなければ、われわれは少なくとも三台の車両を失い、その三台に設置された重機関銃を失い、弾薬も、食糧も、医薬品も、燃料も、水も、ほとんどすべて失うことになる。隊員たちの命もだ。隊員たちのことは分かっている——命欲しさに逃げ出すくらいなら撃ち続けて死を選ぶ男たちだ。トラックはスピードを上げたまま鉄線に迫っている。ここまで接近してくるということは、ドライバーがパニックに陥っているか、われわれを殺そうとしているかのどちらかだ。

「銃撃開始!」わたしが言い終えるか終えないかのうちに、小隊のすべての銃砲が火を噴いた。スローモーションのように、五〇口径の曳光弾とMk19の擲弾が弧を描いてトラックの上を越えていく。銃手たちが銃口を下げるよりも、トラックが近づいてくるほうが速い。わたしは一瞬、トラックが本当に突っこんでくるところを想像した。だが銃手たちはすばやく角度を修正し、擲弾がトラックのグリルとフロントガラスに炸裂する。機関銃の撃ち出す徹甲焼夷《しょうい》弾が運転台を引き裂く。曳光弾は五発に一発しか装填されていないが、赤い光の筋が絶え間なく運転台めがけて飛んでいく。

それでもトラックはまだ迫ってくる。ヘッドライトが煙を切り裂き、弾む光がわれわれを照らす。わたしは手にしていた無線のハンドセットを置いた。いつもはそれがわたしの最終兵器だが、トラックがあと一〇〇メートルのところまで小隊に迫っている時には何の役にも立たない。まわりでは隊員たちが、膝をついたりドアに体を押しつけたりしながら、狙いを定め、発射し、弾倉を交換している。

わたしは小銃の銃床を肩に押しあて、安全装置《セレクターレバー》を〝バースト〟に切り替えた。M16で撃てるのはセミオートの単射か、三発を連射する三点制限点射《バースト》だ。バーストは普通、弾丸を無駄遣いすることになる。最初の一発を発射すると銃口が跳ね上がり、次の二発は標的の上へずれるからだ。だが、いま狙うのはトラック、この近さのトラックだ。へたな鉄砲も数撃ちゃ当たる。わたしは低い位置のグリルに狙いを定めた。連射の弾丸が徐々に上へずれてフロントガラスに届くのを見越してのことだ。小銃が連射音を発し、小さく三回弾む。

　トラックが右へ横滑りし、連結部が左へ大きく折れ曲がった。そのまま滑ってきてわれわれの一〇メートル前で停まり、小隊の銃が一斉に沈黙する。一瞬の空白があり、次に何が起きるかと全員が固唾《かたず》をのんだ。信じがたいことに、ふたりの男が運転台から跳び出してきたかと思うと、国道脇の土手へ向かって走りだした。両手を上げて降伏しさえすれば生き延びられたものを。だがそうはならず、エスペラ三等軍曹がＭ４で狙いを定め、正確に胸を射貫いた。男はふたりとも地面に崩れ落ち、われわれのヘッドライトがあかあかと照らす中で、倒れたまま動かなくなった。

「ヒットマン・ツー、北へ進んで第一偵察大隊《ゴッドファーザー》に合流しろ」無線の声がけたたましく響く。われわれは自分たちが手をくだした殺戮《さつりく》の現場をちらりと振り返ることもなく、ハンヴィーに乗りこんで北へ走り去った。道路の有刺鉄線はそのまま残していくことにして、その有刺鉄線と、トラックの残骸と、弾丸に撃ち抜かれたふたつの死体とが、今夜はアル・ヘイの北の国道は通行止めだという、ほかの車への警告になることを祈った。

戦争の代償は歩兵が一番知っている

　その日はつるつるした粘土質の土に掘った〝墓穴〟で夜を過ごした。Ｂ《ブラボー》中隊は南を向き、Ｃ《チャーリー》中隊は北を向いて、Ａ《アルファ》中隊が真ん中で側方を守る。チャーリーの陣地からは曳光弾の発射が夜通し続いた。近づいてくる車へ向けて、曳光弾が弧を描いて飛んでいき、そのあとは毎回同じパターンが繰り返された。まず上空を狙った短い連射で警告を発し、次に近距離を狙った長く高圧的な連射でさらなる警告、最後は説得をあきらめた銃手が武力行使に出て容赦なく撃ちまくる。

チャーリーの陣地より北の道路は中古車展示場さながらで、舗道には粉々のフロントガラスが散らばり、血だまりができていた。南から向かってくる車は一台もなく、弾丸の穴だらけになったトラックの抑止効果にわれわれはひそかに感謝した。一度殺すことで、何度も殺さずに済んだのだから。

早朝のまだ暗い時間帯に、わたしは徒歩で防御線を確認しがてら、エスペラ三等軍曹とその隊員たちの様子を見にいった。阻止陣地での銃撃を主に担ったのはエスペラ班だったので、それをどう受け止めているかを確かめたかったのだ。こういう夜は、暗澹《あんたん》たる思いに駆られやすい。

われわれはこのところ、戦闘糧食《MRE》を一日一食しか食べていなかった。食糧補給のトラックがカラト・スッカル近郊で挺身隊に爆破され、物資の補給では燃料と水と弾薬が優先されていたからだ。わたしは腹が空《す》きすぎて眠れなかった。空を低く流れる雲がぱらぱらと雨を降らせ、塹壕の粘土質の土はべたべたした糊と化している。月も星も見えず、暗い夜だ。わたしは泥に足を滑らせながら、国道脇に配置されたエスペラのところまで歩いていった。

エスペラはまたトラックが防御線を突破してこようとした場合に備えて、自分の班の隊員たちに塹壕を深く掘るよう命じていた。近づくと、四人の隊員たちが胸の深さの塹壕で身を寄せ合っていた。ヘルメットを被った頭の輪郭と、国道に目を走らせる暗視ゴーグルが鈍い緑色に光っているのが見える。エスペラ班は五〇口径の機関銃をハンヴィーから下ろして三脚架を取りつけ、南のアル・ヘイへ向けて塹壕の前に配置していた。

「止まれ。そこにいるのは誰だ」隊員たちが接近するわたしに誰何する。

わたしはぴたりと足を止め、基礎訓練校《TBS》のクラスでチャンセラーズヴィル〔南北戦争中の一八六三年に大規模な戦闘がおこなわれた地〕の戦場跡地へ行ったことを思い出した。その地でストーンウォール・ジャクソン〔南軍の勇将〕は暗がりの中、自身の部下に誤って撃たれて死んだ。「フィック中尉、エスペラ三等軍曹を探している」

「これはどうも、隊長。今夜はご機嫌いかがです?」エスペラが言う。

「最高だよ。疲れてるわ、寒いわ、雨に濡れるわ、腹が減るわで。海兵隊員になった気分だ」

わたしは壕に滑りこんでエスペラ班に加わった。これなら小声で話ができるし、一緒に体温で温まれる。エスペラが笑顔で言った。「寒い壕で前回ご一緒したのは、中尉、アフガニスタンでしたね。それを思うと老兵になった気分ですよ」

「毎度おなじみの老兵だな、エスペラ。まあ見てろ。来年はシリア、それから北朝鮮、そのあとは神のみぞ知る、だ。訓練なんて必要なくなる。ひたすら戦争、戦争、戦争だ」

様子を見にきた本当の理由を持ちだす前に、エスペラに先を越された。「隊長、今日の夕方に撃ったあのトラックは、誰が乗ってたと思います?」

返事はあらかじめ用意してあったが、言葉にすると虚しく響いた。「さあな。でも、われわれひとりひとりに部下を守る義務があるのはたしかだ。おまえには守るべき班がある。あのトラックを撃てと命じたのはわたしだ。責任はわたしにある。もしおまえが撃ってなかったら、装備はほとんど破壊されて、たぶん隊員も殺されていただろう。おまえは正しいことをしたんだ」

「ええ」エスペラは納得のいかない表情でうなずいた。エスペラの気持ちを思うと胸が痛む。戦争の代償を歩兵ほどよく知る者はいない。たぶん今夜のテレビは付帯的損害や民間人死傷者のニュースで持ち切りだろう。われわれが自分の判断をめぐってどれほど苦悶しているか、正しい判断であってほしいとどれほど祈っているか、分かってもらえればいいのだが。そういう選択の結果、引き金を引くのをためらったり、自己疑念に苛《さいな》まれるようになったりするかといえば、必ずしもそうとはかぎらない。しかし、それでもやはり、時に寝られぬ夜を過ごし、冷たい雨のなか、ただそのことばかりを考えずにはいられない。

われわれは戦闘の虜になりつつあった

日の出のすぐあとに、わたしは中隊長のハンヴィーに呼ばれた。「ネイト、われわれは数時間後にアル・ヘイに引き返してRCT－1の攻撃を支援する。おまえは今すぐ小隊を連れて、この交差点の監視に行ってくれ」地図に突き立てられた指は、昨晩あのトラックを銃撃した場所のすぐ近くを指していた。「有益な情報があればこっちへ送れ。本格的な交戦には突入するな。厄介なことになったら支援を要請するか、ここに戻ってこい」

しばらくの間、自分たちだけで出ていけるのを嬉しく思いながら、わたしはうなずいた。小隊へ戻っていくと、あちこちの穴をふさいだり機関銃に油を差したりしていた隊員たちの目がわたしに注がれる。「南の交差点を偵察しにいく。気を引き締めろ――うちの小隊の単独任務だ。制限射撃《ウエポンズ・タイト》〔確実に敵と認識され、指揮官が許可した対象にのみ発砲が可能な交戦規定〕が適用される――自分たちだけで収拾がつかなくなるようなことには手を出さないようにしよう」

わたし自身が感じはじめていたものが、小隊の空気に漂った――興奮だ。戦闘ではアドレナリンが噴出し、みずからが法となったようなぞくぞくする感覚に陶酔する。われわれはその虜《とりこ》になりつつあった。戦闘がゲームと化しつつあった。わたしは草野球や草アメフトを楽しむ感覚で、任務や戦闘を楽しみにしはじめている。そこには興奮があり、チームワークがあり、共通の目的があり、スキルを見せつけるチャンスがある。じっくり考える時間の余裕はなかったが、わたしはそうと気づくだけでも自分が楽しみにしはじめているのが心配になった。

すっきりとよく晴れた朝の中、五台のハンヴィーが南へ走る。わたしはガニー・ウィンが運転する横で助手席に座り、グラノーラ・バーをかじりながら、A-10攻撃機がアル・ヘイ上空をぐるぐると旋回するのを眺める。白リン弾が町の上空で次々に発射され、燃える破片が下の通りに降り注ぐ。音はすっかり風にかき消され、無声映画の破壊シーンを見ているかのようだ。

「ヒットマン・ツー、こちらツーツー」パトリック三等軍曹の班から無線が入る。「左の原っぱに武装した男たちを発見。AKを持った男がふたりいる模様。こちらを見ながら土手の陰に逃げこもうとしています」

「了解、ツーツー。攻撃を許可する」わたしはアル・ヘイ上空の航空ショーから視線を離し、ジャックスが道路脇の土手の向こうを狙って擲弾を連射するのを眺めた。長衣を着たふたりの人影が前かがみで走る。擲弾が泥でくぐもった音をとどろかせて次々に炸裂し、男たちの姿が消え去る。わたしはそのまま交差点へ向かいながら、グラノーラ・バーをたいらげた。

国道を降り、灌漑水路がちょっとした天然の遮蔽になる平地に車両をとめて、全方位を防御できるように方陣を組んだ。国道をさらに離れたあたりでは、草が腰の高さまで青々と茂り朝の風に揺れている。空は青く輝き、遠くに見える川に太陽がきらめく。イラクで見た中で最も美しい場所だ。監視に立つ隊員以外は草地でくつろぎ、夏らしい暑さに湿気を含んだ甘い空気を吸いこむ。典型的なアメリカの景色のように思えた。オーバーオール姿の少年ふたりが肩に釣り竿《ざお》を担ぎ、ゴールデンレトリバーを従えて、道路をぶらぶらと歩いてきそうな気がする。

ただひとつ、この牧歌的な光景を台無しにしているのが黄色いトラックだ。道路を通れるように、トラックは土手の下へ押しやられていた。運転席のドアは血のついた手の跡に覆われている。ふたつの死体は不自然な角度に折れ曲がって地面に横たわり、まわりにハエがたかっている。われわれの腕や顔に心地よく感じられた温かい太陽のせいで、死体は悪臭を放っていた。

大隊が合流しにきて、われわれはスコープや無線機、乾かしていたブーツや食べかけの昼食をかき集め、ふたたび川沿いを北へ走りだした。アル・ヘイへの攻撃は挺身隊が逃げ去ったため中止になったと聞かされた。運転を交替したわたしの横で、ガニー・ウィンが擲弾銃をいじるのと地図を見るのを交互に繰り返している。無線はしんとしていた。

「ガニー、この道を行くとどこに着くんだ?」

「一〇キロくらい先の川辺にムワファキヤって町があります。ついさっき中隊長がその町は迂回して東へ行くくって言ってましたね。だだっ広い農業地帯みたいですよ」

第三小隊がわれわれを追い越して、その町を迂回するルートを偵察に行く。わたしが運転に集中する間、ウィンはずっと地図と無線で状況を追っていた。気持ちのいい日に米軍の大部隊の一員として移動していても、イラクでは全神経を運転に集中させる必要がある。路肩が崩れてハンヴィーが道路脇に転げ落ちかねない。道路脇の仕掛け爆弾はまだのちの占領下のようなイラク名物にはなっていなかったが、地雷や偽装爆弾が心配だった。わたしは前を走るハンヴィーのタイヤ跡から目を離さず、正確にその跡をたどるようにした。

徐々に坂を登ってガラフ川から東へ遠ざかり、石垣に囲まれた畑の間を抜けていく。遠く離れたガラフ川の川岸に、建物が集まり給水タンクがそびえるムワファキヤの町の輪郭が霞んで見えた。

ウィンが満足げな表情で言う。「ようやくわれわれも町を迂回することを学びつつあるな」

30 「法的権威で銃撃戦に勝つことはできない」

隊員の安全と任務の達成は両立できるか

暮れゆく日の光の中、ハンヴィーのドア枠にもたれて戦闘糧食《MRE》のパックのアップルソースをスプーンですくいながら、わたしは二匹のアリがこぼれた米粒を奪い合うのを眺めていた。最後に鏡を見てから何日も経つが、両手は黒ずみ、どう見ても歩兵や目の落ちくぼんだまわりの隊員たちの手と大差ない。

静かな夕暮れだった。われわれが駐車しているのは細い田舎道のすぐ脇の石垣や生垣に囲まれた野原で、イラク中部というよりコネチカット州にいるような感じがする。小隊の機関銃の配置を再確認し、柔らかい土に寝るための壕を掘ったあと、わたしは腰を下ろして夕食をとりながらひと息ついた。ひと晩くらい一か所にとどまっていられたらと思いたくなる。この野原は贅沢なまでに気持ちよさそうだ。

「隊長、中隊長が指揮官はみんな自分のトラックに来てくれと言ってます」ハンヴィーの運転席で無線の番をしながら小銃を掃除していたクリストソンが声をかけてきた。わたしは夕食をポケットにしまい、夜を台無しにしようとしている悪い知らせが何なのかを確かめに行った。

中隊長のブリーフィングが終わると、わたしは無線で班長たちを呼び出した。「ヒットマン・ツーワン、ツーツー、ツースリー、班長たちはわたしの車両へ。昼寝の時間はおしまいだ」

野原を歩いて戻っていくと、コルバート、パトリック、ラヴェルの三等軍曹たちが小隊本部のハンヴィーに集まっているのが見えた。地図盤と小銃を持って、わたしが話そうとしていることをすでに知っているかのような顔をしている。ハンヴィーのボンネットは程よい地図台を兼ねているので、小隊のブリーフィングはそのおよそ一平方メートルの埃っぽいファイバーグラスを囲んでおこなうのが常だった。わたしは班長たちがガニー・ウィンと一緒に雑談しているところへ歩いていった。

コルバートがにやりとして言う。「隊長、目つきがやばいですよ」

「ああ、うん、支度して現地時間二二《フタフタ》時〇〇《マルマル》分にここを出る。西にあるあの町にはいって川の向こうで待ち伏せを仕掛け、挺身隊が国道七号線へ向かうのを阻止する」狙撃され、銃撃され、砲撃されての一週間を経たあとで、今度はわれわれがそれをやろうとしている。海兵隊の言う〝敵に戦いを挑む〟というやつだ。

「待ち伏せですか?」パトリック三等軍曹が鼻を鳴らす。この計画を面白く思っていないのは明らかだ。ほんの一〇日前、わたしはパトリックが数ある南部の格言のひとつを引き合いに出して、自分の班の隊員たちに〝燃えている犬を撫《な》でるべからず〟と警告するのを耳にしていた。

「そうだ。大隊で町に進入したあと小隊ごとに分離して持ち場へ移動し、待ち伏せを仕掛けて挺身隊の通行を監視する。明け方に撤収し、北へ移動して再合流だ。ここでは狙われるのではなく狙うチャンスがあるということだ」

「それは分かりますけど、隊長、待ち伏せ地点へ移動するといっても、知らない土地で暗闇の中ってのはまずいですよ」パトリックがゆっくりと、力をこめて言う。「それに、挺身隊かそうじゃないか、どうやって見分けるんです？ 寄っていって訊くわけにはいきませんよね。われわれの小隊だけしかいないんじゃあなおさらです」

パトリックの言うことは正しい。しかし、隊員たちはたまに思い違いをするようだが、わたしは最終的な判断を下す立場にない。これは与えられた任務であり、われわれが遂行すべき任務だ。われわれの仕事は任務を遂行するベストな方法を見つけることであり、そのための時間は二時間しかない。

ガニー・ウィンが小隊軍曹として常に何よりも重視しているのは隊員たちの安全だ。わたしは小隊長として任務の達成を重視する。もちろんふたりとも両方の責任を大切にしているが、弾丸が飛び交う中ではどちらかひとつを優先せざるをえない。リーダーシップの授業を教える教官たちはふたつを両立できるなどと甘いことを言うけれど、教官たちは一度も銃撃戦を経験したことがない。わたしたちはふたりとも、もしひとりでいたら、きっと自分の自然な衝動に負けていただろう。だが、わたしたちはふたり一緒だ。わたしの攻撃性とウィンの賢明さで互いを支え合っている。われわれは作戦を検討しはじめた。

何をすべきかは命令だが、方法は決められる

夕暮れの中でハンヴィーのボンネットを囲み、中隊長が意図する枠組みの範囲で任務を遂行するための選択肢を洗いだす。何をすべきかは中隊長が命令できるが、その方法を決めるのはわれわれだ。ガニー・ウィンと班長たちは体系立てて計画の強化を図り、穴を指摘して改善策を提案する。

これは単純明快な事実だが、自分の運命が形づくられていく過程に口出しできる場合には、危険に

飛びこんでいく覚悟ができやすくなるのが人間というものだ。最終的に、ムワファキヤの町を通り

抜けるのが第一にして最大の難関だということで全員の意見が一致した。そしてこれが、先見の明

のある分析だったと証明されることになる。

　ムワファキヤはガラフ川西岸に三、四階建てのコンクリートのビルが集まる中規模の町だ。すで

にその日の午後早く、海兵隊の軽装甲車《LAV》小隊が橋に接近していた。銃の連射音が何度か聞こえ、一

台のLAVが負傷した隊員を後ろに乗せて大急ぎで通り過ぎていった。われわれが地図を囲んで次

の動きを計画していると、海兵隊の砲兵部隊が南から攻撃を開始し、一五五ミリの高性能爆薬弾が

ムワファキヤに着弾するたびに西の地平がちらちらと明滅した。平和な夕べはおしまいだ。何とか

やれそうな計画を急ごしらえでまとめ終えると、班長たちは自分の班でブリーフィングするために

持ち場に戻り、わたしは小銃を掃除してから一時間だけ仮眠をとることにした。

　砲弾が炸裂し、銃撃や低空飛行する攻撃機の轟音が闇に響いていたが、わたしは疲れすぎて気に

もならなかった。ポンチョライナーの下の地面にまるくなって眠り、二一時三〇分《フタヒトサンマル》にクリストソン

に肩を揺すられて目が覚めた。立ち上がって体をよじりながら装備を身につけ、各班と無線チェッ

クをしてハンヴィーを整列させる。わたしの小隊が大隊の先頭だ。小隊の中ではコルバート三等軍

曹が先頭で、次がエスペラ三等軍曹、真ん中がガニー・ウィンとわたし、後ろにパトリック三等軍

曹とラヴェル三等軍曹が続く。

偵察班を送っておくべきだった

　暗闇の中をゆっくりと走りはじめ、ひっそり静まり返った暖かい夜の空気がドアのないハンヴィーの中を吹き抜ける。計画では、われわれの小隊は町へ通じる橋のすぐ手前まで進み、道路の北側で火力支援の配置につくことになっている。第三小隊が後に続き、道路の南側で同様の配置につく。両小隊が援護の態勢を整えたところで大隊が橋を渡ってムワファキヤに進入し、われわれは隊列の後を追う。これは援護のやり方としては典型的で、クワンティコでもパリスアイランドでも、キャンプ・ペンドルトンやキャンプ・レジューンでも、森や野原で海兵隊員が訓練する戦術だ。

　なぜ夕方のもっと早い時間にその橋へ徒歩偵察班を送り出さなかったんだ、という不満の声が上がっていた。その橋が待ち伏せするには理にかなった要衝であることは明らかだ。おそらく単に時間がなかったのだろう。そうした不安を打ち消すかのように、二機のコブラが目の前の道路に地上三〇メートルそこそこの低空飛行で現れた。パイロットは敵兵と思《おぼ》しき熱源を探知したとのことで、対岸の怪しい土手にロケット弾を二発撃ちこんだ。わたしは無線のハンドセットを両耳にひとつずつ押し当てていた手をとっさに小銃に伸ばし、槓桿《チャージングハンドル》を後方へ引いて確実に弾丸を装填する。われわれはそのまま走りつづけた。

「よし、到着です」コルバートが橋への進入路の北側に着いたことを無線で知らせてきた。

「いや、まだだ。まだ橋が見えない。進み続けろ」橋の安全を確保して大隊が渡れるようにするのがわれわれの任務だが、まだ橋は見えていなかった。目に入るのは左側のまばらな木立と、道路の右側に五〇メートル奥まって立つ数軒の泥煉瓦造りの建物だけだ。二機のコブラは旋回して後方へ去り、夜はふたたび静寂に包まれた。暗視ゴーグル越しの視界はすべてが緑色に光ってざらついている。

「了解」コルバートが答え、われわれはまた進みはじめた。

コルバートが〝アイスマン〟と呼ばれているのはどんな時にも冷静さを失わないからだ。海兵隊ほぼ全隊の先頭にわれわれの大隊が立ち、その大隊をわたしの小隊が先導する夜に、コルバートを小隊の先頭に据えているのはそのためだ。無線を通してわたしが次に聞いたのは、そのコルバートが発した警告だった。「橋の上に障害物があります」コルバートの声は抑制がきいていたものの、旅客機のパイロットがエンジンの発火を乗客に告げるような緊張で張りつめていた。次の瞬間、それがわたしの目にも飛びこんできた——大型のごみ収集容器《ダンプスター》らしきものがあり、くず鉄がいっぱいに詰まって道路にまで溢れ出している。両脇には大口径の管が散乱していた。それが意味するものはひとつしかない。

「下がれ、下がれ、下がるんだ」生々しい恐怖が襲う。恐怖の音も手触りも、銅貨を口に含んだような味さえも感じられる。だが隊員たちは落ち着きを保っていた。われわれは左に木立、右に建物、前に障害物、後ろからは押し寄せる大隊の他部隊で、ひとかたまりになったまま身動きがとれなくなっている。

小隊を脱出させろ

われわれは待ち伏せの中に突っこんでしまったのだ。その理解と共に、いつ銃撃がはじまるのだろうという思いが一瞬頭をよぎる。無線機と小銃をつかんだまま首を縮め、両腕を防弾チョッキの中に引っこめようとした。海兵隊員が〝カメになる〟と呼ぶ動作だ。

わたしはＵターンを命じ、コルバートが簡潔に「了解」と答える。ハンヴィーが左回りにＵターンをはじめて木立の方を向いた瞬間、コルバートが「木の間に人がいます」と無線で報告すると同時に銃撃の火蓋を切った。

コルバートのＭ４小銃が遠くで甲高い音を歯切れよく響かせて連射する。直後にＭｋ19がとどろきを上げ、次々に擲弾を木立に撃ちこみはじめた。ほかの班も小銃で、もう一挺のＭｋ19で、二挺の五〇口径の重機関銃で銃撃を開始する。われわれはすさまじい猛攻撃に出た。曳光弾が空を飛び交い、銃口の閃光がゴーグルの視界に飛び散って、緑の輪郭が判別不能の白い染みに変わる。わたしは何が起きているかを把握しようと、ゴーグルをヘルメットに押し上げた。

たちまち恐怖が消える。銃撃がはじまってしまえば小隊の指揮や無線連絡や反撃で息つく暇もない。勇気というより、やるべきことで手がいっぱいということだ。橋の向こうから次々に飛んでくる曳光弾が道路に弾んで跳ね転げる。弾丸がブーン、ヒューンと漫画さながらにかすめ飛ぶ。敵の機関銃手が低めに放つ弾丸が、舗道に跳ね返って車体にぶつかり火花を散らす。その衝撃でハンヴィーが激しく揺れ動く。

敵の銃撃音が木立からも鳴り響いた。小火器だ。単射や短い連射で撃ってくる。右のどこか、入り組んだ泥の建物の背後で、ロケットランチャー《RPG》が火を噴いた。それがわたしの目の前で炸裂して視界に火花が降り注ぎ、爆発の火が消えてもちかちかと残像が残る。

敵はわれわれの左、右、正面にいる。それを数秒で見極め、わたしは無線で航空支援を要請した。落ち着いてゆっくり話そうと意識したが、それでも支離滅裂に叫んでいた。轟音と共に戻ってきたコブラは、川の対岸と道路の二五メートル以遠なら何でも攻撃してよいとの許可を得ている。上空からの機関銃掃射と空を切り裂くロケット弾の音で、無線機から聞こえる情報要請の声がかき消される。

この殺傷地帯《キル・ゾーン》から小隊を脱出させなくてはならない。だが、銃撃の音や叫び声で無線はほとんど使いものにならなかった。わたしは小銃を置いて拳銃を抜き、みんなを誘導しにいってくるからハンヴィーをUターンさせておいてくれ、とガニー・ウィンに告げた。

「なに言ってるんですか？」

「ハンヴィーをUターンさせて後方へ離脱するんだ。俺はすぐ戻る」わたしがウィンの忠告に逆らうのはきわめてまれだが、今回はそのうちの一回だ。

姿勢を低くして――敵の機関銃が膝の高さに撃ってくるので無意味だが――Uターンの途中でまだ止まっているコルバートのところへ走る。今心配なのは自分の部下に撃たれることだ。自分が撃つ方を向いている隊員たちには、視界の外から走りこんでくるわたしが見えていない。隊員たちのM4には暗視ゴーグルでしか見えないレーザーが装備されている。レーザーの赤い点を標的に合わせれば必ず命中する仕組みだ。いくつものレーザーの点が木立の中の人影に集まり、動いているハンヴィーに乗る隊員たちの揺れや振動に合わせて波打っていたかと思うと、次の瞬間には消えて人影が崩れ落ち、次の標的へ移動する。その動きには見事に振り付けられたダンスのような、奇妙な美しさがあった。

時間がスリンキー〔階段をおりるばね状の玩具《がんぐ》〕のように伸び縮みする。わたしはコルバートのハンヴィーの後ろでバンパーの陰にかがんでいた。黄土色の装甲に取りつけられた鋲のひとつひとつが目に入ったが、どうやってそこにたどりついたかは思い出せない。わたしの上ではハッサー伍長がＭｋ19を撃っている。銃口から炎が噴射する。が、その耳をつんざく武器の音が、わたしには聞こえる気がしない。前の二台を運転する隊員たちに指示を叫びながら、撃たれたり轢かれたりするのを避けようとしていると、無線の静かな声が銃撃の音を切り裂いた。

「第二班、ひとり負傷」

つづけてガニー・ウィンの声がする。「本部、ひとり負傷」

すべての指揮官にとって、これは悪夢だ。待ち伏せにはまり、負傷者を出す。皮肉にも、前日のブリーフィングでフェランド中佐が言った言葉が思い出された。「自分から戦争に志願しておいて、撃たれたからって文句は言えんぞ」

負傷した隊員こそ銃を撃ち続けねばならない

海兵隊偵察部隊の〝任務必須タスクリスト〟は任務遂行に不可欠とみなされる技能をまとめたもので、一冊の本ができるほどの内容が詰まっている。巡察、ナビゲーション、航空支援の要請、通信、パラシュート降下、ダイビング、射撃、水泳、舟艇の操縦、近接格闘戦など、どこまでも終わりそうにない。そのなかで医療訓練は軽視されがちで、負傷者役の隊員たちはほかの訓練の目標が大きく妨げられる前に、魔法のようによみがえらされる。幸運なことに、わたしの小隊にはそれを頑として受け入れない衛生隊員がいた。ドク・ブライアンは特殊水陸両用偵察衛生兵《SARC》で、米軍のなかで最高レベルの訓練を受けた衛生隊員のひとりだ。

中東に展開する二、三か月前に小隊に加わったドク・ブライアンは、隊員ひとりひとりに基本的な外傷の手当てを伝授した。クウェートでは小隊全員に救急キットも用意してくれた。キットの中には負傷した隊員の命を救うために不可欠なもの――生理食塩水の点滴バッグ、戦闘用包帯、止血ガーゼ、動脈出血の焼灼《しょうしゃく》剤など――が入っている。さらに、すぐに使えるように首にゆるく巻いておく止血帯の作り方を小隊に指導し、それを巻いていないところを見つけたら誰であろうとげんこつを食らわせると脅した。

ありがたい指導の仕上げは医療ではなく戦術についてだ。戦闘で負傷した隊員の仕事は自分の班や小隊が危険を脱するまで撃ち続けることだ、とドクは強調した。負傷したからといって戦いを投げだす余裕はない。ドク・ブライアンが授けてくれたことが、ムワファキヤの外の路上で現実のものとなった。

銃撃がはじまった時、パトリック三等軍曹は車両が揺れて片方の足が横からぶっ叩かれるのを感じたという。見下ろすとブーツから血が溢れ出ていたのでドクの訓練に従った。止血帯を足に固く巻き、班の隊員たちに「足を撃たれた――でも大丈夫だ」と告げて、銃撃を再開した。小隊本部のハンヴィーの後ろに座っていた無線通信手のスタフォード伍長も同様の経験をした。跳ね飛んできた機関銃の弾丸の破片がふくらはぎに当たって倒れたらしい。スタフォードもまた、止血帯を巻いて戦闘に戻った。

パトリック三等軍曹の離脱

銃撃は下火になっていた。まだUターンしていないのはラヴェル班だけだ。キル・ゾーンに最後まで残ってラヴェル班が木立を機関銃掃射している間に、ほかの隊員たちはみんな暗闇の中へ後退した。大隊の命令でパトリック三等軍曹を出発地点の野原へ後送するため、ルディが弾丸で蜂の巣のフロントガラスと二本が裂けたタイヤのまま大急ぎで走り去る。われわれの小隊以外、一発でも発射した者は皆無だった。

残りの隊員たちは橋から二キロほど後退したところで道路を降りてヘリンボーン隊形を組み、被害や怪我や弾薬の数を確認した。重苦しい空気が漂っている。たった今、銃を持った数えるほどの男たちに海兵隊の大隊が行く手を阻まれたのだ。みんなそれが分かっていた。

わたしは最高の隊員のひとりを失った。それが橋の偵察をしなかった戦術ミスのせいだというのも分かっている。そのうえ、また前進してムワファキヤへ突入しろと大隊から命じられるのを怖れていた。数キロ後方の路上で戦車部隊とLAV部隊がのんびりしているのに、むき出しのハンヴィーに乗ったわれわれが町へ突入しようとするなんて。安楽椅子に座ってアイオワ州から眺めてもばかげて見えただろう。イラクの暗い道端から見れば、われわれの信頼を蝕むとんでもない愚行だ。この任務は、歩兵の言葉で言えば、くそやばい状況になっている。

中隊長から無線連絡が入った。「ヘリの給油が終わるまで三〇分ここで待機。そのあと戦車部隊とLAV部隊を連れて、また前進する」

やっとだ。「ツー、了解」

今度は第三小隊が先頭となり橋へ突入し、中隊本部のハンヴィー二台がそれに続く。わたしの小隊は最後尾だ。第二班がパトリック三等軍曹を後送しにいってまだ戻っていないため、先頭を行くには人数が少なすぎる。正直なところ、先頭でなくてわたしは全く構わなかった。

車両から車両へ歩き回り、被害を確認しながら隊員たちと言葉を交わす。ドク・ブライアンがスタフォードの脚に包帯を巻いている。スタフォードは小隊に残ると言って一歩も引かず、ブライアンはしぶしぶ許可を出した。わたしに異存はない。残っている全員の銃が必要だ。隊員たちは重機関銃を掃除して装塡したり、暗視ゴーグルの電池を入れ替えたり、食事をとったりしている。みんな黙りこんでいた。いつもなら戦闘のあとは上機嫌でふざけ合うが、今はそれが全くない。冗談も、武勇伝も、ほら話もなかった。今回の戦闘は敵との距離が近すぎたうえ、まだ完全に終わってもいない。依然として任務が意識の中心を占めていた。

がらがらと舗道を踏みしだく独特の音が後方から近づいてくる。われわれはハンヴィーを動かし、七〇トンの巨大な図体が通れるように道をあけた。二台のM1A1エイブラムス戦車に続いて、二五ミリのブッシュマスター砲〔軽装甲車搭載用に開発されたチェーンガン〕を備えた八台のLAV-25が通っていく。歩兵にとって、戦車と一緒に行動するのは、頭上に攻撃機が控えていたり、深い戦闘壕の底に潜ったりするようなものだ。とにかく気分がいい。目移りして困ると言っては贅沢だが、二機のコブラまで東からまたやってきて、ライトを消したまま轟音を響かせる。危険きわまりなく、威圧感たっぷりで、この上なく心強い響きだ。

ムワファキヤへ

先頭の小隊が無線で移動開始を告げた。一キロ先では戦車部隊とLAV部隊が道路を降りて散開し、川岸沿いに一列横隊を組んで砲口を対岸へ向けている。閃光と耳をつんざく轟音と共に、その隊列が一斉に最初の砲撃を放った。すぐに第二、第三と、次々に砲弾を発射する。暗闇の中で戦車が主砲を撃つと炎が前へ噴き出して、発射の閃光と爆音のすぐあとに着弾の閃光と爆音が続く。LAVはチェーンガンを連射に次ぐ連射で撃ちまくる。紙をびりびりに破るような、あるいは喉の奥から長々とげっぷを出すような音だ。上空からは、コブラがズーニー・ロケット弾〔対地対空兼用の無誘導ロケット弾〕とヘルファイヤ・ミサイル〔米軍が九・一一以降の対テロ攻撃で多用した空対地ミサイル〕を発射する。それが着弾するたびに液体のような火柱が吹き上がる。

この嵐の中へ、われわれも突き進んだ。煙が渦を巻いて車両に侵入し、無煙火薬《コルダイト》の匂いが鼻孔に充満する。横並びになったところで砲撃を停止した戦車部隊を後に残し、われわれはさらに橋へと前進した。

わたしは自分の小隊を道路の北側に配置し、第三小隊が橋を渡ってムワファキヤへ入るのを援護する予定だった。第三小隊は橋を渡り終えたら対岸で停止して、われわれが渡るのを援護する。戦車やLAVは一緒に渡るには重すぎた。暗視ゴーグルで見ていると、第三小隊の五台の車両がダンプスターをよけて這い進み、細いコンクリートの橋を渡り切って川沿いの通りに出る。中隊本部が後に続く。突然、一台が――物資を満載したトレーラーを牽引《けんいん》している指揮車だ――川に飛びこもうとでもするかのように、がくんと傾いてその場に停まった。

「橋にはまった」中隊長が無線で報告する。この状況にしては落ち着いた声だ。川の上空では二機のコブラが、ホバリングしながら対岸の路地にロケット弾を撃ちこんでいる。中隊本部の面々はハンヴィーを降り、トレーラーを揺すって橋の路面の穴から出そうとしはじめた。

これまでの銃撃戦でも常に奇妙な隔たりが感じられたが、この一件はまさに戦闘におけるその隔たりを象徴するものだった。第三小隊は敵の町で単独のまま、援軍をよこしてもらえる手立てもなければ後退する術もなく、身動きがとれなくなっている。中隊本部は橋の真ん中で四苦八苦しつつ、まるで舞台でスポットライトを浴びているかのようだ。五〇メートルしか離れていないとはいえ、われわれにはどうすることもできない。せめてもの精神的な支援として、わたしは橋のこちら側で適切な場所に小隊を配置した。この暗さと煙では、ほかの隊員たちが近くにいる状態で発砲するのは危険だ。われわれは警備を前へ進めて本部車両の側方と後方を守りつつ、ドラマが進展するのを見守った。

敵兵の死体を撮る上級将校たち

一時間後、夜明けが近づいた頃になって、中隊本部は何とかトレーラーの脱出に成功した。車両をバックさせて橋を戻り、われわれの目の前で停止する。白みかけた空の下、損壊した町から第三小隊のハンヴィーが一台ずつ、安全なこちら側へ戻ってくる。われわれの横を通り過ぎる第三小隊の隊員たちは、風刺漫画に出てきそうな蒼白な顔に暗く落ちくぼんだ目をしていた。大隊の残りは夜通しずっとわれわれの後方にいて、戦闘には一切加わっていなかった。それが今になって、大隊本部の将校たち数人があわただしく前へやってきて、わたしの隊員たちが道路沿いの野原で警備の配置につく中、われわれが殺した男たちのまわりにいそいそと集まりはじめた。信じられないことに、薄暗いなかでカメラのフラッシュがたてつづけに光り、上級将校たちが笑い声をあげながら得意げに歩き回っている。

七時間近くノンストップでつづいた戦闘の間じゅう、呼吸が聞こえそうなほど近くにいる敵を殺す間も、負傷した身内を後送する間も、生きて日の出を拝めないかもしれないと思っている間も、ずっと冷静を保っていた。だがもう無理だ。道路に駆け上がったわたしは怒りに震えていた。

「一体何をやってるんだ?」わたしは叫んだ。「このくそったれのばかどもが。写真だと? おまえらには反吐《へど》が出る」

大隊の大尉のひとりがわたしの肩をつかんでたしなめる。わたしはそれを振り払う。ベネリ少佐はせっかく勝利を祝っていたのに無粋なやつに台無しにされたと言わんばかりに、軽蔑の目でわたしを見ている。

本部の将校たちがちらほらと去りはじめた。わたしが爆発したのも全く効果がなかったわけではないようだ。木々の間に倒れている死体に目を移す。その六、七人は、われわれと同じような若い男たちだ。きれいに髭を剃り、几帳面《きちょうめん》に折り目をつけたズボン、ボタンダウンのシャツ、茶色のローファーを身につけている。ベルトの銀色のバックルがちらちらと朝日に光る。イスラムの兵士というよりコンピューター・プログラマーのようだ。死体のまわりにはＡＫ47が散らばり、ＲＰＧランチャーと擲弾の山もあった。

ひとりの男の動かなくなった手に、投げる寸前の手榴弾がふたつ握られていた。別の死体は五〇口径の機関銃の掃射を浴びて、ほぼまっすぐ立ったまま木の幹に貼りついている。三人目の戦闘員には数えきれない切り傷があり、ありきたりな死を迎えたかのように死んでいる。その男はコブラのフレシェット弾［矢状の銃弾。散弾型はひとつの弾体に矢状の子弾が多数詰められている］をほぼまともに受けて、無数の小さな銀色の金属を寸分の隙なく全身に浴びていた。出血はなく、ただ剃刀《かみそり》のような鋭さで体じゅうを切り裂かれている。われわれは情報収集のために死体のポケットをあさりはじめた。

「おいおい、こいつらシリア人じゃないか！」男たちは全員がシリアのパスポートを持っていて、イラク政府から入国ビザが発行されていた。赤いインクでスタンプが押され、空白の線上に入国の日付と場所と目的を手書きするようになっている。死んだ男たちはみんな、戦争がはじまった最初の週に、シリア国境の検問所からイラクへ入国していた。書きこまれている入国の目的は全員同じ、〝聖戦《ジハード》〟だ。

自分たちの手で殺した男を見ても、わたしは何の喜びも感じなければ、満足感も、勝利の実感も、達成感も湧いてこなかった。かといって動揺しているわけでもない。臨床医が患者に接するような心的距離をおいて見ていた。この男たちは大人で、みずから選んでここに来た。わたしも大人で、みずから選んでここに来た。男たちはわれわれを撃って失敗した。われわれは男たちを撃って失敗しなかった。戦いは公平だ。それでもやはり、わたしは自分たちが何をもたらしたかを、隊員たちがこの場で見ていなくてよかったと思った。知らないほうがいいこともある。

立ち去りかけたところで、背後から大きな声がした。「ここに生きてるやつがひとりいる!」

木立のずっと奥のほうで男がひとり、草地に倒れてうめき声を上げていた。機銃掃射で片脚がちぎれかけ、まわりの草が血でぬるぬるしている。一瞬、わたしに向けられた隊員たちの視線が、顔と拳銃の間をさっと動いた。わたしが歩み寄って、足を痛めた馬や網にかかったサメのように、男の頭を撃ちぬくと思ったのだろう。フェランド中佐はその怪我人を後送して手当することを選び、わたしは安堵した。ふたりの隊員が男を担架に乗せてハンヴィーの後部に滑りこませ、前日の夜から駐留している陣地へと、道路を風のように走り去っていった。

最上級曹長は状況を把握できていない

小隊が集合し、来た道を通って撤退する。ここに最初に来て、最後まで残っていたのがわれわれだった。陣地に戻って各班が防御線の配置についている間に、ガニー・ウィンとわたしはパトリック三等軍曹を探しにいく。野原を通って戻ってくる途中、わたしたちはどちらも押し黙っていた。戦争が終わるまで班長をひとり失ったままだということに気をとられてもいたし、あと一歩でわれわれの命が犠牲になるところだった任務の愚かさに呆《あき》れ果ててもいた。単にアドレナリンの過剰分泌で疲労困憊していたのもあった。太陽はすでに地平線の上に昇っている。すばらしく美しい朝だ。草原《くさはら》に朝露がきらきらと輝き、高校のグラウンドでの早朝練習を彷彿させる。

大隊の最上級曹長が腰に手をあてて、近づいていくわれわれをにらんでいた。

「おはよう、最上級曹長。パトリック三等軍曹はどこだ」

「そんなこと知ってるわけないじゃないですか」

「いや、撃たれて数時間前に後送されてきたんだが。パトリックはどうなった?」最上級曹長の当惑ぶりからすると、パトリックの負傷を知らなかったことは明らかだ。昨夜の任務に加わらず、輪の外も外にいたので、今もって状況が把握できていないのだ。わたしたちは最上級曹長を迂回して、ほかを探しにいった。

なだらかな丘の中腹に、ポンチョライナーの下で仰向けに横たわる姿が見えた。パトリックは足に包帯を巻かれ、腕に点滴チューブをぶら下げている。「具合はどうだ、ショーン」わたしは尋ねた。

「いいですよ、隊長。ガニー、元気か? みんなはどうしてる?」

「上々だ。スタフォードが脚にちょっと食らったが、やつは大丈夫だ。おまえがしゃべってるのを見られて嬉しいよ」

「ゆうべはヘリがつかまらなかったんで、ずっとここで待ってるんだ。トラックが野戦病院へ連れてってくれることになってる」

わたしは負傷したシリア人のことをパトリック三等軍曹に話した。「その男もおそらく一緒に乗っていくことになる。それでもいいか?」

「そいつが何もしようとしないかぎりはね」

「何かしようと思ってもできるような状態じゃないと思うな」

パトリック班の副班長、ルディがやってきた。昨晩はパトリック三等軍曹を後送したあと戻ってきて、二度目に橋を渡ろうとした時に班の指揮を執っていた。「何とまあ、あんた、ひどいありさまだな」ルディが笑いながら言う。「大隊長がいつもあんたのことをホームレスみたいだって言ってるけど、今朝は俺も大隊長に賛成しちまうかもな」

わたしたち四人は笑い、冗談を言い合い、生きていることに安堵し、パトリックに会えたことを喜んだ。そこに最上級曹長がぶらぶらと歩いてきた。

「おい、おまえたち、ふざけてないでとっとと失せろ。パトリック三等軍曹をそっとしといてやれ」

冗談かと思って最上級曹長を見ると、真剣な顔をしている。

「消え失せろ、最上級曹長。パトリックがここにいることも知らなかったくせに」わたしは言った。

「いや、中尉、そういうわけじゃ……」声がしだいに消えていく。任務から取り残され、そのせいで威厳を振りまくこともできず、最上級曹長はうなだれた様子で立ち去った。

わたしたちはパトリックの装備を集め、病院で必要になりそうなものを小さな袋にまとめた。小隊の隊員たちが入れ替わり立ち替わりやってきて、パトリックの回復を祈り、運賃無料で故郷に帰れることや、〝一〇〇万ドルの負傷〟〔命に別状なく戦線離脱して帰国できる負傷〕だということや、ゆっくり休めることについて冗談を飛ばす。面白おかしく話をしてはいるものの、みんなが動揺しているのは分かっていた。これほど尊敬されている男が撃たれたのを見るのはつらく、別れの挨拶をするのはもっとつらい。表向きはパトリック三等軍曹のためにふざけたり冗談を言ったりしているが、心の内はみんな傷ついていた。

わたしたちは慎重にパトリックの担架を持ち上げて覆いのないトラックの荷台に乗せ、楽な姿勢で過ごせるよう固定する。それが友情の証として最後にしてやれることだった。次にシリア人の男を乗せて荷台を降りる。ウィンとわたしは手を振ってトラックを見送ってから、小隊のところへ歩いて戻った。

表面上はふざけていても、戸惑いは広がる

隊員たちは自動操縦モードに入り、心ここにあらずでも体は忙しく武器を掃除したり、タイヤを交換したり、弾薬を装塡したりしている。ガニー・ウィンとわたしは自分たちの車両を点検した。ウィンの座席のすぐ下に弾丸の跡があり、ドア枠がぎざぎざにえぐれている。わたしのヘッドレストの裏にも、こぶしがはいるほど大きな弾丸の穴があった。タープは一面穴だらけで、そのうちのどれかひとつがスタフォードの脚に今も深く食いこんでいる破片の跡なのは間違いない。

装備のどこかに弾丸による損傷が隠れていて間《ま》の悪いタイミングで判明することのないように、わたしはほかの弾丸が通った跡をたどった。タープを撃ち抜いた弾丸のひとつが戦闘糧食《MRE》の箱を貫

通し、プラスチックの狙撃銃ケースを突き破って、狙撃銃の銃床で止まっている。そのひしゃげた鉛の塊をつまみあげ、胸ポケットの中にぽとりと落とす。あといくつか町を通れば、自分でも蹄鉄のお守りを作れるくらいになっているかもしれない。

わたしは小隊のなかを車両から車両へ歩き回り、各班に顔を出して話を聞き、要望を受け、質問に答えた。話している間も隊員たちは作業を続けていて、どうやらみんな素朴な喜びへの興味を新たにしたらしく、袋入りのプレッツェルをほおばったり、任務志向防護態勢《MOPP》防護服のジャケットを脱ぎ捨てて太陽のぬくもりを肩に浴びたりしている。コルバートのハンヴィーの横では記者のエヴァン・ライトが草に寝そべり、まわりに立ってＭ４をごしごしこすっている隊員たちと一緒に笑っていた。

「まだいたとは驚きだな」わたしは言った。

「とっくに逃げ帰ってるか撃たれてるはずだから？」

わたしは笑った。「両方だ」

表面上はふざけていても、隊員たちの気持ちはふさいでいた。以前なら戦闘のあと、若い隊員たちの中には静かな自信が、けだもののようなやつらに立ち向かって勝利したという実感が見てとれた。今はもうそれがない。そいつらの反撃を受け、誰も死にはしなかったものの、血の代償を払ったのだ。経験を積んだ隊員たちは、もっとはっきりものを言う。

「隊長、指揮官連中はわれわれを機甲部隊なしであのやばい町の制圧に行かせるなんて、一体何を考えてたんですかね？　みんな殺されてたかもしれないのに、何の意味もなかったですよね？　いまもゆうべと同じ原っぱにいるんですから。まるで何事もなかったみたいに。ただわれわれがめちやくちゃな銃撃を食らって、最高の班長を失っただけじゃないですか」

法的権威でリーダーにはなれない

わたしは難しい立場に立たされていた。将校としては、決められたことについて上等兵のように悪しざまに言ったりはできない。たかが中尉とはいえ、それでも階級が高すぎるし、権威や影響力がありすぎる。忠誠心を欠く反抗的な行為だし、道徳にも法律にも反することになる。かといって、愚行を目にしながら笑みを浮かべ、イラク国民を解放するだの硫黄島やフエの例にならえだのと云々《うんぬん》すれば、隊員たちの目にはどっちつかずの腰抜けに映るだろう。

人間というのは戦闘になると信頼できる仲間だけの小さな輪をつくり、〝俺たち〟と〝あいつら〟を区別する。隊長が〝あいつら〟に分類された小隊にいるのは危険だ。若い将校はみんな配属されて早々に、法的権威と道徳的権威のちがいを学ぶ。法的権威は襟に留めるもの――敬礼と称号を獲得する金銀の階級章だ。それで銃撃戦に勝つことはできない。道徳的権威は、自分の仕事を理解し部下を大切にする者に与えられる、正当なリーダーたる証だ。戦闘では法的権威より道徳的権威の方が、はるかに大きな拠《よ》り所になる。

だからわたしは、全面的にではないが、その隊員の言う通りだと認めた。「くそひどい戦術だったな。あれだけ砲撃準備をして航空援護も控えてたのに、待ち伏せ攻撃を受けるとは誰も予想していなかった。われわれ指揮官みんなが間違っていた。大隊のことは何とも言えないが、断言するよ、この小隊ではああいうことは二度とない」わたしは言葉を切って隊員の目を見つめ、口先だけではないことが伝わっているのを確かめた。

「パピーのことは残念だ。戦いがあと三日で終わるのか、三週間か、三か月かは分からない。でもこれだけは言える。正しいこともあれば間違うこともあるが、そこから学んで前へ進むしかない。われわれは二三人で持ちつ持たれつ助け合ってきた。これからは二二人、互いを心の拠り所にして一致団結しないといけないんだ」

隊員はこの論理の筋道に納得してうなずいた。戦闘における強いリーダーシップに合議制はありえない。小隊長がすべきことは命令であり、戦場での命令は意見の一致にもとづくものではない。承諾にもとづくものだ。どんなリーダーでも、自分が率いる者たちが承諾する範囲でしか権限や影響力を行使することはできない。わたしを指揮官たらしめているのは隊員たちであり、隊員たちはいつでもその承諾を取り消すことができる。

レイエス三等軍曹の車両で足を止めると、班の隊員の半分は機銃掃射で裂けたタイヤを交換し、残る半分はコーヒーを淹れながら昨晩の戦闘の体験談に花を咲かせていた。背後にあるハンヴィーのフロントガラスには、直径が正確に七・六二ミリの穴があいている。それがあと数センチずれていたら、AK47の弾丸がレイエス三等軍曹の頭にあたっていただろう。今はそのルディ本人がバリスタ役を務め、慎重に湯を沸かしてコーヒーの粉を煮出し、エスプレッソの白い〝クレマ〟顔負けの泡が表面に浮いたコーヒーを繊細な仕草でひとつひとつのカップに注ぐ。ルディは作業しながら話していた。

「俺が運転してると、ショーンが〝おい、ルディ、Uターンしろ〟って言うんだ」パトリック三等軍曹のノースカロライナ訛りを真似て言う。「左に曲がりかけたところで、ダダダダッ、そこら中で銃撃だ。ハンヴィーがガタガタ揺れる。上も下も曳光弾だらけ、頭をかすめて飛んでいく。めちやくちゃだよ、なあ、とにかくめちゃくちゃだ。その時、ショーンが座席で跳び上がって叫んだ。でも、俺は銃撃戦の中でUターンするのに忙しくて、何かにぶつかったりはまったりしないようにしてたら、ショーンが落ち着きはらって言ったんだ。〝足を撃たれた――でも大丈夫だ〟ってな。それからあのいかれた野郎は自分の脚に止血帯を結んで、涼しい顔でM４を手にとって、また撃ちはじめたんだ！」ルディは腰を折り曲げ、自分の膝を叩いて悶絶する。「いやもう、あいつはすごいよ。ほんとにすごい」

わたしはルディが注いでくれたコーヒーを飲んでいたが、そこに無線でクリストソンの声が響いた。「隊長、中隊長がお呼びです」中隊本部のほうへ目を向けると、荷物を片づけて移動の準備をしているのが見えた。

「了解、すぐ行く」

その場の隊員たちにコーヒーの礼を言い、わたしは小銃を肩に担いで歩き去った。

31　バグダッド包囲

疲労とストレスの中で重責を抱える

「小隊の様子はどうだ、ネイト？」中隊長の目は赤く充血していた。答えは聞かなくても分かっているとと言うかのように、遠慮がちに質問する。

「傷口を舐《な》めてるところです。隊員がふたり撃たれました。小隊の車両には穴が三〇個あいています。分かってるだけで、です。隊員たちは誰の采配でこんなことになってるのかと疑問を持ちはじめています。当然ですよ。わたしも誰の采配かと疑問に思いはじめています」部下の前で冷静な顔を保っていると、たまには上官に感情をぶつけたくもなる。「あの攻撃は幼稚園並みの、くそひどい戦術でした。みんな分かってますよね。なのに誰もそのことはこれっぽっちも口にしない。しかも将校たちは今朝の写真撮影会みたいなバカな真似をして、それでどうやって隊員たちの士気を保てというんです？」

　中隊長はわたしの話をさえぎった。「もうわかった。パトリック三等軍曹に起きたことはみんな残念に思っている。戦争だからな。苛立ちをぶつけるならそれにふさわしい相手――イラク人にぶつけろ」その言葉で話は打ち切りとなり、わたしはまだはらわたが煮えくり返っていたが、中隊長はその日の計画を説明しはじめた。そうなると、わたしは自分がいつも部下に求めるように、自分も目下の任務に集中せざるをえない。過去は過去、そして死の危険は現在と未来にある。

　われわれに課されたのは、南のアル・ヘイへ戻って二日前に渡った橋をまた渡り、第一海兵連隊第三大隊と合流してムワファキヤに攻め入る計画だ。大隊合同で敵占領地を攻撃するとなると、訓練であれば指令に半日かけていただろう。ここではそれが、ひとことで終わった。

　ガニー・ウィン、コルバート、ラヴェル、レイエスがハンヴィーのボンネットを囲んで立っている。班長たちは声を上げて笑っていたが、わたしが近づいていくと静かに話を聞こうとした。だが、わたしがボンネットに地図を広げて今日の計画を説明しはじめても、班長たちは中途半端に終わったジョークがまだ忘れられずにいた。レイエスとラヴェルが含み笑いをしているのを見て、わたしは口を閉じた。くそっ。事の重大さが分かっていないのか？　ほんの数時間前にパトリック三等軍曹がいなくなってしまったのを忘れたのか？　わたしがみんなの命を背負っているのが分からないのか？

　わたしは口から出かけた言葉を呑みこんだ。〝もし今日、おまえたちが隊員をひとりでも死なせたら、俺が自分でおまえたちに弾丸をぶちこんでやる〟——一八か月前に〈ペリリュー〉の格納庫でホイットマー大尉に言われた言葉を、わたしも繰り返しそうになっていた。

　あの夜、なぜホイットマー大尉が脅すようなことを言ったのか、ようやくわかった。指揮官は常に最も重い責任を負っている。その真剣さを伝えようとしても、疲労とストレスのせいでうまく表現できないことがあるのだ。隊員たちはわたしの苛立ちを感じとったのだろう、口をつぐみ、わたしが計画を最後まで説明するのを黙って聞いていた。話が終わるとうなずいて、自分の班に説明しにいく。いま質問したり議論したりするのは間《ま》が悪いと分かっているのだ。それがありがたかった。

　自分たちの命を載せた乗り物がきりきりと回転しながら真っ逆さまに落ちていき、自分たちには全くなす術がなく、ただ振り落とされないようにしがみつくことしかできない。ミスが起きるのはこういう時だ。計画する時間も調査や復旧の時間もないまま、運命の手に——ひどい時はほかの人間の手に——命をゆだねることになる。指揮官として自分の判断の全責任を負うのと、誰かの判断の全責任を負わされるのとは違う。その重圧がのしかかってくる。わたしはハンヴィーに座り、しばらくしてクリストソンがエンジンをかけるまで、ひたすら地図をにらんでいた。

パトリックのいない第二班

　南下してアル・ヘイへ引き返すと、世界が一変していた。もちろん天気も変わり、どんよりと曇っていた空が今は真っ青に晴れわたっている。道路のそこかしこで住民が手を振り歓声をあげる。紫色や黄色のワンピースを着た少女たちが恥ずかしそうに微笑み、兄弟たちが道路の端を駆けてきてはハイタッチして親指を立てる。この前は固く閉ざされていた鎧戸や門があけ放たれ、通りの頭上では紐に干された洗濯物がそよ風にはためいている。町中を車が走り回っているが、どんなに警戒して目を凝らしても、脅威となるものは何ひとつ見あたらない。二日前に通った荒涼たる空き地は、半分がサッカー場、あと半分が露店市場と化している。

　不吉な予兆はすべて消え失せていた。歓迎の声を上げて群がるイラク人の間を通り抜ける時に欠けていたのは、空に舞う紙吹雪だけだった。われわれはこの時はじめて解放の意味を目の当たりにし、普通の生活から生まれる全き喜びの発露を感じた。この一五分はここしばらくのなかで最高の時間だった。

橋を渡ると北へ曲がり、一昨日《おととい》の夜に眺めた川沿いの道路を進む。道端は穴だらけで、電柱は妙な角度に傾き、電線が切れて地面を這っている――逃げようとする挺身隊にわれわれが砲弾を投下した結果だ。ムワファキヤのすぐ南で隊列が停止した。第一海兵連隊第三大隊がわれわれの前にいて、その心理作戦班が拡声器で町に降伏を呼びかける間、待機する。わたしは二人組の監視チームを作って両側方に立たせ、狙撃手にスコープで探査を開始させた。この地域はわれわれにとって災難以外の何物でもない。

各班が交替しながら監視し、メンテナンスをおこない、休憩をとる間に、ガニー・ウィンとわたしは隊員の状態を見て回った。わたしはパトリック三等軍曹がいなくなった第二班の様子を確かめたかった。第二班は各人の役割が一段繰り上がっている――レイエスが班長になり、ほかの隊員たちは、人数がひとり減った分、班全体の仕事の中でひとりひとりの分担が増えていた。レイエスはジャックスをMk19の後ろに立たせ、自分はハンヴィーの脇で四つん這いになって車体をこすっている。

「何をやってるんだ、ルディ？」

「ああ、隊長。車両についたパピーの血をこすり落としてるんですよ。気に悪いから」

「何に悪いって？」

「気――精神エネルギーです。人間がやることすべてに影響を及ぼす生命の力ですよ。あのおやじ、俺たちが運び出す前にいっぱい血が出てたんで、時間がある時にちょっときれいにしようと思って」

わたしはルディの隣に膝をつき、ＡＫ47の弾丸がハンヴィーの車枠に穿ったぎざぎざの穴に指を這わせた。弾丸は当たったところから上向きに貫通している。機関銃の弾丸が道路で跳ね返って火花を散らしていたのを思い出した。橋の手前で自分がくだしたとっさの判断が正しかったと分かって、ほっと胸をなでおろした。「弾は見つかったのか?」

ルディはにこりとしてベストのポケットへ手を伸ばす。「パピーのために、とってあるんです」光沢を放つ七・六二ミリの小銃弾をつまんで持ちあげる。ほぼ全く変形していない。不幸中の幸いだった。もしハンヴィーに当たってから潰れたりひしゃげたりしていたら、きれいに貫通せずにパトリック三等軍曹の肉をずたずたに引き裂いていただろう。わたしは弾丸を手に取ってみて――ずしりと重い――ルディに返した。

「神聖なる偶然の幾何学ってとこですね」

「うまい言い方だな」

「さっきエスペラと話してたんです。結果を変えるためにできることは色々あるけど、手に負えない場合もあるよなって」ルディは言って、小銃を撃つ真似をした。「男が走りながら、移動中のハンヴィーに連射する。当たるのと外れるのがあるのはなぜか。傷が浅い場合と大腿《だいたい》動脈をやられる場合があるのはなぜか。狙いやスキルは関係ないんです。そこで生死を分けるのは、ほんの数秒、ほんの数ミリの違い――神聖なる偶然の幾何学なんですよ」ルディは手の中の弾丸を見下ろした。「パピーは潮時だったんです。ここに来る前に、ソマリアにも行ったしアフガニスタンにも行ってますからね。そうそう長くは弾をよけ続けられませんよ」

「おまえとほかの隊員たちはどうなんだ、ルディ。必要なものがあればガニー・ウィンとわたしに知らせてくれ。おまえたちのいいように、やりくりするから」

「大丈夫ですよ、隊長。いいやつばかりだし、パピーがみんなをしっかり――自分がいなくてもやっていけるように鍛えてくれましたから。ただ、やつがここにいないのが信じられなくて。もう寂しくなっちまってるんです」

「わたしもだ」そろそろ引きあげようと立ちあがり、わたしは片手を差し出した。ルディがその手を握る。「これからはおまえが班長だ、レイエス三等軍曹。おまえなら大丈夫だ」

ムワファキヤでの待ち伏せ作戦

歩兵大隊は抵抗に遭うことなくムワファキヤの中を突き進んだ。外国から来た戦闘員や挺身隊はあっさり町から消えていた。歩兵大隊の後に続いて、われわれも川と平行する道を進んでいく。川に面した公園を凝った造りの石壁が囲み、道路に沿って広々とした歩道が延びている。通りに面して立ち並ぶ石造りの建物はシャッターの下りた商店で、イラクのこの地域がもっと栄えていた過去の面影が色濃く残されていた。ある日の午後を費やしてごみを片づけ壁を白く塗るだけで、この場所は見ちがえるように立派になっただろうが、そういう午後は一度も訪れなかったようだ。

「おい、ガニー、あそこを見ろよ」わたしが言った。右に流れる川の向こう、小さな橋のたもとに木立が見える――昨晩われわれが待ち伏せされた場所だ。木々も、建物も、橋も、わたしの記憶そのままだった。シリア人たちが道路へ引きずってきたくず鉄の山まで見えていた。その現場を敵陣の側から見るのは何とも妙な感じがする。

「あの機関銃はきっとここにあったんだな」わたしはそれを物語る真鍮の薬莢がどっさりあると思

って見まわしたが、何も見あたらなかった。川に面した建物は、最も激しくわれわれの——砲撃部隊、コブラ、戦車部隊の——攻撃を受けていた。瓦礫が通りに散乱し、そのあたりの街区一帯が砕けた煉瓦の山と化している。中には爆発で部屋の半分が崩れ落ち、かつて壁があったところに半分だけ無傷で残る部屋がむき出しになっている建物もある。部屋にはまだ家具が置かれ、壁には絵が掛かっていた。廃墟《はいきょ》からこちらをのぞき見る人々がちらりと目にとまる。

気の毒に思う気持ちは萎《な》えていた。住民たちが承知するか、少なくとも見て見ぬふりをしなければ、外国人戦闘員の小集団があそこでずっと待ち伏せできたはずはないと分かっていたからだ。とはいえ、そこには確実に子供も暮らしていて、その家を粉々に吹き飛ばしたのはわれわれだった。

「何本か向こうの通りにわれわれと並んで走ってる車がいる」ウィンが左側の、ムワファキヤの町の奥を指し示した。「こっちを下見してるみたいな走り方ですよ」

見ると一台の青いセダンが走っていて、わたしが見ているのと同じように、車のなかの連中もこちらをじっと見ている。次に建物が途切れた時も、平行する道をわれわれと同じ速度で走っていた。

「ヒットマン・ツー、アルファが前へ移動して武器の隠し場所を調べるから、その場に停止して先に行かせろ」中隊長の命令で青いセダンの監視を中断し、停止している間にA《アルファ》中隊が追い越していく。

われわれはハンドルを握る隊員と銃座に立つ銃手を残し、それ以外は全員が市街地の接近戦で格好の標的となるハンヴィーを離れた。わたしは小銃と無線機を手に、奥まった店の戸口に片膝をつき、通りの反対側の屋根や窓に目を走らせる。隊員たちは道路のあちこちで影に潜んでいる。班ごとに通りの向こうとこちらに交互に分かれ、向かいの班の頭上の窓や屋根を監視し合う。

瓦礫の中で身をかがめる隊員たちを見て、わたしはテト攻勢〔ベトナム戦争中の一九六八年、旧正月であるテトの期間中に米軍などに対して一斉に仕掛けられた奇襲攻撃〕におけるフエの戦いの写真を思い出した。あの戦争が今なおベトナム国民の意識に焼きついているとしたら、海兵隊はその二倍は強烈に意識している。

イラクで将校と参謀下士官が尻込みした時、海兵隊員たちはもう少しで自分のヘルメットのベルトにスペードのエースを挟むか〔ベトナム戦争中に米兵が士気を高めるためにおこなっていた行為〕、防弾チョッキに〝生まれながらの殺し屋〟や〝ジョージ・ブッシュの傭兵《ようへい》〟といったスローガンを書きかねない勢いだった。冗談まじりにイラク人を〝グック〟や〝チャーリー〟〔いずれもアジア人の蔑称。ベトナム戦争中は特にベトナム人の差別的な呼称〕と呼ぶのも耳にした。ベトナムで戦った海兵隊員たちが、いまでも海兵隊員の原型となっているのだ。

謎の青いセダン

「ヒットマン・ツー、無線の傍受によると、町で挺身隊が態勢を立て直し、自動車爆弾を使った自爆攻撃を仕掛けてこようとしている模様。情報はそれだけだ」

この中隊本部からの知らせは大ニュースだった。場所を特定した具体的な脅威について、大隊に同行している無線諜報班から警告を受けたのは今回がはじめてだ。無線諜報班ではアラビア語の分かる者がこの界隈のイラク人の無線通信を傍受している。わたしはその脅威を真剣にとらえ、各班に伝えた。隊員たちはその知らせを落ち着いて受け止めはしたものの、拳銃を握る手に力がはいり、路地や道路に忙しく目を走らせる。わたしの意識はさっき尾行のような動きをしていた車に引き戻された。晴れた午後にたちまち緊張が走る。嵐の前のような重苦しい空気が立ちこめる。こういう瞬間は後になって思い返してみてもモノクロの場面しか浮かばず、記憶そのものは鮮明なのにどこか影に覆われている。

車両に戻ってゆっくりと前進しながら、A《アルファ》中隊の最後尾を探す。もうすぐムワファキヤの北端というところで追いついた。ところがアルファの先頭車両は草深い公園の角で左へ曲がり、川からどんどん離れていく。町の奥へ入っていくのは妙な気がした。そのまま北へ直進すれば、徐々にまばらになっていく建物の隙間からかすかに覗《のぞ》いていた開けた土地へ出られるのに。わたしの小隊がその曲がり角に達すると、ホイットマー少佐が道路脇に駐車していたハンヴィーから跳び出してきた。

「ネイト、そのまままっすぐ行け。アルファは曲がるところを間違えたんだ。この先はおまえが大隊の先頭だ。二、三〇〇メートル前進して停止してろ。そうすれば事態を収拾できる」

大隊が隊列のもつれを解消しようとしているところへ前から車が突っこんでこないように、コルバートとエスペラが車両を横並びにしてバリケードを形成したまま前進する。公園の脇をうねうねと進んでいくと、低く並び立つ工場があり、その前をゆっくりと通り過ぎる。

「前方から車両。青いセダン。中に三、四人」コルバートの報告は簡潔で口調はそっけなく、小銃と双眼鏡と無線ハンドセットを操りながら、指揮官に報告し、部下に指示し、次の動きを考えているかのようだった。そんな芸当ができる者がいるとすれば、それこそブラッド・コルバートだ。コルバートは大隊の〝年間最優秀班長〟に選出されていて、わたしはこの男に全幅の信頼を置いている。

「了解。武力強化。そいつを通すな」そう言いながら、わたしは心のなかでこう言っていた。〝青いセダンだと？　くそっ、そうだと思ったんだ。くそっ、くそっ、くそっ。しかも大隊の先頭に移動したばかりだってのに。ようし、ブラッド、おまえは年間最優秀班長だ。うまくやってくれ、頼んだぞ〟

コルバートの無線連絡から五秒ほど経過した時、M２０３擲弾発射器《グレネードランチャー》で一発だけ撃つ音が鳴り響いた。警告のために色付きの発煙弾を車へ発射した音だ。それが目にもとまらぬ速さで飛んでいく。先頭のハンヴィー二台は道路で停止し、ゴーグルをつけた銃手たちが銃座で狙いを定めていた。

前方で短い連射の音がして、通りの建物に反響する。重機関銃の轟音が聞こえてくるとばかり思っていたのに軽い音だったので、最初はてっきり敵が撃ってきたのだと思った。青い車が道路を逸れて左の路肩に突っこむのを見て、撃ったのはこちらだと気がついた。ふたりの男がセダンから跳び出し、長衣をはためかせつつサンダル履きでぱたぱたと姿を消す。車が横滑りして停まり、ドアが開き、その男たちが通りを走っていくのが、流れるような一連の動きに見えた。わたしは一瞬、小隊が最小限の武力で車を止め、誰も傷つけずに大隊を守ったと思って歓喜した。だが、すぐに双眼鏡を車に向ける。

じっと動かない人影が運転席に座り、頭を背もたれにがくりと垂れていた。身につけている白い長衣に赤い染みが広がっている。

「あの銃撃は何だ？　何を撃ってるんだ？」無線で質問を投げてくるのが誰の声かは分からないが、襟の階級章がわたしより上の、隊列のずっと後ろのほうにいる誰かなのは間違いない。

「ヒットマン・ツーが、停まろうとしない車を撃っただけです。近づいて調査するので待機願います」トランクにＴＮＴ《トリニトロトルエン》爆弾が詰まっているのではと不安を抱えたまま、じりじりと車に近づいていく。あと一歩のところで無線が入り、その車を素通りしろと命じられた。大隊がこのままムワファキヤを脱出するから、道路をあと半キロ進んでまたバリケードを築けという。

わたしは通り過ぎながら運転席の男に目を凝らした。荒い息で苦しげにあえいでいる。少なくとも一発の弾丸が顔を貫通して頭頂部から抜けていた。神よ、われらを助けたまえ。わたしは祈った。あの男を助けたまえ。

ＢＢＣで初めて知るバグダッド包囲

日没の二時間前、見渡す限り広がる穀物畑に長い影が落ちる。これまでのところ、目にはいるのは自給農家の小さな畑ばかり。イラクというよりアメリカ中西部の景色に思える。ちらほらと見えるサイロや灌漑ホースがその印象を強めていた。町の外だと気が楽だ。視界がきくし、攻撃してくる者がいても、火力に勝るわれわれの前に姿をさらさなくてはならない。

わたしは短波ラジオをいじって調節し、ダッシュボードの上に置いた。ＢＢＣのニュースキャスターの声が、ハンヴィーのエンジンと吹き抜ける風の音に混じる。キャスターがガニー・ウィンとわたしに、われわれがここで何をしているかをロンドンから伝えていた。陸軍の第三歩兵師団がバグダッドを包囲し、サダム国際空港のそばで戦闘を繰り広げているらしい。海兵隊はアン・ナマニヤでチグリス川に架かる橋をおさえ、南東からバグダッドへの襲撃に備えているという。

「きっと第五連隊戦闘団《ＲＣＴ－５》と第七連隊戦闘団《ＲＣＴ－７》ですよ」ウィンがエンジン音に大声を被せる。「われわれが先頭だったのに、なんで後ろになったんですかね？」

「あっちが西を回って何もない砂漠を進んでる間、俺たちはイラク中部の厄介な小さい町を全部通って戦ってきたからな」わたしは言った。「ほかのやつらが先に行って、共和国防衛隊を叩きのめしといてくれるのが気に入らないのか？」

ウィンが笑う。「いや。ただ、なんでこんなについてるのかと思ってたんですよ。運に恵まれるたびに、何か悪いことが起きてプラマイゼロになるんでね」

ニュースと公式情報と自分の目で見たことをつなぎ合わせると、大抵自分たちが全体図のどこに当てはまるかが分かる。陸軍と海兵隊は数日中に、二段構えでバグダッドへの攻撃を開始するだろう。師団のほかの部隊がアン・ナマニヤでチグリス川を渡る間に、われわれはアル・クートに攻めこんで、そこに本拠を置く共和国防衛隊の機甲師団を足止めし、バグダッドへ向かう部隊を側方や後方から攻撃できないようにする。

アル・クートはイラク指折りの大都市だ。本当にそんな大きな街に攻めこむなんて信じられない気がするが、わたしはこの二週間で危険に対する見方を変える術を身につけていた。たしかに、正気の沙汰《さた》とは思えない。だがたしかに、うまくやれる可能性はある。

この戦争は自分が思っているより危険かもしれない

田園地帯はあまりにも牧歌的で、夕暮れはあまりにも美しく、ほんの少しだけ戦争の気配は薄れ、わたしは温かい食事と清潔なベッドが目的地で待っているのを夢想しはじめた。だが、泥の地面と冷たい戦闘糧食《MRE》しかないのは分かっている。

夕闇が迫る頃、前方の地平線が爆撃の閃光で明滅しはじめた。それを見ても、わたしの中では正常性バイアスが強くなるばかりで、あたかもそれが米軍攻撃機によるアル・ヘイの共和国防衛隊陣地への爆撃ではなく、カンザス州の空を覆う夏の雷雨であるかのような感覚にとらわれる。日がとっぷり暮れてからも、一時間は走り続けた。街が近くなるにつれ、閃光の下で炸裂する爆撃も見えてくる。その低いとどろきが野原を渡り、けたたましいディーゼルのエンジン音を押しのけて耳に届いていた。

道路を降りたハンヴィーは深い泥の中を懸命に進み、タイヤがべたつく土をいたるところに撥《は》ね散らす。わたしは滑ったりよろけたりしながら小隊の車両の間を歩き回り、大隊の防御線の小さな一画を占める持ち場に重機関銃を配置した。

夜は漆黒の闇に包まれ、防御線を歩いていても暗視ゴーグルなしでは隣の車両すら見えない。隊員たちの疲れがたまっているうえに、翌朝は日の出と同時に出発する予定なので、わたしは壕を掘らなくていいと指示すべきか迷った。この泥地なら、砲弾の破片が飛んできても、巨大な灰色のスポンジのように吸収してくれるだろう。けれども、カラト・スッカルの近くで砲撃に見舞われた恐怖を思い出して考え直し、それからの四五分を費やして粘土状の湿った土に〝墓穴〟を掘った。フェランド中佐の言っていたことは正しい。戦闘は容赦なく、運に頼んで神に祈ったところで、全力を尽くす努力には遠く及ばない。

わたしは疲労から不眠症に陥っていたため、みんなが眠っている間に無線番をする役を買って出た。あちこちの寝袋からいびきが上がるなか、助手席に腰を下ろし、暗闇をじっと見つめて故郷に思いを馳せる。いま、家族はどうしているだろう。アメリカの東海岸は二〇〇三年四月二日、水曜日の昼過ぎだ。妹たちは学校にいる。両親は仕事中だ。わたしを心配しているだろうか？　そうでないといいのだが。いついかなる時も、わたしは自分にどの程度の危険があるか分かっている。ほとんどの場合はあまり危険を感じない。だが、家族は最悪の事態を想定せざるをえないし、確かな情報がなければ想像は膨らむ一方だ。元気だと伝えて安心させてやれればどんなにいいか。

ハンヴィーの汚れたフロントガラス越しに、遠くで照明弾が何発も上がるのが見えたが、撃ったのが敵か味方かは分からない。どれもパラシュートに揺られて三〇秒間あかあかと燃え、建物やヤシの木々を逆光に浮かび上がらせる。その地域にイラクの戦車がいるとの無線警告があり、暗闇のどこかで機銃掃射の音が響く。

夜に無線番をしていると、いつも哲学的なことを考えたくなる。この戦争はわたしが思っているより危険なのだろうか。もしかしたら、家族が心配するのはもっともなのかもしれない。もしかしたら、安全に対する感覚がゆがんでしまったのかもしれない。その考えを裏づけるかのように、近くで一発の砲弾が激しく炸裂する。いきなりのまぶしい光で夜間視力を奪われないように、わたしは顔をそむけて炎が消えるのを待った。無線で銃撃の音を何時間か聞いたあと、ガニー・ウィンを起こし、途切れ途切れに眠るうちに夜が明ける。

すべては陽動作戦だった

「ものすごいな。うわっ、あいつらほんとに街を猛攻撃してるぞ」コルバート三等軍曹が言った。小隊の半分がコルバートのブルーフォース・トラッカーに群がり、数キロ北で戦闘が展開する様子を見守る。画面では海兵隊の車両を表すアイコンがアル・クートへはいる橋に集まっていて、その銃撃音がわれわれの耳にも聞こえてきた。主力の軽装甲車《LAV》部隊が二五ミリ砲を次々に放ち、チェーンガンで掃射する。その軽めの音に時折混じる爆発音は、戦車の主砲だ。いよいよ街へ突入かと思っていたら、いきなり部隊は橋から後退しはじめた。国道を南へ走ってきて、われわれには目もくれずに通り過ぎていく。部隊の姿が視界から消えたあとも地図画面でアイコンを見ていると、そのままのスピードで南へ走りつづけて画面の外へ出ていった。

「ヒットマン・ツー、一〇分後に移動開始だ。準備しろ」のぞき見を中隊長に邪魔されたわれわれは、装備をハンヴィーに投げこんだり、オイルを補充したり、フロントガラスを洗ったり、機関銃に油を差したりしはじめる。そこへ中隊長が説明にやってきた。

「アル・クートを攻撃していたのはRCT-1だ。橋の上まで行って、盛大なショーを披露したというわけだ。RCT-5とRCT-7は、もうチグリス川の北へ渡ってバグダッドへ向かっている。われわれは今すぐ発って来た道を南へ戻るが、いずれはぐるっと回ってアン・ナマニヤでチグリス川を渡ることになる」

わたしは耳を疑った。「つまり、何もかも見せかけだったということですか？　われわれがカラト・スッカルを出てからやってきたことは全部、アル・クートで陽動作戦を展開するためだったと？」

中隊長はうなずいた。「そのようだな」

騙されたと思ったわけではない。主攻撃に必ず助攻撃が必要なのは分かっているし、われわれも充分長く主攻撃に関わってきた。ただ、二一世紀にもなって、まだ陽動作戦というのが橋まで行って街に突撃するふりをすることだというのが、何ともおかしな感じがした。RCT-5にいる友人たちを頭に浮かべ、われわれの尽力に感謝してもらいたいものだと思った。

泥地をぐるりと回って国道に乗る。南へ向かうのは拍子抜けするような気分だ。これまでは一キロ進むたびにバグダッドへ、勝利へ、終戦へ、故郷へ近づいていた。南へ戻るのは気が滅入る。わたしは警戒を怠らないよう必死で努めた。待ち伏せは数分あれば仕掛けられるし、前日に通った場所とはいえ、その事実が意味をなすのは自分たちの頭の中だけだ。

道路は避難する人々で溢れていた。何千人もいる。子供を連れた若い夫婦、黒い服を着た老女、われわれと同年代の男たちが、ためらいの混じる目でこちらを見る。水のボトルや服の束やパンの袋を抱え、支え合いながらとぼとぼと南へ歩いていく。その人たちを追い越しながら二時間走った。わたしは腹が減っていたが、生活の全部がレジ袋に入れて運べるだけになってしまった人たちの前で食べるのは気が引けた。われわれ自身、充分な食糧があるとはいえない。この一週間は一日一食しか食べていない隊員たちが、避難するイラク人たちに自分のＭＲＥを分け与えている。それを止める気にはなれなかった。

一番大変なのは子供たちだ。赤ん坊は抱っこできるし、大人は自分で何とかできるが、五、六歳の子供は親の隣を歩かされる。もたついている子もいれば、泣いている子もいる。だが、みんな南へ歩き続けていた。爆撃から遠ざかるために。来《きた》るべき戦闘から遠ざかるために。

朝までに二〇〇キロを踏破

われわれは国道の脇に停止して命令を待った。午後四時、〝ただちに出発してチグリス川に架かるアン・ナマニヤの橋まで行け。朝までに到着しろ〟との命令を受けた。ガニー・ウィンとわたしはボンネットに地図を広げる。何枚も何枚も地図をつなげる。わたしは口笛を鳴らした。

「おいおい、二〇〇キロ近くあるじゃないか。南下してアル・ヘイを抜けてカラト・スッカルまで戻ってから、西へ曲がってアファクを通り、延々とチグリス川まで走らないといけない。どう思う？」

「もたもたしてないで走ったほうがいいと思いますよ」

ずっとハンヴィーの運転台で生活し、無線で話し、移動しながら食事をしていると、時々長距離トラックのドライバーになった気がする。足元に置いた二リットルの水のボトルには、ＭＲＥのインスタントコーヒー六パック、クリーム六個、ココアパウダー一袋、砕いたカフェイン錠剤を二錠分混ぜてある。ゆっくり飲むよう気をつけないと、真夜中までに絶好調の波を越えてぶっ倒れてしまう。

日が暮れる頃にはすでにアル・ヘイを過ぎ、はるか昔に思える三日前の夜にイラクの砲撃をまともに食らいそうになった、あの交差点のそばも通り過ぎていた。西へ曲がって国道一七号線に乗り、薄れゆく日の光を浴びながら砕石舗装の細い道路をひた走る。猛スピードのまま小高く連なる丘を越え、国道から奥まったところに立つ農家の家々を横目に通り過ぎていく。煌々《こうこう》と明かりの灯る家もあり、またしてもわたしは平和な田園風景に胸を打たれた。この夕暮れをビデオで撮影していたら、アメリカ南西部に数えきれないほどある貧しい農家の町と同じように見えたことだろう。

アファクを何事もなく通り抜け、北へ折れて国道一号線に出た。六車線の舗装道路はナシリヤの南で通って以来の夢の道路だ。六車線の道路は国道八号線を渡ったのが最後で、あとはＲＣＴ－１と共に国道七号線を北上してきた。陸軍とほかのＲＣＴはずっと国道一号線を通り、イラクの人口密集地の西を回ってすいすいとバグダッドへ向かっていったのだ。

今更ながら、われわれはごったがえす交通の波に加わった。国道は種々雑多な車で混雑している――ハンヴィー、パトリオットミサイル〔広域防空用の地対空誘導ミサイル〕部隊の車列、戦車を運ぶトラック、轟音を響かせて自走する戦車。そういった侵入者らのために燃料を運ぶ業者のタンクローリーも数えきれないほど走っていた。南向きの反対車線では空《から》のトラックがうなりを上げて、新たな荷物を積みにクウェートへ走り去る。あらゆる物資を運ぶ物流の大波を目の当たりにして、これまでずいぶん孤独に感じながら、この圧倒的な後方支援の大軍から離れたところで過ごしてきた夜のことを思った。その波に合流すると、数の力で安全な気がするだけとはいえ、ほっと気持ちが安らいだ。

膝の上に折り重ねた地図で進路をたどっていたわたしは、小隊を誘導して国道二七号線に通じるランプを降り、アン・ナマニヤまでの最後の数キロを進み続ける。到着したのは真夜中と夜明けの間の静まり返った時間帯で、朝になると、橋を渡るために並んでいた海兵隊員たちの列に加わった。ハンヴィーの横で寝ると戦車に轢かれるかもしれないと思い、わたしはハンヴィーの下に潜りこんだ。目を閉じはしたものの、どうにも眠れそうにない。

これが自分の家なら階段を下りてテレビを観ているところだが、ハンヴィーの下では鼻先数センチのところにあるオイルパンを見つめることしかできない。わたしが海兵隊に入隊すると話した時に、台所のカウンターに寄りかかっていた父の姿が目に浮かんだ。コロナドのホテルの部屋で別れを告げた時に、毛布を被ってすすり泣いていたガールフレンドの姿。粉々に砕けたフロントガラス。血の飛び散った舗装道路。そしてあの、雑音のひどい録音で執拗《しつよう》に繰り返される声――〝戦《いくさ》で除隊はありゃしない〟。

散乱した戦いの痕跡

　夜が明けると飽くなき前進を再開し、われわれはメソポタミアの偉大なる第二の川を渡った。橋の下ではチグリス川が朝日にきらめいている。釣り人が小舟に乗って浅瀬に棹《さお》さし、川岸では大勢の人が水浴びをしたり水を汲《く》んだりしていた。子供たちが黒焦げのソ連製戦車の上から手を振る。大砲によじ登り、遊具の馬か何かのように砲身にまたがって、歓声を上げている子供もいた。どこもかしこも軍事装備だらけだ。ここから先の一五〇キロ、バグダッドの門にいたるまでずっと、すべてのヤシの木立にはイラクの装甲車が、すべての空き地には砲列が、すべての路地には高射砲や地対空ミサイル発射器が隠れていた。しかし、われわれは一発も撃たなかった。恐ろしげな兵器はひとつ残らず黒焦げの残骸と化している——米軍の圧倒的な空軍力の結果だった。

　師団が前の日にそこを突破していった戦いの痕跡が、いたるところに残されている。われわれが通り過ぎた一台のハンヴィーは、フロントガラスが弾丸で蜂の巣になっていた。米兵の寝袋と背嚢が道路に散乱していて、持ち主はどうなったのかと気にかかる。舗道そのものも、あちこちに迫撃砲攻撃による穴が穿たれ、裂け目が放射状に広がっていた。国道をどこまで行っても建物や下生えがくすぶっている。煙が空気に厚く立ちこめ、ディーゼルの燃える匂いには時として、もっと甘い肉の焼ける匂いが混じる。黒焦げになって打ち捨てられた一台のエイブラムス戦車をウィンとわたしはじっと見た。

「ああいうのは破壊できないと思ってたよ」わたしが言う。「敵のやつら、一体どうやってエイブラムスを仕留めたんだ？」

ウィンは頭《かぶり》を振った。「さあね。でも、やったやつが誰であれ、もう死んでることを祈りましょう」

「気をつけろ」わたしは路上の物体を指差した。不発弾だと思ったのだ。だがよく見ると、それはうっすらと焦げて静かに空を見あげる人間の頭だった。体のほうは、少し離れたところで犬たちが食いちぎっている。

ウィンとわたしは一瞬ぎょっとして言葉を失ったが、そのあとは笑うしかなかった。「信じられないですよね、ここは」ウィンが言った。「道路に頭ですよ。犬が体を食らってる。俺たちの国じゃあビーチに煙草の吸い殻が落ちてても、みんな文句を言ってるってのに」

夢の中で命令を出していた

われわれは夕暮れの中を走り、夜になってから道路の端に停止した。ＧＰＳが現在地を告げていたが、それよりもまわりに何があるかのほうが重要だ。小さな円陣の外の野原やヤシの木立の中に何があるのか、教えてくれるものは何もない。あまりにも速く進んできたので、敵陣との境界となる前線はもうなくなっていた。敵と味方がすっかり入り混じっている。わたしは三日間で三時間しか眠っていなかった。

「ガニー、俺は頭がまともに働いてない。二時間ほど寝かせてくれ」わたしは言った。今や睡眠は心地よいものでも何でもなく、車にガソリンを入れるのと同じで、ただ機能するために必要なものになっていた。

左のほうでは五階建ての工場が暗闇の中で燃えている。炎が空高く上がる。ぱちぱちとではなく、まわりの空気から酸素を吸いこみながらごうごうと燃え立っていた。わたしはポンチョライナーにくるまって、フロントタイヤのそばの砂利に横たわり、ちらちらと揺れる明かりから目を覆った。最悪な眠りだった。夢を見ては記憶をさまよい、突然ぎくりと跳び起きるという地獄のなかを、ふわふわと浮遊する。小隊へのブリーフィング。火の玉。荒い呼吸。撃て。青い車。近くの戦車。そして燃えさかり、雄叫《おたけ》びをあげ、ヤシの木々に影を投げかける火。

クリストソンがわたしを揺り起こした。「三時間経ちましたよ、隊長。巡察隊が戻ってくるところです」

わたしは体を起こして頭をこすり、髪についた砂利を振り落とした。「巡察って?」

「第三班です。あの戦車を確認しにいったんです」

「一体何の話をしてるんだ?」

すぐそこの、小隊最後尾のハンヴィーのそばにいるラヴェル三等軍曹とドク・ブライアンが、暗闇の中で穏やかに悪態をついている。ふたりを囲んで第三班の隊員たちが地べたに座り、ぐっしょり濡れて泥だらけのブーツとズボンを脱いでいた。まるで腰まで水に浸《つ》かって歩いてきたかのようだ。

スタイントーフがわたしを見て言った。「あれはきっと、あそこに一〇年はほっぽらかされてますね。あの沼じゃあ、走らせたくたって抜け出せませんよ」

徐々に分かってきた。夢だと思っていたものの中に、夢ではないものがあったのだ。小隊外の先任下士官である中隊作戦主任がわたしのところへやってきて、近くのヤシの木立にイラク軍の戦車が見つかったからラヴェル班を調べにいかせてほしいと言った。わたしはラヴェル三等軍曹を脇へ引っぱっていって、何があったかを尋ねた。

「作戦主任が来て、あっちの木立の中にある戦車を見てこいと言ったんです。だから、もう師団の半分は通り過ぎてるし、隊長とガニー・ウィンの命令でないと従わないと言ってやりました」

話が見えてきて、わたしはうなずいた。

「そしたら主任はいなくなって、二分後に戻ってきたんです。隊長と話をして承諾を得たと言って。で、われわれは車両に乗って、見にいってきたわけです」

わたしは知らない間に自分で命令を出していたのだ。「ラヴェル三等軍曹、作戦主任は来たが、わたしは朦朧《もうろう》としていて、夢だと思ったんだ。すまなかった」

ハンヴィーへ戻り、無線のそばに座っていたガニー・ウィンに向かって言った。「マイク、俺は正気を失いかけてる。頭がおかしくなってきた」

32 「焼き尽くせ。手加減するな。思い知らせてやれ」

「レジェンド」の殉職

従軍牧師の声が物憂げに話し続けていたが、わたしは耳を傾けてはいなかった。地面に銃口から突き立てられたM４と、それを挟むように置かれた一足の汚れたコンバットブーツに気を取られていた。〝ホースヘッド〟が死んだ。その日、第五海兵連隊が銃撃戦に突入する前は、ジョークを飛ばしていたという。ホースヘッドは負傷し、それが重傷で、後送されたという話もあるが、詳しいことは分からない。だが、殺されたはずはない。先任曹長は戦闘で死んだりしない。伍長や中尉ならいざ知らず。それに、スミスというのはよくある名前だ。海兵隊にスミスと名のつく者はきっと何百人もいるし、スミス先任曹長と呼ばれる者も山ほどいるはずだ。しかし、間違いではなかった。エドワード・スミス先任曹長、〝ホースヘッド〟の愛称で呼ばれる男、今回の歩兵部隊での勤務が終われば退役するはずだったリーコンのレジェンドが、死んだのだ。

夕暮れの追悼式はバグダッド南東の郊外にある野原で執りおこなわれ、わたしは大勢のリーコン隊員らと共に参列した。まわりには、第一海兵師団の戦闘部隊がすべて集結している。いたるところで隊員たちが地面に寝そべり、睡眠をとっていた。中にはハンヴィーでレンチを締めたり、武器を掃除したり、四隅を煉瓦でおさえた大きな地図に群がったりしている者たちもいる。クウェートを出て以来、師団が勢ぞろいしたことは一度もなかった。これまで三週間近く、個々の部隊が細く流れる小川のようにイラク国内を移動してきて、いま師団全体がここで湖と化し、敵の首都に洪水のごとく押し寄せようとしている。これは停止ではなく小休止だ。バグダッドの光塔《ミナレット》が、遠くのヤシの木々の上にそびえ立っていた。

わたしたちは順番に哀悼の言葉を述べ、ホースヘッドが海兵隊員として、夫として、父親として、人として、いかにすばらしい男だったかを語った。うつむいて黙禱《もくとう》し、歌を歌ったが、何の歌だったかは思い出せない。わたしはブーツをじっと見つめていた。われわれは朝、目を覚ましてブーツを履く。靴紐を通して結ぶ。夜にはそのブーツを脱ぐつもりで。ホースヘッドはその日、もうブーツを履くことはないと知らずに一日を過ごした。もしかしたら、わたしももうブーツを履くことはないのかもしれない。追悼式が終わり、ゆっくりと歩いて小隊へ戻りながら、暗闇の中にひとりでいられる時間に感謝した。曳光弾のぼやけた光の筋が何本も空に昇ったが、音は遠すぎて聞こえなかった。

バアクーバへの侵攻作戦

翌日、四月八日の午後、フェランド中佐が大隊の将校を本部に呼び集めて任務のブリーフィングをおこなった。われわれは午前中、BBCを聴きながら、バグダッドから煙の柱が次々に昇るのを見て過ごしていた。陸軍はすでに、サダム国際空港から街の中心部へ一気に攻めこむ大胆な〝電撃戦術《サンダー・ラン》〟を始動していたが、抵抗は予想したほどではなかったようだ。海兵隊は独自に攻撃を開始すべく、ディヤラ川を渡って南東から街へ突入する準備をしているという。そのニュース報道は現実とは思えなかった。まさかそこまでいくことはないだろうという思いがあったのだ。米軍の戦車が中東屈指の大都市に進入するなど、思いもよらないことだった。

クウェートでマティス将軍が、最後の都市襲撃ではリーコンを徒歩の突撃部隊として使うと話していた時、わたしは笑っていた。その時は〝どうせ上等兵向けのおおげさな話だろう〟と思っていた。〝そんなことあるはずがない〟と。それが今、現実になろうとしている。この戦争のクライマックスで自分たちが果たす役割をよく聞くために、わたしは身を乗り出した。

「諸君、ほとんどの者は知っていると思うが、バグダッドへの攻撃が開始されている」フェランド中佐が言う。米軍によるイラクの首都掌握についてフェランド中佐が詳しく説明するのを聞きながら、わたしは中佐の軍服に目を見張った。アイロンがかかっているように見える。さっぱりと髭を剃った中佐の顔は日差しに輝き、髪はきれいにとかしつけられている。それにひきかえ、わたしはまるで橋の下の段ボール箱から直接このミーティングにやってきたかのようだ。汗と垢《あか》が何日ぶんも染みこんだ軍服はごわごわしている。指の爪は黒ずみ、足の爪先は靴下の中でびちゃびちゃと音をたてているのが分かる。夜は寝袋から頭を出して寝ていた。自分の体が臭すぎて耐えられなかったからだ。

師団がディヤラ川を渡って街を襲撃する話については、中佐もそう明言した。ただ、マティス将軍が懸念している重要な問題があるという。共和国防衛隊アル・ニダ師団の第四一機甲旅団が、バグダッドの北東わずか五〇キロに位置するバアクーバを本拠地としている。その基地から戦車部隊が出動すれば、一時間たらずで第一海兵師団を側方から攻撃できる。そこで、われわれの大隊の出番というわけだ。

ホイットマー少佐が任務指令書を読みあげる。「協定世界時一四時〇〇分《ヒトヨンマルマルZ》、第一偵察大隊はバアクーバへ北進、敵の位置と部隊を特定し、師団の展開を支援する。臨機目標〔計画にはないが臨機に出現し、適切な攻撃対象となる目標〕との交戦に備えろ。北距〇〇《ゼロ・ゼロ》で軽装甲偵察《LAR》中隊と合流し、そのまま北距三〇まで進攻」

フェランド中佐とホイットマー少佐はブリーフィングを続けたが、主に中隊長たちに向けた話だったので、わたしはその間に自分の地図をじっくり調べた。北距〇〇は地図で見ると一本の線で表されていて、現在地から北へおよそ二五キロの距離だった。つまり、援護なしで二五キロ走行してからLAR中隊と合流することになる。この中隊のコールサインは〝ウォー・ピッグ〟だ。進攻する米軍の最北端で道路をまたいで配置についているが、偶然そこが北距〇〇の線上に位置していた。われわれはそこで合流したあと、さらに三〇キロ北上してバアクーバの町へ攻めこむ。地図では幹線道路が町の南で二股に分岐していた。左の道は西へ逸れて、バアクーバの西側を流れる川と平行して走る。右の道はそのまま町の東側をまっすぐ北へ進む。

このあと数か月にわたって、この町は〝スンニ・トライアングル〟と呼ばれる地域の一角を占めることになるわけだが、その呼び名が意味するのはロケットランチャー《RPG》を携えたゲリラと爆破された米軍のハンヴィーだ〔スンニ・トライアングルはサダム・フセインの支持基盤だったバグダッド北西の三角形の地域で、スンニ派イスラム教徒が多く、反米ゲリラの拠点だった〕。だが、二〇〇三年四月八日の時点ではまだバグダッドの北の小さな町でしかなく、そこに本拠を構える共和国防衛隊の前哨部隊は米軍の地上部隊に攻撃の矛先を向けられる感覚を味わったことがなかった。それを第一偵察大隊が変えようとしている。

大切なのは決まりきった〝戦闘準備〟

協定世界時一四時〇〇分《ヒトヨンマルマルZ》は現地時間の午後五時、日没まであと二、三時間となるころだ。わたしは小隊を一時間早く並ばせ、師団の本営から外へ出る砂利道で待機させた。どんな任務であろうと成功させるには決まりきった〝戦闘準備〟の時間が大切なので、ばたばたとあわてるのはいやだった。それに、スタートを切る準備をしている時のわくわくする感じを楽しむようにもなっていた。

ガニー・ウィンとわたしは車両の列を歩き回る。ドク・ブライアンは夜を乗り切るために濃いコーヒーを用意し、スタイントーフは五〇口径重機関銃の可動部品をあとで掃除できるように、槓桿《チャージングハンドル》を引いている。隊員の多くは丈がふくらはぎまであるデジタル柄の砂漠用マントを着ていた。これは第一次湾岸戦争の残り物だったが、砂埃からしっかり守ってくれるうえ、暗視ゴーグルをつけた敵が見つけるのはほぼ不可能というメリットもある。コルバートのハンヴィーまで来たわたしは身をかがめ、あいた窓越しに声をかけた。

「先頭のおまえに確認だ。進路を言ってみてくれ」

「この本営を出たら、五号線と平行する舗装道路を北へ走ります。その区間は先に通った部隊がいるんで、タイヤの跡をたどっていくだけです。北距〇〇でLARと合流して、あっちが前を走る。わたしはリーコンの先頭車両としてその後に続く。そのまま北へ走り続けて、あとはその時しだいです」

「上出来だ。たまにはまともな火力部隊と行動を共にするのもいいもんだよな」

互いの頭を同じ考えがよぎったのがわかったが、わたしはそれを――〝なぜたまにしか火力部隊と行動を共にしないんだろうな〟とは――口にせずに、向きを変えて自分のハンヴィーへ戻った。

道路の向こう側で、師団本部の隊員たちが小さな茂みに腰を下ろし、戦闘糧食《MRE》を食べていた。われわれの出発準備を見ながら、羨望と安堵の入り混じった表情を浮かべている。ここで安全にぬくぬくと寝袋に入っていられる隊員たちだが、それが分かっていても、わたしの小隊の連中は間違いなく彼らのことを気の毒に思うことだろう。

わたしは今夜使う地図を折り畳み、アクリル樹脂《プレキシガラス》の地図ケースに入れた。大きさが約六〇センチ四方あって三、四〇キロの道路をひと目で見られるし、風で地図を飛ばされることもない。擲弾の弾帯は頭上の日除けに吊るしてあるので、すばやくM203に装填できる。ふたつのGPS受信器は同じ位置情報が表示されることを慎重に確かめてあり、曳光弾ばかりを装填した小銃の弾倉の山と一緒にセンターコンソールの上に置いた。座席の前のフロントガラスの内側には、砲撃支援と航空支援の要請手順を書いたラミネート加工のカード二枚を差してある。切羽詰まってごく単純なことでも思い出せないというのは誰にでもあることなので、必要に備えてカンニングペーパーがあれば安心だ。加えて、赤いレンズの懐中電灯、手榴弾、暗視ゴーグル、発煙弾、色付きの照明弾、点滴バッグ、人道支援糧食《ヒュームラット》、狙撃銃、無線機四台も積んである。これだけの荷物となると、今夜はハンヴィーが窮屈になりそうだ。

この数週間で学んだ危険の兆候を探す

時間きっかりにエンジンをかけ、ゆっくりと本営の外へ走りだす。道路に出ると別世界が広がっていた。通りは大勢のイラク人で騒然としている。われわれに注意を向ける者はほとんどいない。動かせるものを手当たりしだい盗んでいくのに大忙しだ。くず鉄を引くロバを子供たちが追い立てる。自転車に乗った男が泥除《どろよ》けに積んだ木のテーブルをぐらつかせながら、よろよろと通りすぎていく。その後ろを歩く老女は片手にプラスチックの水差しを持ち、銅線をぐるぐる巻いた大きな輪をもう片方の手で引きずっている。

われわれはその人混みを縫うように走りながら、銃は人に配慮して上に向けつつも、この数週間で学んだ危険の兆候に目を光らせる。値踏みするような冷やかな視線を向ける者、何度も見かける車、無線や携帯電話で話す者を探す。間もなくバグダッドの郊外を抜けて農業地帯へ出ると、影が長く伸び、空が灰色に変わるなかを、さらに北へ急いだ。

撃破されたイラクの戦車や人員輸送装甲車両を何十台も横目に見る。道路脇の防壁の中に放置されたものもあれば、路肩に駐車されたものもあった。砂色の塗装は火で黒焦げになり、ハッチは圧力で吹き飛ばされてぽっかり口をあけている。もっと北へ行ってもこの破壊の痕跡が続くことをわたしは祈った。

北距〇〇が近づき、〝ウォー・ピッグ〟に無線で連絡する。その中隊のずんぐりとした軽装甲車《LAV》は道路の西側に輪状に並んで防御態勢をとっていた。輪になって夜営していた昔の幌《ほろ》馬車隊の二一世紀版だ。LAVは輪の内側に背中を向けて駐車し、輪の外側にはぐるりと銃が突き出されている。

われわれが道路脇に停車して待っていると、その輪がほどけ、うなりを上げながらゆっくりと舗装道路に登り、隊列の先頭の位置についた。一〇台あまりのLAVがジグザグの隊列に並び、銃を左右に動かしながら前進を開始する。最後尾のLAVの後にコルバートが続き、間隔をあけずに小隊がついていく。後ろには第一偵察大隊の長い列が南へ延びていた。火力部隊に同行する安心感と共に、われわれはイラクのその地域にはじめて足を踏み入れる米軍部隊として闇の中を加速していった。

見えない敵兵

わたしは通過地点をアルコールマーカーで地図に記した。北距〇五を何事もなく通り過ぎ、北距一〇も通過する。未知の領域に入ってからの一〇キロは何の問題もなく走ってこられた。あと二〇キロの暗闇がわれわれとバアクーバの間に横たわっている。マーカーで地図の北距一四の横に小さなチェックマークをつけた時、チェーンガンのすさまじい音が鳴り響いた。

一斉に全車両に警告が出される。〝ウォー・ピッグが接敵。道路両脇に武装した歩兵〟

前方の道路は右へカーブし、ＬＡＶの隊列全体がゆるやかな曲線を描いて延びている。その道路から赤い曳光弾がたてつづけに発射された。ブッシュマスター砲がチェーンガンより重く長い音をとどろかせる。まだこちらから撃つばかりで、敵からは何も撃ってこない。わたしは暗視ゴーグルをつけて、小隊の側方に目を走らせた。左側は平地が広がっているが、右側は真横に、道路から一〇〇メートル離れて三、四軒の小さな建物が集まっている。動きは何ひとつない。

ほかの隊員たちには何か見えるかもしれないと思い、各班に連絡する。「ヒットマン・ツー全班。わたしからは目標が見えないが、何か見えるか？」

「ツーワン、探してますが、何も見えません」

「ツーツー、何もありません」

「ツースリー、なしです」

前方で、曳光弾の光の筋が、平地から道路へ向かって弧を描いた。ゆらゆら揺れる曳光弾があちこちに飛び交い、まるで光の祭典だ。危険のなさそうな、美しいと言っていいほどの光景だった。LARは撃つのをやめているが、道路の外には敵がいて、攻撃してこようとしている。すぐに無線報告が入った。少なくとも敵の小隊が二個、AKやRPGで武装して道路沿いの水路に隠れているという。それをウォー・ピッグが熱照準器《サーマル・サイト》で狙って猛攻撃を開始した。水路の中で毛布をかぶって体を隠すことはできても、体が発する熱は隠せない。

われわれの真横に集まる建物の外壁でレーザーの光が躍る。小隊の隊員たちが窓やドアに狙いを定めているが、動きを待って、まだ誰も発砲していない。前方の銃撃はますます激しくなり、交錯する曳光弾がまぶしすぎて、ゴーグルをつけたわたしの視界が時々真っ白になる。後方では五〇口径の機関銃が轟音を上げて掃射をはじめ、続いてMk19がずどんずどんと鳴り響く。それが何を狙って撃っているのか見えないわれわれは、自分たちの場所で標的を探し続けた。だがまだ何も見つからない。

銃撃の音が大きすぎて、ガニー・ウィンとわたしはハンヴィーの運転台の中でも大声でないと話ができなかった。

「敵はこっちの弱点を探ってる」わたしが叫ぶ。ウィンは同意してうなずき、言葉をつけ足した。

「われわれがその弱点です」

足止めされ弱点を狙われた

銃撃戦はひとつのパターンをとりはじめていた。まず敵の銃手が撃ってくる。するとこちらが応戦し、その銃手に何百発も浴びせかける。そのたびに銃撃の音があまりに大きく頻繁に上がるため、個々の銃声や砲声が混ざり合い、ひとつづきの咆哮となって響きわたる。われわれにはまだ近くに何も標的が見えず、目を凝らしながら待つことしかできない。無数の弾が飛び交う真ん中で、われわれは台風の目のようにじっとしていた。

暗視ゴーグルのざらざらした緑の視界がぱっと明るくなったと思ったら、煙と砂がもうもうと広がった。迫撃砲だ。着弾したのは道路の西、われわれの左側。わたしはガニー・ウィンを見た。

「今の見たか?」

「ええ。でかいやつでした。八二ミリはあった」ウィンが医者の診断さながらに冷静な声で言う。

「次のがどこに落ちるか見てみよう」わたしは収まる気配のない銃撃戦の音に負けじと声を張りあげた。「そろそろ隊列の移動を再開させたほうがいいんじゃないかな」

次の迫撃砲は道路の右側に着弾した。その次はまた左、だがさっきより近い。敵は夾叉法《きょうさ》〔目標を挟む形で着弾地点を修正する方法〕で砲撃し、徐々に着弾地点を近づけてわれわれに命中させようとしている。もはや愚かな戦術などではない——これは諸兵連合部隊による伏撃だ。われわれを歩兵部隊で足止めしたうえで、狙うのが容易な標的を叩こうとしているのだ。

道路にじっとしているわれわれはまさに容易な標的だった。だが、暗視ゴーグルをつけているわたしは安全だという錯覚に守られていた。迫撃砲が着弾するのを見てはいるが、ガラスのレンズが世界をふたつに分ける。われわれが生きているのはカラーの世界で、今は真っ暗闇だ。迫撃砲が飛んでくるのは緑の世界で、そちらは明るい。たとえ歯をがたがた震わすような砲弾が落ちようと、ふたつの世界を隔てるバリアに守られているという印象までは揺るがない。だから、LARが待ち伏せ攻撃から脱出するのを前進して援護しろと命令されても、怖さはうっすらとしか感じなかった。「ヒットマン・ツー、道路の西側を前進し、ウォー・ピッグが南へ後退するのを援護しろ」常軌を逸したその命令に、わたしは笑うしかなかった。「なあ、ガニー。中隊長が、このちゃちなハンヴィーで前へ行って、LAVが脱出できるように援護射撃しろだとさ」

ウォー・ピッグはすでに〝オーストラリア式後退戦術〟をとりはじめていた。これは、先頭車両がUターンして後ろへ退く間、隊列の二台目が前方射撃を続けて援護し、その方法を最後尾の車両がUターンするまで順番に繰り返す戦術だ。わたしは小隊を前へ移動させ、暗闇へ向けて銃撃を開始した。せめて最後尾のLAVがUターンして幹線道路を後退していくまで、何人かのイラク兵の頭を引っこめさせておければいいが。はるか北の真っ暗な野原で、ヘッドライトが光って方向を変えた。迫撃砲の攻撃はなおも続き、一発がすぐ近くの舗道に当たって火花を空へまき散らす。われわれの順番が来ると、ハンヴィーは次々に南へUターンして、猛スピードでウォー・ピッグの後を追い、大隊のほかの部隊が北を向いて止まっている脇を走り抜けた。

月のない夜で、雨を降らせそうな雲が低く垂れこめている。こういう天気ではヘリコプターは飛べないし、雲の上の攻撃機も正確な近接航空支援はおこなえない。縦深防御〔何層にもわたって防御線を敷き、敵の前進を遅らせて犠牲者を増やす戦術〕を敷く敵が目の前にいて、北に何が待ち受けているかも分からないため、フェランド中佐は二キロ後退して道路脇に急遽防御線を張る決定をくだした。敵陣との間に多少の距離があれば、攻撃機を要請して夜明けを待つことができる。

わたしは道路から二、三〇〇メートル離れた土手に沿って小隊を整列させた。銃撃戦のほとんどはウォー・ピッグが戦ったので、小隊の隊員たちは興奮状態というほどでもない。交替で監視を開始し、わたしはハンヴィーの下に潜って一時間の〝不眠〟をむさぼる。雨粒が落ちはじめ、滴る水が焼けた地面を流れて、背中の下に溜まっていった。

徒歩で再びバアクーバへ

四月九日の夜明け前、わたしはビニールの小袋に入ったぶどうジャムをMREのクラッカーに絞り出していた。ウィンとわたしはかれこれ一時間、一緒に無線のそばに座って空が明るくなるのを待っている。夜通しずっと、雲の上を飛ぶ攻撃機の轟音が響き、幹線道路付近に投下される爆弾の衝撃が伝わってきた。統合直撃弾《JDAM》が大隊の指定するGPS座標を直撃していたのかもしれない。あるいは、暗闇や雲を通して目標を探知できる特殊センサーが装備された照準ポッドを使って、ほかの爆弾を目標に投下していた可能性もある。わたしはそれを確かめにいくには疲れすぎていたし、べつにどちらでもよかった。爆弾は爆弾だ。殺し方に違いはない。

朝食を終えると、わたしは少し歩いて防御地帯の真ん中に駐車されている中隊本部のハンヴィーへ向かった。もうすぐ隊員たちがニュースを求めて騒ぎだすだろうから、何か仕入れておこうと思ったのだ。

「おはようございます、大尉。今日の予定はどうなっていますか」

「バアクーバを痛い目にあわせてやる」中隊長は歯ブラシで拳銃をこすりながら答えた。

「このまま幹線道路を走っていくわけじゃありませんよね?」

「ああ」中隊長が言う。「LARと大隊のハンヴィーは幹線道路に残り、長い隊列を組んで北へ向かうが、小隊はそれぞれ道路の東か西を徒歩で偵察しながら進んでいく」

「まさかそんな、大尉、バアクーバまで二五キロ近くあるっていうのに」

中隊長は無表情でわたしを見て言った。「そうだな、まあ、水分補給しておけ。長い一日になる。今日の予定はそういうことだ」

わたしはボンネットに地図盤を広げて小隊にブリーフィングをおこない、われわれは夜が明けるとすぐに前夜の待ち伏せ攻撃の地点へ向かって幹線道路を再び進みはじめた。わたしはガニー・ウィンと相談し、機関銃分隊の指揮をウィンに任せて、自分は残り半分の隊員と一緒に徒歩でいくことにした。雲は消え、太陽が照りつけている。わたしは水筒の水を喉に流しこんで、栄養補助食品《パワーバー》をカーゴポケットに忍ばせた。きつい一日になるのはわかりきっている。

北距一四まで来ると、わたしと小隊の隊員たち一一人は道路を降りて西へ移動した。幅三〇〇メートルの楔形隊形を組んで北へ歩きはじめる。先頭はエスペラ三等軍曹だ。わたしは楔形隊形を指揮しやすい真ん中を歩く。ドク・ブライアンは負傷者が出たらすぐ駆けつけられるように、わたしの隣を歩いていた。ガニー・ウィンは先頭のハンヴィーに乗り、エスペラ三等軍曹のすぐ前を行く。われわれが接敵した場合の支援に備えて、銃はすべてこちらへ向けられていた。

畑の溝という溝は待ち伏せ場所の可能性がある。毛布やブリキの皿も見つかった。あわてて陣地を見捨てていった証拠だ。わたしはイラク兵がつい最近までそこにいたと分かってほっとした。地雷がないことがほぼ確実だからだ。一時間以上そんな風にして移動し、進んだのは一キロだった。

危険を減らしながら村人の警戒を解く戦術

幹線道路と垂直に交わる砂利道を渡った時、藪の中に一台のトラックが隠れているのが見えた。徒歩分隊が武器を構えて近づいたが、トラックは置き去りにされたものだった。ドアには共和国防衛隊の特徴的な赤い三角形が記されている。持ち帰る口実も思いつかず、農家が作物を市場へ運ぶのに役立つとも思えないので、エンジン部にプラスチック爆弾を仕掛けて爆破した。砂利道の北、幹線道路からさらに西へ離れたところには、泥煉瓦造りの建物が何軒か立っている。わたしは大隊に連絡してミッシュをよこすよう頼み、住民と話をする許可をもらった。

ミッシュが息を切らしながらやってきたが、どう見ても、ハンヴィーの後部座席でうたた寝したり、スキットルズ［フルーツ味のキャンディ］を食べたりできなくて不服そうだ。建物に近づく時、わたしは分隊をふたつのグループに分けた。片方のグループは小銃を下へ向け、穏やかな様子でのんびり歩いて村人たちに会いにいく。もう片方は武器を構えて二〇〇メートル後方にとどまり、集まる人々や建物に目を光らせて危険の兆候がないかを探る。この戦術なら、ひとつ目のグループが大きな危険に身をさらすことなく友好使節団としてふるまうことができる。わたしは使節団に加わった。

一番大きな建物の外に、女や子供たちが群がっている。そばでは数人の男たちが、地べたに座ってだらだらしながら煙草を吸っていた。顎鬚をたくわえて白い長衣をまとった最年長の男が、まるで祝福の祈りを捧げる牧師のように、両手を高く上げて近づいてきた。笑みを浮かべて黄色い歯をのぞかせ、いかにも嬉しそうに目尻に皺を寄せている。

ミッシュの逐次通訳を介してその男と会話しながら、わたしは二袋のヒュームラットを手渡した。

〝危害を加えるつもりはありません。あなたがたの土地を通らせてもらうお礼に、この食べ物をさしあげます。もし病気の子供がいるなら、うちの医師が喜んで診察します。バース党や挺身隊はどこにいますか？〟わたしは礼儀正しく率直に話をするよう心がけつつ、目は絶えず男の手や、集まっている人々や、その向こうの暗い窓に走らせていた。隊員たちの小銃がわたしをかすめるようにして照準を合わせているのを背中に感じる。

相手の男は身振り手振りを交えながら、滔々《とうとう》と語りはじめた。手を大きく振って子供たちを指し示しては目を拭う。ミッシュがめずらしく神妙な顔でうなずいて、わたしに向き直った。「あの人たちは遠い親戚《しんせき》だそうです。バグダッドから、爆弾の攻撃を逃れてきたんです。バース党はもっと北の、八キロくらい先にある交差点で待ち伏せしてるらしいですよ。ピックアップトラックを使って近づいて、アメリカ人を攻撃するとかで。わたしたちのことは大歓迎だけど、家の近くにずっといられるのは不安だと言ってます」

「われわれはすぐにいなくなるが、その前に力を貸してほしいと伝えろ」わたしは防弾チョッキの内から地図を引っぱり出して地面に広げた。「その交差点の場所を教えてくれと頼んだ」

ミッシュがそれを伝えると、男はわたしの隣にしゃがんで地図をのぞきこんだ。が、眉根を寄せて顔をあげ、立ち上がる。地図が読めないのだ。その代わり、ミッシュにこう説明した。「ここから北へ八キロほど行くと道路が分岐するところがあって、そこにはアシの茂みと背の高い草むらがあると言ってます。バース党はその草むらでわれわれを待ち構えてるそうです」

地図を見ると、村の約八キロ北に幹線道路が分岐するところがある。わたしは自分の胸に手をあてて感謝を示した。すると男の手が文化の溝を越え、その手を握って振った。われわれは幼い少女たちに手を振り、その子たちが少しまるめた手で隠す笑顔に見送られながら歩き去った。

またしても、ほかの人間の無残な死を願った

村からまだ二〇〇メートルしか離れていない時点で、迫撃砲が飛んできはじめた。鋭い音が響くたびに畑から煙と砂塵が舞い上がる。昨晩と同じソ連時代の八二ミリ砲に違いない。どこにも隠れる場所のない広々とした畑で立ち往生する者には、大砲並みの大きさに感じられる。

「分散したまま二〇〇メートル東へ移動しろ」わたしは命令した。小隊をあの村から引き離し、迫撃砲を撃ってくる連中が村人の近くに着弾させる口実をなくしたかった。首を回して振り返ると、バグダッドの家を追われた一家がすでに走って隠れようとしている。平和な農家にこの暴力行為をもたらしたのが自分たちだと思うと、いたたまれない気持ちになった。

迫撃砲はまだ狙いが不正確で、たいして心配するほどではないが、着弾地点は回を重ねるごとに近づいている。わたしはさっき聞いた待ち伏せの位置を無線で大隊に伝えた。大隊は同じ情報をほかの情報源からも得ていると明かし、南へ移動して迫撃砲の攻撃から脱出せよとわたしに命令を下す。頭上でプロペラの音をとどろかせ、二機のコブラが獲物を探して幹線道路を北上していくのを見て、隊員たちはこぶしを空へ突き上げた。わたしはまたしても、ほかの人間の無残な死を願う立場に立っていた。ロケット弾でやつらを焼き尽くせ。手加減するな。とことん思い知らせてやれ。

コブラが幹線道路をずっと北上したところで迫撃砲の発射陣地を破壊したあと、われわれはハンヴィーに再び乗りこんだ。わたしの小隊は、共和国防衛隊のトラックを爆破した砂利道を西へ向かうよう命じられた。前進する大隊の側方を偵察しながら遮掩するという任務だ。

敵戦車の砲身の正体

照りつける日差しの中で、ハエがぶんぶん飛びまわる。太陽はすでに雲を焼き払い、容赦なくわれわれに襲いかかる。わたしは暑すぎて何も食べられず、意識を保つためだけにゲータレードを少し飲んだ。大隊が出発前に航空支援を要請するのにあと数分かかるというので、われわれは武器を掃除してラジエーターの冷却液を注ぎ足した。わたしがハンヴィーのボンネットをあけて中をのぞいていると、一機のF／A-18攻撃機が幹線道路の上を、電信柱すれすれの高さで飛んできた。パイロットは上昇右旋回し、また低空飛行で擦り抜けていって機関砲を発射する。わたしは次々に繰り出される二〇ミリのバルカン砲が、舗道や車や挺身隊の陣地を引き裂くところを思い描いた。たとえ何にも命中しなくても、われわれへの心理効果は抜群だ。隊員たちは意気揚々、もういつでも出発できる。

砂利道は小高い丘の間をうねうねと抜けていき、のぼり坂の向こうへ消えていた。進んでは止まり、止まってはまた進みながら、われわれはその道をたどっていく。小隊をふたつに分けて、コルバート、エスペラ、わたしの三台でひとつのグループ、レイエスとラヴェルの二台でもうひとつのグループとした。片方のグループが前進する間、もう片方が止まって援護する。

「戦車だ！　すぐ前に戦車！　下がれ、下がれ！」コルバートの無線の声はあわてふためいていた。コルバートのハンヴィーがぐるりと向きを変え、エスペラもすぐ後に続く。わたしは弾かれたように座席から立ち上がって目を凝らした。砂利道は前方で三叉路に突き当たる。その三叉路の向こうは土手が走っている。その土手の奥からまっすぐこちらへ向かって、黄土色の砲身が黒い口をぽっかりとあけていた。今にもコルバートのハンヴィーを黒焦げにしそうに見える。わたしは無線で対戦車ミサイルを搭載したＬＡＶの援護を要請した。

その時、後方の監視位置からラヴェル三等軍曹のそっけない声がして、われわれの恐怖を断ち切った。

「なあ、みんな、その戦車ってのは、あの灌漑ホースの左か右か、どっちにあるんだ？」

灌漑ホース？　わたしはもう一度、それを見た。〝戦車の砲身〟は、農家の送水ホースだったのだ。一瞬、時間が凍りつく。ハンヴィーは方向転換の途中で停止する。隊員たちは無我夢中でＡＴ４対戦車ミサイルをつかもうとしていた手を止める。みんなホースをまじまじと見て、互いに顔を見合わせる。わたしは座席にどさりと腰をおろし、両目を閉じた。三週間前なら自分はこんなミスを犯しただろうか。暑さのせいか、水分不足か、それとも神経がすり減っているせいなのか？　われわれがあのパイプを爆破しなかったのは、戦車に跳ね返されないような武器が手元になかったからでしかない。もしまわりに子供や罪のない村人たちがいたらどうなっていた？　撃たなかったのは規律を守ったわけでも何でもない。ただ準備不足だっただけなのだ。わたしはガニー・ウィンを見た。

「ほら、気にしなくていいですよ。何事もなかったんだから」ウィンが言う。わたしが必要としている励ましの言葉だった。

気まずい思いをしながら大隊に対戦車ミサイルは必要ないと伝えたあと、わたしはその三叉路に小隊を配置して検問を敷いた。通ってきた道はそこで終わり、左右に延びる砂利道は大隊のいる幹線道路と平行してほぼ南北に走っている。一台の白いセダンが走ってきて、乗っていた男たちはわれわれの武装ハンヴィーを見てぎょっとした顔をした。ミッシュとわたしが運転席の窓のそばに立つ。こちらが口を開く前に、後部座席の男が猛烈な勢いでしゃべりはじめた。わたしはミッシュが通訳するのを待つ。

「ここでアメリカ人を見るのははじめてだと言ってます。バース党の連中がこの道の先の交差点で待ち構えてる。約八キロ先、この道路が幹線道路にぶつかるところだそうです」

「さっきの人たちと同じことを言ってるみたいだな」

「あと、バアクーバの近くにダムがあるとも言ってます。そのダムに兵士がいっぱいいて、そこの地面に化学爆弾を埋めてたそうです」

「何だって？　〝化学爆弾〟と言ったのか？　地図で場所を教えてもらえると思うか？」

「この連中は地図が読めませんよ」

わたしがダムの情報を大隊に報告している間、ミッシュは車の中の男たちと話し続けていた。男たちはずっとミッシュとわたしを交互にちらちら見ている。やがて、ひとりが煙草三パックをしぶしぶミッシュに手渡し、男たちは車のリアウィンドウ越しにこちらを振り返りながら走り去った。

「何をやってるんだ、ミッシュ？　煙草ならこっちから向こうにやって、教えてもらった礼をするのが筋じゃないか」

「ええ、でもわたし、切らしてたもんで。煙草をよこさなかったら、あなたが連中を殺すって言ってやりました」

「ミッシュ、いいかげんにしろよ。今にもこの国と全面戦争がはじまろうとしてるんだぞ」

33

「人工衛星に海兵隊員の代わりは務まらない」

バアクーバ手前で二手に分かれる

待ち伏せ陣地があると聞いていた交差点のすぐ南で、われわれは大隊に追いついた。陣地はすでに航空機が爆撃したあとだった。背の高い草むらで火がぱちぱちと燃え、迫撃砲壕とねじ曲がった機関銃があらわになっている。舗装道路は一面にロケットランチャー《RPG》と未発弾が散らばっていた。それに触れないように、注意深くよけて通る。道路の反対側には空爆が直撃した車が一台あった。金属の車枠はマッチの火に被せたセロファンの小片のように縮れている。運転席の男は脱出していたものの、遠くへは行っていなかった。土の上に倒れ、両腕を前へ伸ばして突っ伏したまま固まっている。全身が深煎《ふかい》りアーモンドのようなこげ茶色に焼けていたが、片方の手だけは違っていた。そこだけ全く焼けていない。開いたままの白い手のひらが、わたしたちに向かって振られていた。

そのイラク人の死体を通り過ぎる隊員が暴言を吐いていく。

「おい、あれ見ろよ。ビーフジャーキー男だ」

「日焼け止めを塗っとけばよかったのにな、くそ野郎」

道路沿いには巨大なコンクリートの水道管が積み重なっている。どうやら戦争ですべての優先順位が変わってしまう前に、町の道路整備局が新しい下水システムの建設を計画していたようだ。その水道管が戦闘員の住処《すみか》になっていた。中には毛布やウォータージャグや食糧の山が詰めこまれている。われわれが交差点でとまっている間、ほかの小隊が残骸や戦闘壕をくまなく捜査し、情報価値があるものを探していた。道路が交わるところには、直径一メートルほどの巨大な一時停止標識が立っている。よくある赤い八角形の標識だが、〝止まれ〟の文字はアラビア語だ。道路のバリケードにもってこいだし、これがあれば人を殺さずにすむこともあるかもしれない。

「クリストソン、あの〝止まれ〟の標識を切り倒して、車両の後ろに積んでくれ」クリストソンが信じられないという顔でわたしを見る。将校から公共物破損の罪を犯せと命じられたのははじめてだろう。

A《アルファ》中隊とC《チャーリー》中隊は二股の分かれ道で右の道路を行き、B《ブラボー》中隊と軽装甲偵察中隊《LAR》は左の道路を進む。道路は二本に分岐したあと、約一キロ離れてほぼ平行に延びている。二手に分かれて攻撃することで、互いに援護しつつ、バアクーバの防衛態勢を崩せるというわけだ。それからの四時間、われわれは絶え間なく敵との交戦を繰り返すことになる。

中隊長は戦術面で無能だった

銃撃戦を繰り広げながらの走行は、ひどい形ではじまった。大隊が進む二本の道路の間の平地に、大きなコンクリート造りの建物が立っていた。LARはその建物の三〇〇メートル南でいったん停止し、観察してまた動きだす。前方から小銃の射撃音が散発的に聞こえる。われわれもそこでエンジンをアイドリングさせたまま停止していると、中隊長がわたしを呼びつけて言った。「ネイト、おまえの小隊は徒歩でこの空き地を通って、あの建物を掃討してきてくれ」

その意図を推し量ろうと、わたしは中隊長をまじまじと見た。「大尉、正気ですか？　アメフト・フィールド三面ぶんの空き地を、火力なしで強化陣地まで渡れと？　一緒に行ける装甲車部隊がここにいるっていうのに？　わたしの小隊が半分まで行くころには、大隊の他の部隊は八キロ北へ進んでいますよ」

「今は議論している場合じゃない」中隊長は言ったが、決心が揺らいでいるのが見てとれた。この男の命令は行き当たりばったりなのだ。

「大尉、これはあなたの考えですか、それとも大隊の命令ですか」この直属の上官への信頼を完全に失っていたわたしは、命令に従うことができなかった。もしこれがホイットマー少佐かフェランド中佐の計画なら、躊躇なく遂行しただろう。

「ここでやるべきことはわたしが心得ている。心配するな――軽装甲車《LAV》を背後に並べて、おまえたちの頭越しに機関銃で援護させてやる」わたしの怒りが沸点を超えた。歩兵の突撃を機関銃部隊に援護させるなら、普通は目標に向かって九〇度の角度に配置して、突撃する部隊の前で撃てるようにする。ところが中隊長は目標へ向かうわれわれの真後ろに機関銃を配置し、頭越しにその建物を撃たせようとしているのだ。それではわれわれがＬＡＶの射撃を邪魔することになる。こんなことは基本中の基本、歩兵将校が訓練をはじめて二、三週間以内に学ぶ戦術だ。ＬＡＶ部隊の指揮を執る別の大尉がわたしを同情のまなざしで見つめ、目玉をぐるりとまわした。

指揮関係は信頼の上に築かれる。今は議論している場合ではないという一点において、中隊長は正しい。今は自分の疑問や懸念よりも上官への信頼を優先すべき時だ。信頼を行動に移し、即座に命令に服従すべき時だ。しかし、わたしはその信頼を欠いていた——中隊長に対しては。この戦争がはじまる前から中隊長の判断はあまりにお粗末で、海兵隊員が当然のこととして教えこまれる上官への信頼はことごとく打ち砕かれていた。中隊長は仕事熱心で人のいい男だが、戦術面では無能であり、今は戦術がすべてなのだ。

「大尉、そんなばかげた計画には従えません。やられるのが心配なんじゃない。あの建物に挺身隊がいるならとっくに攻撃してきているはずです。空き地へ突っこんでいく意味なんてないんです。そんなことをしていたら大隊の攻撃が勢いを失って停滞してしまう、それが心配なんです。あそこを見てください」はるか遠くに並ぶ木々の向こうを指し示す。そこにはアルファとチャーリーのハンヴィーの列が北へ進撃をつづける姿があった。「あっちは前進している。われわれも前進をつづけるべきです」

無言でにらみつけてくる中隊長を尻目に、ハンヴィーへ歩いて戻る。今の言い合いが聞こえるところに隊員がいたので気まずかった。部下の前で上官の信用を傷つけるのは職業倫理に反するが、この状況ではしかたない。それに、戦いに勝つことや隊員の命を守ることに比べれば、感情や規律など二の次だ。前進を再開してコンクリート造りの建物の横を通り過ぎても、おかしなものは何も目につかなかった。

脅威はいたるところにあるのに、標的はいない

無線ではA《アルファ》中隊が、砲撃してくるイラクのBMPという歩兵戦闘車の位置を攻撃機に指示していた。目標へ向かって急降下する攻撃機の甲高いエンジン音は聞こえたものの、噴煙に隠れて様子は見えない。前方ではコブラが目標を猛攻撃し、ＬＡＶが道路沿いの建物やヤシの木立に砲火を浴びせる。小隊はいまやリズムをつかんでいた――声をかけ合い、動き、銃撃し、ひとつの生きもののように機能する。

はっきりそれと分かる目標だけを銃撃するようわれわれは最善を尽くしたが、なにしろ戦場は何もない場所だ。どこもかしこも煙と爆発と小銃の銃撃音だらけで、世界中が標的であるかのように思える。だが、そんな感覚も照準器をのぞけば霧散した。脅威はいたるところにあるのに、目標はどこにもない。ただの木や、無人の車や、プロパンガスのタンクや、空気を撃つわけにはいかない。標的が必要だ。好むと好まざるとにかかわらず、普通は人間が標的だが、隠れているのでやすやすとは見つからない。地獄のような業火の中を走り抜けながらも、ほとんど発砲せずに終わることがたびたびあった。

しかし、バアクーバではそうはいかない。

目にまぶしい緑の野原の間を抜けて、何本目かの十字路に近づきつつある時だった。野原の塹壕からふたりの男が突然現れてＡＫ47を発射した。たちまち機関銃に撃ち倒される。ひとりは緑のシャツとカーキ色のズボンという格好だ。一〇セント硬貨並みに大きく超音速で飛ぶ五〇口径の弾丸が、その男の後頭部を吹き飛ばす。命中した衝撃の大きさで体は宙を舞い、後方へ撥ね飛ばされた。弾丸は手より大きな骨の塊をすっぽりくり貫き、男が倒れた拍子に脳が土の上にこぼれ出る。男は死んだ場所を示す血の池から一・五メートル離れたところに崩れ落ちた。わたしは気持ちが高ぶるのを感じた。祭りの射的で風船を撃ち抜いて、動物のぬいぐるみを獲得した時と同じ高揚感だ。

どこからともなく、迫撃砲弾が一発だけ降ってきた。発射の音は聞こえなかったし、ほかに飛んでくる砲弾もない。その一発はエスペラのハンヴィーの横の地面に落ちて土をまき散らし、わたしはエスペラたちが破片も浴びたと思った。砂埃がおさまると、驚いたことに、エスペラ班はみんなまだ座席でじっとしていた。迫撃砲はでたらめに飛んでくるので神経がすり減らされる。できることといえば、次は自分に飛んでくるかもしれない砲弾について、身じろぎもせず考えることくらいだ。

その場で待機せよとの命令を受け、わたしはまわりを見まわした。右側には未舗装の駐車場の真ん中に白い漆喰の建物が立っている。壁は赤い落書きで覆われていて、ミッシュにそれを読んでくれと頼んだ。

「えっと、ドアの上の小さい看板は〝学校〟と書いてありますね。スプレーペイントのやつは〝アメリカに死を〟とか〝サダム万歳〟とか〝命を捧げます、おお、偉大なるサダムよ〟とか。ほかにも色々ありますけど、似たり寄ったりですよ」

「ラヴェル、おまえの班であの建物を捜査してこい」わたしは命令した。時間はあるし、挺身隊は学校を利用してきた経緯がある。

〝ヨルダン製〟の靴下

機関銃にひとりを残し、第三班はボルトクリッパーを持ってドアから突入した。小銃の音がするだろうと思ったが、何も聞こえてこない。数秒後、ラヴェル三等軍曹が窓からわたしを呼んだ。

「隊長、ここに来てみたほうがいいですよ」

足を踏み入れると、机だらけの薄汚れた部屋だった。子供の描いた絵が壁中に貼られている。隊員たちがドアのところで見張るなか、開いた金庫をラヴェルとドク・ブライアンが物色していた。

「地図、軍の身分証、書類、AK銃剣がどっさり入った麻袋、ボルトアクション式のエンフィールド銃〔一九世紀末に英軍が採用した前装式の小銃〕が一挺。でも、こんなものはどうでもいいんです。これを見てください」ラヴェルが言って、ビニールのごみ袋を持ちあげる。中にはブーツ用の黒い靴下が何十足もはいっていた。新品で、ふくらはぎの部分にまだついている厚紙のタグには〝ヨルダン製〟とある。「イラクが、ヨルダン製か中国製かフランス製だらけなのは不思議ですよね」

「ああ、でもわたしはうるさい消費者じゃないからな」わたしは答えた。書類は情報分析官に持ち帰り、靴下は小隊がもらうとしよう。そろそろ戦闘に置いていかれるのが心配になってきたので、そこにあるものを集められるだけかき集め、われわれは急いで外へ出た。と、第三小隊の隊員がふたり、手足を広げて地面にへばりついているイラク人の男を見下ろして立っていた。

「野原の戦闘壕から跳び出してきた間抜け野郎です。さっきのところで脳みそをまき散らしたやつの相棒ですよ。手を縛って、中尉のハンヴィーの後ろに放りこんでもいいですか?」

わたしのハンヴィーが一番スペースに余裕があるので承諾したが、いまこの男の相手をしている時間はない。先頭の方の車両がまた動きはじめていた。

一本の橋が、われわれとバアクーバ郊外との間に立ちはだかる。そのあたりは殺伐としていた——畑も家も車も埃っぽい。ヤシの木々まで埃を被っている。隊列は橋を登りはじめたが、先頭のハンヴィーが停止した。ひゅーっという音が聞こえ、空気が異様に波打つのが見える。頭上の空が蜃気楼《しんきろう》のようにちらちらと揺らめく。大口径の砲弾だ。味方ではない。こちらへ飛んでくる。またイラクの装甲車だ。

「道路正面にＢＭＰ。撃ってきてる！」何とか叫ばずに無線で伝えた。

隊列は急いで橋から後退し、空軍のＦ‐15にＢＭＰの位置を指示する。Ｆ‐15の姿は見えず、音も全く聞こえない。投下された爆弾だけが青い空から現れた。ほとんどのイラク兵にとって、死は予告なく訪れる。隊列はふたたび橋を登ったが、今度は何の抵抗もない。橋を渡った先にあったＢＭＰは、もはや舗面の油っぽい汚れと煙を上げて散らばるわずかばかりの金属片でしかなかった。

隠された化学兵器についての情報

道路がまた二本に分岐して、われわれはまた左へ進み、大隊のほかの部隊は右へ行く。野原は深いヤシの林に変わり、林の中に家が立ち並ぶ。ヤシの木々にはすでにコブラがロケット弾の雨を降らせ、いたるところに火が上がっていた。建物や木々に囲まれた場所にいるのはいやでたまらない。道路の両脇には排水溝が走り、そのすぐ奥はもう木々がうっそうと茂っていて、数メートル先までしか見通せない。全身の筋肉に力がはいる。

戦闘のあとの疲労はきっと、化学作用――アドレナリンの過剰分泌――のせいでもあるし、こんな風に身を硬くして何時間も過ごしてから体の力を抜くせいでもあるのだろう。わたしは目に入る汗を拭いながら、深呼吸して頭をすっきりさせ、接敵に備えて頭の中のチェックリストをさらった。戦争がはじまって三週間のうちに、これをうまくやれるようになったのが自分でも分かる。いつも自然に平静でいられるようになった。よほどのことがないかぎり心拍数も上がらなくなっている。

無線が入り、われわれの目であり巨大なこぶしでもある援護のヘリコプターが、燃料補給のため五分後にここを離れるとの警告があった。少なくとも一時間は戻ってこない。視界がきかず、近くに共和国防衛隊の機甲旅団が潜むこの路上に、われわれだけが取り残されるのだ。筋肉がさらに硬くなる。「航空機がいなくなる時に、おまえたちは最後の分岐地点へ戻って東側の道を北上しろとの指令だ。わかったか？」

狭い道路でＬＡＶ部隊がもたつきながら一〇回ずつ切り返してＵターンする間、われわれは路肩に駐車して待機する。わたしはこの小休止を利用して班長たちと話をした。みんなよくやっていたので、それを伝えたかったのだ。コルバートの車両の窓のそばに立っていると、隊員のふたりがさっと小銃を構え、わたしの背後に狙いを定めて安全装置を外した。

振り返ると、二〇メートルも離れていない路肩の陰からふたりの男が歩いて出てくる。男たちの間には、おそらく五歳くらいだろう、幼い女の子がそのふたりと手をつなぎ、よろよろと歩いていた。男たちは作り笑いを浮かべて手を振ってきたが、わたしはその女の子から目が離せなかった。

瞳は虚《うつ》ろで、でこぼこの地面を歩いているのに何も見ていない。それに汚れまみれだ。顔には土がこびりつき、スウェットパンツはもともとピンクだったのだろうが、陰気な灰色にくすんでいる。わたしが膝をついて肩に触れると、その子はさっと身を引いた。怯えている。

「食糧と水――今すぐだ」首を回して小隊に叫ぶ。「ドク、この子を診てくれ」なぜだかこの子には、これまで感じたことのない差し迫った責任を感じた。小さい子だからというのもあるが、明らかに体は健康なのに心は苦しんでいるのがあまりに対照的で、胸が痛んだというのが大きい気がする。こんな幼い子が、こんな風に怖がるなんて。ヤシの林にロケット弾を次々に撃ちこむコブラと火に包まれる家々が頭をよぎる。攻撃機の爆撃やわれわれ自身の機銃掃射の記憶がよみがえる。訓練を受け、武装した海兵隊員にとってさえ、バアクーバには怖い思いをすることが山ほどあった。

子供の目にはこの日の午後がどんな風に見えていたのだろうかと、わたしは想像しようとした。
「隊長、体は異状ないようです。少し脱水気味ですが」ドクが報告する。「どうやら砲弾《シェル》ショック〔心的外傷後ストレス障害（ＰＴＳＤ）の一種で、激しい爆撃や戦闘に対するストレス反応〕のようですね」そう言いながら、その子に水のボトルを手渡した。ふたりの男は苦境に気づいてもらえたことにいたく感激し、笑い声をあげてわたしたちを抱擁した。

ミッシュの通訳で、ふたりのうち年配のほうの男が話しはじめた。背中で両手を組んで立つその男には、威厳と落ち着きが感じられる。

「川のダムのところに戦車と兵士が集まってるそうです。そこは化学爆弾が隠してあるから立ち入り禁止になってる、たぶん地面に埋められてると言ってます」

これで二度、別々の情報源から近くに化学兵器があると聞いたことになる。われわれには日々の様々な任務に加え、あらゆる任務をまたいで常にやらなくてはならない仕事があった。とりわけ重要な仕事のひとつがイラクの大量破壊兵器の証拠を保全することだ。わたしは無線を手に取り、大隊指揮官本人であるゴッドファーザーを呼び出した。フェランド中佐が苛立ちを滲ませながら応答する。戦闘の最中に一介の小隊長にわずらわされるとなれば無理もない。わたしは急いで嫌疑を晴らすべく、ダムに化学兵器があるという二件の情報について説明した。

「すべて了解した、ヒットマン・ツー。わたしから師団へ伝えよう」中佐は言った。

この報告内容は国の優先情報収集対象となったが、化学兵器は見つからなかった。

共和国防衛隊のトラックを爆破してほしい

その女の子を不確かな運命にゆだねていくのは後ろ髪を引かれる思いだが、ヘリコプターはいなくなり、ＬＡＶも見えなくなって、引き返せという命令も受けている。われわれは幹線道路が最後に分岐した地点へ戻り、方向転換して東側の道を北へ進んだ。Ｂ《ブラボー》中隊に課せられた任務は阻止陣地を敷くことで、アルファもほかの幹線道路で同様の任務に就き、チャーリーはバアクーバへ突入して共和国防衛隊本部の建物を捜索する。

右側の泥煉瓦造りの家々に目を走らせていたわたしは、あるものにふと目がとまった。大隊のほとんどがすでにこの地点を通り過ぎているにもかかわらず、建物の裏手にイラク軍のトラックが一台停まっている。

「ガニー、ハンヴィーを停めてくれ」わたしは言った。小隊の半分を率いてゆっくりとその家へ向かう。隊員は手振りで合図を送り合いながら、チームに分かれて三方向から建物に接近する。銃撃戦前の緊張が膨れ上がり、今にも破裂しそうになったその時、正面のドアが開いて大勢の子供が走り出てきた。

「アメリカ！　アメリカ！　やった、やった、やった！」

小銃が下ろされた。

子供たちのあとから庭へ出てきたのは中年のイラク人の男で、洋服を着てこれみよがしのサダム髭を律儀に生やしている。

「やあ、みなさん、わたしはハッサンと申します」男がほぼ全く訛りのない英語を話した。われわれの頭に浮かんだ疑問に答えるかのように、彼はバグダッド大学で英語の教授をしていたと説明する。男女一二人の子供たちが隊員のまわりをぐるぐる走ったり、隊員とにらめっこしたりしていたが、みんな自分の子供だという。

ハッサンが言うには、前日の晩に共和国防衛隊が家に来たとのことで、ロシア製のＺＩＬ軍用貨物トラックの荷台には八基の高射砲が積まれていた。それを米軍が爆撃して自分の家も破壊されるのではないかとハッサンは怖れていた。心の中で優雅に礼儀正しくお辞儀をしながら、わたしはその心痛の種を喜んで取り除いてさしあげましょうと申し出た。

イラクの一般市民のためになることができる（しかもトラックを爆破できる）とあって、隊員たちは活気づいた。トラックをハンヴィーに連結し、家から離れた安全なところまで引っ張っていく。そこでコルバートたちがC-4と導爆線で爆弾を仕掛ける。高射砲とトラックのエンジンだけでなく、爆破の威力を大きくするために燃料タンクにも巻きつけた。われわれは子供たちを集め、今から何が起きるかを説明する。それからみんな一緒に身をかがめ、トラックが火の玉になって消滅するのを眺めた。ハッサンはうちで夕食をと誘ってくれたが、バアクーバでまだやるべきことがあると言ってわれわれが辞退すると、少しほっとした表情を見せた。

父と同じくらいの年齢の民兵

わたしは幹線道路で視界の開けた場所を阻止陣地に選んだ。全方向に良好な射界が確保できる場所だ。平らで視界のきく幹線道路なら、車を運転してくるイラク人がわれわれを見つけて寄りつかない可能性が高い。こちらとしても、誰も殺さずにすむ可能性が高くなる。幹線道路の三〇〇メートル手前には、略奪したイラクの〝止まれ〟の標識を設置し、戦闘糧食《MRE》の箱を切ってミッシュがアラビア語で〝Uターン〟と書いた大きな段ボール紙も置いた。われわれはみんな、はやく学んで同じ過ちを繰り返さないようにしたいと思っていた。

　今日は息をつく間もなかったので、いままでハンヴィーの後ろに乗せた捕虜のことを忘れていた。男は両手を結束バンドで後ろ手に縛られたまま、荷台でうつぶせに寝そべっている。クリストソンが小銃を抱え、男を見下ろして立っていた。

「手錠を切って、食べ物と水を渡してやれ」わたしは言った。クリストソンはサンディエゴ動物園のライオンを解き放てとでも言われたかのようにわたしを見たが、手錠を切ってやった。男は手首をさすり、すすり泣きながら、ゆっくりと起き上がる。長い口髭をひくひくさせて、悲しげな目をこちらへ向けた。わたしは男に水のボトルを手渡した。

「ありがとう」

「英語が話せるのか？」驚いた。みすぼらしい格好だったので、階級の低い徴集兵だと思っていたのだ。

「はい、少し。心臓が痛い」男は手を胸にあて、また口髭がひくひくした。

「名前は？」

「アフマド・アル・キールズジー。善良な人間です」

「所属部隊は？」

「わたしは兵士ではありません」バセットハウンドのような顔をして男が言う。

「じゃあなぜ軍服を着てるんだ。なぜ軍用小銃でわれわれを撃った？」

「わたしはアルカイダの下っ端の民兵にすぎません。あなたがたを撃ちたくはない」

「だが、実際に撃ったじゃないか。われわれはあと一歩でおまえを殺すところだった」

「わたしには五人の娘がいます。バース党に娘たちを連れ去られて、アメリカ人と戦え、さもないと娘を殺すと言われたんです。あなたならどうします？」

信じていいかどうかは分からなかったが、この男には身につまされるものがあった。アル・キールズジーはわたしの父と同じくらいの年齢だ。服は汚れ、破けている。われわれと同じように疲弊しているように見えた。わたしは生存《S》・回避《E》・抵抗《R》・脱出《E》訓練校で受けた屋外での尋問を思い出し、アル・キールズジーにしてみればこれは本物の尋問なのだと思い至った。われわれに殺されるのを怖れているのだ。

「アフマド、おそらくわたしも、おまえと全く同じことをしたと思う」わたしは言った。自分の膝をじっと見つめていたアル・キールズジーが、またわたしと視線を合わせた。「この水を飲んで、これも食べろ。言われた通りにしていれば痛い思いをすることはない。もし抵抗したり逃げようとしたら、この隊員が撃つからな」クリストソンを振り返ってウインクし、声を出さずに口だけ動かして「撃つなよ」と言う。クリストソンはうなずき、いかめしい看守の表情を貼りつけた顔を捕虜に向けた。

イラクの生物兵器研究所

道路の反対側ではラヴェル三等軍曹が自分の班を率い、ヤシの林を徒歩で巡察していた。林は陣地のすぐ近くにあり、確かめないわけにはいかなかった。巡察から戻ってくると、ラヴェルは一直線にわたしのところへやってきた。

「隊長、見てもらわないといけないものがあるんです」ラヴェルが言う。「道路を渡ればすぐに見えます」

空き地になった場所に二台の長いトレーラーがとまっていた。車体は砂色に塗装され、ルーフにはエアコンの設備が取りつけられている。窓はなく、ドアは南京錠がかかっていた。これまでイラクで目にしたものはどれもこれも汚れていて、砂埃や何年も放置されたせいで使いものにならなくなっていた。だが、そのトレーラーは輝きを放っている。ラヴェルが何を考えているかは察しがついた——生物兵器の移動研究所だ。ふたりともコリン・パウエル国務長官が国連で証言したのを聴いていたし、イラクの兵器計画に関する極秘ブリーフィングも数えきれないほど受けた。トレーラーの特徴はその説明にぴったり一致する。

「ボルトクリッパーと任務志向防護態勢装備《MOPP》を取ってこい」わたしは言った。「中に何があるかをおまえたちが確かめて戻ってきたら、上へ報告する」

第三班が速足《はやあし》でトレーラーへ向かう間に、わたしは無線で大隊の最新状況を確認する。Ｃ《チャーリー》中隊はすでに町に入っている。アルファはＡＴ４ミサイルを搭載したイラクのＴ‐72戦車を少なくとも一台爆破していた——大手柄だ。無線からはくぐもった爆発音や時折混じる機銃掃射の音が聞こえている。

ガニー・ウィンが短波ラジオをＢＢＣに合わせていた。ふたりで聴いていると、フィルドス広場のサダム・フセイン像が、歓声をあげる群衆の目の前で海兵隊員に引き倒されたとキャスターが報じる。戦争は——キャスターが言う——終わりました。

「くそっ」ウィンが膝を叩きながら言った。「ここのやつらがそれを知ってたらなあ」遠くでＭ４

が吠え、交戦するAKが喉から絞り出すような音を上げていた。

「捕虜はどうします？」ウィンがハンヴィーの方を顎で示す。そこでは、クリストソンに見張られながら、アル・キールズジーがMREのパウンドケーキを嬉しそうに食べていた。

「あの男をここに置いていくのはジュネーブ条約違反だ」わたしは言った。「連れていく必要がある。ばかばかしい気もするけどな。少し食糧を持たせて家へ歩いて帰らせたほうが、みんなにはあの男にも――よっぽど楽だもんな。でも、そういうルールだから守るしかない」

ラヴェル班は幹線道路を渡り、一台目のトレーラーの錠を切断し終えて、慎重にドアを開いた。ステンレス鋼の設備とデジタル・ディスプレイが壁際にずらりと並んでいたようだ。書類はほとんどがキリル文字で書かれていた。隊員たちは大当たりを引き当てたと思っていたが、それは戸棚や抽斗《ひきだし》をあけはじめるまでのことだった。あけてみると、調理用の天板やボウルや軽量スプーンが転げ落ちてきた。兵器の移動研究所だと思っていたのが、イラク軍の食堂車だったのだ。これは笑い話になったが、隠れた教訓も得られた。〝民生・軍事両用〟の先進技術というのは当てにならない幻想で、人工衛星にはボルトクリッパーを携えた海兵隊員たちの代わりが務まらないこともある。

日没の少し前、C《チャーリー》中隊が轟音と共に通り過ぎた。先頭のハンヴィーは奪い取ってきた共和国防衛隊の機甲旅団の軍旗を窓から振っている。われわれは大歓声をあげた。戦闘に明け暮れた今日一日がまるで旗を奪取するゲームだったかのようだ。ウォー・ピッグが先に南へ走りだし、わたしは二時間の道のりに備えて腰を落ち着ける。ガニー・ウィンが、わたしも考えていた疑問を口にした。

「あの連中、われわれが通る時にまた攻撃してくると思いますか？」

「まさか。BBCで聞いただろ。戦争は終わったんだ」

二分後、無線が入った。〝ウォー・ピッグが五キロ前方で接敵〟

五〇〇〇メートル走る間、今から突入する銃火のことを考え、暗闇を切り裂く曳光弾を眺める猶予があった。わたしは防弾チョッキの中で身をよじり、命にかかわる臓器をできるだけ多く防弾セラミックプレートの内側に押しこめる。すぐ前の車両がスピードを上げると、ウィンは一気にアクセルを踏みこんだ。猛スピードで駆け抜けるハンヴィーを弾丸がかすめ飛ぶ。アル・キールズジーにしてみれば、仲間に銃撃されて恐怖を味わうとは皮肉なものだ。そう思うと笑えてきた。銃弾をかいくぐってふたたび暗く静かな野原に出た時、バックライトのついたGPSの画面を見ると、ちょうど北距一四を越えるところだった。地平線にバグダッドの灯が見える。一か月ぶりに、戦火ではなく電気照明がバグダッドの空を照らしていた。

34 「まだ戦争が終わって一週間も経っていない」

バグダッドに足を踏み入れる

われわれが走行しているのは市街地の真ん中だ。この街をめざして三週間、ついにバグダッドに乗りこんだのは、翌日の早朝、四月一〇日のことだった。小隊がバアクーバから大隊本営に戻ったのが真夜中頃。それから列に並んで給油を終えた時には明け方近くになっていた。わたしはハンヴィーの後ろで眠っていたアル・キールズジーをそっと揺り起こし、そろそろ行く時間だと伝えた。

給油ポンプのそばに、憲兵隊が捕虜の収容に使っている倉庫がある。ドアを入ると机の向こうに軍曹がひとり座っていた。腰のベルトに拳銃、手錠、こん棒、催涙スプレーの瓶を下げている。

「第一偵察大隊のフィック中尉だ。数時間前にバアクーバの近くでこの男を拾った。名前はアフマド・アル・キールズジー」

軍曹が跳び上がった。「えっ、中尉、捕虜なんですか？　てっきりあなたの通訳者か何かかと」言いながら拳銃に手をかける。

「慌てなくていい。この男は一晩中わたしと一緒にいたんだ」

物陰からふたりの海兵隊員が現れて、両脇からアル・キールズジーの上腕をつかんだ。暗い通路を倉庫の奥へ連れ去られながら、アル・キールズジーがわたしを振り返る。

「元気でな《サラーム・アライクム》、アフマド。娘さんたちが見つかることを祈ってるよ」

煙のくすぶるバグダッドへ向かって走り、浮橋でディヤラ川を渡った。両岸の土手はだいたいが一〇メートル前後の高さで、その間を泥色のディヤラ川がどんよりと流れている。われわれの車両が通れるほど大きな橋は戦闘ですべて破壊されていたため、陸軍の予備兵が可動式の浮橋を架け、一度に一台ずつゆっくりと渡った。

川のそばの製油所から油ぎった煙が噴き出し、街のいたるところで黒い煙の柱が立ち昇っている。われわれは戦争と平和がごちゃまぜのなかを走った。遠くでMk19の音がしたかと思えば、川岸では泥の中を転げ回る水牛の群れに牛飼いの少年が目を光らせている。通り過ぎるわれわれに手を振るその少年のそばには、イラク軍の緑色の軍服姿の死体が三つ、路上で太陽を浴びて腐敗していた。女たちが川の水をプラスチックの水差しに汲み、頭に載せて運んでいる。その中のひとりが立ち止まってひと息ついた時、水差しを置いたのは、放置されたT‐72戦車の上だった。

土手は曲がって川から遠ざかり、家庭ごみや壊れた車が山と積まれた空き地と運河を隔てていた。その土手の上を、われわれは両脇にたまった下水をよけながら走っていく。貧しい家が立ち並ぶ区画がヤシの木立へと変わり、郊外の雰囲気を醸しはじめたが、ほんの一・五キロ先にはバグダッド中心部のコンクリートの建物が高くそびえていた。建物は粗野で簡素なスターリン様式〔ソ連のスターリン政権時代に多く見られた大規模で超高層の建築様式〕だが、色は灰色ではなくすべて茶色だ。

通り過ぎるわれわれに人々が目を向ける。手を振り歓声を上げる者がほとんどだ。中には貧しい暮らしを支える日々の仕事にせっせと取り組む者もいた。海兵隊がやってきたところで、どうせまた自分たちにはどうすることもできない別の勢力が武力を誇示しているだけだと言わんばかりだ。ロバの引く荷車がてっぺんに四人の少年を乗せ、土手を前からやってきてすれ違う。少年たちが座る下には、略奪してきた品々——家具、テレビ、車のタイヤ、真鍮の空薬莢が入ったバケツ——が、山のように積まれていた。土手の下ではロバにジェットスキーを引かせた少年が、砂埃の舞う路地を抜けていく。

土手を降りて舗装道路を通り、街の奥へ入っていく頃には、小隊にくつろいだ雰囲気が漂っていた。バグダッドはスターリングラード〔第二次世界大戦中の独ソ戦で激しい戦いが繰り広げられたソ連の都市。現在のヴォルゴグラード〕の再来ではなく、ナシリヤの大規模版ですらない。どうやら本当に銃撃戦は終わったようだ。遠くで銃声が響いたり、屋根の上を攻撃機《ガンシップ》が低空飛行したりはしていたが、まわりでは普通の暮らしが淡々と営まれていた。農作物を売る人々が露店で呼びこみをしている。クーフィーヤ〔男性が頭に巻くスカーフ〕を被った男たちが屋外のカフェに座り、小さなグラスで紅茶を飲んでいる。煙草を吸ったり、祈りに使うビーズの輪を指でいじったりしながら、われわれが通り過ぎるのをじっと見つめる男たちもいた。

われわれは車の流れに乗って、ロータリーを回り、信号で止まり、トラックやバスやタクシーと道路のスペースを競いながら走り続ける。こんなに近くに、こんなに大勢の人間がいるなんて、一日前ならわたしは卒倒していただろう。しかしありがたいことに、これも安定を求める人間の性《さが》なのだろう、待ち伏せを怖れる気持ちは渋滞への苛立ちに変わっていた。

一日足らずのうちに権力者が交代

われわれの目的地はサダム・シティ、バグダッド北部に広がるシーア派のスラム街だ。その地域の事実上の首長はムクタダ・アル・サドルというシーア派指導者だと説明を受けていた。その男のことは聞いたことがなかったし、たいして気にもしなかった。いずれにしても、シーア派は親米ということになっている。わたしは最初、バグダッドに入った時には、本当にそうなのだろうかと懐疑的だった。

あちこちの塀を一週間前は華々しく飾っていたであろうサダム・フセインの肖像画が、すでに汚され、消されていた。古代ローマの〝記憶の断罪《ダムナテイオ・メモリアエ》〔悪帝とみなされた皇帝の記録を破壊する行為〕〟のように、かつての独裁者の痕跡がいたるところで破壊されている。ポスターは破られ、壁画は上からペンキが塗られ、彫像は引き倒されていた。新しい政権を表す象徴が何であれ、ほとんどのイラク人が期待をこめてそれを待っているように見えた。

しかし、サダム・シティに権力の空白はなかった。旧政権の崩壊から一日足らずのうちに、道路両脇の縦になっている平面という平面が、顎髭を生やしてターバンを巻いた指導者の絵でほぼ覆いつくされた。米国の是認する〝記憶の断罪〟がただちにはじまり、変化を促していた。米軍はサダム国際空港をバグダッド国際空港に、サダム・シティをサドル・シティに改名すると高らかに宣言したのだ。後者の変更についてはどういう了見でそうなったのか、われわれには理解しかねた。

「あの指導者が返り咲いて、厄介なことになりますよ」エスペラがわたしに言う。「米軍はあのくそ野郎に黄金の鍵を渡しちまったんです。あいつが治める肥溜めみたいな地域と、バグダッドのほかの地域を比べてみればいい。シーア派は報復する気がないと思ってるやつは、しばらくエアコンのきいたオフィスの外で過ごすべきなんです」〔イラクのシーア派はサダム・フセインの統治下で厳しく弾圧され、その多くが貧しいサダム・シティで暮らしていた〕

米軍支配下で略奪と殺人が横行

嬉しいことに、われわれに新しい家ができた。建物の外壁には英語で〝イラク国営煙草会社〟と書かれている。工場の敷地には高いオフィスビル一棟と倉庫が四棟あった。倉庫は一棟を除いてすべて火に覆われ、無数の煙草と葉巻が燃えて、吐き気をもよおす甘い匂いの煙がもうもうと上がっている。この三週間、喫煙や嚙み煙草でストレスを紛らわしていた隊員たちは、残った一棟の倉庫の中をくまなく捜索し、嬉々《きき》として煙草のカートンをハンヴィーの荷台に積みこんだ。

敷地はコンクリートの塀に囲まれ、塀の上には有刺鉄線が張り巡らされている。内側には木が植えられ、小さな庭もある。駐車場の地面は舗装されたばかりで、三層になったコンクリートの噴水がオフィスビルの正面の芝生を飾っていた。この煙草会社を運営していたのがサダム・フセインの息子たちだったことを思えば、絶望が広がる第三世界でここだけがこの繁栄ぶりというのも納得がいく。

塀の内側は数百人の海兵隊員が生活する秩序正しいキャンプ。外側は五〇〇万人のイラク人が暮らす無秩序な街。その塀を越えて交わされる人的交流は、オフィスビルの屋根の上にいる海軍特殊部隊《SEALs》の狙撃手によるものだけだ。武器を持ったイラク人がいれば誰でも撃てと狙撃手は命じられている。その日の午後から夜にかけて、数分おきに銃声が響いた。

われわれは翌日からサドル・シティを巡察することになっている。大隊が作戦本部を設置した大きな部屋で、わたしはコンクリートの床に真新しいバグダッドの地図を広げた。街の広さは四〇〇平方キロメートル、人口は五〇〇万人以上。シカゴよりも、ボストンやアトランタやダラスよりも大きい街だ。大隊の管轄地域を青いマーカーで慎重に囲む。チグリス川北岸の縦横二〇街区がこの中に入る。街で最も人口密度の高い地域だ。隣接する地域はほかの部隊の管轄なので、バグダッド全体が管理しやすく細切れになっているようだ。

海兵隊と陸軍のほぼ全部隊がバグダッドに集結しているからには、米軍がこの街でかなり大きな力を持つことになるだろう。各部隊がそれぞれの地域を管理して常にそこで存在感を発揮すれば、相当多くのことが達成できるはずだ。わたしは町議会との顔合わせを思い描いた。もしかしたら、年長者らと一緒にお茶を飲んだり、差し迫った必要への対応を自治体にやってもらったりするかもしれない。いままで見てきた状況から判断すると、信頼関係を築くには金や清潔な水や医療品が役立ちそうな気がする。だが、重要なのは継続性だ。人間関係を築き、約束したことを果たしていかなくてはならない。来る日も来る日も同じ場所に姿を見せ、その地域の決まりごとを学び、人の名前と顔を覚え、何かおかしなことがあれば気づけるようになる必要がある。

ようやく地図を折り畳んで作戦本部を後にしたわたしは、新たな自信と目的意識を感じていた。暖かい夜だった。舗装された地面に寝袋を広げて潜りこんだ時、塀の外から銃撃戦の音が聞こえてきた。曳光弾が夜空に弧を描き、わたしは次々に発射される砲弾がどこに落ちるのか気になった。

翌朝、われわれの巡察は中止された。煙草工場は次の日に出立して、市内の別の地域へ移動するという。第一偵察大隊の管轄地域も変更になった。戦後計画に対するわたしの自信にほんの少しひびが入ったが、作戦の規模が巨大なのだから、全部隊の配置調整に多少の時間はかかるだろうと考えて自分を納得させた。

しかし、銃弾が飛び交う戦争の終結から二日後、街を席巻していたのは略奪者や犯罪者だった。昼間は米軍の巡察で不安定な平和が保たれていたものの、海兵隊員は日没までに基地内に戻るよう命じられていた。夜はバグダッド中で報復殺人の潮が満ち引きし、銃撃戦が地域一帯を荒廃させていく。われわれは介入を禁じられていた。報復はおのずと均衡がとれて落ち着くだろう、というのが大多数の海兵隊指揮官に共通した見解だった。けれども、報復はさらなる報復を生んでいるように思われた。無秩序な一日が過ぎるごとに、米軍に対するなけなしの信頼が霧散していく。ブリーフィングで煙草工場を間もなく出ると小隊に告げた時、すでに隊員たちの目には疑念が浮かんでいた。

イラクはベトナムになるか

バグダッドを出て北へ数キロ、大隊の新しい本部となる子供病院へ向かって走る。南行きの反対車線は大渋滞だ。数週間前に爆撃を逃れてバグダッドから避難していた人々が、歓喜の大群衆となって家路に押し寄せていた。ダンプトラックの荷台や自動車の屋根からイラク人が手を振る。隊員たちはクラクションを鳴らし、手を振り返して応える。わたしはただただ街の規模と人の多さに驚《きよう》愕《がく》していた。

「もし実際にこの人たちがわれわれと戦う気になってたら、どうなったと思う?」わたしが訊いた。

「あと二、三か月もすれば、米軍は期待外れだってことで戦う気になりますよ」むっつりした顔でウィンが言う。

子供病院には正午を少し過ぎて到着した。この病院もイラクのほとんどの施設と同じように、本来の目的がどうあれ秩序正しい軍隊の雰囲気があった。門衛小屋の立つゲートを入ると、長い並木道が六棟の白い建物まで延びている。ブルドーザーで整地した盛土が敷地を囲み、その上に監視塔が点々と立っていた。各中隊はそれぞれ病棟へ移動し、大隊本部は病院の事務局だった部屋に腰を落ち着ける。どこもかしこも略奪しつくされていた。部屋という部屋の床が、砕けた瓶や注射器や書類の山に覆われている。什器《じゅうき》はひとつも残っていない。照明器具やスイッチプレートまで壁からはがされていた。わたしと小隊の隊員たちは、腰を下ろして昼食をとる。

「隊長、これからどうなると思いますか?」尋ねたのはジャックスだったが、ほかの隊員たちも同じ疑問を抱いていたとみえて、全員の目がわたしに注がれる。わたしはイラクで時間に余裕がある時、隊員たちと一緒にのんびり座って話をするのが大好きだった。会話を終わらせたくないというだけの理由で新しい話題を捻《ひね》り出すこともあった。

「まだ何とも言えないな。でも、希望的観測としては——」わたしは言った。「動き回るのをやめて、受け持つ地域が決まるといいなと思ってる。毎日その地域の見回りをするんだ。今はまだ、この国の人たちは民主主義どころじゃない。必要なのは清潔な水だ。夜の夜中でも撃たれたりしない生活だ。誰だって、馬に賭けるなら勝たせてくれそうな馬に賭けるよな。ここの人たちに、われわれが勝ち馬だと信じてもらう必要がある」

「でも、そうなる確率はどれくらいありますか?」チャフィン伍長が膝に載せた小銃を磨きながら尋ねる。「きっと、これからもわれわれは移動して回って、守れもしない約束をして、そのうち普通の人たちだって米軍を解放者じゃなくて占領者と見るようになるんじゃないですかね」チャフィンは赤毛で色白だ。その顔色が、話しながら暗くなっていく。「すぐにみんな米軍なんか出ていけってことになって、米国ではリベラルどもが文句を言いはじめて、そしたらもう、あっという間にベトナム状態ですよ。俺たちは読むだけじゃなくて、その現実を生きることになる」

「そこまでのことはないと思うけどな」わたしは言った。「これはベトナム戦争じゃない――われわれが戦っている相手に超大国の後ろ盾はないし、こっちが手出しできない隣国の〝聖域〟〔ベトナム戦争では隣国との国境付近がゲリラにとって安全な拠点となることが多かった〕があるわけでもない」

「隊長、反論させてもらっていいですかね」エスペラが口を挟む。「こう言っちゃあなんですが、それは違うと思いますよ」身を乗り出して、手にした細い葉巻の先をこちらへ向ける。「ゲリラ戦ってのは、〝聖域〟があってパトロン国がいるから戦うんじゃない。そんなの政治学者のたわごとです。戦う意志があるから戦うんですよ」こめかみを葉巻でこつこつ叩く。「この国の連中が望まないものを米国が押しつければ、間違いなくベトナム状態になります。米国は自国の誇りや信用を持ちだして、ほかのやつらはとっくに米国のやってることはむちゃくちゃだって気づいてるのに、いつまでも金と人をつぎこみつづける。結局われわれは撤退して、一か月前にドアを蹴破って入ってきた時よりもイラクはさらにひどいところになってるんです」

「一番厄介なのはどんなやつらだ？」わたしは尋ねた。

「われわれと同年代の男たちです」エスペラが言う。「俺たちを嫌ってる。殺したいと思ってる。あいつらの目を見ればわかります」

それはわたしも同じ意見だ。戦争がはじまって最初の週、われわれを歓迎するムードがはっきり感じられた。一八歳未満の誰もがわれわれを見て大喜びした。女はみんな歓声を送ってくれた。五五歳くらいより上の男はさっと親指を立てた。ところが二〇代や三〇代の若い男たちは、無言でじっとこちらをにらむだけだった。

「なぜだと思う、エスペラ？」わたしは訊いた。巷《ちまた》の人々の動機を推し量ることにかけては、わたしが学生として過ごした一六年間など、ロスの借金取り立て屋の二週間にも及ばないのは分かっている。

「決まってるじゃないですか、やつらを去勢したからですよ。タマを切り落として、女房や子供に見せつけたからです。われわれが連中のためにやったことは、連中が自分たちでやらなきゃいけないと分かってたことなんです」

「でも、それをやる時間が一二年もあったじゃないか」

「難しい話はやめてくださいよ、隊長。俺はやつらがなんでそう感じるかを説明してるだけなんですから。やつらが正しいと言ってるわけじゃない」

コンクリートの床に仰向けになり、M２０３擲弾発射器《グレネードランチャー》を歯ブラシで磨いていたコルバートが話に入ってきた。「旧政権が潰れて、一番割を食うのが若い男たちだっていう事実はどうなんだ？権力を持ってたのに、それを失いつつあるわけだろ」

「テレビに出てるインテリはそう言うだろうな、きっと。でも大間違いだ」エスペラは一語一語、葉巻を突き立てながら言う。「あちこちの共同墓地に埋められているのが小さい子供と爺《じい》さんばかりだと思うか？　あの政権には若い男もほかの人たちと同じくらい大勢殺されたんだ。フセインは機会平等の殺し屋だったからな。子供も、爺さんも、女も。やつは自分の娘たちの亭主まで殺したんだ」

隊員たちが黙りこむ。コルバートが擲弾発射器をこする音だけが響いていた。

一か月以上浴びていなかったシャワー

翌朝、四日間で三度目の移動が言い渡されて北へ向かい、チグリス川のそばのメニン・アル・クッズ発電所へ移った。いくつかの変圧器と倉庫からなるその発電所は、バグダッドの北の国道から数キロ離れた耕作地帯にある。門を入ってすぐのところにはサダム・フセインの銅像が、ネクタイに中折れ帽という格好で小銃を高く掲げて立っていた。その頭の上には先に来た誰かが残していった糞便《ふんべん》が載っている。ここでのわれわれの任務はふたつあった。何年も放置された発電所を作業員が復旧する間の安全確保、そしてここを中継基地としてバグダッドの四分の一にあたる北東部を巡察することだ。同じような計画を二日で二度も聞いていたが、わたしは自分の疑念を胸にしまった。

B《ブラボー》中隊は敷地の端の倉庫に入居した。石油タンクが銃撃戦で破壊されていたため、外の地面はべたつく石油の膜で覆われている。それがタイヤや靴底にねっとり付着し、匂いで頭が朦朧とする。倉庫の中は貨物室だったが、上階はオフィスフロアになっていたので、そこで寝ることにした。この寒々とした建物で何よりすばらしかったのは、重力式ポンプから凍えそうに冷たい水が出て、一か月以上ご無沙汰していたシャワーを浴びられたことだった。砕けたガラスが床一面に散らばっていたのでサンダルを履いたままだったし、首にかけた蹄鉄のネックレスが水圧でちぎれそうになりはしたが、それでもシャワーは浴びる値打ちがあった。日がとっぷりと暮れ、また街から曳光弾が発射される中、B《ブラボー》中隊の隊員たちは冷たい真水が滝のように降る下で、金切り声で歓喜の雄叫びをあげた。

まだ戦争が終わって一週間も経っていない

シャワーのあと、わたしはまた汚れた迷彩服を着て、リーコンの作戦本部へ向かった。これからの任務――実際の任務と想定される任務の両方――に向けて、またいつ終わるとも知れないブリーフィングと計画会議に参加するためだ。海兵隊には、節約しながら大きな成果を上げるという組織文化がある。これは金や装備の節約に限ったことではなく、時間も節約、確実性も節約、指導や管理も節約だ。それでもやっていけるのは、計画と準備を徹底しているからだった。隊員たちがしかるべき休息をとっている間に、大隊の将校と参謀下士官は過去の任務の報告や、現在の任務の進捗《しんちょく》確認や、今後の任務の計画をおこなう。最も休息を必要とする意思決定者が、誰よりも短い休息しかとれないこともしょっちゅうだ。わたしは疲労でよろけそうになりながら、騒々しい発電機の横を通り過ぎて偵察作戦本部《ROC》の部屋に入った。

発電機の電力で頭上に灯る照明の列が、二方の壁いっぱいに貼られた何枚もの地図を照らしていた。小さな旗のしるしがついている場所は、大隊の各巡察部隊の現在位置だ。もう一方の壁には管理ボードが掛けられ、巡察に出ている各小隊と班の編成、コールサイン、位置、活動内容が示されている。無線係の三人の前には無線機がずらりと並び、コードが床を這い、開いた窓の外へ延びて、屋根の上のアンテナの木立につながっている。騒音や雑音に囲まれながら、三人は命綱の回線をつなぎっぱなしにして、戦闘中の各小隊と航空機や砲兵部隊などあらゆる形態の支援を中継する。

　ROCに来る時はいつも、わたしは恐怖におののきながら部屋に足を踏み入れる。有能な無線係がてきぱきと仕事をこなしているのを見ると、無線回線の向こう側にいる時に安心できた。だが、もし無線係が居眠りしていたら、もし地図の現在位置が何時間も前のものだったら、もし小隊がずたずたになっているのに無線係がトランプをしていたら、という恐怖にいつも悩まされる。理不尽な恐怖だとは分かっていても、毎回そう感じずにはいられない。

　その夜のROCは、外の発電機と同じで単調な音が響いていた。無線係がそっけない口調で無線機に話しかけては、外の小隊からの報告を持って管理ボードや地図を往復し、ひっきりなしに情報を更新する。部屋の隅ではホイットマー少佐が座って報告を読んでいた。もうわたしの上官ではないが、四年近い付き合いで、わたしは心から信頼している。

「こんばんは、少佐。ちょっといいですか?」

「もちろんだ、ネイト。椅子を持ってこい」

「お疲れのご様子ですね。佐官は毎晩八時間睡眠だと思ってましたよ」

　わたしの軽口に少佐が笑う。「おまえもかなりきつそうだな」

「ええ、まあ、しかたないですよ。明日の朝から四八時間、小隊を連れて外へ行くんです。ここの南をチグリス川沿いに巡察することになってるんですが、何か情報や特別なアドバイスをいただけないかと思って」わたしは背後の壁の地図を使って巡察計画を説明した。

「いいか、ネイト、まだ戦争が終わって一週間も経っていない。それが意味することは三つだ。国民の生活は崩壊していて、おまえたちへの期待も大きいだろう――深入りは禁物だ。報復殺人にも出くわすと思え――自分から選んでもいない戦闘に巻きこまれるんじゃないぞ。それから三つ目だがな、敵は先週いなくなったが戦闘で死んだわけじゃない――また攻撃してくるかどうかは分からんが、どこかにいることはたしかだ。気をつけろよ」

35 「確かな行動は、一〇〇〇の約束や会議や評価チームに勝る」

裕福な新興住宅地

「ゴッドファーザー、こちらヒットマン・ツー。自軍陣地出発の許可を願います。ハンヴィー五台、将校一名、下士官兵二〇名、海軍下士官一名、民間人二名。巡察ルートはブリーフィングの通り。帰還予定時刻は現在から四八時間後」

この無線連絡で発電所の門が大きく開き、小隊は通訳のミッシュと記者のエヴァン・ライトを伴って砂利道をバグダッドへ走りはじめた。向かう先は挺身隊が活動していた地域で、情報部隊によるとチグリス川に近い遊園地が拠点だったらしい。われわれの任務は、地域住民と親善の輪を広げつつ、情報も収集して、挺身隊に可能な限りのダメージを与えることだ。これから二日間、バグダッドの北に広がる六〇平方キロメートルの地域で、米軍部隊はわたしの小隊だけとなる。地図で見るとヤシの木立と農場と村が混在し、街の一部が北へ延びてきている地域だ。実際にその地図の通りかどうかはもうすぐ分かる。

小隊には活気があった。単独で行動し、自由に意思決定して、自分たちがふさわしいと思う方法で任務を実行できる。これからの二日間は、わたしとガニー・ウィンが責任者だ。比較的快適な発電所で寝てみんな休息はとれている。しかも昨晩は郵便が届き、手作りクッキーやビーフジャーキーやトレイルミックス〔ナッツやドライフルーツなどが混ざった栄養食〕など、一か月も口にしていなかったうまいものをたらふく食べた。三日間も任務がなかったので、みんな隠居したような感覚に陥っていた。わたしは動きたくてうずうずしている。われわれはきっとイラクの小さな一画に秩序をもたらし、自由や忍耐や寛容の手本を示せるだろう。それに、もし敵対する者がいても、銃撃戦の方がまだ倉庫の床でごろごろしているより刺激的だ。感覚を取り戻す必要もある。

最初に車両を停めたのは、雰囲気のいいアメリカ風の新興住宅地だった。地図によると、カラト・アブドゥ・アル・ジャサーディという地域のようだ。こぢんまりした住宅地で、縦横三街区ほどしかない。美しく剪定《せんてい》された低木の柵の奥に、手入れの行き届いた大きな家がのぞいている。通りでは子供たちがボール遊びに興じ、大人は庭仕事や車いじりに精を出していた。整然と並ぶその家々が、幹線道路を走っていたわたしの目をとらえた。フセイン政権下であんないい家に住んでいられたのは、バース党員か党支持者くらいだろう。街を安定させて不穏分子を根絶やしにすることを米軍の使命とするならば、手はじめにバース党の牙城《がじょう》を叩くのも悪くない気がする。そこでわたしは、三週間の戦争で繊細さをなくし、三日間の休息で勢いづいた海兵隊小隊長として当然の選択をした。住民を挑発することにしたのだ。

ディーゼルの排気をまき散らし、これみよがしに武器を振りかざして、静かな住宅地へ入っていく。ところがわれわれは、冷たい視線を浴びるかわりに大歓迎を受けた。子供たちが駆け寄ってくる。大人はまわりを囲み、たどたどしい英語で質問を浴びせかけてくる。

「やっとアメリカ来てくれた！　イラクいい国でしょう？」

群れ集まる人々を押しのけながら、年配の男がひとり近づいてきた。日焼けして深い皺の刻まれた顔に、落ちくぼんだ目が険しく光る。白い長衣が真昼の太陽に輝いている。きっとこの地域の長老で、住民を代表して話をしにきたのだろう。男は怒っているように見えた。わたしはハンヴィーを降り、ミッシュを脇に従える。ウィンをちらりと見て、わたしと同じ空気を感じとっていることを確かめた。ウィンは膝で小銃を支え、顔は穏やかだが体には緊張を走らせている。と、その時、長老の顔にぱっと笑みが広がり、わたしの手を固く握った。

「どうも、どうも。ありがとう。ようこそ」その地域の住民は医者やエンジニアがほとんどで、サダム・フセインの統治下でもそういう専門職は大事にされていた、と長老が説明する。「でもサダムがいなくなってよかった」長老の話では、戦争が先週終わってから、残った爆弾やロケット弾が未発のまま通りや野原に捨てられて困っているという。その地域では自警団を組織し、略奪者だけでなく、米国への報復感情から自分たちに八つ当たりしかねない挺身隊にも警戒を怠らないようにしていた。電力と清潔な水は充分足りているので、心配なのは未発弾だけだ。

わたしの懸念事項の優先順位からすると、未発弾は三番目で、安全確保や最低限の水と電力の供給に比べればはるかに低い。暗くなる前にできるだけ多くの地域を見て回りたかったので、長老には子供たちを爆発物に近づかせないようにと力説し、明日また来ると約束した。走り去るわれわれを住民が大歓声で見送る。「明日、アメリカ、明日！」

「エデンの園が見つかったな」

わたしは明るいうちに例の遊園地を見て、日没後に監視しやすいようにしておきたかった。土地勘がつかめれば、事は簡単だし効果も高い。われわれは灌漑水路沿いの土手道を西へ走りながら、この道をずっと進んでチグリス川に達し、そこから舗装道路で遊園地の門まで行けたらと思っていた。現実は計画通りにはいかないものだ。土手道はがくりと下り、交差する溝の中へ消えていた。ハンヴィーでも勾配《こうばい》が急すぎるし、深すぎて渡れない。パーソン伍長がシートベルトを締めて挑戦する気になっていたが、車両をひっくり返させるわけにもいかず、われわれは引き返して土手を離れ、ヤシの森を分け入っていくことにした。

マツの原生林を思わせるような森だ。木々の間隔は広いが、太陽が見えないほど葉が茂っている。下生えは全くない。われわれは幹の間を縫うように走りつつ、時には土の小道を通り、時にはGPSに頼って遊園地をまっすぐ目指す方向へ進んでいった。頭上高く茂る葉の間を鳥が舞い飛び、陽光きらめく草原に白い花が咲き誇る。

コルバートがハンドセットをオンにして口笛を鳴らした。「エデンの園が見つかったな」

木々を縫っていくので歩く速さでしか進めず、一〇〇メートル足らずしか視界がきかないところも多い。いつもなら警戒しているはずの状況だ。見えない、機動できない、しかも無線は木々のせいで音声がひずんで通信できない。だが、あたりに邪気は感じられなかった。われわれの観察力は戦闘で研ぎ澄まされている――脅威があればすぐに分かった。ヤシの森に脅威はなく、われわれはこのまわり道にふとあらわれた美しさを堪能した。

日が暮れかけたころ、森を出てチグリス川と平行する舗装道路を走りだす。その道路に、小銃を持った三人の男が立っていた。横にコンクリートの柵を立て、タイヤを積んで、交通を遮断している。小隊は反射的に戦闘隊形へと動く。エスペラがコルバートと横並びになり、前方の火力を強化する。レイエスとラヴェルが側方と後方を固める位置につく。わたしは無線機のひとつを大隊の周波数に合わせ、いつでも接敵の報告ができるようにした。

コルバートとエスペラが男たちから五〇メートル足らずの位置で停止する。相手は小銃を脇に下げて路上に立ったままだ。もう相手に有利な点は何もない。小隊は撃鉄を起こし、いつでも撃てる状態で、最初の一発が発射されるか交戦の命令が下りるのを待っている。にらみ合いが何分も続くかと思われたが、ほんの数秒で男のひとりがアラビア語で叫んだ。

ミッシュが叫び返し、こちらへ首をまわして大声で言う。「自警団です。略奪者を止めようとしてるだけですよ」

民主主義の善を伝える最良の方法

男たちが言うには、毎晩このあたりを略奪者がうろついて、動かせるものを片っ端から盗んでいくらしい。道路沿いの家の窓には手書きの垂れ幕が掛けられていた。それをミッシュが翻訳する。〝サリフ・ハッサンの町は盗人を許さない。命はないと思え〟男たちはわれわれに、この集落にとどまって守ってほしいと懇願する。

夫や父親がアメリカ人と一緒にいるのを見て、女と子供がサリフ・ハッサンの家々の門から続々と出てきた。子供たちは大はしゃぎして、夕暮れの路上で踊ったりスキップしたりしている。女たちはもっと控えめで、男たちの脇にすっと寄り添い、ベールで顔を隠していた。

わたしはその人たちを助けたかった。さっき出発したあの住宅地を見捨てたような後味の悪さが残っている。水路沿いを走っていても、ヤシの森を通っていても、そのことがずっと気になっていた。われわれがここにいるのは、ただ景色を眺めたり旗を振ったりするためではない。わたしは米国がイラク国民のためになることをすべきだという自分の主張を実行に移したかった。

占領一週目のいま、ひとつの確かな行動には、民主主義の善や崩壊した政権の悪を一〇〇〇回語るに等しい価値がある。サリフ・ハッサンの住民は、命の危険とまではいかなくても、生活が危険にさらされていると思っている。この人たちにとっては海兵隊のわれわれ単独小隊が米国の力そのものを表す存在だ。手助けをすれば万事うまくいく。去ればおそらく米軍に見捨てられた象徴的な出来事としてこの人たちの記憶に残るだろう。

けれども、われわれには任務があった。担当区域の隅々にまで足を踏み入れ、何がどうなっているかを報告する義務がある。一か所の小村でひと晩過ごすのは、この時点では、乏しいリソースの配分が適切でないように思われた。サリフ・ハッサンが米軍に守られているのを見れば、略奪者らは素通りして次の町へ行くだけだ、とも考えられる。略奪者を待ち伏せ攻撃するわけにはいかない。戦争の終結以降、武力行使が認められるのは自己防衛か人命救助に限られていた。盗みというのは、占領軍のゆがんだ見方からすると、遺憾ではあるが違法ではない。

わたしがここにとどまることはできないと告げた時、男たちは反論しなかった。禁欲的なあり方はイラク人に多く見受けられる。嘆きもせず、文句も言わず、反論もしない。あきらめてうなずくだけだ。この国の人たちは何事もやり過ごすのに慣れている。わたしは明日また来ると約束したが、道路を走りながらもずっと後ろ髪を引かれる思いだった。

将校はジリスである

われわれは結局、あまり遠くまでは行けなかった。ヤシの森と自警団の検問所で手間取ったので、明るいうちに遊園地にたどりつけなくなったのだ。宵闇が深まる中、もう少し地域の状況を把握してから今夜の巡察基地を見つけようと、南へ走り続ける。わたしはその計画の変更を考えていた。ほぼすべての地域で自警団が活動しているのは明らかだ。だが、武装して家を守るイラク人と、武装して暗闇を動き回る海兵隊員が鉢合わせすれば、一触即発となるだろう。そこで、小隊が夜を過ごせる安全な場所を見つけ、一個班を徒歩偵察に出してこっそり嗅ぎ回らせることにした。さっき溝にぶつかって迂回した水路のそばに、基地にぴったりな場所が見つかった。まっすぐそこへは向かわずに、通り過ぎて何分かその場所を監視したあと、闇に紛れて引き返す。

そこは野原に囲まれた高台に残る、イラクの高射砲陣地だった。砲座はすべて置き去りにされていたが、砂嚢があって見晴らしがいいので防御が容易な場所だ。われわれはハンヴィーを大雑把な円形に並べてコンクリートの地面に停め、有刺鉄線を張った。通ってきた眼下の土手の各部へ向けて五〇口径の機関銃を一挺ずつ配置し、Mk19を野原の奥へ向けていつでも擲弾を投下できるようにする。このあたりではここだけが一〇メートルほど高くそびえ、コンクリートの塀に守られている。まるで天然の要塞だ。わたしは赤外線ストロボライトと赤外線〝丸鋸《まるのこ》〟を並べた。もし攻撃を受けたら、これを陣地の目印にして、それ以外を航空機に一掃してもらえばいいだけだ。隊員たちが交替で監視を開始し、わたしは無線で大隊に状況報告《SITREP》をする。

「ゴッドファーザー、こちらヒットマン・ツー。SITREPの受信待機を願います」

「ヒットマン・ツー、こちらゴッドファーザー。大きく明瞭《めいりよう》に聞こえる。受信待機中」

「巡察基地の位置はM　B《マイクブラボー》　四一五三《ヨンヒトゴーサン》　九九二〇《キユウキユウフタマル》」わたしは夜に航空支援が必要になった場合に備

えて地図の位置を正確に読んでから、今日分かったことをおおまかに伝えた。大隊の無線通信手が地図座標を復唱するのを聞きながら、発電所の暖かい部屋やホットコーヒー、管理ボードを更新する隊員のことを考える。この通信をホイットマー少佐が聴いて、われわれの現在地を把握してくれることを願った。

「ゴッドファーザー、今夜はここにとどまる計画です。徒歩偵察班一個、ヒットマン・ツーツーがブリーフィング通りＰＩＲの調査をおこないます。よろしいですか？」〝ＰＩＲ〟というのは優先情報要件（priority information requirements）――リーコンが師団から収集を命じられているこまごまとした情報のことだ。われわれの場合は、学校や病院の位置、道路の通行の可否、遊園地について知りうる限りの情報などだった。

大隊から計画の承諾を得ると、わたしはガニー・ウィンとレイエス三等軍曹と共に徒歩偵察の計画に取りかかった。自分が同行できない任務はいつだって最悪だ。一緒にいれば、危険なことを小隊に命じるのは簡単だった。それがわれわれの仕事だ。そこには〝ガンホー〔第二次世界大戦中に海兵隊で使われた〝がむしゃらに働く〟という意味のモットー〕〟の仲間意識があり、安全意識やリスク回避やシートベルトと安全ゴーグルといった、自分たちが育ってきた文化を嘲笑《あざわら》う喜びがあった。だいいち、わたし自身が前線に立ち、みんなと同じか、時にはもっと大きな危険の中にいた。

クワンティコの教官から、将校の給料はジリス〔地面に巣穴を掘って生息するリス〕になる対価と聞かされたことがある。まともな連中がみんな地面の穴に隠れている時に、ひょっこり頭を出して何が起きているかを確かめるのが将校の仕事というわけだ。

しかし、自分が同行せずに部下を送り出す時は、任務に鉄壁の論理的根拠がなくてはならない。

わたしのリトマス試験はシンプルだ――もし部下が戦死したら、戦争が終わったあとに両親を訪ね、なぜ息子がわたしの部隊の任務で死んだのかを正直に説明できるかどうか。戦争では人が死ぬ。全志願制の軍隊に属する以上、われわれはひとり残らずそれを受け入れている。しかし、死ぬとしても無意味な死でないほうがいいし、不要な任務ではなく、お粗末な計画ではなく、不適切な設備ではないほうがいい。わたしは自分がヤシの森へ同行しないと知りつつレイエスにブリーフィングすることに、少し罪の意識を感じていた。

徒歩偵察を中止する

月は不気味なほど明るく、われわれの影を地面に落としている。ハンヴィーのボンネットに広げた地図が、懐中電灯なしで難なく見えるほどだ。偵察の話をしている最中に、東の野原の方で銃撃戦が勃発した。次々に発射される曳光弾が木々の間を飛び交う。気持ちよく寝袋にくるまっていたエヴァン・ライトが地面から一メートル近く跳び上がり、コルバートのハンヴィーのボンネットの上を転がって、フロントタイヤの陰に隠れた。曳光弾の赤い帯が何本も頭上高くにのぼり、暗い空に消えていく。西のチグリス川の近くでも、銃撃の音が木々の間で鳴り響いた。わずか数秒のうちに、われわれは三方を猛烈な銃撃戦に囲まれていた。とっさに身をかがめたが、この陣地へ飛んでくる弾丸はなさそうだ。

「一体なんでこんなことになってるんだ?」ガニー・ウィンが全員の疑問を代弁した。

おそらくこれは、報復殺人と略奪者を迎え撃つ市民、そしてきっと無法地帯となった町で銃を撃ちたいだけの不届き者が組み合わさったものだろうと見当をつけた。銃撃は衰える気配のないまま一時間近く続いている。何分もぶっ続けで銃声が鳴り響いたかと思うと、おおかた装塡しているか標的を探しているのだろう、張りつめた沈黙が訪れることもあった。そのあとは必然的に、さらに大きな音がとどろき、様々な武器が一斉に発射される。米軍の訓練で教わる都市伝説のひとつに、味方の曳光弾は赤いが敵のは緑だというものがある。だが、緑の曳光弾は見たことがない。すべて赤で、今はそれがいたるところで飛び交っている。

またしても決断の時だ。銃撃のほとんどはわれわれの〝味方〟に数えてよい人々――スンニ派であるバース党の残党を殺そうとしているシーア派や、わが家を犯罪者から守ろうとしている人々――によるものだろう。隊員たちが暗闇のなかで怪しげな動きをするのを見たら、躊躇なく撃ってくるのも分かっている。隊員たちも、脅威と見れば誰であろうと撃つことになる。それが海兵隊員の仕事なのだ。ホイットマー少佐の助言が記憶の中からよみがえる。〝自分から選んでもいない戦闘に巻きこまれるんじゃないぞ。隊員たちを死に急がせるな〟この大混乱の中に、自分から選びたい何かがある可能性はきわめて低い。一か八かの賭けで得られる何かよりも、保証されている危険のほうが大きかった。

ルディが自分の班にブリーフィングしにいったあと、わたしはウィンを見て言った。「この偵察は中止して、日の出まで全員ここにいた方がいいよな。こんなのは攻撃姿勢でも何でもない――愚かなだけだ」

「全く同感です。誰かのテレビが盗まれないようにすることに、隊員を死なせる値打ちなんかない」

計画変更が大隊に認められ、わたしはまわり中でAK47の銃声が響く中、腰を落ち着けて無線の番をする。丘を渡る温かい風が、無煙火薬《コルダイト》の匂いを運んでくる。遠くではバグダッドの北の国道をヘッドライトが行き来していた。

　真夜中過ぎに中隊長から無線が入った。明日の任務が新たに課される。武器の隠し場所や未発弾があれば、爆発物処理班《EOD》が破壊できるように記録することになった。さらに、われわれの担当区域に政府官邸と思われる場所があるとの報告が大隊に入ったという。その場所の座標を聞くと、遊園地の真ん中の座標にぴたりと一致した。われわれはそこが使われているかどうかも確認することになる。わたしの背後の銃撃音に中隊長の声がかき消され、聞き直す必要が二度あった。任務を伝え終えると、中隊長は第二の要点へ移った。「今夜の徒歩偵察を中止した理由について詳しい説明を求める。これは非常に見栄えが悪い」その答えとして、わたしは銃撃戦へ向けてハンドセットを掲げ、通信ボタンを押した。

ミサイルがある村

　翌日は夜明け前に活動をはじめた。最も近い武器の隠し場所は、われわれのすぐ足元にあった。高射砲陣地から丘を下ったところにコンクリートの掩蔽壕が立ち並び、中から大口径の弾薬が一二〇〇〇発以上見つかった。その外の野原には地対空ミサイル二発が置かれている。ミサイルの識別記号を調べていると、灰色の長衣姿の老人がひとり、近くの家からやってきた。

　わたしは胸に手をあてて挨拶した。「こんにちは《サラーム・アライクム》」

「ごきげんよう《アライクム・エッサラーム》」老人はミサイルのひとつを蹴とばしながら、口角泡を飛ばして長広舌を振るいはじめた。ざらついたしわがれ声をうわずらせたりひそめたりして、早口でアラビア語をまくしたてる。わたしは促すようにミッシュを見た。

「あなたがたが来てくれて嬉しい、解放してくれて感謝してると言ってます」わたしはそれだけではないと思い、ミッシュを見つめてつづきを待った。「イラク兵が米軍の航空機を撃ち落とすのに、ここに銃を据えたとも言ってます。一週間前にそれを見捨てていったそうです。国民を痛めつけたサダム・フセインに怒ってますが、プライドのないイラク軍にも腹を立ててます。戦わずにあきらめたのが恥ずかしい、と」

「殺戮されるのは名誉なんかじゃないと言ってくれ。それから、この地域の武器や挺身隊のことを尋ねるんだ」ミッシュがわたしの質問を伝え、老人は遠くに並ぶ木々を指差しながら勢いこんで話しはじめた。その背後で隊員たちが次々にハンヴィーに乗りこむ。

「あの林の中の村に、ミサイルをいっぱい置いてる家があるそうです。大きいミサイルと小さいミサイルをあわせて——だいたい二〇発。それと、この道を行ったところに挺身隊が住んでる場所があるとも言ってます。そこには高い塔がある。湖のそばです」

ミサイルがある村というのは担当区域の境界の外だったので、この手がかりを追うことはできない。だが湖のそばの、塔がある場所は、遊園地のことを言っているようだ。

一〇〇〇の約束に勝る信頼の築き方

遊園地へ向かう途中、前日午後に立ち寄った専門職の人々の住宅地、カラト・アブドゥ・アル・ジャサーディを通りかかる。住民たちはまたわれわれを温かく迎えてくれた。われわれは武器を撤去するとは約束せずに、心配なものをすべて見せてくれるよう頼んだ。少なくともグリッド座標を調べ、早急にEOD班へ送るくらいのことはできるはずだ。イブラヒムと名乗る男を長とする小集団の案内で、町を二時間近く歩き回り、教室に置かれた一発の手榴弾から果樹園に放置されたT－72戦車まで、ひとつ残らず確認する。未発の爆弾、戦車砲弾、ロケットランチャー弾《RPG》、何か分からないが場違いな金属の物体があり、われわれはせっせと位置を記録していったが、手を触れようとはしなかった。真昼の太陽で汗びっしょりになったころ、ようやく男たちが残りはあとひとつだと言った。

　住宅地の本通りで、高い塀に取りつけられた木の門をイブラヒムが押しあけ、一軒家の孤立した庭の中へ案内する。わたしはふいに猜疑《さいぎ》心に駆られ、塀の外、門、庭の内側に隊員を配置した。われわれを待ち伏せる者がいるとしたら、その連中はよほどの計画と充分な火力を用意した方がいい。だが、イブラヒムについて庭へ入っていくと、そこには一見無害そうな金属の物体が頭から土に埋まっていた。緑色と銀色の安定翼〔弾頭後方に折り畳まれており、発射後に開いて弾頭の飛翔を安定させる〕が、草の上に一五センチ突き出ている。

「ＲＰＧ弾ですね、隊長。発射されて爆発してないやつだ」そう言いながら、コルバートがその発射物からじりじりと後ずさる。

「かなり不安定だな」わたしは答えた。大きな音をたてると全員が火の玉に包まれる気がして、声をひそめたくなる。

「訂正してください、隊長。きわめて不安定です。ＥＯＤが一週間後か一か月後に処理しにくるまで、このままにしておくわけにはいきませんよ。この家には子供が住んでる。わたしが爆破できます」コルバートは平然とした顔でわたしを見た。

　コルバートが爆破できるのは分かっていた。それが明らかな規則違反になるのも分かっている。

われわれは武器を記録し、数え、撮影することならできる。だが爆破は許可されていない。気まぐれな爆発物の山のせいで、指や目を失う海兵隊員が大勢いるのだ。だがしかし、ここは民家の庭だ。門の外には全住民の半分が、米軍の魔法を見物しようと集まっている。信頼を得られるかどうかの瀬戸際だ。自己満足のためではなく――その手の未熟さは命取りだ――この国の人々の暮らしのためになる軍隊としての、合衆国海兵隊の信頼がかかっている。信頼が得られるたったひとつの確かな行動は、一〇〇〇の約束や会議や評価チームにも勝る。

「C‐4を取ってきて仕事にかかれ、コルバート。片手を吹き飛ばされでもしたら、誓って言うが、もう片方の手もわたしが切り落としてやるからな」わたしは言った。

「了解しました、隊長」

膨らむ人だかりをわれわれが庭の外で集める間に、コルバート三等軍曹と班の隊員たちがＲＰＧ弾の爆破準備を進める。コルバートはC‐4プラスチック爆薬で一ドル硬貨大の塊をひとつ作り、それを信管に詰めこむ。そのC‐4を片手に持ち、もう片方の手には三〇メートル弱の時限導火線を巻いた輪を持った。

コルバートはエスペラ三等軍曹とふたりで庭に入り、安定翼をのぞかせる厄介な不発弾の方へ慎重に歩いていく。ふたりのヘルメットの顎紐はきつく締められ、防弾チョッキは固く閉じられていた。不発弾の近くまでいったところで地面に両手両膝をつき、腹這いになってゆっくりと匍匐《ほふく》前進しながら、背後に引く導火線を長く伸ばしていく。小隊の全員が息を殺して見守る中、コルバートはＲＰＧ弾が埋まっている芝地の穴にC‐4を押しこむ。不発弾はすでに発射されているため、起爆装置が起動していて、いつ爆発してもおかしくない。C‐4をＲＰＧ弾本体のすぐそばに横たえ、爆発の威力を大きくするために砂を被せた。

コルバートとエスペラがさっきの動きを逆にたどる――まず腹這い、それから膝をつき、最後に歩いて、ふたりを待つ小隊のところへ急いで戻ってきた。

「手を切り落とさなくて済みますね、隊長」コルバートは笑顔で言って、導火線に火をつける。隊員たちがイラク人に手を振って、身をかがめるよう合図した。

コルバートはしばらく黙って腕時計を見てから、大声で言った。「爆発するぞ！」土が間欠泉のように噴き上がって塀の外まで飛び散り、庭は小石の雨が降り、砂煙が通りへ流れ出る。住民たちはほんの一瞬身をすくめてから、わっと大きな歓声を上げた。コルバート三等軍曹とわたしは庭へ入っていって、散り散りになったC‐4のかけらの中に爆発が不完全だったことを示すものがないかを探す。ひとつもない。RPG弾があった場所は噴火口のような穴となり、RPG弾自体はこまかい金属の屑《くず》が残っているだけだった。

イブラヒムと家の主が近づいてくる。「ありがとう。ありがとう。中でお茶をどうぞ。今日はおもてなしさせてください」

コルバートは微笑んで、その役目をわたしに譲った。「隊長、わたしは班の面倒を見ないといけないんで。外交官役はお任せします」そう言って班へ戻っていく。コルバート班の隊員たちは、貸してやったラップアラウンド・サングラスをかけたイラク人少年たちとハイタッチを交わしていた。

わたしはほかに行く町もあるし、仕事も残っていると説明する。イブラヒムは納得して、またいつでもカラト・アブドゥ・アル・ジャサーディに来てくれれば大歓迎だと言った。町を後にしながら、わたしは残されていた不発弾の爆破よりも、もっと大きな何かを達成したように感じていた。

36

「選べるのは、悪いか最悪かのどちらかだ」

一ダースの提案をし、一一個を論破される

いよいよ今回の巡察のメイン・イベントだ。数日前にはじめて地図に〝遊園地〟と書かれているのに気づいてから、わたしはずっと好奇心をそそられていた。アメリカ人のほとんどがイラクと聞いて思い浮かべるのは砂漠と拷問室であって、回転木馬やジェットコースターではない。挺身隊がその遊園地を拠点としているという情報や、同じ場所にサダム・フセインの官邸のひとつがあるかもしれないという報告を聞いて、わたしの興味はつのる一方だった。

日暮れまであと六時間。当初から大隊に命じられている情報を収集し、今夜の積極的な徒歩偵察を計画する時間は充分あるはずだったが、例によって、計画は変更された。カラト・アブドゥ・アル・ジャサーディを出たあと、大隊から航海薄明終了時刻《EENT》――日没から一時間ほどしてほぼ完全に暗くなる時刻――までに発電所へ戻るよう命じられた。こぶしでダッシュボードを殴りつけつつ、わたしは無線で穏やかに了解と返事した。発電所まで帰る時間を考えると、遊園地を偵察する時間は五時間もない。

慌てるという選択肢はなかった。慌てればいいかげんになるおそれがあり、命にかかわるミスを犯しかねない。任務はできる限り入念に取り組む。まだ明るいうえに人の多い地域なので、こっそり遊園地に近づこうとしても無駄だと判断した。まっすぐ行って安全な場所を見つけ、観察しながら次の動きを決めた方がいい。

遊園地に沿って一・五キロほど延びる人口湖が、道路と遊園地を隔てていた。湖の真ん中あたりに架かるコンクリートの橋を渡って入場する形になっている。北と南は沼沢地に接し、西はチグリス川が流れているため、地形的にも心理的にもバグダッドから切り離された陸の孤島のような場所だ。塔が一本、空を背にして遊園地からそびえ立っている。シアトルで一九七〇年代初頭まで感嘆の的だったのに徐々に廃れていったスペースニードルを、もっと小さく貧相にした感じだ。塔の足元は遊歩道と円形劇場の観客席風の階段にぐるりと囲まれている。かつては美しく手入れされていたはずの灌木やヤシの木々の上に、ジェットコースターの木造の骨組みが見える。

何もかもが茶色くくすみ、塗られたペンキは剝げ落ちて、ディズニー・キャラクターもどきの絵は色あせていた。双眼鏡をのぞきながら、わたしは人混みや色とりどりの風船を想像してみる。ここはイラクで見た中で最も希望に満ちた場所だろうか、それとも最も悲しい場所だろうかと判断に迷ったが、結局は後者に落ち着いた。

小隊は湖岸沿いに散らばって、観測スコープや双眼鏡や小銃の照準器で遊園地の様子をうかがう。この観察には一時間を予定していた。たった二二人でこの巨大な遊園地をどうやって捜索するか、ガニー・ウィンとわたしが知恵を絞っていると、おんぼろの赤いフォルクスワーゲンがエンジン音と共に近づいてきて、われわれのそばにとまった。瞬時に一〇挺の小銃が向けられる。わたしは首をひねってそちらを見つつ、ウィンとの会話を続ける。

「ここは陸の孤島だ。閉じこめられるかもしれない。その対策が必要です」ウィンが言った。遊園地への突入に反対しているわけではない。あらゆる可能性を前もって考えておこうとしているだけなのだ。

「塔の上に狙撃班を配置するのはどうだ？」わたしが尋ねる。「あそこからなら、われわれがどこにいても見えるし、航空支援も要請できる」

「それはまずいですよ。塔の上だと狙われやすいし、塔の足元で安全確保するためだけに一個班を投入しないといけなくなる。となると、動ける人数は一五人だけです。全員一緒にいた方がいい」

狙撃班を置く戦術について、わたしはウィンに反論するつもりはなかった。どの任務でも、取りかかる前にわたしが一ダースの提案をして、ウィンがそのうち一一個を論破する。それからウィンが一ダースの修正案を出し、わたしが一一個を却下する。そうやって絞りこむプロセスを経て、ベストな計画に至るのが常だった。

〝大義〟か幻想か

「隊長、ガニー、ちょっと来てください」自分の持ち場にいたドク・ブライアンが、さっきの車の横からわれわれを呼ぶ。

運転席には中年の女が座り、窓越しに力なく両手を振っていた。その背後には男がひとり、無表情で後部座席に座っているのが見える。近づいていくと、傷が化膿《かのう》した臭いが漂ってきた。

助手席では一〇代半ば、一三歳くらいの少女が背もたれに寄りかかっていた。片脚をギプスが覆っている。少女は健気《けなげ》にも恥じらうかのような笑顔を作ったが、唇は震え、目には苦痛が浮かんでいた。名前はスハールだとミッシュが言う。一週間以上前の爆撃で怪我したらしい。イラク人の医者にギプスをはめられただけで、その後は何の治療も受けていなかった。両親は米軍の検問所に飛びこんで病院を見つけられればと思っていたが、道路脇にわれわれがいるのを見て車を停める気になったという。

腕時計を見ると、あと四時間で発電所に帰り着かなくてはならない。「ドク、一五分で何とかしろ」わたしは言った。

ブライアンは救急バッグを取ってくると、ギプスを切って開き、脚から剝がし取った。スハールが悲鳴を上げる。スハールの脚は肉が裂けて剝がれ落ち、奥の骨が明らかに折れていた。緑と黄色の膿《うみ》が肌の裂け目から染み出している。その臭いでわたしは倒れそうになった。ギプスを剝がされたスハールは、息ができずに苦しくなるほど泣きじゃくっている。

わたしは母親の横で地べたに膝をついた。「ミッシュ、この人の名前を訊いてくれ」

母親はわたしを見ながら「マリアン」と言った。

「マリアン、スハールのためにできることは何でもしますからね」

両親は作業しているドクをじっと見つめ、わたしはその両親をじっと見つめていた。どんな感情が渦巻いているのか、わたしには見当もつかない。わが子が重傷を負い、おそらくそれをやったのは米兵で、なのに娘の命が別の米兵の情けにかかっているのだ。米軍を憎んでいたとしても無理はない。もし立場が逆で、わたしが娘の苦しむ姿を見ている父親だとしたら、娘を傷つけたやつらの死を画策しているだろう。

わたしは小声で悪態をついた。われわれの任務は遊園地の偵察だ。脇道に逸れてこの少女を助けることを指揮官たちはよく思わないだろう。昨晩は村人が略奪者から守ってほしいと懇願するのをことわった。その判断は、四方で激しい銃撃戦が勃発して、正しかったと確認できた。スハールに関しても同じような選択に迫られている。任務に集中して大義に仕えようとするか、それとも個人的な枝葉の問題に注意を向けるか。今は〝大義〟という概念そのものが徐々にぼやけて幻想に変わろうとしている。確かなのは自分の目で見たものだけだ。訓練であれば、考えるまでもなく筋書きが決まっていただろう――少女は却下、任務に集中だ。しかし、この一か月は訓練ではなかった。

スハールの両親が毅然《きぜん》として見守るなか、ドク・ブライアンが少女の傷を消毒して触診する。ドクがちらりとこちらを見たので、わたしは説明を求めた。

「傷口から細菌感染して命にかかわる状態です。敗血症性ショックの一歩手前ですよ。隊長、この子は病院じゃないと無理です」ドクが車に背中を向けて小声で言う。「隊長が何を選択すべきなのかはわたしも理解してますが、分かってください、手当てしないと可能性はないんです」

イラクの民間人を受け入れられる救護所はない

わたしは大隊に連絡してオーバン医師と話せるよう頼んだ。ブライアンがわたしからハンドセットを受け取り、スハールの怪我の情報を伝える。オーバンは受け入れ可能なバグダッドの医療施設を確認するから待てと言う。

わたしは怒りが声に出るのを必死でこらえた。「バグダッドの医療施設？　これだけ米軍がいて、軍の施設はどうなってるんです？　何とかしてくれてもいいじゃないですか」

しばらくしてオーバンから返事がきた。「ヒットマン・ツー、米軍にはまだイラクの民間人を受け入れられる救護所がない。イラクの病院ならいくつか場所が分かるが、どこも医薬品を切らしている。その子の親が別の医療施設を見つけられるまで、そっちで何とかその子がもつようがんばってくれ」

わたしは憤怒に駆られたが、オーバンが悪いわけではない。オーバンが気概のある献身的な男だというのはカラト・スッカルの出来事で重々分かっていたし、この状況にわれわれ同様に腹を立てているのも分かっている。オーバンは手を尽くしてくれた。わたしは礼を言い、ドク・ブライアンに向き直って、取りうる手立てを尋ねた。

「いまできるのは……傷口の洗浄と、抗生物質を投与して感染症を抑えることぐらいです。清潔な包帯を巻くことはできます。替えの包帯と抗生物質を両親に渡して、使い方を教えることもできる。でも、適切な処置を受けないと感染症が全身に広がって、命はないでしょう」

「できるかぎりのことをやってくれ。小隊の安全に支障が出ない範囲で、渡せるものはすべて渡していい。終わったら知らせてくれ」

その場を離れ、わたしはガニー・ウィンのところへ行って地べたに腰をおろした。「信じられるか？　われわれはここを支配してることになってる。なのに、ティーンエイジャーの女の子のために医者のひとりもつかまえられないとはな」わたしは言った。

ウィンが、第一連隊戦闘団《RCT-1》の本部への行き方を両親に教えてやってはどうかと言いだした。RCT-1の本部なら場所は正確に分かるし、ここよりも色々と揃っているのは間違いない。わたしは賛成し、ボンネットに身をかがめて、はっきりとしたブロック体の文字で手紙を書いた。

このスハールという少女は米軍の爆撃で負傷しています。こちらにできる手当てはすべておこないました。さらに処置を受けられるように、一家をインチョン本部へ行かせます。どうか、できる限りの助力を願います。常に忠誠を《センパー・ファイ》。合衆国海兵隊 第一偵察大隊 B《ブラボー》中隊 第二小隊 N・C・フィック中尉 MC3937 0063 14APR1130Z2003

ミッシュがその手紙をスハールの両親に渡し、インチョン——これはRCT-1のコールサインだ——への行き方も教える。ドクが傷を洗浄して包帯を巻き終えたあと、われわれはフォルクスワーゲンが道路をバグダッドへ急ぐのを見送った。

「検問所で殺されなかったとしても、インチョンで一笑に付されるだけかもしれませんね」ブライアンが地面に唾をはきつつ、嫌悪感をあらわにして言った。わたしも同じ思いだ。

〝官邸〟の正体

午後遅くになって、ようやく遊園地への橋を慎重に渡る。スハールの世話で二時間ロスしていた。湖を渡る一〇〇メートルの間に、小隊は頭を戦闘モードへ切り替えた。やさしさを捨てて攻撃性を呼び戻す。橋を渡り切るとすぐに右へ曲がり、見捨てられた歩道と駐車場を通ってゆっくりと反時計回りに回っていく。

バグダッドのほかの地域と同様、ここでも略奪者らに先を越されていた。砕けたガラスがいたるところに散らばり、盗人が逃げる途中で捨てていった什器がところどころに転がっている。ハンヴィーの列が回転木馬の脇を通り、隊員たちが回転遊具のティーカップの中へ小銃を向けて何もないのを確かめる光景は、あまりにも不釣り合いで現実とは思えない。どこもかしこも空《から》っぽだ。遊園地は見捨てられたように見えるどころか、そう断定できるありさまだった。蝶番《ちょうつがい》で留められたドアは風に揺れ、紙くずが転がっていく。まるで誰もいないハリウッドの映画のセットのようだ。わたしは心のどこか、戦争に無縁の部分で、ピクニックテーブルに腰を下ろし、日差しのもとで読書したいような気持になった。

小隊は交互躍進《リープフロッグ》で遊園地の中を進み、班ごとに交替で安全を確保しながらドアを蹴破って建物を捜索する。映画館があり、軽食レストランがあり、管理事務所があったが、挺身隊の気配はどこにもない。太陽がどんどん傾く中、隊員たちに先を急がせる。遊園地の北端まではたどりつきたかった。そこには、地図上で〝政府官邸の可能性あり〟と記された大きな建物がある。その建物が近くなると、それまでの建物よりも慎重に、だが同じように二班が防御、二班が並んで前進する動きを繰り返しながら接近していく。その建物は一階建てで、湖に面して横たわっていた。

わたしはエスペラ三等軍曹に続いてドアを抜け、広い部屋に入る。隊員は数人ずつかたまって、目の高さに小銃を構えながら壁に沿ってすばやく移動する。わたしの武器はデジタルカメラだ。部屋の隅にはピアノが置かれ、隣には長い木のバーカウンターがあった。ガラス戸棚の酒類はなくなっていて、砕けたグラスが足の下でばりばりと音をたてる。

進んでいくと舞踏室があり、象眼細工の床に粉々のシャンデリアが散らばっていた。天井の装飾パネルには目立たないように照明が埋めこまれ、壊れずに残っている窓があけ放たれた外には庭のプールが見える。小銃に取りつけられたフラッシュライトが薄暗がりを鋭く照らす。廊下を進んでいって、ドアをあけた。キングサイズのベッドと大きな浴槽が部屋の大部分を占めている。隣のドアをあけても同じレイアウトだった。

〝官邸〟とやらはホテルだったのだ。ここは豪華な、イラクで見た中で最も豪華な場所だが、どう見てもサダム・フセインの住まいではない。遊園地はバース党の中堅党員が週末を過ごす場所だったわけだ。その結論に達すると、挺身隊がいた可能性がなおさら高いように思えてくる。大隊の情報士官に渡す写真を一〇枚あまり撮ったあと、遊園地の捜索を続けた。

挺身隊の本部を発見する

チグリス川に沿って南へ進む。進んだ先は建物がほとんどなく、木陰にピクニックテーブルが並ぶ野原と川を見下ろす散歩道があるだけだった。その歩道を走り、ベンチや装飾の施された手すりの間を擦り抜けていく。わたしは右を見て、胸に冷たいアドレナリンがどっと湧き上がるのを感じた。川べりの平地が塹壕で穴だらけになっている。土手沿いには装甲兵員輸送車、大型の発電機、高射砲が並んでいた。四挺の機関銃が同時に旋回し、眼下に見えるその要塞に狙いを定める。双眼鏡でのぞいてみると、動くものは何もない。

その陣地はすっかり見捨てられている様子だったので、わたしは時間を節約するために小隊をふたつに分けた。ウィンが二個班を連れて坂を下り、川沿いの塹壕を調査する間に、残ったラヴェル三等軍曹の班とわたしは別の建物の中を確かめる。その建物は移動式のトレーラーハウスで、遊園地のほかのエリアから離れたところに置かれていた。場違いな感じがする。

ラヴェルが肩でドアを押しあけ、われわれは一部屋しかない建物の中に入る。書類が床に散乱していたが、最初はそれにほとんど気づかなかった。わたしの目は壁を埋め尽くす地図に吸い寄せられていた。イラクのバグダッド市街地図だ。どの地図にも政府のタカの紋章が入っているのにすぐ気がついた。わたしが偵察作戦本部《ROC》で見ていた地図と同じように見える。そこに赤い鉛筆で、バグダッドの米軍陣地がほぼすべて書きこまれていた。古い情報だが、ほんの二、三日前のものだった。

「なんてこった、ラヴェル、これを見ろ。われわれの陣地がすべて把握されてるぞ」

「ええ、このファイルキャビネットにもっとありますよ」ラヴェルが抽斗を蹴りあけると、大量の地図と書類が溢れ出てきた。「どうやらわれわれは挺身隊の本部を見つけたようですね」

　情報部隊へ持ち帰るため、書きこみのある地図や人に関するもの——身分証、作戦指令書、それ以外にアラビア語が読めなくても内容の想像がつくもの——を重点的に、何抱え分もの書類をかき集めた。残りの書類はラヴェル班がトレーラーハウスの外の舗道に山積みにして、予備の燃料缶のガソリンをかける。書類はあっという間に燃えて、灰の小片がピクニック場にひらひらと舞った。わたしはガニー・ウィンに無線連絡し、火を燃やしていることを伝えた。

「ここにもいろんな物がありましたよ——ガスマスク、アトロピン注射器、任務志向防護態勢《MOPP》のブーツとグローブ。化学攻撃の準備をしてたみたいです。人の気配は全くないですけどね」

選べるのは、悪いか最悪かのどちらか

　隊員たちがハンヴィーに戻って乗りこんだ時、イラク軍の無線機と暗視ゴーグル二個を手にしていた。ゴーグルは米軍のものより古く、はるかに単純な造りで、金属部にキリル文字の刻印がある。われわれは戦争がはじまって最初の週に、国防長官がシリアは暗視装備をイラク軍に輸出していると言って非難するのを聞いていたので、その主張を裏づける証拠が見つかればと思っていた。わたしは任務後報告《デイブリーフイング》を楽しみにしつつ、その装備を地図と一緒に詰めこんだ。

薄れゆく日の光と競争しながら、遊園地の南端へ向かって移動を続ける。大隊に現在地を無線報告すると、帰還時刻を厳しく念押しされた——EENT厳守、あと二時間もない。わたしは遊園地の捜索をすべて終えてから発電所へ帰りたかったので、南の方には調べる建物が少ないことを祈った。隊員たちはハンヴィーの横を歩き、小屋や空き事務所を調べながら進む。そして、遊園地の南端まであと一〇〇メートルというところまで到達した。

ゴルフカート用に舗装されたゆるやかな坂道のてっぺんに、木々の向こうに並び立つ倉庫が目に入る。窓のない低層の建物で、ドアには南京錠がかけられていた。そこを調べ、なおかつ帰還時刻までに発電所に帰り着くのは不可能だ。わたしは大隊に連絡し、捜索を完了できるよう一時間の延長を要請したが、却下された。倉庫を素通りしながら、なかは空《から》っぽか、あるいは遊園地のメンテナンスに使う芝刈り機などの装備が詰まっていることを祈る。倉庫の外観を撮影して偵察記録に位置を記し、時間的制約により未捜索と追記した。

EENTの一五分前、わたしは自軍陣地に入る許可を要請した。われわれはゆっくりとゲートを抜けて、B《ブラボー》中隊の倉庫の前に駐車する。小隊がコーヒーを淹れて武器の掃除をはじめると、班長たちとわたしはこの二日間に集めたもの全部をどうにかこうにか運びながら、ROCのディブリーフィングへ向かった。

煌々と照明の灯る部屋で、デスクのまわりに椅子を引っぱってきて、隅の冷蔵庫から取ってきた冷たいコーラの蓋をあける。三六時間ぶっ続けで警戒していたので、体がカフェインを欲していた。わたしは小隊が集めた情報をまとめて報告し、班長たちが班ごとの個別情報を詳しく説明する。二日間ノンストップで観察した結果を話し続ける間、聞き取り担当者はすさまじい勢いでメモを取っていた。しかし、地図やホテルの写真や暗視ゴーグルの発見があってもなお、今回の偵察は、倉庫を捜索できなかったことが何より際立つ結果となった。

翌朝、別のリーコン小隊が任務の変更を受けて、われわれが素通りした建物を捜索し、数十発の地対空ミサイルを発見した。ほかの武器が運び出された痕跡もあった。おそらく夜間、われわれが遊園地を去ったあとのことだ。それから数か月にわたり、抵抗勢力が陸軍のヘリコプターを撃ち落とし、何十人もの兵士が殺されるたびに、わたしはあの遊園地に隠されていた武器が使われたのではないかと考えずにはいられなかった。スハールを助ける判断によって、大きな代償を払うことになったわけだ。戦争における選択で――わたしは学びつつあった――良いか悪いかの選択肢から選べることは滅多にない。選べるのは、悪いか最悪かのどちらかだ。

37 「敵の敵は味方ってやつですね」

清潔な水とジョージ・ブッシュの銅像

次の週は、計画、巡察、ディブリーフィング、そしてまた計画で、どんよりと過ぎていった。われわれの任務指令書は内容がどんどん膨らんでいく――〝区域巡察による住民の武装解除、未発弾の位置特定、混乱の鎮静化、略奪の阻止、病院や学校など重要施設の位置特定、食料と水の配給、医療の提供、米軍の存在の顕示〟。毎日これらひとつひとつに取り組み、一度に全部をこなすことも多かった。

四月一七日木曜日の朝、発電所からサドル・シティの北へ巡察に出る。この日はいつもの任務すべてに加え、翌朝一五〇〇〇リットルの清潔な水を配給するための場所を見つける任務もあった。大隊ミッシュはほかの小隊と巡察に出ていたため、われわれにはハメッド・フセインが同行する。大隊が通訳者として雇った現地の人間だ。夜明け直後、一張羅と思われる皺だらけのスーツを着こんで威厳たっぷりに発電所にやってきた。わたしが巡察を指揮すると知ったハメッドは、地図を見ていたわたしのところへ来ると、アメリカ文化やイラクでの戦争に異議を唱えて熱弁を振るいだした。

「こんなこと、すべきじゃなかったんです。サダムは悪いやつでしたけど、アメリカはイラク国民が自分たちでやつを追放するのを待つべきだった。いずれはわたしらが潰すはずだったんだから」

「ハメッド、わたしはただの中尉だ」わたしは言った。「巡察の指揮はするが、政策を決めてるわけじゃない。一緒に来て手伝ってくれてもいいし、家に帰ってもいい。だが、いま喧嘩《けんか》をふっかけるのはやめてくれ。忙しいんだ」

サドル・シティを見晴らす土手道を東へ走る。不幸にも土手から滑り落ちるハンヴィーがあれば、下で待っているのは悪臭を放つごみと下水の水たまりだ。垂れ下がる電線の下をゆっくり進んでいると、脇で犬の群れが吠えたてた。サッカーをしている子供たちが動きを止めて手を振り、アパートの建物の隙間では女たちが汚い地面に穴を掘って水を汲んでいた。男たちは日陰にのんびりしゃがみ、粗悪品の煙草を吸いながらこちらをじっとにらむ。圧倒的な武力を備えていなければ、異教徒の侵入者として縛り首にされそうな気がした。わたしが巡察で目にするのがごく狭い範囲なのは分かっているが、わずか数日の間に状況は悪化していた。最低限の電気や清潔な水すらない町を、暴力と略奪が苦しめ続けている。わたしは自分たちが常に詮索《せんさく》の目にさらされていて、その目に映るものが人々の失望を深めているように感じた。

サドル・シティの三キロ先に煉瓦造りの建物が集まる地区があり、わたしはその地区の外で小隊を停止させた。髪の薄くなりかけた恰幅《かっぷく》のいい男が、大勢の人を引き連れて近づいてくる。男はカデム氏と名乗り、儀式めいた派手な身振りを交えながら、この地区への援助はすべて自分を通すようにと求めてきた。わたしはどんな援助を望んでいるのか尋ねた。

「必要なものはふたつだけ、清潔な水とジョージ・ブッシュの銅像です」

わたしは話に付き合うことにした。「水については協力できますが、なぜジョージ・ブッシュの銅像を?」

「忠誠心を示すために通りに立てるんですよ。でも先に、町に溢れてる下水の汲み出しを手伝ってもらわないといけません」

わたしは三八〇リットルの水を今すぐ提供し、一時間ここにいて子供たちを治療することならできると伝えた。カデム氏はうなずき、後ろに群がる人々に大声で指示を出す。男たちが前に押し寄せてきて、小さな痣や切り傷や、健康そうな目、脚、頭を指差しながら、手当てしてくれと訴える。子供は脇へ押しのけられていた。

小隊が肘で小突いたり銃床で押したりしはじめる。わたしは一瞬、暴動の心配をしたが、カデム氏が指示を出し直し、われわれは子供を列に並ばせて、切り傷や火傷や脱水症状の治療をおこなった。カデム氏が指名したグループを隊員たちが手伝って、容器に入った予備の水を町の共用貯水タンクへ移し替える。水と医薬品が底をつくと、荷物をまとめて土手をさらに東へ向かい、イラク人のスポンジにわれわれの援助のしずくをぽたりと垂らす次の場所を探した。

微妙な判断を先延ばしに

土手道はバグダッドから北へ延びる舗装道路にぶつかって終わっていた。バグダッド陥落から一週間、この地区の人たちはまだ米兵を目にしていない。通りは人で溢れ、露天市では果物からステレオまで何でも売っていた。道路に面して商店が立ち並び、その上には物干し綱がバルコニーの間に張られている。

二、三街区ごとに寺院《モスク》が建物の行列に合いの手を入れ、窓の外を流れていく。町はほぼ全体が茶色くすみ、荒廃してわびしげな様子だが、モスクは違っていた。まるで客船の帆柱に張られたロープのように、光塔《ミナレット》から明るい光の筋が束になって地面に降り注いでいる。建物は真っ白に塗られ、喜びに溢れる人々と歌う子どもたちの鮮やかな壁画が描かれていた。モスクは庭まで手入れが行き届いていて、埃と淀んだ下水の海に浮かぶ緑の小島さながらだ。目にしたすべての人たちのなかで、モスクのあたりをぶらぶらしている男たちが一番屈強そうだった。地図によると、発電所からの距離は二〇キロ。その一センチ一センチがひしひしと感じられる。大隊には二時間ごとに現在地を知らせるのが普通だが、わたしは念のため三〇分ごとに連絡するようにした。

週のはじめにバース党員のアジトと目される地区に意を決して踏みこんだ時の勇気をもって、われわれは最も大きくきらびやかなモスクの前に車両を停めた。モスクの敷地を示す境界線を踏み越えないよう注意しつつ、〝米軍の存在を顕示〟して、この界隈の住民に現実的な影響力のある人物と話をしようとしていたのだ。サダム・フセイン後のイラクで権威を握る人物といえばムッラー〔イスラム教の法や教義に通じた聖職者や指導者の男性〕だ。

思った通り、三〇秒もしないうちに男たちの集団に取り囲まれた。ほとんどが中年で、ほかのイラク人のように押し寄せてきて触ろうとしたり、英語の練習をしようとしたりはしない。ただ遠巻きにわれわれを値踏みしている。わたしはエスペラと一緒に近づいて、その人たちの前に立った。

「にらみ合いだな《メキシカン・スタンドオフ》」わたしは言った。いつも通り、占領する者とされる者の距離を詰めるために、小銃はハンヴィーに残して拳銃だけを太腿に装着している。ヘルメットは被っていないが、防弾チョッキを脱ぐほどの覚悟はなかった。視界の隅に、エスペラが胸に斜め掛けしている小銃が大きく見える。

「隊長、祖国の人間をそんな風にけなされるなんて、深く傷つきましたよ」メキシコにルーツを持つエスペラが冗談めかして言う。

白一色のいでたちでターバンを冠した年配の男がひとり、前に歩み出て〝ディヤラのムッラー・モハメッド〟と名乗った。わたしの隣のエスペラが小声でつぶやく。「へえ、そうかい、俺は〝ロサンゼルスのトニー三等軍曹〟だ。文句あるか？」

ハメッドはハンヴィーの陰でぐずぐずし、ムッラーに顔を見られまいとしている。米兵はいずれ去ると分かっているが、自分はそのあともここに住まなくてはいけないのだ。わたしはハメッドを前へ呼び、この地区の人たちを助けるためにわれわれに何ができるかとムッラー・モハメッドに尋ねた。ムッラーは滔々と話しはじめ、それをハメッドが事実と依頼のリストにまとめて訳す。いわく、この地域には一〇万人が住んでいる、五年前から清潔な水を確実に得られる水源がない、戦争がはじまってから電気が止まっている、略奪には困っておらず、挺身隊の活動については何も知らない、米軍が毎日一回この町を見回りしてくれるとありがたい。

わたしは次の日に清潔な水を届けにこようと申し出た。ムッラーはそれを受け入れたものの、ひとつだけ条件をつけ、水は自分が受け取って、自分から住民に配給することを認めろと言う。

わたしは支配者の人選を操りたくはなかった。現時点で優先すべきは、生活に必要なものを必要としている人に届けることであって、地域の顔役に力を貸したり、われわれの援助を政争の具にさせたりすることではない。わたしは誰が信頼できるかも分からないのだ。われわれのなかでアラビア語を話せるのはハメッドだけだが、そのハメッドすら信じていいかどうか定かではない。ハメッドは米軍を手伝っているところを人に見られるのを怖れて、大抵ハンヴィーの後部座席に隠れていた。自分が助かるためなら何とでも言いかねない。

　わたしは判断を引き延ばすことにした。発電所に戻ってフェランド中佐やホイットマー少佐に相談しようと決め、ムッラーには翌朝また住民に水を配給しに来るとだけ伝えた。ムッラーは感謝して短い言葉を口にし、ハメッドが〝見知らぬおかたに幸あらんことを〟と訳した。

われわれはイラク再建の担い手ではない

　朝、わたしはコーヒーを淹れ、単純な日課に安らぎを見出《みいだ》していた。われわれは上階のオフィスから鋳鉄のコンロを引っぱり下ろしてきて使っている。コンロは倉庫の戸口に置かれ、昼も夜も、弾薬の缶や戦闘糧食《MRE》の箱に腰を下ろした隊員たちに囲まれている。ブリキの軍用カップはじかに触ると熱すぎるので、わたしは手袋をした両手で持って、コーヒーから立つ湯気に息を吹きかけながら、塀の外の野原に昇る朝日を眺める。

　出発準備はできていて、あとはハメッドが来るのを待つだけだった。ハメッドは自宅に迎えに来てもらうより、自分で夜明け前の暗がりの中を発電所まで歩いてくる方がいいと言い張っていた。ハメッドが門を入ってくるのが見えた。ジャケットとネクタイを身につけた小柄な人影が、土のでこぼこ道をつまずきながら歩いてくる。意気揚々とわたしに手を振ったが、コーヒーポットを囲んで座る隊員たちの方へまっすぐ向かった。みんな温かくハメッドを迎え入れ、弾薬の缶をもうひとつ引っぱって近くへ寄せる。数分後、わたしがあと一〇分で出発すると言いにいくと、ハメッドは軍用カップを手に、〈プレイボーイ〉誌で史上最年少のプレイメイトの名前をめぐって議論に熱中していた。アメリカ文化に対する批判精神はすでに揺らぎはじめているようだ。

前日の夜、巡察のディブリーフィングの最中に、ムッラー・モハメッドにどう対応すべきかを大隊の上級将校らに訊いてみた。「くそくらえ」という第一声のあと、ホイットマー少佐は米軍の援助が現地の権力闘争の武器にされるべきではないとの考えに同意した。われわれは町へ行って、来る者すべてに水を配る。それがいやなら、ムッラーであれ、ムッラーが招集した命知らずの追従者であれ、われわれを止めようとするのは自由だ。誰がイラク再建の担い手になるかは、後から来る平和維持軍や民事専門家や民間コンサルタントが相談すればいい。それはわれわれが決めることではない。われわれの目標はただひとつ、人道の危機でこの国が崩壊するのを防ぐことだ。それはつまり、宗教や社会的身分や以前の党派に関係なく、食料と水と家と医療をすべてのイラク人に提供することを意味する。わたしはホイットマー少佐の理論に納得し、その日の指針とした。

敵が上手だった

われわれはまずバグダッド中心部の市街地へ出向き、海兵隊の中央兵站基地で一台の給水車と合流する。そこから給水車を護衛して、前日通った道を北へ進んだ。ハンヴィーのミラーに映った給水車のドライバーが目を丸くしている。まだ自分たちだけで基地の外に出たことがなかったのだ。昨日と同じく大勢の人が露店に群がる中を抜けていく。例のモスクの光塔が前方の屋根の向こうに見えてきた。

「武器だ！　三時の方角」レイエスが無線で警告を発し、わたしは右方向を見た。一〇代半ばの少年が小銃を抱え、建物にもたれてこちらを見つめている。われわれが停止すると、少年は挑戦を受けるかのように頭を少し高くもたげた。わたしは最初、少年はおとりにすぎないと思った。隊員たちがまわりの壁や屋根の上を調べ、わたしはハンヴィーを降りて少年に近づいていく。少年は抵抗することもなく、小銃を地面に置いて後ずさった。わたしはその旧式のエンフィールド銃を拾い上げ、遊底《ボルト》を後方へ引くと、三発の弾薬が手の中に落ちた。小銃は掃除され、油もさしてある。踵をかえしてハンヴィーへ戻り、小銃を荷台へ放りこむ。走り去るわれわれを、無表情の少年が見つめていた。もしあれが米軍を試す行為だったとしたら、こちらの勝ちだ。

ムッラーのモスクの前では止まらずに、道路を挟んだはす向かいの空き地に駐車した。隊員たちが給水車を囲んで防御する。混乱を予想して車両の間に布テープを張り、狭い入り口から出口へ順路をたどって給水を受けられるようにした。おかしなことに、作業をしていても人が全く集まってこない。一〇分後、われわれはまだ通りの隅でぽつんとしていた。

「くそ野郎が上手《うわて》でしたね」ガニー・ウィンが言って頭を振る。「どっちがここのボスかはわかったわけだ」

われわれはテープを回収し、給水車を先導して、まだ行ったことのない数キロ先の町へ向かった。道路沿いでは女たちが積み重なったごみをかき分け、浅い地下水面を探して地面を掘っている。幼い女の子でさえ泥水のバケツを家へ運ぶのを手伝っている。ここでも男は日陰に腰を下ろし、煙草の先端の向こうで女が働くのを眺めていた。

道路はアル・ジャブラという町の北で二本に分かれ、間の土地は米国なら町の緑地か、花壇や東屋《ガゼボ》のある広場になっていそうな場所だった。イラクでは、ごみと未処理の下水が自由を謳歌《おうか》する平坦な土の空き地だ。その真ん中に給水車をとめて非常線を張ると、ほんの数分で人だかりができた。町の隅々から人が流れ出し、ありとあらゆる種類の容器を手に持ったり、押したり、引きずったりしてやってくる。プラスチックのバケツ、凍結防止剤のボトル、ゴム製の袋、子供用のビニールプールまであった。トラクターやロバもいるにはいるが、水を運ぶのは女と少女がほとんどだ。重さ二〇キロの水の容器を七歳の子供たちが頭に載せて運ぶのを見て、わたしは畏怖の念を抱いた。

「敵の敵は味方」

道路の警備はエスペラ班の担当で、エスペラ本人はハンヴィーのサイドパネルに寄りかかり、押し合いへし合いする人混みを眺めていた。「すごいですよね、隊長、このあたりの男じゃなくて女と戦うことになったら、ケツを蹴っとばされそうだ」エスペラが言う。

空き地の北にはレイエス三等軍曹の班を配置している。二本の道路はその地点でまた合流し、カーブを曲がって視界から消えていた。ここは米軍の活動地域の最北端なので、挺身隊を満載したトラックが道路を猛スピードで走ってきて、女や子供が大勢いる真ん中でうっかり戦闘をはじめるようなことは避けたかった。ほかの班は給水を待つ人たちの交通整理をしている。ガニー・ウィンとわたしがイラク人の男ふたりと話をしていると、北の道路から大声が聞こえた。

「銃だ！　銃を持ってる！」

「撃つな！　引き返そうとしてるぞ」

舗装道路に駆けつけると、トヨタのランドクルーザーがルディ班に銃を突きつけられて停止していた。車内では四人の男が降伏のしるしに両手を上げている。どうやら四人は南へ走っていて路上のハンヴィーに気づき、急いでUターンしようとしたが、一連の動きの最中にAK47をトラックの窓から投げ捨てたようだ。その小銃を手に取ったことで、四人は危うく死ぬところだった。ジャックスが武器を目にしてMk19を発射しそうになった瞬間、AKがこちらに向けられることなく捨てられたのだ。ジャックスはトラックに狙いを定め、いつでも掃射できる態勢を保っている。

ウィンとわたしはランドクルーザーに近づいていった。車内の男たちは身なりがよく、清潔感がある。挺身隊や外国人戦闘員に見られる特徴だ。運転席の男が口を開いた。

「わたしたちクルド人。クルド人。アメリカ友だち。バース党、どかんどかんしにきた。挺身隊、どかんどかん。ジョージ・ブッシュすごくいい。わたしたちクルド人。アメリカ友だち」

男は折り畳んだ紙片をわたしに押しつけてきた。一番上に公式書面であることを示すような刻印があり、英語で書かれているところもある。解読できた部分から察するに、クルド愛国同盟〔イラク北部クルド人自治区の政党。フセイン政権と対立関係にあった〕からこの男に発行された小銃所持許可証のようだ。

「この連中はペシュメルガ〔イラク北部クルド自治政府の治安部隊〕だ」わたしは言った。そのクルド人部隊が大の親米派というのは知っていた。米軍特殊部隊に協力し、イラク北部を拠点とするテロ組織のアンサール・アル・イスラムと戦っている。その日の午後にその連中がやろうとしていたのは、フセイン政権下で自分たちを虐《しいた》げてきたスンニ派主流のバース党への報復——まさにブリーフィングで聞いていた通りだ。情報部隊からの説明にはことごとく〝暗黙の了解〟が織りこまれていた。アフガニスタンの北部同盟と同様、ペシュメルガは殺し屋だが、米軍側の殺し屋だ。

われわれは住民の武装解除を命じられているが、他人の喧嘩に巻きこまれるなという命令も受けている。サドル・シティにいた時に、報復殺人はイラクの最終的な安定化に必要なこととして上級将校が奨励するのも聞いていた。米軍の中には奪った武器をバース党に敵対する民兵組織に配る部隊まであるという。またしても、全体の戦略や国の政策に影響を及ぼす重大な局面が、ささやかな小隊の判断ひとつにゆだねられる。

「ルディ、小銃を返して、通してやれ」

ルディが小銃を返しながら言う。「敵の敵は味方ってやつですね」

「こんな話をするようになるとは思ってもみなかったよ」わたしは答えた。「中東に長くいすぎたな」

ペシュメルガの連中に再武装させて殺人行為を黙認することには後ろめたさを感じた。しかし戦争というのは、深く内省できる時には理解しがたいような合理的選択を迫るものだ。われわれの代わりに戦う者が多ければ多いほど、殺したり死んだりするのがわたしの隊員ではなくその連中ということになるのなら、わたしはその方がいい。共謀者めいた態度をちらつかせながら、ランドクルーザーの男たちは狩りを再開し、南のバグダッドへ向けて勢いよく走り去った。

給水車を護衛して基地へ帰る途中、大隊が発電所から新しい場所へ移ると知らされた。その場所のグリッド座標を油性鉛筆でフロントガラスに書きつけて地図を見る。街中心部の大統領宮殿のそばにあるサッカースタジアムが座標に一致した。

わたしはガニー・ウィンの方を向いて言う。「街の真ん中へ移動するようだな」

「残念、人里離れてひっそりした発電所のよさが分かりはじめたところだったのに。物事は常に悪い方へ転びうるってことの証ですね」

わたしはラジオをダッシュボードに立てかけて、ロンドンのニュースにチャンネルを合わせた。

米国の占領に抗議するバグダッドの住民数千人がデモ行進をしている、とアナウンサーが伝える。

ウィンが自嘲気味に笑って言った。「嬉しい限りだな、今日も身を粉にして働いたわれわれとしては」

38 「偉大なる王国が現れては消えてきた」

祖国へ

その夜は、サダム・フセインの息子ウダイが建てたサッカー場の、ひんやりとした芝生の上で過ごした。スタジアムの外では銃撃の音が響き、観客席のすぐ上を曳光弾が飛び交っているものの、武装した米兵だらけの中隊の中にいると気楽に休むことができる。レイエスは裏向きに重ねたトランプの中から一枚引き抜き、出た数字の回数だけ腕立て伏せをしていた。それを何度も繰り返して汗を流している。ジャックスはコミック本を読みながら、時々中断しては、その内容を小隊の前でおおげさに演じて見せる。隊員たちは目を見張って大笑いしながらコーヒーを回し飲みしていた。われわれの日常が戻ってきた感じだ。

わたしはガニー・ウィンが歯磨きをする横で、芝生に腰を下ろしていた。ムッラー・モハメッドも、小銃を抱えた少年も、暴れまわるペシュメルガも、すでに別世界の存在だ。給水車を基地まで護衛したあと、われわれは街の中を走り、大隊に指定された新しい座標へ向かった。わたしはここも一時的な駐屯地で、明朝はまた巡察に出るものとばかり思っていた。ところが、着いてみると、ホイットマー少佐に脇へ引っぱっていかれた。

「いい一日だったことを祈るよ、ネイト。今日ので巡察は終わりだ」

一瞬、解任されるのかと思った。中隊長に反抗しすぎたのかもしれない、と。「どういうことですか、少佐？」

「師団がイラクの大部分を陸軍にゆだねるんだ。われわれは家へ帰る」

家。わたしにとってはハンヴィーの運転台が自分の家になっていた。最大級に豪華なバージョンでも、家というのは日差しと風をしのげる倉庫や廃屋だ。クウェートの病院やペルシャ湾の病院船でも家と呼べたかもしれない。だが考えられるのはそこまでだ。家へ帰るという発想そのものが雲をつかむような話に思える。帰ると聞いても全くピンとこなかった。

イラクは遠い存在のままだった

翌日は四月一九日だった。政権崩壊から一〇日しか経っていない。サンディエゴを出発したのはその一〇週間前だ。誰もが六か月か一年は配備が続くと思っていた。大変なのはまだこれからだ。バグダッドはまだ騒然としている。銃撃、爆発、犯罪、死、病気、それが今のこの街だ。これから一年、毎日朝から晩まで米兵がひとり残らず忙しくなるほどの仕事がある。家へ帰るなんて考えられない。

「運が向いてきたのかもしれませんね。まっすぐクウェートへ戻って、最初のフライトで家へ帰れるかもしれない」ガニー・ウィンがハンヴィーのサイドミラーをのぞきこみ、顎に電気剃刀を走らせながら言う。

わたしはウィンをじろりと見た。

「ごもっとも」ウィンが言った。「俺としたことが、何を考えてたんだか」

暑くなる前にできるだけ距離をかせげるように、スタジアムを夜明け前に出発する。四月中旬にはすでに昼間の気温が三八度近くなっていて、日を追うごとに、一キロ南下するごとに、暑くなる一方だ。わたしはクリストソンと場所を交代してハンヴィーのリアバンパーに立ち、縦の支柱につかまりながら顔に風を感じていた。最後にもうひと目、バグダッドを見て堪能したかったのだ。

涼しく静まり返った街の空にピンク色の筋がたなびきはじめ、街灯がひとつずつ消えていく。夜明けはどこでも、バグダッドでさえも同じだ。夜の騒ぎは終わり、新しい日の騒ぎはまだはじまっていない。

ごみ収集車が住宅地の通りを走っては停まり、つなぎを着た男たちが跳び下りて、ごみ収集容器を空《から》にしていく。住民の中には道路の中央分離帯で野菜を育てている者がいて、かがんで菜園の世話をしていた男たちが、通り過ぎるわれわれに手を振った。想像するに、ずっと農業をしていた人たちが年をとって畑を続けられなくなり、子供と暮らすためにこの街へ越してきたのかもしれない。建物の上の方の階で窓にぽつりぽつりと明かりが灯り、わたしは解放一〇日目の朝を迎える家族たちに思いを巡らせる。もしかしたら窓の外をのぞいて、われわれが通り過ぎるのを目にしたかもしれない。われわれを見たとしたら、そこに何を見たのだろう。わたしには知りようもない。どんなに知ろうとしても、イラクもイラクの人々も、わたしには遠い存在のままだった。

バグダッドが日常を装っていても、その表面にひび割れがないわけではない。陸軍の巡察部隊が工業団地を抜けて走っていく。道路には一定の間隔で検問が敷かれ、戦車が配置されている。ほとんどの地域は戦火が及んでいないように見えるが、まわりを見下ろす政府の建物は外壁が残っているだけで内側は黒焦げだ。〝衝撃と畏怖〟作戦〔圧倒的な力を見せつけて敵の戦意をくじく作戦〕の結果だった。ある立体交差で幹線道路をくぐる道に、黒焦げになったエイブラムス戦車が一台、戦車運搬車が一台、補給トラックが二台、ひっそりと取り残されて、自分たちの話を伝えてほしいと懇願していた。

日が昇る頃、青い二枚貝の形をした殉教者記念碑を通り過ぎた。イランとの戦争で戦死したイラク人を祀《まつ》る碑だ。フセイン政権はひとつ、公共記念碑の建立という正しいおこないをしたようだ。この記念碑は周辺の家々を見下ろして高くそびえ、走っているわれわれから見える角度が変わるにつれて、開いたり、閉じたり、形を変えたりする。その美しさは、泥煉瓦と瓦礫を見て何週間も過ごしたあととあってはなおさらのこと、圧倒的なものがあった。サダム国際空港の標識の近くで大隊は南へ曲がって国道一号線に乗り、バグダッドを後にした。

一か月で歴戦の古参兵に

照りつける太陽のまわりに、雲がもくもくと浮かんでいる。わたしはハンヴィーに揺られながら頭を反らし、雲が渦を巻いて形を変えていくのを眺めた。煙はない。攻撃機やヘリコプターもいない。銃撃も迫撃砲攻撃もなく、防弾チョッキの中に身を縮めて〝カメになる〟こともない。今必要なのは音楽だけだ。短波ラジオをつけてみたが、選択肢はBBC、アラビア語のトーク番組、祈りを唱える宗教番組しかなかった。

バグダッドを出て南へ六時間、国道を降りて赤っぽい粘土質の土地に車両を停める。いつもの儀式に則って、一〇〇メートル間隔で機関銃を配置して射撃計画を立てようとしたが、これにはかなり苦労した。あれよあれよという間に戦争に放りこまれたわれわれは、それよりもっと早く戦争から抜け出しつつあったのだ。

三日間、その土地で無為に過ごした。どう考えても、警備すべき発電所や、再建すべき学校や、護衛すべき輸送車の隊列があるだろうに。あるいは、クウェート・シティ発のフライトに埋めるべき空席だって少しはあるかもしれない。どんなことであれ、日の照りつける地面で焼かれながら今後について議論を戦わせているよりはましだ。

二日目の夜、大隊に同行する三人の工兵が道路脇でイラク軍の残した地雷原にしるしをつけていて、ひとりが小さな対人地雷を踏んだ。その工兵は片脚の膝から下を吹き飛ばされ、隣に立っていたもうひとりは片目を失明した。この事故の話を小隊に伝えると、エスペラが頭《かぶり》を振って言った。

「死に方ってのは無数にあるんだな」

ここでの唯一の慰めは、バグダッドへ向かって北へ流れる陸軍兵士の洪水だ。昼も夜も、戦車やトラックの隊列が絶え間なく通っていく。第四〇歩兵師団は、トルコに国内を通ってイラクへ攻めこむのを拒否されたため、戦列に加わることができなかった。だが占領のタイミングにはちょうど間に合ったわけだ。暑く危険な夏の平和維持活動へ向かう兵士たちを見て、われわれは他人事《ひとごと》とは思えなかった。

その土地で過ごす最後の夜、わたしが国道に並ぶ大隊の列に沿って歩いていると、陸軍のタンクローリーが一台、舗道の端に車体を寄せて停止した。さらに五台があとに続く。ひとりの少尉が運転台から跳び下りて、わたしに手を振ってきた。

「こんにちは。どう行けば国道八号線と交わる交差点に出られますか？」少尉が尋ねる。手にしているのは皺くちゃの手描きの地図だ。

「どう行けばもなにも、ここはまだ五〇キロも南だぞ」

相手が困惑顔になる。「あの、北の方の道路はどうですか。安全ですか?」

「時と場合によりけりだ。援護はあるのか? 重火器は?」

少尉は小さくうなずいて質問をかわす。「われわれは武装しています」得意げな口ぶりだ。

「それのことを言ってるのか?」わたしは相手のベルトに吊られた拳銃を指差した。

「トラックには一挺ずつ小銃があります」むっとして答える。

「わたしに近づかないでくれ。地図もなければ武器もない、自分の現在地もさっぱり分かってないとはな。おまえたちがやられる時に、わたしは近くにいたくない」そう感じてしまうのがいやで、冗談めかそうとしたが、できなかった。この一か月でわれわれは歴戦の古参兵になっていた。どの戦争でも古参兵はそうだが、新参者には近づきたくない。自殺行為をやらかすからだ。

飛び交う噂

四月二二日、さらに一〇〇キロ南下してディーワーニーヤ郊外の〝ペイジ〟へ移動した。師団が婉曲《えんきょく》的に〝戦術集結地〟と呼ぶ旧イラク軍基地だ。一か月前に第五連隊戦闘団《RCT―5》が突破したディーワーニーヤの町には銃弾や榴散弾の跡が残っている。ペイジは聖書を思わせると隊員たちは言ったが、それはアブラハム〔ユダヤ教、キリスト教、イスラム教の始祖とされ、信仰の父と呼ばれる人物〕の故郷ウルが近いからではなく、毎日次から次へと新しい災い――暑さ、風、砂、ハエ、蚊、体調不良――がもたらされたからだった。

ここで迎えた最初の朝、ごみを燃やす火がまわりのあちこちで上がる腐敗した土地で目覚めたあと、汚染された土を掘って水を探すイラク人たちをガニー・ウィンがじっと見つめていた。「くそたくましいやつらですね」ウィンが言う。「第三世界のたくましさだ」

小隊は長さ三〇メートル、幅六メートルの車庫で寝起きしていた。コンクリートの床に立つコンクリートの柱がコンクリートの屋根を支えている。壁は全くない。日中にコンクリートが熱をたっぷり吸収するため、夜になっても暑すぎて眠れなかった。明け方までオーブンのように熱を放出し、朝にはまた次の夜へ向けて熱を蓄えはじめる。わたしは空の下で寝たかったが、地面はどこもかしこも様々な病気の元となる寄生虫のスナノミがたかっていたので、しかたなく防水加工の寝袋の裏地にすっぽりくるまって夜通し汗をかいていた。どうせ途切れ途切れにしか眠れないのだ。排泄物《はいせつ》だらけの土地で寝起きしていたせいで、小隊には赤痢が蔓延した。わたしがイラクで一番自分の死を受け入れそうになったのは、ベニヤ板のトイレの外で地面にうずくまり、頭にたかるゼリービーン〔豆形のカラフルなゼリー菓子〕ほど大きなハエも払えないほど弱っていた時だった。

様々な任務の噂が飛び交い、サウジアラビア国境を監視するとか、ディーワーニーヤの町を巡察するとかいった話もあった。ペイジには一八〇〇〇人の海兵隊員が徐々に集結していて、これだけいれば考えうるほぼすべての任務に対応できる。隊員たちは活発に動きまわっていた――地図を調べ、情報を求めて師団本部をうろつき、見捨てられたイラクの戦車の部品を即席のウェイトにしてトレーニングする。しかし三週間後、北上する他部隊にすべての弾薬を譲り渡せという命令を受けた。師団の管理ボードでは、第一偵察大隊という名前の横に貼られた小さな緑のカードが、赤に変わった。終わったのだ。

ガニー・ウィン解任命令

戦闘任務は大隊に活気を与えていた。それがなくなった今、平時の軍隊生活のくだらない部分が戻ってきた。ある朝、中隊長が身体訓練をすると言って中隊を集合させた。まずペイジのまわりを走り、つづけて自重筋トレをおこなう。緑の半ズボンに茶色のコンバットブーツという格好のわれわれは、トレーニングしてもシャワーを浴びられないのを覚悟して、砂埃の中に整列した。みんなむっつりしている。もう尊敬してもいないリーダーから命令されるのが気に食わないのだ。

中隊長は最初の筋トレに腕立て伏せを選んだ。中隊長が回数を数え、中隊の全員が大声で復唱することになっていた。けれども五〇人の隊員たちは一セット二五回の間、こっそり不平を漏らしながら、地面に向かって小声で数を数えていた。次は腹筋だ。誰か回数を数える役に立候補してくれと中隊長が言い、ガニー・ウィンが駆け足で隊列の前へ出た。仰向けになって大声で数えはじめる。中隊が声を揃えて合唱する。「いち……に……さん……し！」まわりの隊員たちが、ちょっとした反乱が起きているのに気づいて中断し、目を見張った。わたしはにっこり笑い、空を見つめながら、ウィンにならって両腕で両太腿を抱えこみ、誰よりも大声を張り上げた。

その日の午後、中隊長に呼びつけられて、古い兵舎の建物にある仮のオフィスへ行った。中隊長はTシャツとズボンという暑い時の普段着ではなく、完全な軍服姿で机の奥に腰かけている。床に散らばる戦闘糧食《MRE》の箱に座るよう勧められなかったので、わたしはまずい状況にあることを察した。

「フィック中尉、ガニー・ウィンを不服従で解任する」

わたしは口を開きかけたが中隊長にさえぎられた。「あいつはアル・リファでも隊員たちの前でわたしに反抗した」中隊長が言う。また反論しかけたが、中隊長は書類に目を落として言った。

「話は以上だ」

内心では自分の中尉記章を中隊長の机に叩きつけ、自分が辞めると言いたい衝動に駆られていた。だがもちろん、そんなことはできない。ウィンとわたしはチームだ。自分たちは小隊を上位組織の気まぐれから守る義務があると感じていた。隊員たちはウィンに対して、愛と呼んでもいいくらいの猛烈な忠誠心を抱いている。ウィンが解任されれば、隊員のモラルも大隊への信頼も大打撃だ。わたしは腹を決めた。今はプライド云々はさておいて、辞めずに済む方法を見つけなくてはならない。


ウィンを解任するならわたしも解任すべきだ

車庫に戻ると、ウィンは小隊に突撃銃の掃除を指示していた。近づいていくとウィンが顔をあげる。

「ちょっと散歩しよう、ガニー」

基地を出て、ペイジ沿いに延びる一・五キロほどの道を歩きはじめる。防弾チョッキなしで、持っているのが小銃ではなく拳銃だけだと体が軽く感じられた。まわりでは隊員たちが武器を掃除し、弾薬を数えて積みあげ、車両を修理してクウェートまでの長距離走行に備えている。

「中隊長がおまえを命令不服従で解任しようとしてる」わたしが言った。

ウィンはその知らせを黙って受け止め、歩き続ける。しばらくして、口を開いた。「ばかばかしい。中隊長の命令に背いたのは、従えば誰かが何の理由もなく死ぬことになるって時だけだ。中佐に話をしに行ってきます」

「だめだ」思いのほか、きつい口調になった。「ここは俺に任せてくれ」

「隊長」ウィンが反論する。「あの連中は自分でへまなことをやっといて、こっちを責めてるんです。中佐のところに行ってきます」

「マイク、これはおまえの問題じゃない」ウィンの義務感に訴えようとして言った。「小隊の問題だ。あの連中と隊員たちの間に立てるのはおまえだけなんだ。いいか、ここは俺が引き受ける。おかしなことを言ってるのは分かってるが、今は俺のほうが〝火力〟がある」

車庫に戻ると、わたしは腰を据えて中隊長にどう話すかを考えた。戦闘指揮官としては最悪だが、悪い人間ではない。戦闘中のお粗末な判断を理由に、今更中隊長を非難するのは違う気がする。あいうミスは、程度の差こそあれ、われわれみんな犯してきた。だが、戦争が終わったあとになってまで報復的な判断を下すとなると、それはまた別の話だ。わたしは中隊長がウィンの態度を根に持っているのだと考えた。

ふたたび中隊長のオフィスへ行くと、うんざりした顔で迎えられた。

「大尉、お伝えする義務があると思うので言いますが、もしガニー・ウィンを解任したら、中隊のほぼ全体で反乱が起きますよ」わたしが言う。

今回は腰を下ろすよう勧められた。感心なことに中隊長は、わたしが説明する間、耳を傾けていた。もしわたしの反対を押し切ってウィンを解任するなら、それはわたしが信用されていないということであり、そうであればわたしも解任すべきだ、と説明する。そのあと口ごもると、中隊長は手を振って先をうながした。「大尉、あとは国へ帰るだけと言ってもいい。中隊は仕事をやり遂げ、死者も出さなかった。お互いすべて水に流して、元の生活に戻りませんか?」

ガニー・ウィンはガニー・ウィンの仕事にとどまり、わたしはわたしの仕事にとどまることになった。

バビロンの歴史を辿る

五月のある金曜の午後、わたしは車庫の真ん中に小隊を集合させた。前の週からひそかに計画していたことがあった――古代都市バビロンを見学しにいく許可を師団から取りつけようとしていたのだ。フェランド中佐がわれわれのためにかなり強く願い出てくれて、およそ信じられないことに、師団から許可がおりた。大きな戦いが終わったあと、第一海兵遠征軍はサダム・フセイン宮殿のひとつに本部を移していて、その宮殿はヒッラの町のそばにあり、ディーワーニーヤからは北へ約一〇〇キロの距離だ。その宮殿からバビロン遺跡が見える。

わたしが見学を熱望したのは、大学の授業で学んだこともひとつの動機になっていた。ギリシャ、イタリア、スペイン、北アフリカの滅びゆく都市を歩いて巡ったことはある。しかし、この世界有数の偉大な古代都市を過去三〇年の間に訪れた西洋人はひと握りしかおらず、その仲間入りができることに比べれば物の数ではない。そして、隊員たちにはうってつけの気分転換になるし、間違いなくいい思い出を持って帰れる機会だという動機もあった。バビロンの見学をひとつの方法として、銃の照準器の陰から外へ出ることができる。

ペイジを出発したのは翌朝七時。イラク人の行商人が道の両脇に並び、ビールやAK銃剣やアラブ製ポルノや大雑把なイラク国旗の油絵を呼び売りしている。われわれは自制心を働かせ、ソーダと熟れたバナナが入った二台の冷却器の前でだけ車両を停めた。北へ曲がって国道一号線に乗ってからは、スピードを上げてぐんぐん走る。陸軍の補給部隊が右の低速車線をがたがたと走っているのを風のように追い越していく。

サンディエゴのハイキング客のジョークに〝アメリカライオン〔約一一〇〇〇年前に絶滅したネコ

科最大といわれるライオン〟から逃げる必要はない、逃げないといけないのはほかのハイキング客からだけだ〟というのがある。イラクの国道でも道理は同じだ。とはいえ、この一、二か月の道路はほぼ安全だった。戦争は終わり、反乱はまだはじまっていない。それでも小隊にこの遠足の話をした時は、危険を冒して観光に行くなんてばかげていると思う隊員がいる可能性が頭にあった。行きたくない者はペイジに残っていて構わない。

隊員は全員がバビロンを選んだ。

国道の出口からヒッラへ通じる道は、何キロにもわたってヤシの森を抜けていく。頭上を覆うヤシの葉の天蓋にところどころ穴があいているのは、米軍機がイラクの戦車を爆破したしるしだ。黒焦げになった地面はすぐに新しい草で覆われるだろう。もしかしたら南太平洋やノルマンディのように、そのうち観光客が錆びた残骸を突っつく日が来るかもしれない。バビロンが近くなると、道路沿いに立つささやかな家々の様子が変わってきた。ひと部屋しかない泥造りの小屋の前庭をステンレス鋼のサブゼロ社製冷蔵庫が占領している。ピンク色の大理石の板と華美な造りの二台の衣装戸棚がまとめて置かれている。おんぼろのダットサンのピックアップトラックにクリスタルガラスのシャンデリアが積まれている。まるでどこかの宮殿が略奪に遭ったかのようだ。

カーブする土の道を曲がっていくと、そのあたりにひとつしかない丘の頂上に、SFの世界から抜け出てきたような建物が立っているのが見えた。要塞であり城でもあるその建物は、どっしりと腰を据えて装飾が施され、上階へいくほど狭くなっている。日差しに輝く建物に、間隔をあけて穿たれた黒い窓がアクセントをつけていた。

大統領宮殿が目に入った瞬間に、サダム・フセインのイラクにまつわる暗い謎が一気に思い起こされる。黒塗りのリムジンが列をなし、きらめく明かりと漏れ聞こえる音楽がヤシの森まで届く晩《ばん》餐《さん》会。わたしは湯気の立つ肉や野菜が山と盛られた打ち出し細工の真鍮の盆、広々とした浴場、ハーレムを思い描いた。強制労働や拷問や処刑のことも。そのひとつひとつのかすかな気配が建物から滲み出ている。一番高い窓には星条旗が掲げられていた。

古代都市バビロンは宮殿のすぐ下の平原に広がっている。この古代都市は一世紀前にドイツ人が発掘し、宝物《ほうもつ》はベルリンへ運び去られていた。残されているのは宮殿と同じく幻影くらいのものだ。サダム・フセインはバビロンを再建したものの、そのやり方は考古学的証拠をまるで無視して自身の嗜好《しこう》を満足させるものだった。銃眼のついた胸壁とそびえ立つ塔が元の遺跡の煉瓦に被さっている。フセイン政権は毎年一度、イラクの栄華をたたえる式典をバビロンで開催し、フセイン自身がネブカドネザル王〔紀元前七～六世紀にメソポタミアを支配した新バビロニア王国第二代の王、ネブカドネザル二世〕の役を演じていた。

あらゆる偉大な王国が消えゆく

われわれは有名なイシュタル門の横に車両を停めた。これは青い正門で、ライオンと雄牛と伝説上の生きもののレリーフに覆われている。わたしが覚えているバビロンの歴史は要点だけ——ハンムラビ王、吊り庭、アレクサンダー大王の死——だったので、品のいい年配の紳士が近づいてきた時にはほっとした。その男の第一声が「わたしのことはイシュマエル〔アブラハムが妻の侍女に産ませた子。〝社会の敵〟の意味がある〕と呼んでください」だったのには笑わされた。中折れ帽を被り濃いサングラスをかけたイシュマエルは、一九六八年にバース党が権力を握るまでバビロンの考古学者だったという。地図や写真が詰まった分厚いバインダーを抱えていて、遺跡見学の案内役を買って出た。

イシュマエルはわれわれを引き連れてバビロンの丸石敷きの通りを進んでいく。軽快なリズムの英語を話し、強大な王や滅亡した王国の物語を紡ぎ出す。その後ろから、銃やナイフを身にまとった隊員たちが遠足に来た生徒の集団のようにぞろぞろと着いていき、ひとことも聞きもらすまいと耳をそばだてる。かの有名な〝行列通り〟を歩き、玄武岩でできた〝バビロンのライオン〟像の前を通り、アレクサンダー大王が死んだ場所とされる階を見てまわる。コルバートがわたしの横にするりと寄ってきて、自分たちがわずか二年の間にアレクサンダー大王の最も有名な二度の遠征――アフガニスタンとイラク――の足跡をたどっていることを不思議がった。

「自分が〝ブラッド大王〟として名を残すとは思いませんけどね」コルバートが言う。

イシュマエルは歴史の講義に現代との類似点を交えながら、新たな幕開け、王国の傲慢、かつての政権の滅亡を語った。話はサダム・フセインの暴政の解説にまで及ぶ。自分のひとり息子を含め、家族の六人が一九九〇年代に処刑されたという。床下深くにある不思議なほど気温の低い天然の貯氷庫の中で、米軍にフセインを殺して恐怖の時代を完全に終わらせてもらいたい、と静かに願いを口にした。今もまだ恐怖に苦しんでいるのだ。

外へ戻り、中庭に出る。塀にもたれて立つエスペラの影を、日差しが石畳にくっきりと落としている。「見てくださいよ、ここのありさまを。偉大なる王国が現れて消えた。あらゆるものが現れて消えるんですよ、国も、人も」エスペラが言う。指し示すのに使う葉巻がないので、後ろの塀に両手をついて寄りかかっている。「時々思うんです、そういうことは最初から決まってるんじゃないかって。もう筋書きはできていて、それを最後に読むのが俺たちなんじゃないかって気がするんです。もしかしたら、宇宙はでっかい時計みたいなものかもしれない。宇宙の法則の公式が解けたら、全部が分かるのかもしれない」

コルバートが口を挟む。「それもおまえのへんてこなくじ引き理論か？」

エスペラはうっとうしい横槍《よこやり》を無視してわたしの方へ体を向けた。「くじ引きのことをちょっと考えてみてください」話をつづける。「セブン‐イレブンでくじを何枚か買って、その日の夜にテレビをつけて、どこぞの誰かがピンポン玉の数字を読みあげるのを観る。そこで、どの数字が出るかってのは、でたらめなんかじゃないんです」まるで分かり切ったことのように言う。それから眉根を寄せて要点を語った。「もし玉の重さや部屋の温度と湿度、ちょこっと噴き出してる空気の力、ほかにも数えきれないほどある変数を計算できたとしたら、当たりの数字を正確に予測できるんです」エスペラは満足げにまわりを見回す。「ここも同じですよ。バビロンは没落した。イラクも没落した。アメリカもいつかは没落する。もう筋書きはできてるんだ。パピーに当たったあの弾丸は、地面の中の鉄鉱石だった時からパピーの名前が書かれてたんです。ただ俺たちには全部の変数が分かってなくて計算できなかったから、パピーを助けるのに間に合わなかった。それで俺の気が軽くなるか重くなるかは、何とも言えませんけど」

ちょっとした人だかりができていた。イシュマエルが気づかわしげに商売敵を見やる。レイエスがエスペラの背中をぽんと叩いて言った。「同意するかどうかはさておき、名言だな。たしかに」

コルバートがぶらぶらと歩き去りながら言う。「トニー、おまえに必要なのは家に帰って女と寝ることだ」

「分かってることばっかり言うなよ、白人小僧」エスペラはまた物思いにふけりつつ、みんなと一緒にイシュマエルの後についてイシュタル門へ向かった。

イシュマエルがていねいに地図をまとめてバインダーにしまう。われわれひとりひとりと握手しながら、近いうちに西洋人観光客がバビロンに詰めかけるようになって、イラク国民が失われた繁栄を取り戻す後押しをしてくれることを願うと言った。中折れ帽を脱いで、案内料はいらないと言い張ったが、いくらかでも金があれば家族に〝必要なものを色々と買ってやれる〟というのは認めた。ガニー・ウィンは一歩先を行っていた。みんなから数ドルずつ集めていたのだ。イシュマエルに渡したチップは一年ぶんの給料に相当する。

任務の終わり

ぐるりと円を描く道路を回って丘を登り、われわれは宮殿の正面ドアのそばに駐車した。思っていたよりはるかに壮大な眺めだ。バビロンを一望し、ヤシの森を見渡し、ユーフラテス川の先まで見えた。翌日、別のリーコン小隊が同じ場所に立ち、海兵隊のヘリコプターが川に墜落して沈むのを戦慄しながら眺めることになる。四人の乗組員と、助けようとして飛びこんだひとりの隊員が命を落とした。だが、われわれが訪れた日の午後は平和で、その高台から眺めると、全世界を支配下に置くというサダム・フセインの妄想が理解できなくもない気がした。われわれは戸口をまたぎ、二階分の高さがある木のドアを入った。

玄関ホールは大聖堂を模しているようだが、訪れる者が感じるのは神の力ではなくフセインの権力だ。われわれは象眼細工の床を踏んで歩きながら、ハンヴィーほどの大きさがあるシャンデリアに目を見張った。壁の深い窪みには、聖人像のようなものが彫られた黒っぽい木の板がはめこまれている。どのドアの先にも富を裏づける長い廊下が続いていた。大階段を上ってバルコニーに立つと、一階の部屋が見渡せる。何もかもが大理石かクリスタルかマホガニー材だ。ある部屋の天井画には、イシュタル門からサダム・フセインに至るイラクの歴史が描かれていた。

すべてがけばけばしく、畏敬の念を呼び起こす中世の大聖堂というよりも、この場所全体が見た目で感嘆を誘うラスベガスのホテルのようだ。高尚な思想も人類の偉業も表現されてはいない。上階の部屋には第一海兵遠征軍本部の人間が宿営していて、おそらくほんの数週間前にサダム・フセインがここでの最後の湯あみを楽しんだであろう大理石の浴槽に、汚れた迷彩服が浮かんでいた。

一週間後、荷物をまとめ、クウェートへ向けて五〇〇キロの道のりに出発した。日中の暑さを避けて午後六時に発ち、サマーワの町を抜けていく。この町では補給部隊が夜にたびたび襲われて銃撃を受けていたが、寝静まった町をわれわれが通る間、目にしたのは街灯の下で吠える犬だけだった。ユーフラテス川と平行する道をナシリヤへ向かい、地平線にナシリヤの明かりが見えた瞬間、空気は温かいのに震えが走る。ちょうど二か月前、はじめてこの街に入った時の記憶が一気によみがえってきた。国道で燃料補給をしていると、サソリが何匹も慌てて舗道を逃げていく。ヘッドライトに浮かぶ影のせいで体長が三〇センチもあるように見えた。

早朝の静まり返った時間帯までずっとわたしが長距離区間を運転し、アル・ラタウィ鉄道橋やルマイラ油田のそばを通り過ぎる。運転をガニー・ウィンと交代したあと、わたしは助手席で眠りに落ち、太陽の光に目覚めた時にはクウェートの砂漠が見渡す限り広がっていた。

大きな悪を目にして苦悩する者は、その悪がもたらす悲劇をあまねく受け入れなくてはならない。その悪を目にしてもなお苦悩せざる者は、それよりも悲劇的な状態だ。人間らしさをなくして平穏を保っているのだから。——ヒッポのアウグスティヌス

Ⅲ　その後

39
「人生で最も意味のある時代が終わったのだ」

アメリカに降り立つ

家族と親戚《しんせき》が湖畔で集い、わたしは夏の陽光を浴びながら散歩している。年端のいかないいとこたちはばしゃばしゃと水にはいり、大人は飲み物を手に笑い声を上げる。遠くの方でバンドが演奏している。わたしは大人たちのところへ行って会話に入ろうとするが、誰もわたしの姿が見えず、声も聞こえない。わたしは誰の目にも映っていない。困惑して自分を見ると、わたしは砂漠用の迷彩服を着て、胸に小銃をたすき掛けしていた。迷彩服は血に染まっている。

帰国して何か月もの間、この夢で目が覚めた。毎晩ではなく、全部でせいぜい一〇回あまりだったが、睡眠が意志の力を要する行為になるには充分な回数だった。そのまま起きて散歩に出ることもあった。疲れて起き上がれなくなるまで寝室の床で腕立て伏せをすることもあった。だが、大抵は天井をじっと見つめて、何かを、何でもいいからほかのことを考えようとした。

帰国にまつわる話はありきたりなものだった。クウェートに到着した瞬間から、この先どんなことが起きるか分かる気がしていた。別の大隊の隊員がひとり、ほぼ直後におかしくなって、タッチフットボールのゲーム中に別の隊員の胸を撃った。

われわれはクウェート・シティから民間の旅客機に乗って飛び立った。車輪が地面を離れると同時に乗客が歓声を上げる。わたしの座席は清潔で、食事はおいしく、フライトアテンダントは美人だった。話をしている者もいるが、大半は眠っている。わたしは窓の外を眺めていた。エジプトのギザのピラミッドが朝日の中を流れ去る。フランクフルトの乗り換えターミナルでは緑の草地にひたすら驚き、ドアのところに二〇分間立ちつくした。ニューヨーク州シラキュースの北から米国の空域に入ったのは、二〇〇三年六月三日、火曜日、午後二時のことだった。「おかえりなさい」パイロットの言葉に、われわれはまた歓声を上げた。

カリフォルニア州リバーサイドの空軍基地に着陸すると、わたしはタラップを下りてアスファルトの地面に立った。赤十字のスタッフがハンバーガーをふるまってくれた場所に、数台のグリルが置かれている。われわれが床で眠った格納庫だ。空っぽの椅子が並んでいるところに、スペースシャトルが炎上するのを観たテレビがまだやかましく騒いでいる。基地の外ではヘッドライトが高速道路を走っていく。火曜の夜に仕事から帰る車の流れだ。何ひとつ変わっていない。

その錯覚は、バスに乗ってキャンプ・ペンドルトンへ帰り、真夜中に大隊オフィスの裏のバスケットボールコートで家族と再会しても、まだずっと続いていた。銃は武器庫に戻して鍵《かぎ》をかけたが、わたしはホルスターを太腿《ふともも》に下げたままにして、カラト・スッカルの少年の血がついた染みを隠した。出迎えの人たちがウェルカムボードを振って歓呼し、われわれは英雄の帰還を演じる。人混みから離れたところにパトリック三等軍曹が静かに立っていた。糊《のり》のきいた迷彩服を着て、二か月ぶりにブーツを履いている。痛みを押してブーツを履いてきたのは、きちんとした軍服姿で小隊を出迎えるのがふさわしいと考えたからだ。われわれはみんなパトリックと抱擁を交わした。母親や父親、妻や恋人と同じように。パトリックは家族なのだから。

終わらない戦争

その日、わたしはホテルの部屋で寂しい夜を過ごした――無線の音は聞こえず、頭上に星はなく、そばで監視に立つ隊員もいない。二時間ずつ途切れ途切れの睡眠をとり、夜明け前に起き出して、その夜二度目のシャワーを浴びる――ただ浴びられるからというだけの理由で。浴室の鏡の中から褐色の顔が見つめ返してきた。額《ひたい》に以前は気づかなかった皺《しわ》がある。首にはまだパラシュートコードに通した蹄鉄《ていてつ》がかかっている。わたしはコードを持ち上げて頭から抜き、クリスマス以来はじめて蹄鉄を外した。

何も変わらず正常だという錯覚を抱いたまま、わたしは日常生活に落ち着いた。仕事に行く途中に車を停めてコーヒーを買う。渋滞にはまり、食品スーパーへ行って冷蔵庫の中身を補充する。生活のちょっとした便利さをありがたがるのに忙しく、戦争のことを考える暇はほとんどない。元の暮らしに自然になじめた気がしていた。あの四か月間の出来事は忘れてしまえる夢だったと思えることもあった。

だが、小さな出来事が重なって、わたしは少しずつ引きずり戻されていく。ある土曜日の午後、イラクには行っていない海兵隊の友人に、キャンプ・ペンドルトンの射撃場へスキート射撃をしにいこうと誘われて、何も考えずに反射的に誘いに乗った。わたしの運転で高速道路を走っていた時、その友人に見られているのに気がついた。やがて友人が口を開く。

「一体何をやってるんだ？」

わたしは高架道路の下をくぐる時に、いきなり車線を変えて予想のつかない動きをしていた。イラクでは上の道路からハンヴィーに手榴弾を落としにくくするためにそうしていたのだ。

「すまん。無意識にやってた」

射撃場に着き、散弾銃と弾薬の袋を持って射撃線に立つ。突然、スキート射撃への興味が失《う》せた。わたしが最後に銃を発射したのは四月一日の真夜中少し前、アル・ヘイの北の国道でトラックを撃った時だった。

通りを歩く時は行き交う人を頭のてっぺんから足の先まで見て、拳銃《けんじゅう》や爆弾を隠し持っているのが分かるふくらみを探した。止血帯や点滴バッグがそばにないので常になんとなく落ち着かなかった。まだ戦っている連中のニュースは片っ端からむさぼり見たが、それについて話す気にはなれなかった。わけもなく泣くことがあった。合流車線でほかのドライバーに割りこまれた時は、何の感情も湧かないまま、その男の首を羽交い絞めにして車のキーで喉《のど》を掻《か》き切るところが目に浮かんだ。七月四日の独立記念日には、爆竹が一発鳴っただけで車のドアの陰に飛びこみ、ありもしない拳銃に手を伸ばした。自分が父親より年をとっている気がする。そしてあの夢を見る。

頭がおかしくなってきたとしか思えなかった。まだ正気を保てていると知る方法は、自分がおかしくなってきたかもしれないと思うことしかない。そう、その意識があるのは正気だということだ。いかれた人間は自分が正気だと思っている。自分がいかれていると思うのは正気な人間だけだ。わたしはこの同語反復《トートロジー》に慰めを見出《みいだ》すようになっていた。

戦いを好まない戦士になっていた

　小隊長になって三年、わたしは大尉に昇進し、基本偵察コース《BRC》の指揮官に選ばれた。海兵隊では作戦指揮官のポストに限りがあるため、戦闘展開に二度派遣されたわたしがすぐにアフガニスタンやイラクへ戻ることはなく、事務仕事に就くことは決まっている。一九九八年に士官候補生学校《OCS》に入学した時は、海兵隊員の道を進もうと思っていた。アフガニスタンのあともまだそう思っていたが、ほんの少しだけ可能性が低くなった。イラクのあとは確信があった。わたしは海兵隊を去らなくてはいけない。

　まわりの人たちの大半は、辞めるのがわたしにとって自然な選択であるかのような態度をとった。海兵隊に任官した時、友人や親戚からは〝こないだ話した時はダートマスの学生だったのに、一体何があったんだ？〟とか、〝海兵隊は給料がいいの？〟などと訊《き》かれた。ある知人はわたしの両親を慰めなくてはと思ったのだろう、〝がっかりなさったでしょうね〟と言っていた。その人たちは今、わたしがかつての過ちを正そうとしている、あるいはおそらく、若者特有のやんちゃ心が満たされたと思っている。辞めたくなったのは仕事がきついから――長期にわたる展開、頻繁な移動、安い給料、そして危険のせい――だと思っているのだ。だが、それは間違いだ。わたしにとって、海兵隊将校であることの名誉と誇りは、目には見えなくてもあらゆる苦難に勝るものだった。

　海兵隊の仲間の中には、わたしの決断がもっと個人的なものだと分かってくれた者もいた。時として指揮官の戦術的な能力よりも、ぴかぴかに磨かれたブーツの方に重きが置かれる階級社会で、わたしが心をすり減らしていたことを知っていた仲間たちだ。上の世代の隊員たちが二〇年かかったことを、あるいは一度も経験しなかったことを、自分たちは四年間で成し遂げたという思いがあった。将校が昇進するということは、事務仕事が増え、部隊との時間が減ることを意味する。わたしが海兵隊に入ったのは鉛筆ではなく剣を握るためだというのも、仲間たちは知っていた。そのとおりだ。だが、本当の理由はさらに深いところにあった。

わたしが海兵隊を去ったのは、戦いを好まない戦士になってしまったからだった。海兵隊には勇者を思わせる隊員が大勢いる。脛鎧《すねよろい》や胸甲《きょうこう》の紐《ひも》をきりっと結び、流血の場面へ分け入っていく男たちの持つ、あの謎めいた空気をまとった隊員たちだ。わたしはそういう隊員たちに尊敬の念を抱き、憧《あこが》れ、真似をしたが、決してそうはなれなかった。殺せと命じられれば殺せもしたし、誰にも引けをとらないほど戦闘の恍惚《こうこつ》感に酔いもした。しかし、みずから選んであの立場に身を置き、それを生涯の仕事として延々と繰り返せるかというと、わたしには無理だった。偉大な海兵隊指揮官は、偉大な戦士がみなそうであるように、みずからが最も愛する者を殺すことができる——自分の部下を。それが戦《いくさ》の原理原則だ。わたしは二度、それを逃れた。もうこれ以上、戦の神を試す危険は冒せない。

人生で最も意味のある時代の終わり

大隊には辞めていく将校のために〝歓迎と別離〟と称する送迎会を催す伝統がある。わたしの送迎会はベネリ少佐が金曜の午後に開くと決めたが、その日はわたしが町を留守にするのが最初から分かっていた。ひどいやり方だが、あまり腹は立たなかった。わたしの忠誠心は大隊にではなく、小隊に対するものだったからだ。

リーコン小隊には様々な伝統が染みついているが、とりわけすばらしい伝統が〝パドルパーティー〟だ。わたしのパーティーは八月のある金曜の夜にマイク・ウィンの家で開かれ、小隊の全員が集まった。みんながわたしを部屋の真ん中の椅子に座らせ、まわりに集まる。この儀式の起源はバイキングの軍船《いくさぶね》にまでさかのぼる。言い伝えによると、戦士が所帯をもって落ち着くために船を下りる時、それまでの貢献の証《あかし》として、またその後の船団の戦力が弱まることの象徴として、仲間たちから櫂《パドル》が贈られたという。

まず、最年少隊員のクリストソン上等兵がパドルを手にとる。一等兵から上等兵への武功昇進はガニー・ウィンとわたしが推薦したもので、ベトナム戦争以来初となる事例のひとつだ。パドルはクリストソンの手から年齢順に小隊全員へ渡されていき、パドルを手にした者がひとりずつ話をする――「もっと低く、クリストソン。狙いが上すぎる」、ブリッジポートの着陸地域への猛ダッシュ、任務部隊《タスクフォース》ソード、待ち伏せ通り、エスペラといつもの葉巻、ムワファキヤのレーザーの赤い点、伝説の海兵隊員ホースヘッド、シドニー、舟艇での急襲訓練、「撃て」。パドルはガニー・ウィンから小隊最年長のパトリック三等軍曹に渡された。パドルを作った本人だ。パトリックはパドルをこちらへ向けて、はじめてそれをわたしに見せた。

長さ一・二メートルのサクラ材をパトリックが彫って作ったものだった。柄には緑と褐色と黒のパラシュートコードが巻かれている。水かき《ブレード》の部分は、わたしの大尉記章とパラシュートウイング章とリボンの絵で飾られていた。裏にはルディの描いた第一偵察大隊の部隊章があり、一枚の写真が貼ってあった。戦争前夜にクウェートの砂漠で撮った小隊の集合写真だ。

手を伸ばしてパドルに触れると、ひとつの歴史の節目を感じた。わたしの手がパラシュートコードの巻かれた柄を握る。その瞬間をもって、わたしは小隊の指揮を終えた。隊員たちの言葉で言うと、わたしは〝大尉〟から〝ミスター〟に昇進した。わたしの言葉で言えば、わたしの人生で最も意味のある時代が終わったのだ。

退役の日

数日後の朝、わたしは車を運転し、その日が最後となる仕事へ向かった。靄《もや》の立ちこめる涼しい南カリフォルニアの朝だ。駐車場で、わたしの後任者のブレント・モレルという赤毛の大尉に会った。ブレントとは前日一緒に昼食をとり、二時間かけて小隊のことを——コルバートの冷静沈着ぶり、ルディの熱意、ジャックスのMk19の腕前、パトリックの南部の格言を——言い表そうと努めた。イラクでの戦いはまだ終わっていなかったので、モレルが小隊を二度目の遠征に連れていく時に、あの男たちのことを知っていてもらいたかったのだ。

「おはよう、ブレント」

ブレントは閉じようとしていた防水袋から顔を上げた。「やあ、ネイト。今からビーチへ潜りにいくんだ」

「みんなで？」

「小隊全員で。一緒に来るか？」ありがたい誘いだったが、乗るわけにはいかなかった。

「もうおまえの小隊だ。楽しんでこいよ」

オフィスへ行って自分の装備をかき集め、備品倉庫に返却するためにひとつずつ掃除して背嚢《はいのう》に詰める。小銃を手にとり、アル・ガラフを、あの死んだ挺身隊の男のことを考えた。拳銃のグリップを握ると、曳光弾《えいこう》が闇を切り裂くムワファキヤの橋に引き戻される。手袋にはまだ茶色い血の染みがまだらについていたが、それも背嚢に突っこんだ。背嚢の布地についたイラクの砂埃《すなぼこり》を払おうとして、すぐにあきらめた。どうせこの背嚢はお払い箱だろう。外ポケットが砲弾の破片で裂け、留め金がすべてなくなっている。

倉庫で備品を返却する隊員の列に並んだ。新しい配属先へ行く者もいれば、去る者もいる。みんな無言だ。反対側の出入口のあたりに、散髪したての新米少尉が何人か集まって立っていた。わたしたちのことは見えない風を装って、冗談を言い合っては笑い声を上げている。わたしはその少尉たちを集め、自分が新米隊員だった頃に父からもらった言葉を言ってやりたかった――〝胸を張れ。だが、心も体も無傷で帰ってこい〟。その連中に言ったところで、背中で両手を組んでうやうやしく聞くだけ聞いて、海兵隊少尉は無敵だというのを忘れた頭のおかしな大尉のことを陰で笑うのは目に見えている。わたしは何も言わずに車まで歩き、家へ向かった。あの新米少尉たちも身をもって学ぶだろう。

四〇〇〇個の中の八つの星

数か月後、わたしはワシントンDCで働き、小隊はイラクに戻っていた。四月のある木曜の朝、わたしはショーン・パトリックの胸に青銅星章《ブロンズスター》〔戦闘地域における英雄的行為や勲功により贈られる勲章〕をつける役目を果たすため、バージニアビーチへ車を走らせた。パトリックは怪我が治り、水陸両用偵察学校の教官として新人リーコン隊員の訓練にあたっている。州間ハイウェイ九五号線でクワンティコを通り過ぎる時、わたしはカーラジオで国家安全保障担当補佐官が九・一一テロ調査委員会で証言するのを聴いた。驚くほど象徴的だ――わたしが海兵隊の道を歩みはじめた場所を通り過ぎ、二年間の戦闘に赴くきっかけとなった出来事についての議論を聴き、物語のひとつの章を閉じる式典へ向かっているのだから。

電話が鳴った。マイク・ウィンの妻のキャラからだ。息せき切って早口でしゃべるので、何を言っているのかほとんど理解できない。

「小隊がファルージャで待ち伏せに遭ったの。大勢が怪我してドイツへ航空搬送された。まだそれしか分からない」

B中隊《ブラボー》が巡察中に高度な諸兵連合伏撃に遭ったのだ。道路脇の土手の陰に隠れた反米武装集団が隊列を攻撃してきた。一発のロケットランチャー弾《RPG》が先頭のハンヴィーの中で炸裂《さくれつ》し、ひとりの隊員が両手を失って、ほかの四人も負傷したという。小隊は待ち伏せ陣地を攻撃して数十人を殺した。

バージニアビーチでは、パトリック三等軍曹がまばたきひとつせず直立し、指揮官が青銅星章の勲記を読み上げた。

二〇〇三年三月から二〇〇三年五月まで第一海兵師団　第一偵察大隊　B中隊　第二小隊第二班の偵察班長として〝イラクの自由作戦〟に従軍した間の、任務遂行におけるきわめて優れた功績により、青銅星章を授与する。四月一日の夜、イラクの町ムワファキヤに突入した際、パトリック三等軍曹は敵の待ち伏せに遭い銃弾を受けた。三方向から激しい銃撃が続く中、パトリック三等軍曹は自身の傷に止血帯を巻いて銃撃を再開し、班を指揮して敵目標を攻撃し、敵兵力に大きな打撃を与えた。パトリック三等軍曹はキル・ゾーンにとどまり、敵が全滅して仲間の隊員たちが危険を脱するまで班を指揮し続けた。パトリック三等軍曹のたぐい稀《まれ》なる任務遂行能力、先導力、任務への忠実な献身は、パトリック三等軍曹自身に大きな名誉をもたらすものであり、海兵隊ならびに合衆国海軍軍種の崇高な伝統にふさわしいものである。

式典のあとはディナーで祝ったが、わたしたちは一〇〇〇〇キロ以上離れたところにいる友人たちが心配で、一緒にいられたらどんなにいいかと思っていた。

ワシントンＤＣへ帰る途中、またキャラから電話があった。「ネイト、悪い知らせがあるの」路肩に車を停め、殴りかかってくる相手が振りかぶるのをスローモーションで見るかのような思いで待った。

「モレル大尉が死んだそうよ」

ブレントは小隊の反撃を率いる最中に胸を撃たれた。必死に助けようとした隊員たちの話によると、ゴールデンアワー〔傷を負ってからの一時間。この時間内に決定的治療を受けるか否かで生死が分かれるとされる〕は持ちこたえた。死んだのは負傷者後送ヘリの中で、すっかり血の気が失せ、赤い髪が白髪に変わっていたという。

ワシントンＤＣに新しくできた第二次世界大戦記念碑が正式な除幕式の前から一般公開されていた。わたしはブレントの死のショックを引きずったまま、満月の夜に街へ車を走らせて記念碑を見に行った。払われた犠牲と自分とを物理的に結びつけるものが必要だった。円状に立ち並ぶ花崗《かこう》岩の石碑を投光照明が温かい黄色に照らす。白く飾り気のないリンカーン記念館やワシントン記念塔に比べると無情な感じはあまりしない。照明の円の外には楡《にれ》の木々がそびえている。

中央の噴水のまわりを時計回りに歩きながら、石に刻まれた言葉と戦没者の家族や友人が置いて帰った手紙を読んでいく。三度、影に身をかがめて涙を隠した。名前や顔は違うが、みんなわれわれと同じような男たちだ。記念碑の一角に立つ壁を、金の星——四〇〇〇個の星——が覆っている。ひとつひとつの星が、第二次世界大戦で死んだ一〇〇人の米兵を表していた。わたしは壁の前に立ち、その四〇〇〇個の中の八つを数えた。左上の隅の、取るに足りないような数の星。それがアフガニスタンとイラクを合わせた数だ。すべての銃撃戦、爆弾、ロケット弾、ヘリコプターの墜落が、その中に含まれている。ブレントとホースヘッドも。すべての勇気、血、恐怖、ユーモア、倦怠《けんたい》も。このくそったれの八つの星の中に。

戦争を生き抜いた意味

海兵隊を去ったあと、わたしの心はあてどなくさまよった。二六歳にして、人生の最良の年月をすでに生きてしまったという怖れを抱いていた。もう二度と、海兵隊で感じた目的意識と帰属意識を持つことはできないかもしれない、と。それに、戦闘を経て精神が不安定になっているのも分かっていた。愛情深い家族や支えになってくれる友人がいて、いい教育を受けていても、戦争が生活のあらゆる部分に洪水のように押し寄せてきて、わたしひとりを未知の運命へ押し流していく。

わたしが戦争でこんなことになるのなら、隊員たちはどうなんだ？　わたしと違って家族もなく、わかろうとしてくれる友人もなく、海兵隊を辞めても先行きの目途が立たないやつらはどうなる？　戦後に死ぬためだけに戦争を生き抜いたのではないかと心配になる。

気力をかき集めて大学院に願書を出したあと、入試担当者から電話がかかってきた。「フィックさん、願書を拝見して、すばらしいと思いました。ただ、入試選考委員のひとりが、『ローリング・ストーン』誌でエヴァン・ライトがあなたの小隊について書いた話を読んでいましてね。あなたの発言として、こう書かれています。〝今夜はあまり寝られないというのが悪いニュース。いいニュースは人を殺せるってことだ〟」まるでわたしがその発言を否定するのを待つかのように、入試担当者が少し間《ま》を置く。わたしが黙っていると、相手は話をつづけた。「わたしどもの職員の中に陸軍将校を退役した者がおりまして、たしかに殺すのが楽しいという人たちもいる、そういう人たちと付き合うのは大変だと、その職員から忠告を受けました。その発言について、説明していただけませんか？」

「いいえ、できません」

「あの、本当にそう感じるということですか？」

「それはつまり、わたしが時計塔に登って猟銃で人を狙い撃つつもりか、という意味でしょうか」

今度は相手が黙る番だった。

「だとしたら、そんなつもりはありません。何が何でもあなたに釈明しなくてはいけないとも思えません」

わたしは誇りに思う

尊敬を向けられたり理解しようとされたりすると、何も知らないで無神経な態度をとられるのと同じくらい腹が立った。最悪なのは、人から〝きみたちが向こうでやってくれたことに〟感謝する、とひとからげに称賛されることだ。何への感謝だ、と訊きたくなる――子供たちを撃ち、土手の陰で恐怖に身を縮め、民間人の家々に砲弾を投下したことへの感謝か？ あそこにいたというだけで誇れることなど何もない。誇れるとすれば、われわれが正しく判断し、正しいおこないをしたことについてだ。

わたしは自分の正しいおこないが過ちよりも多かったことを祈り、自分が人々の命に対して傲慢《ごうまん》ではなかったことを祈る。時として、悪には別の悪をもって戦うしかない――それを受け入れる術《すべ》をわたしは身につけつつあった――たとえどんなに正しい目的のためだとしても。

イラクから帰って一年経った六月、わたしは幼馴染《おさななじみ》の友人を引きずって、メリーランド州西部のアンティータムにある南北戦争の戦場跡を訪れた。その地を歩きたかったのだ。わたしの目には、横木の柵《さく》や修復された大砲の間にＲＰＧや挺身《ていしん》隊が見えた。このトウモロコシ畑を防御するのに、わたしだったらどこに機関銃を配置しただろう？ ヒットマン・ツーだったらどうやって〝ブラッディ・レーン〔三時間半の戦闘で南北両軍あわせて約五五〇〇人が死傷した長さ七二〇メートルの道〕〟を襲撃しただろう？

日差しの温かさを腕に感じながら、ハチが飛び回る背の高い草原《くさはら》の間を抜けて、ぶらぶらとバーンサイド橋の方へ歩いていく。その橋は、アメリカの最も血塗られた日の午後、北軍の部隊がアンティータム川を渡ろうとして、激しい砲撃に見舞われ三度失敗した橋だ。わたしたちは橋の真ん中で、石の欄干に手をかけて立った。

「無駄だったのかな」わたしが訊いた。

「いいえ」友人が答える。「北軍は勝ったし、リンカーンは奴隷解放宣言を出した。奴隷を解放した。あなたたちがアフガニスタン人を解放したみたいに」

わたしは返事しなかった。

「タリバンに支配されてた女性や、サダム・フセインに支配されてた気の毒なイラク人のことを考えてみなさいよ」話題を変える機会をとらえて友人が話をつづける。「あなたたちはすごく大勢の人のために、すごくいいことをした。そのことに気持ちよく満足すればいいじゃない」

わたしは川を見下ろしながら、慎重に言葉を選びつつ、これまでに数えきれないほど自分のなかで繰り返してきた自己弁護を並べた。善というのは抽象的だ。悪を悪いと感じるほどには、善をよいとは思えない。よいと思えるくらいなら夜に眠れなくなったりはしない。

「だらしないこと言うのね」頭を横に振りながら友人が言う。「どうして自分と部下が大きな犠牲を払って成し遂げたことをいいと思えないの？　どうして誇りに思えないの？」

わたしは六五人を戦争へ連れていき、六五人を連れて帰った。その男たちに自分のすべてを捧《ささ》げた。われわれは共に試され、共に勝った。恐怖に打ち負かされはしなかった。アフガニスタンとイラクの人々の暮らしがよくなってほしいとは思うが、われわれはそのために戦ったのではない。われわれは互いに、仲間のために戦ったのだ。

そのことを、わたしは誇りに思う。

著者あとがき・謝辞

本書はわたし自身が感じたことを書き表したものだが、わたしの小隊、そしてわれわれの戦争は、海兵隊全体に広く通じるものがあると確信している。執筆にあたっては、わたしの巡察日誌、日記、頻繁に家族へ書き送った手紙、公になっている歴史、仲間の海兵隊員の記憶をおおいに参考にした。出来事はすべて嘘偽りなく描かれており、わたしの知るかぎり歴史的事実に照らして正確なものである。

海兵隊や戦士精神についてさらに読みたい方には、マーク・ヘルプリン著 *A Soldier of the Great War*（邦訳：『兵士アレッサンドロ・ジュリアーニ　上・下』中川美和子訳、河出書房新社）、マイケル・ホジンズ著 *Reluctant Warrior*、ウィリアム・マンチェスター著 *Goodbye, Darkness*（邦訳：『回想　太平洋戦争――アメリカ海兵隊員の記録』猪浦道夫訳、コンパニオン出版）、スティーヴン・プレスフィールド著 *Gates of Fire*（邦訳：『炎の門　小説テルモピュライの戦い』三宅真理訳、文藝春秋）、トマス・E・リックス著 *Making the Corps*、ジョナサン・シェイ著 *Odysseus in America*、ユージン・B・スレッジ著 *With the Old Breed*（邦訳：『ペリリュー・沖縄戦記』伊藤真／曽田和子訳、講談社）、ジェイムズ・ウェッブ著 *Fields of Fire* をおすすめしたい。

本書〔原著〕の売上の一部は、戦死した海兵隊員の子供たちに高等教育の資金援助をおこなう海兵隊奨学金財団をはじめ、退役軍人の諸団体へ寄付される。

両親のニールとジェーン、妹のモーリーンとステファニーの限りない愛情と支えに感謝する。心配し、クッキーを送り、話を聞くことで、家族もまた国に尽くした。

仲間の小隊長たちは当時も今も、本当の意味での戦友だ。パトリック・イングリッシュ、ヴィジェイ・ジョージ、エド・ヒンマン、ティ・ムーア、ウォルト・メシック、ブレンダン・サリヴァン、ジョン・ナッシュ、ジム・ビールに感謝を。わたしの指揮官だったリッチ・ホイットマーは、本人が知る由もないほど多くのことをわたしに教えてくれた。ありがとう、オーデン・シックス。キース・マリーンには〝全く、かなわないな〟としか言えない。

マイク・ウィン、ブラッド・コルバート、ショーン・パトリック、ルディ・レイエス、スティーヴ・ラヴェル、トニー・エスペラ、ティム・ブライアン、マイク・スタイントーフ、ヘクター・レオン、ゲイブ・ガルザ、エヴァン・スタフォード、アンソニー・〝野生児〟・ジャックス、ウォルト・ハッサー、ネイサン・クリストファー、ジェイムズ・チャフィン、ハロルド・トロンブリー、テレン・〝T〟・ホルシー、ジョン・クリストソン、マイケル・ブランマイヤー、ジェイソン・リリー、ジョッシュ・パーソン、レオナルド・〝謎の男〟・バプティスタ、エリック・コーカー、ダン・レッドマン、A・J・ハルに、永遠の感謝を捧《ささ》げる。きみたちがわたしを支えてくれた。常に忠誠を《センパー・フィデリス》。

本の執筆というのは戦争を戦うのと同じで、決してひとりで成し遂げられるものではない。書こうと思わせてくれたブラッドリー・セイヤー、ジェレミー・ジョセフ、クレイグ・ネレンバーグ、フランク・ラッセルに感謝する。エリック・ハメルがそれを後押しし、エージェントのE・J・マッカーシーが実現してくれた。キャリー・ラッカー・オッティンガーは常によき理解者でいてくれた。原稿を読んで率直な意見をくれた人たちのおかげで、ありとあらゆる形で原稿をブラッシュアップすることができた。オースティン・ホイットマン、アンドリュー・ヒルトン、マーク・ホッツ、アビー・ジョセフ、ジョナサン・メイ、エヴァン・ライト、マーガレット・エンジェル、アンディ・キャロル、マイク・ホジンズ、アル・スタム、アンディ・コリヤーに感謝を述べたい。そして、最初から最後まで寄り添ってくれたデニス・ギッシャム、ありがとう。

ホートン・ミフリン社には、わたしと同じくらいこの本を大切に思ってくれる人たちがいた。ローリ・グレイザー、ブリジット・マーミオン、ラリー・クーパー、バーバラ・ジャトコラにお礼を言いたい。アン・セイヴェラスはわたしのしつこい質問に嫌な顔ひとつせず根気よく答えてくれ、ホイットニー・ピーリングは自分の仕事としてこの本の出版に取り組んでくれた。そして、編集者のエイモン・ドーランに最大の感謝を。訓練教官の熱意と厳しさでこの本を、そして著者を鍛えてくれたおかげで、書き上げることができた。

訳者あとがき

二〇〇一年九月一一日、米国で発生した同時多発テロは世界を震撼《しんかん》させた。日本のテレビでもニューヨークの世界貿易センタービルに激突する旅客機の映像が繰り返し流れ、〝テロとの戦い〟や〝悪の枢軸〟といった言葉が頻繁に語られた。およそ三〇〇〇人が死亡し、負傷者数は二五〇〇〇人とも言われるこの九・一一を境に、世界は変わった。東西冷戦終結後の〝平和な時代〟が終わり、新たな脅威の時代がはじまったのだ。

　本作は、その九・一一後にアフガニスタン紛争とイラク戦争の前線で小隊を率いた若き海兵隊将校、ナサニエル・フィックの回想録《メモワール》である。名門ダートマス大学に通い、同級生が医者や弁護士や経営コンサルタントといった職業へ進むなか、フィックが海兵隊の道を選んだのは、〝自分を試したい〟という理由からだった。最も過酷な試練に挑み、もっと大きな人間になりたい――若者らしい純粋さで古代ギリシャの戦士に憧《あこが》れていたフィックには、自然な選択だったのかもしれない。

　フィックが入隊した海兵隊は、米国の軍隊のなかでも訓練の過酷な少数精鋭のエリート部隊として知られている。フィックは大学四年生になる直前の夏休みに士官候補生学校《OCS》で一〇週間の訓練を受けて少尉となるが、その後の一年間は大学生活に戻り、卒業と同時に正式に入隊して基礎訓練校《TBS》にはいる。そこで職種が決まり、難関を突破して歩兵士官コース《IOC》へ進んだ。修了した時点ではまだ二三歳という若さだったが、歩兵士官となったフィックはいきなり四〇人以上の隊員の命を背負うことになる。

米軍の階級は大きく分けて士官と下士官兵があり、その立場は貴族と平民に譬《たと》えられるほど大きな違いがある。士官のなかで最も階級の低い少尉であっても、士官は士官、最初からリーダーだ。はじめのうちは不安や戸惑いの大きかったフィックだが、持ち前の誠実さや思慮深さで隊員たちの信頼を勝ち取り、彼らを守りながら組織としてのパフォーマンスを最大化させるために粉骨砕身する。上官と隊員の間で葛藤《かっとう》しながらリーダーとして成長していくその姿は、上司と部下の間で日々奮闘するミドルマネージャーにも重なるものがあり、本作の大きな読みどころだ。

リーダーとしてのフィックを突き動かしていたのは、英雄への憧れだった。ただし、功名心や出世欲ではない。戦争記念碑を訪れた時の描写からもわかるように、それは〝名もなき英雄〟への憧れであり、何か大きなもののために自分のすべてを捧《ささ》げたいという熱意だ。自由な民主主義国アメリカで裕福な家庭に育ち、アイビーリーグの名門大学を卒業した白人男性のフィックにとって、その〝大きなもの〟とは当初、アメリカという国家であり〝アメリカの正義〟だった。だが、さまざまな背景を持つ隊員たちと共に過ごし、二度にわたる出征で戦場の現実を目の当たりにするなかで、軍隊という組織の力学や米国民間人との意識の違いを身に染みて感じるようになる。それにつれ、海兵隊に骨をうずめるつもりだったフィックの気持ちは徐々に変化していく。

戦争とは何か。正義とは何か。

本書を読み進めるうちに立ち上がってくるそうした問いは、当時フィック自身のなかで膨らんだ問いだったに違いない。この「訳者あとがき」の冒頭に〝平和な時代〟と書いたが、一九八九年に米国とソ連が冷戦終結を宣言してから九・一一が発生するまでの約一二年の間にも、〝世界の警察官〟を自任する米国は各地の紛争に介入し、〝アメリカの正義〟を行使していた。特に中東ではレバノンに侵攻していたイスラエルを支援し続けており、それが反米感情を煽《あお》ってイスラム過激派組織アルカイダによる九・一一同時多発テロにつながったと言われている。それを考えると、〝時として、悪には別の悪をもって戦うしかない〟というフィックの言葉がいっそう重いものに感じられる。米国と協調関係を結び、防衛費が増加の一途をたどる日本においても、本作で描かれる〝アメリカの戦争〟の現実は、大きな示唆を与えてくれるものと言えるだろう。

本作の原著（*One Bullet Away: The Making of a Marine Officer*）は二〇〇五年に米国で刊行、たちまちベストセラーとなった。二〇年経った今なお新たな読者を獲得し続けている。戦争の実態をつぶさに描いた貴重な戦記として、葛藤を抱えながらも前へ進もうとする若者の成長物語として、さらに、〝リーダーとはどうあるべきか〟を示すひとつの指針として、高い評価を受ける多面的な作品だ。著者のフィックはメディアや講演にたびたび登場して海兵隊での経験や安全保障などについて語っており、その動画はYouTubeなどで観ることができる。

また、イラクでフィックの小隊に同行した『ローリング・ストーン』誌の記者エヴァン・ライトも、*Generation Kill: Devil Dogs, Iceman, Captain America and the New Face of American War*（未邦訳）というタイトルで手記を発表。ベストセラーとなっただけでなく、ＨＢＯでドラマ化もされてエミー賞を受賞した。このドラマ『ジェネレーション・キル』は、二〇二五年春の時点では日本の動画配信サービスでも視聴できるほか、二〇一七年にＤＶＤ／ブルーレイＢＯＸが発売されているので、ご興味のある方はぜひ映像でもお楽しみいただきたい。リアルな戦闘シーン、放送禁止用語だらけの会話、そしてなんと海兵隊員から俳優に転身したルディ・レイエスが本人役で出演しているなど、映像作品ならではの見どころたっぷりなドラマとなっている。

ナサニエル・フィックは海兵隊を去ったあと、ハーバードの大学院で経営学修士《MBA》と行政学修士《MPA》の学位を取得。民主党と関わりの深いワシントンDCのシンクタンク、新アメリカ安全保障センターでCOOとCEOを歴任し、サイバーセキュリティ・ソフトウェア企業のCEOなども務めた。二〇二二年には国務省初のサイバースペース・デジタル政策局特命大使に就任し、世界を飛び回ってサイバーセキュリティなどの問題に関する米国の外交を主導。二〇二三年には来日して政府首脳と会談している。

そして二〇二五年一月二〇日、フィックは二度目のトランプ政権の発足を機に特命大使の任を辞し、今後については未定としつつも、「おそらく民間セクターに戻り、テクノロジー、金融、国家安全保障、外交政策が交わるあたりで仕事をすることになるだろう」と語っている。本作でストーリーテラーとしてのフィックの力量におおいに魅了された訳者としては、フィックが海兵隊を辞めたあとの経験をもとに、新たな作品の執筆に取り組んでくれることを願いたい。もし実現すれば、きっと米国の安全保障政策や政府の内幕が描かれた、きわめておもしろい作品になることだろう。

最後に、本書を翻訳するにあたり、つねに訳者を温かく見守り、励まし、的確な助言をくださったKADOKAWA編集部の黒川知樹氏に、心よりお礼を申し上げたい。

二〇二五年三月　岡本麻左子

本書は訳し下ろしです。

［著者］

ナサニエル・フィック（Nathaniel Fick）
1977年、アメリカ合衆国ボルチモア生まれ。ダートマス大学で古典学と政治学の学位を取得後、米国海兵隊に入隊。火器小隊長としてパキスタンとアフガニスタン、偵察小隊長としてイラクで作戦を遂行、65人の部下全員を生還させる。退官後、ハーバード大学大学院でMBAとMPAを取得。新アメリカ安全保障センターCEO、サイバーセキュリティ・ソフトウェア企業CEOなどを経て、国務省サイバースペース・デジタル政策局特命大使を2025年1月まで務めた。米国安全保障のキーマンとして日本とも深いかかわりを持つ。

［訳者］

岡本麻左子（おかもと　まさこ）
関西学院大学社会学部卒。外資系金融会社勤務、ライター、米国留学等を経て2003年から英日翻訳者。訳書にブーキン＆グーリーイェヴ『KGBスパイ式記憶術』（水王舎）、ピケティ＆サンデル『平等について、いま話したいこと』（早川書房）がある。

装丁　鈴木大輔・仲條世菜（ソウルデザイン）
図版　小林美和子

死線《しせん》をゆく
アフガニスタン、イラクで部下《ぶか》を守《まも》り抜《ぬ》いた米海兵隊《べいかいへいたい》のリーダーシップ

2025年5月7日　初版発行

著者／ナサニエル・フィック
訳者／岡本麻左子《おかもとまさこ》

発行者／山下直久

発行／株式会社KADOKAWA
〒102-8177　東京都千代田区富士見2-13-3
電話　0570-002-301（ナビダイヤル）

印刷・製本／株式会社ＤＮＰ出版プロダクツ

●お問い合わせ
https://www.kadokawa.co.jp/（「お問い合わせ」へお進みください）
※内容によっては、お答えできない場合があります。
※サポートは日本国内のみとさせていただきます。
※Japanese text only

定価はカバーに表示してあります。

ISBN 978-4-04-115280-5　C0031